U0887618

高等学校统编教材
国家级一流本科课程建设成果

误差理论与测量平差基础

Error Theory and Basis of Surveying Adjustment

（第二版）

朱建军　左廷英　宋迎春　胡俊　主编

测绘出版社
·北京·

© 朱建军　左廷英　宋迎春　胡俊　2024
所有权利(含信息网络传播权)保留,未经许可,不得以任何方式使用。

内容简介

本书是供测绘工程专业本科生学习误差理论与测量平差课程使用的教材。全书共分七章,内容包括误差理论、测量平差原理、测量平差方法、测量平差计算、点和线的位置误差、假设检验、近代测量平差等。教材内容遵循理论、原理、方法、应用四个层次进行设计,其中平差原理、平差方法、平差计算组成测量平差基础的核心内容。另外,教材针对各知识点设计了习题,题型多样,难易结合,可以帮助学生从不同角度理解和掌握误差理论和测量平差原理。

本教材层次分明,内容逐步递进,既可作为测绘工程专业本科生教材,也可作为其他技术人员了解误差理论与测量平差知识的参考书。

图书在版编目(CIP)数据

误差理论与测量平差基础 / 朱建军等主编. -- 2 版.
北京 : 测绘出版社, 2024. 9. -- (高等学校统编教材).
ISBN 978-7-5030-4506-6

Ⅰ. O241.1; P207

中国国家版本馆 CIP 数据核字第 2024H3F357 号

误差理论与测量平差基础
WUCHA LILUN YU CELIANG PINGCHA JICHU

责任编辑	安　扬	**封面设计** 李　伟	**责任印制** 陈姝颖
出版发行	测绘出版社	**电　　话**	010－68580735(发行部) 010－68531363(编辑部)
地　　址	北京市西城区三里河路 50 号		
邮政编码	100045	**网　　址**	https://chs.sinomaps.com
电子信箱	smp@sinomaps.com	**经　　销**	新华书店
成品规格	184mm×260mm	**印　　刷**	建工社(河北)印刷有限公司
印　　张	15	**字　　数**	370 千字
版　　次	2024 年 9 月第 2 版 2013 年 1 月第 1 版	**印　　次**	2024 年 9 月第 1 次印刷 累计第 4 次印刷
印　　数	001—300　累计印刷 4300 册	**定　　价**	58.00 元

书　　号 ISBN 978-7-5030-4506-6

本书如有印装质量问题,请与我社发行部联系调换。

第二版前言

“误差理论与测量平差基础”是测绘工程专业以及具有测绘学科背景的遥感科学与技术、地理信息系统等专业的核心专业基础课。本教材全面总结了中南大学 60 多年来在测量平差教学和测绘数据处理实践方面的经验，依据测绘工程、遥感科学与技术等专业的教学要求，在张后苏教授主编的《误差理论与测量平差基础》的基础上于 2013 年第 1 次出版发行。本次编写在内容安排上仍然强调误差基本理论和测量平差基础两个方向的特色；在能力培养上，加强测量基本模型的建立、算法设计和解算技巧的结合；在知识应用上，补充了测量平差在 GNSS 高程拟合、坐标转换平差、数字化数据平差、序贯平差等方面的应用，近代测绘数据处理部分增加了卡尔曼滤波、整体最小二乘回归等内容，充分体现了测绘学科的新发展、新技术、新要求。本教材是“误差理论与测量平差基础”国家精品课程、首批国家级（线下）一流本科课程、教育部首批虚拟教研室课程建设的重要内容。

本书内容由三部分组成。其中第 1 章、第 2 章为测量平差的基础部分，内容包括测量误差理论、最小二乘平差。测量误差理论部分主要介绍误差来源、性质和处理方法，衡量精度的指标及其计算方法等；最小二乘平差部分介绍间接平差和附有限制条件的间接平差、条件平差和附有未知参数的条件平差以及附有限制条件的条件平差的平差原理和方法。第 3 章至第 5 章为测量平差应用部分。主要内容为测量平差在具体测量数据处理、测量数据分组平差以及点和线的位置误差中的应用。第 6 章和第 7 章为假设检验理论和近代测量平差部分。主要介绍测量平差系统的假设检验方法、系统误差和粗差处理方法、随机模型的验后方差分量估计、卡尔曼滤波、整体最小二乘回归理论与方法等。本书配套的教学课件可以通过测绘出版社网站（https://chs.sinomaps.com）下载中心的课件下载栏目获取。

本书由中南大学、江西理工大学、桂林理工大学、辽宁科技大学、黑龙江工程学院、长沙理工大学、湖南科技大学、中南林业科技大学的教师共同编写。由于作者水平有限，书中难免有不足之处，恳请读者提出改进意见，以便重印或再版时修订。

第一版前言

“误差理论与测量平差基础”是测绘工程专业一门重要的专业基础课，它是测绘类数据处理的理论基础。本书是根据中南大学 50 多年来的测量平差教学和测绘数据处理实践方面的经验及参编的各兄弟院校的测量平差教学经验，以及测绘工程、遥感和地理信息专业的教学要求，在张后苏教授主编的《误差理论与测量平差基础》的基础上重新编写的。在内容安排上，强调了误差基本理论和测量平差基础两个方向的特色；在能力培养上，加强了测量基本模型的建立、算法设计和解算技巧的结合。本教材也是“误差理论与测量平差基础”国家精品课程建设的一项内容。

全书分为 7 章，从 7 个方面阐述了误差理论与测量平差基础的内容。第 1 章测量误差理论主要介绍测量数据处理的基本理论，第 2 章最小二乘平差主要介绍测量平差的准则，第 3 章测量控制多平差主要介绍测量实践中如何根据不同的情况建立测量平差模型进行平差解算，第 4 章测量平差计算主要介绍如何对建立的测量平差模型进行解算，第 5 章点和线的位置误差主要介绍点、线位置误差的基本概念及描述方法，第 6 章假设检验理论主要介绍对平差模型与测绘实际的吻合程度进行检验的方法，第 7 章近代测量平差主要介绍当今测量平差的发展方向。第 1 章至第 3 章为基础内容，第 4 章至第 7 章为提高部分，根据教学时数和后续课程需要有选择性地讲授。

本书由中南大学、江西理工大学、桂林工业大学、辽宁科技大学、黑龙江工程学院、长沙理工大学、湖南科技大学、中南林业科技大学、湖南城市学院的多名老师共同编写。其中，第 1 章由朱建军、马大喜编写，第 2 章由左廷英、陈天伟、邢学敏编写，第 3 章由左廷英、戴吾蛟、杨风云编写，第 4 章由左廷英、鲍建宽编写，第 5 章由左廷英、宋迎春、龙江平编写，第 6 章由宋迎春、曹元志编写，第 7 章由宋迎春、李朝奎编写。全书由朱建军、左廷英、宋迎春统稿，张后苏主审。

由于作者水平有限，书中难免不足之处，恳请读者提供改进意见，以便重印或再版时修订。

目　录

第1章　测量误差理论

在测量过程中,误差的存在有着必然性与普遍性的特点,它严重影响着测量数据的质量。如何在测绘过程中发现和削弱误差的影响是提高测绘成果质量的关键。本章主要介绍基本误差理论、数据处理方法、不确定度评定规范三大部分内容,并研究测量结果的精度评定指标,以及观测值与观测值函数之间误差传播规律的理论。

1.1　观测误差与测量平差任务

1.1.1　观测误差

1.观测条件与观测误差

测量工作实际上就是观测者利用测量仪器,在一定的外界条件下,测定地球表面自然形态的地理要素和地表人工设施的形状、大小、空间位置及其属性等。例如,角度观测、边长测量、高差测量等。通常,将观测者、测量仪器、外界条件三者统称为观测条件。

由于观测条件不可能尽善尽美,因此,在一定的观测条件下,所得到的观测结果,不可能恰好等于被观测量的真值。这种由观测条件不完善引起的观测量与其理论上应有值之间的差异称为观测误差。观测误差普遍存在于测量实践中。被观测量的观测值与其真值之间的差异就称为观测真误差,即

$$\left.\begin{aligned} \Delta &= \widetilde{L} - L \\ \text{或} \quad & \\ L + \Delta &= \widetilde{L} \end{aligned}\right\} \tag{1.1}$$

式中,L 为观测值,$\widetilde{L}$ 为被观测量的真值,Δ 为观测真误差。

2.观测误差产生的原因

观测误差是由观测条件的缺陷产生的,概括来说,有以下三个方面的原因:

(1)观测者的原因。观测者感觉器官鉴别能力的局限性、观测者的技术水平及观测者的工作态度等因素使观测值产生了观测误差。

(2)测量仪器的原因。观测通常借助仪器来进行,而仪器在构造上不可能是完美无缺的,如仪器上观测用的刻划只能精确到一定限度等,由此使观测值产生误差。

(3)外界条件的原因。观测总是在一定的外界条件下进行的,而外界条件是不断变化的,如温度、湿度、风力、大气折射等,这些因素会对观测结果产生直接影响,致使观测结果产生误差。

3.观测误差的分类及其处理方法

由于观测条件不完善,观测值不可避免产生误差。根据观测误差产生原因及其对观测结果影响的性质,将测量中出现的误差分为粗差、系统误差、偶然误差三种,即

$$\Delta = \Delta_g + \Delta_s + \Delta_n \tag{1.2}$$

式中,Δ 为观测误差,Δ_g 为粗差,Δ_s 为系统误差,Δ_n 为偶然误差。

1)粗差

粗差是一种大量级的观测误差,可能是测量过程中的差错造成的,如作业人员的疏忽大意引起的读错、记错、瞄错目标等;也可能是观测者不熟练或粗心造成的。

在测量过程中应尽量避免出现粗差,行之有效的发现粗差的方法是进行必要的重复测量或多余观测,采用必要而又严格的检核、验算等。在现代卫星定位测量、遥感等观测高度自动化的条件下,粗差经常混在有用的观测数据中,此时上述方法难以识别。

2)系统误差

在大小和符号上表现出系统性的,或者在观测过程中按一定的规律变化的,或者为常数的误差称为系统误差。例如,钢尺量距时钢尺的尺长误差引起的量距误差,水准仪视准轴与水准管轴不平行引起的误差,测距仪的工作频率与标准频率不一致引起的测距误差等。另外,大气对卫星定位测量观测值的影响也是呈系统性的。

在测量工作中,应尽量消除或削弱系统误差的影响。消除或削弱系统误差的方法有三种:第一种是在观测方法或观测程序上采取必要的措施,如三角测量中的正、倒镜观测,盘左、盘右读数,分不同时段进行观测,三角高程中的对向观测,水准测量中的前后视距保持相等等;第二种是找出系统误差产生的原因,建立一定的数学模型,在平差计算前按一定的模型对观测值进行系统误差改正,如距离丈量中的尺长改正、温度改正,以及各种观测中的气象改正等;第三种是在平差计算中,将系统误差当作未知参数纳入平差函数模型,然后一并解算得出。现代测量平差与数据处理中发展了半参数理论等系统误差处理的新方法。

3)偶然误差

大小和符号没有任何规律,完全是偶然的、随机的误差称为偶然误差。在相同的观测条件下进行一系列观测形成偶然误差序列,从单个误差看,误差的大小和符号没有规律,但对大量误差的总体而言,却呈现出一定的统计规律性,这是偶然误差的统计特性。

偶然误差产生的原因多种多样,往往难以预知和控制。例如,仪器本身构造的各种因素不完善引起的观测误差,观测者的估读、照准等因素引起的观测误差,以及不断变化着的外界条件,如风力、风向、温度、湿度、目标背景、电磁干扰等多种偶然因素引起的观测误差。一个观测值最后的观测误差实际上是上述多种因素引起的观测误差的总和,按统计学的大数定理,多项随机误差的总和总体上服从或近似服从正态分布,因而在测量中经常把偶然误差看作服从正态分布的误差。

现代测量平差与数据处理中还有一个误差的概念,就是"模型误差"。模型误差被定义为所建立的数学模型(包括函数模型与随机模型)与客观现实之间的差异。模型误差不是观测误差,测量平差基础中一般不涉及,所以本书中也不再介绍。

本书主要的研究对象是偶然误差,即假设粗差和系统误差已从观测值中剔除或改正,观测值中仅含偶然误差,或者说偶然误差占主导地位。在式(1.2)中,设 $\Delta_g=0$,$\Delta_s\to 0$ 时,则有 $\Delta\approx\Delta_n$。为书写方便,除个别章节外,均以 Δ 表示偶然误差。

1.1.2 测量平差的任务

由于测量中不可避免地存在偶然误差,为了提高观测结果的质量,同时也为了发现和削弱误差的影响,在测量工作中,通常要进行多余观测。所谓多余观测,就是对观测的对象进行多于必需观测量的观测。例如,对一条边长,只要丈量一次就可得出其长度,但实际上总是要求丈量两次或两次以上；一个平面三角形，只需测量两个内角就能确定它的形状，但通常是对三个内角都进行观测，这样就有了多余观测量。有了多余观测量，就会发现带有偶然误差的观测结果之间不一致，或不满足应有的理论关系。这样的数据处理，测量上称为测量平差。

测量平差的任务就是：①削弱偶然误差的影响，消除误差引起的观测值之间的矛盾，计算出观测量的最佳估值；②对观测量的质量进行评估。概括起来讲，测量平差的两大任务就是求取待定量的最佳估值和进行精度评定。

1.2　偶然误差的统计特性

测量平差研究的对象是含有偶然误差的观测值，为此，有必要对偶然误差的性质作进一步的分析研究。就单个偶然误差而言，其数值的大小和符号均是偶然的、随机的、无规律的，但就其总体而言，却又呈现出一定的统计规律性。人们从无数的测量实践中发现，在相同的观测条件下，大量偶然误差的分布确实表现出一定的统计规律性。下面用三角形闭合差实例来说明这种规律性。

在相同的观测条件下，独立地观测了 182 个三角形的全部内角。由于观测值中含有偶然误差，因此每一个三角形的内角之和，一般不等于其真值 180°，由式(1.1)得

$$\Delta_i = 180° - (\beta_1 + \beta_2 + \beta_3)$$

式中，$i=1,2,\cdots,182$。根据该式可算出 182 个三角形内角和的真误差。

现将这一组真误差按其正负号和值的大小排列，并取误差的间隔值 $d\Delta$ 为 0.20″，统计误差出现在各区间的频率，为

$$f_i = v_i / n \tag{1.3}$$

式中，n 为误差的总个数，v_i 为出现在第 i 个区间的误差个数。现将计算结果列于表 1.1 中。

表 1.1　三角形内角和的误差统计

误差区间/(″)	Δ 为负值		Δ 为正值	
	个数	频率	个数	频率
0～0.2	22	0.121	22	0.121
0.2～0.4	20	0.110	20	0.110
0.4～0.6	16	0.088	14	0.077
0.6～0.8	11	0.060	12	0.066
0.8～1.0	10	0.055	9	0.049
1.0～1.2	6	0.033	7	0.038
1.2～1.4	2	0.011	4	0.022
1.4～1.6	2	0.011	3	0.016
1.6～1.8	1	0.006	1	0.006
1.8 以上	0	0	0	0
$\sum$	90	0.495	92	0.505

从表 1.1 可以看出，误差的分布表现出如下的统计规律：绝对值最大的误差不超过某一限值(1.8″)，绝对值小的误差比绝对值大的误差出现的个数多，绝对值相等的正、负误差出现的个数大致相等。

大量的测量实践表明,在其他测量结果中,也都显示出与上述结果相同的统计规律。因此,上述误差分布规律实际上就是偶然误差普遍具有的统计规律性。

误差分布规律,除了采用上述误差分布表的形式表达外,还可以用直方图来表达。将表 1.1 中的数据绘制成直方图,如图 1.1 所示。绘制时,横坐标取误差 Δ,纵坐标取误差出现于各区间的频率 f_i 除以区间的间隔值 $\mathrm{d}\Delta$,即

$$y_i = f_i / \mathrm{d}\Delta \tag{1.4}$$

图 1.1 形象地表示了该组误差的分布情况,图中每个长方条的面积为

$$y_i \cdot \mathrm{d}\Delta = \frac{f_i}{\mathrm{d}\Delta} \cdot \mathrm{d}\Delta = f_i \tag{1.5}$$

即误差在该区间内的频率。所以,在直方图中,所有长方条面积的总和为 1。

当误差个数 $n \to \infty$,误差区间的间隔值 $\mathrm{d}\Delta$ 无限缩小时,图 1.1 中各个长方条的顶边折线就变成一条光滑的曲线,该曲线称为误差的概率分布曲线,简称误差曲线,曲线所包含的面积恒为 1。如图 1.2 所示,误差曲线上任一点的纵坐标 y 是横坐标 Δ 的函数,即

$$y = f(\Delta) \tag{1.6}$$

$f(\Delta)$通常称为误差 Δ 的密度函数,由概率统计定律可知,误差 Δ 落在 $\mathrm{d}\Delta$ 区间内的概率为

$$P(\Delta) = f(\Delta)\mathrm{d}\Delta \tag{1.7}$$

即当 n 逐渐增大时,实际频率 f_i 将逐渐趋于理论频率 P_i。

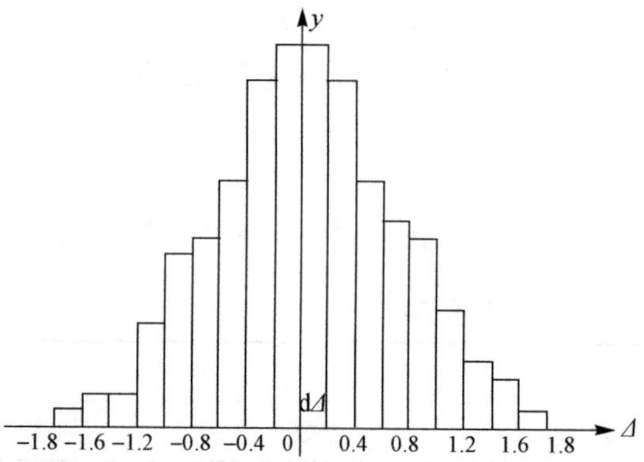

图 1.1 三角形内角和误差分布直方图

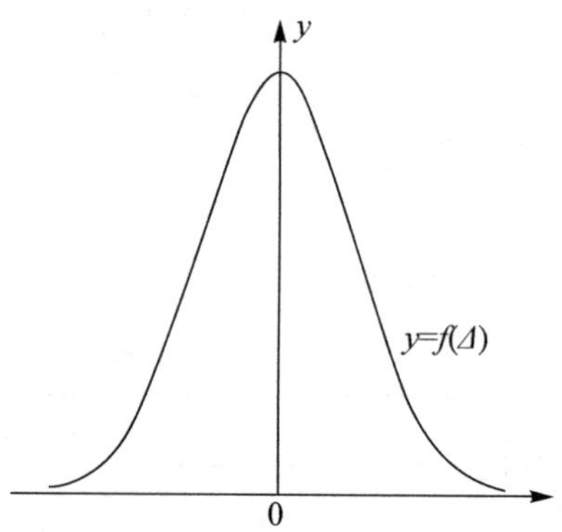

图 1.2 三角形内角和误差曲线

一般情况下,观测误差是由多种因素引起的误差的总和。按统计学的大数定理,这种误差总体上服从或近似服从正态分布,因而在测量中经常把偶然误差看作服从正态分布的误差,称为正态误差或高斯误差,其密度函数为

$$f(\Delta) = \frac{1}{\sqrt{2\pi}\,\sigma} \exp\left(-\frac{\Delta^2}{2\sigma^2}\right) \tag{1.8}$$

偶然误差的统计特性可以用概率术语描述:

(1)在一定的观测条件下,偶然误差绝对值不大于某个值 Δ_M 是统计必然事件,其概率接近于 1,即

$$P(|\Delta_i| \leqslant \Delta_M) = \int_{-\Delta_M}^{+\Delta_M} f(\Delta)\mathrm{d}\Delta \approx 1 \tag{1.9}$$

也可以说是,偶然误差绝对值有一定限值,超出一定限值 Δ_M 的误差概率近似为 0,即

$$P(|\Delta_i| > \Delta_M) \approx 0 \tag{1.10}$$

(2)绝对值小的误差比绝对值大的误差出现的概率大,即若$|\Delta_1|<|\Delta_2|$,则有

$$f(|\Delta_1|)\mathrm{d}\Delta>f(|\Delta_2|)\mathrm{d}\Delta \tag{1.11}$$

(3)绝对值相等的正误差与负误差出现的概率相等,即

$$f(+\Delta)\mathrm{d}\Delta=f(-\Delta)\mathrm{d}\Delta \tag{1.12}$$

这里应该指出,测量误差是连续型随机变量,而连续型随机变量出现在个别点上的概率等于零。因此,我们所讲的误差出现概率指误差出现在某一段区间的概率。

(4)由偶然误差分布的对称性可知,偶然误差的数学期望为 0。换句话说,偶然误差 Δ 的理论平均值应为 0,即 $E(\Delta)=0$。现对式(1.1)的两边取期望,有 $E(\Delta)=\widetilde{L}-E(L)=0$,故

$$E(L)=\widetilde{L} \tag{1.13}$$

对于一系列的观测而言,只要这些观测是在相同的观测条件下独立进行的,不管其观测条件如何,也不管其观测量是相同的还是不同的,该观测所产生的一组偶然误差都具有上述四个特性。

由 $E(\Delta)=0$ 可以得到一个重要启示:在实际观测工作中,若发现$\sum\Delta_i/n\neq0$,且其绝对值与零相差较大,就意味着观测误差 Δ_i 中不全是偶然误差,可能存在系统误差或粗差。

1.3　衡量精度的指标

1.3.1　观测条件与观测精度

由 1.1 节内容可知,观测者、测量仪器、外界条件是引起误差的主要来源,而所谓的观测条件就是这三方面因素的统称,观测条件的好坏与观测结果的质量有着密切的关系。由于一定的观测条件对应一定的观测精度,对于在相同观测条件下进行的一组观测,每一观测值的精度都相等,称为等精度观测值。但必须指出,由于偶然误差的随机性,等精度观测值的观测真误差彼此并不相等,有时甚至会相差较大。在一定观测条件下进行的一组观测,它总是对应着一种确定不变的误差分布。若观测条件好,则小误差出现的机会多,其对应的误差分布较为密集,观测结果的质量较好,即这一组的观测精度较高。反之,若观测条件差些,则误差分布较为离散,观测值的波动较大,观测结果的质量较差,则该组的观测精度较低。

所谓观测精度,就是指一组误差分布的密集或离散的程度,也就是误差分布离散度的大小。在实际观测中,假如两组观测结果的误差分布相同,我们便认为两组观测结果的精度相同;反之,若误差分布不同,则精度也就不同。

1.3.2　衡量精度的指标

衡量观测值的精度高低,虽然可以按上面所述的方法,即将一组在相同条件下得到的误差,用直方图或误差曲线来进行比较,但在实际工作中,这样做比较麻烦,有时甚至是很困难的。因此,最好用数值来表征精度,这种数值应能反映误差分布的密集或离散的程度,即应能反映其离散度的大小,这就是我们要研究的衡量精度的指标。衡量精度的指标有多种,下面介绍几种常用的精度指标。

1. 中误差

对于独立等精度的观测误差 Δ,中误差定义为

$$m^2=\lim_{n\to\infty}\frac{[\Delta\Delta]}{n} \tag{1.14}$$

式中,m 称为观测中误差,即在一定的观测条件下,将独立误差平方的平均值极限定义为中误差的平方;[ ]为取和的符号。如果观测误差不仅包含偶然误差,还含有系统误差,则中误差可表示为

$$m^2=\lim_{n\to\infty}\frac{[(\Delta_n+\Delta_s)(\Delta_n+\Delta_s)]}{n}=\lim_{n\to\infty}\frac{[\Delta_n\Delta_n]}{n}+\lim_{n\to\infty}\frac{[2\Delta_s\Delta_n]}{n}+\lim_{n\to\infty}\frac{[\Delta_s\Delta_s]}{n}=m_n^2+m_s^2$$

式中,m_n、m_s 分别表示偶然中误差和系统中误差。如果观测误差包含偶然误差和系统误差,则其中误差的平方就是偶然中误差和系统中误差的平方和。

由上可知,中误差反映了真误差的平均值大小,中误差越小,表示真误差的平均值越小,观测质量越好,精度越高;中误差越大,表示真误差的平均值越大,观测质量越差,精度越低。中误差是测量中最常见的表示观测精度的指标。

2.方差

观测值 L 和观测误差 Δ 均为随机变量,因此其方差应为 $D_L=\sigma_L^2=E((L-E(L))^2)$。当观测误差中只包含偶然误差时,顾及 $E(\Delta)=0$,$E(L)=\tilde{L}$,则有 $D_L=D_\Delta=E(\Delta^2)$。可见,任一观测值的方差与观测值真误差的方差是相同的。由式(1.8)可知,真误差 Δ 的密度函数为

$$f(\Delta)=\frac{1}{\sqrt{2\pi}\sigma}\exp\left(-\frac{\Delta^2}{2\sigma^2}\right)$$

所以

$$D_L=D_\Delta=E(\Delta^2)=\int_{-\infty}^{+\infty}\Delta^2 f(\Delta)\mathrm{d}\Delta=\frac{1}{\sqrt{2\pi}\sigma}\int_{-\infty}^{+\infty}\Delta^2\exp\left(-\frac{\Delta^2}{2\sigma^2}\right)\mathrm{d}\Delta=\sigma^2 \tag{1.15}$$

这表明,密度函数 $f(\Delta)$中的参数 σ^2 就是真误差 Δ 的方差 $D(\Delta)$。根据数学期望定义,方差又可表示为

$$\sigma^2=D(\Delta)=E(\Delta^2)=\lim_{n\to\infty}\frac{[\Delta\Delta]}{n} \tag{1.16}$$

即当观测误差为偶然误差时,观测方差等于观测中误差的平方。但当观测值含有系统误差时,方差就不等于中误差的平方。方差 σ^2 的算术平方根 σ 可表示为

$$\sigma=\sqrt{\lim_{n\to\infty}\frac{[\Delta\Delta]}{n}} \tag{1.17}$$

在此需要说明的是,在数理统计学中,一般称 σ 为标准差,而在测量工作中,我们称 σ 为中误差。不同的 σ 对应着不同形状的分布曲线,σ 越小,曲线越陡峭,σ 越大,曲线越平缓。σ 的几何意义是偶然误差曲线拐点的横坐标。用方差 σ^2 作为观测值 L 的精度指标,主要是因为方差能反映观测值的离散程度。观测条件越好,观测值的取值越密集,方差越小;反之,观测条件越差,观测值的取值越离散,方差越大。从上面分析可以看出,方差的大小能很好地反映观测值的离散度,而中误差在数值上等于方差的算术平方根,中误差的大小也可反映出观测值的离散度,因此在数据处理中可以将方差和中误差作为衡量观测精度的指标。方差(或中误差)越大,精度越低;方差(或中误差)越小,精度越高。应指出的是,在一定的观测条件下,Δ 具有确定不变的分布,因此方差 σ^2 或中误差 σ 均为定值。但在实际工作中,观测个数 n 总是有限的,因此根据式(1.16)、式(1.17)求得的方差和中误差是估值,记为 $\hat{\sigma}^2$ 和 $\hat{\sigma}$,公式为

$$\left.\begin{aligned}\hat{\sigma}^2&=\frac{[\Delta\Delta]}{n}\\ \hat{\sigma}&=\sqrt{\frac{[\Delta\Delta]}{n}}\end{aligned}\right\}\tag{1.18}$$

估值 $\hat{\sigma}^2$ 和 $\hat{\sigma}$ 将随着 n 的数量及测量中取值的随机性而波动，所以是随机量。但当 n 逐渐增大时，估值 $\hat{\sigma}^2$ 和 $\hat{\sigma}$ 将越来越接近其理论值 σ^2、σ。

例 1.1　为了比较两台经纬仪的观测精度，分别对同一角度各进行 30 次观测，其观测结果列于表 1.2 中。该角度已预先用精密经纬仪测定，其值为 76°42′18.0″。由于此值的精度远远高于上述两台经纬仪的观测精度，因此可将它看成该角度的真值。试计算这两台仪器的中误差。

解：根据表 1.2 的数据（表中的 L 只给出了秒的观测值），可以算得

$$\sum|\Delta_1|=43.9,\quad \sum|\Delta_1|^2=74.65$$
$$\sum|\Delta_2|=24.4,\quad \sum|\Delta_2|^2=25.86$$

所以

$$\hat{\sigma}_1^2=\frac{74.65}{30}=2.49('')^2,\quad \hat{\sigma}_1=\sqrt{\hat{\sigma}_1^2}=1.58''$$
$$\hat{\sigma}_2^2=\frac{25.86}{30}=0.86('')^2,\quad \hat{\sigma}_2=\sqrt{\hat{\sigma}_2^2}=0.93''$$

计算时，对精度指标值，通常取 2～3 个有效数字。从计算结果可知，第二台经纬仪的测角精度高于第一台经纬仪的测角精度。

表 1.2　两台经纬仪的观测值与观测误差

编号	第一台经纬仪			第二台经纬仪			编号	第一台经纬仪			第二台经纬仪		
	观测值 L /(″)	Δ /(″)	Δ^2 /(″)^2	观测值 L /(″)	Δ /(″)	Δ^2 /(″)^2		观测值 L /(″)	Δ /(″)	Δ^2 /(″)^2	观测值 L /(″)	Δ /(″)	Δ^2 /(″)^2
1	17.2	+0.8	0.64	19.5	−1.5	2.25	16	16.7	+1.3	1.69	17.7	+0.3	0.09
2	19.5	−1.5	2.25	19.0	−1.0	1.00	17	16.0	+2.0	4.00	18.6	−0.6	0.36
3	19.2	−1.2	1.44	18.8	−0.8	0.64	18	15.5	+2.5	6.25	18.8	−0.8	0.64
4	16.5	+1.5	2.25	16.9	+1.1	1.21	19	19.1	−1.1	1.21	17.7	+0.3	0.09
5	19.6	−1.6	2.56	18.6	−0.6	0.36	20	18.8	−0.8	0.64	17.1	+0.9	0.81
6	16.4	+1.6	2.56	19.1	−1.1	1.21	21	18.7	−0.7	0.49	16.9	+1.1	1.21
7	15.5	+2.5	6.25	18.2	−0.2	0.04	22	19.2	−1.2	1.44	17.6	+0.4	0.16
8	19.9	−1.9	3.61	17.7	+0.3	0.09	23	17.5	+0.5	0.25	17.0	+1.0	1.00
9	19.2	−1.2	1.44	17.5	+0.5	0.25	24	16.7	+1.3	1.69	17.5	+0.5	0.25
10	16.8	+1.2	1.44	18.6	−0.6	0.36	25	19.0	−1.0	1.00	18.2	−0.2	0.04
11	15.0	+3.0	9.00	16.0	+2.0	4.00	26	16.8	+1.2	1.44	18.3	−0.3	0.09
12	16.9	+1.1	1.21	17.3	+0.7	0.49	27	19.3	−1.3	1.69	19.8	−1.8	3.24
13	16.6	+1.4	1.96	17.2	+0.8	0.64	28	20.0	−2.0	4.00	18.6	−0.6	0.36
14	20.4	−2.4	5.76	16.8	+1.2	1.44	29	17.4	+0.6	0.36	16.9	+1.1	1.21
15	16.3	+1.7	2.89	18.8	−0.8	0.64	30	16.2	+1.8	3.24	16.7	+1.3	1.69

中误差的大小可以作为观测值的精度指标，由于中误差的估值是由真误差计算得到的，实际中真误差往往难以获得，因此由真误差计算中误差的估值的计算公式有时不适用。由观测

改正数计算方差和中误差的估值的计算公式为

$$\left.\begin{aligned}\hat{\sigma}^2&=\frac{[VV]}{n-1}\\\hat{\sigma}&=\sqrt{\frac{[VV]}{n-1}}\end{aligned}\right\}\tag{1.19}$$

3.极限误差

偶然误差第一特性表明,在一定的观测条件下,误差的绝对值不会超过某一限值。在测量实际工作中,将这一限值作为测量误差的极限值。如果测量误差超过该极限值,可能是观测条件变化,也可能是观测中出现了粗差,须予以返工重测或舍去不用。我国各类测量规范都明确规定了不同等级的测量极限误差值,供作业中遵照执行。

在测量中,规定极限误差的依据是:小概率事件在一次测量中可以被认为是不可能事件。偶然误差是服从正态分布的,即 $\Delta\sim N(0,\sigma^2)$,为了查表需要,将 Δ 标准化。设 $\Delta'=\Delta/\sigma$,则 Δ' 服从标准正态分布,即 $\Delta'\sim N(0,1)$,可知 Δ' 落在 $(-1,+1)$、$(-2,+2)$、$(-3,+3)$ 区间内的概率分别为

$$\left.\begin{aligned}P(-1<\Delta'<+1)&=P(-\sigma<\Delta<+\sigma)=\Phi(+1)-\Phi(-1)=0.683\\P(-2<\Delta'<+2)&=P(-2\sigma<\Delta<+2\sigma)=\Phi(+2)-\Phi(-2)=0.955\\P(-3<\Delta'<+3)&=P(-3\sigma<\Delta<+3\sigma)=\Phi(+3)-\Phi(-3)=0.997\end{aligned}\right\}\tag{1.20}$$

由式(1.20)可知,大于 3 倍中误差的观测误差出现的概率只有 0.3%,是小概率事件,在一次测量中可以认为小概率事件是不可能事件。因此,通常将 3 倍中误差作为极限误差,即 $\Delta_{限}=3\sigma$,某些情况下,也可规定 2 倍中误差为极限误差,即 $\Delta_{限}=2\sigma$。

式(1.20)最右端的概率,称为置信概率,这个概率表达式表示在一定的置信概率下,中误差和真误差的关系式。在实际观测中,任何平差结果或观测值的真误差是未知的,但式(1.20)给出了由中误差估计其真误差的概率区间,如置信概率为 99.7%时,真误差 Δ 将在区间 $(-3\sigma,3\sigma)$ 内。在实际工程中,通常也要计算某量的中误差,用来对其真误差在一定的置信概率下做出区间估计,这是保证工程质量的一个重要定量信息。因此可以看出,中误差既可以表示误差分布的离散程度,又可以用来对其真误差做出区间估计,这是精度指标中误差完整的统计意义。

4.相对误差

真误差、中误差、极限误差等指标,对于某些观测结果而言,有时还不能完全表达其结果的好坏。例如,分别丈量 1 000 m 和 100 m 两段距离,设丈量的中误差均为 2 cm,两者的中误差虽然相同,但就单位长度而言,它们的精度是不相同的,前者显然要比后者的精度高。因此,需采用另一种指标来衡量,即用相对中误差来表征距离的观测精度。相对中误差的定义是:中误差与观测值之比。相对中误差是一个无量纲量,为方便计算,通常将分子化为 1,如

$$\frac{\sigma_L}{L}=\frac{1}{N}\tag{1.21}$$

式中,L 为观测值,σ_L 为观测中误差(标准差)。

同样,对于真误差、极限误差,也分别有相对真误差和相对极限误差,即 Δ_L/L 和 $\Delta_{L限}/L$。例如,经纬仪导线测量中,规定量距的相对闭合差不能超过 1/2 000,这就是规范要求的相对极限误差。

例 1.2　现有两段边长，其观测值分别为 $s_1=400$ m 和 $s_2=300$ m，其中误差分别为 $\sigma_1=4$ cm 和 $\sigma_2=2$ cm。试求两段边长观测值的相对中误差。

解：按相对中误差定义，即式(1.21)，计算得

$$\sigma_1/s_1=4/40\ 000=1/10\ 000,\quad \sigma_2/s_2=2/30\ 000=1/15\ 000$$

由此可知，第二条边长的观测精度高于第一条边长的观测精度。

1.3.3　权与协因数

1. 权

方差、中误差、极限误差等作为衡量精度的指标，是一种绝对指标，而在实际测量平差中，仅用绝对指标来衡量精度往往还是不够的。例如，有一组观测值是等精度的，那么在平差时，应该将它们同等对待，而对于一组不等精度的观测值，在平差时就不能同等处理。容易理解，精度高的观测值在平差结果中理应占较大的比重，反之，精度低的观测值理应占较小的比重。因此，在实际数据处理过程中，为便于平差计算，我们需要在方差的基础上再引入一个新的衡量精度的指标，来相对地衡量不同精度观测值的精度，这个新的精度指标——权，是表征观测值之间相对精度的指标。

权与方差成反比，通常用 P 表示，定义为

$$P=c/\sigma^2 \tag{1.22}$$

由定义可以看出，方差越小，权越大，精度越高；反之，方差越大，权越小，精度越低。

由于比例常数 c 的任意性，虽然某个量的方差唯一，但其权随 c 取值的变化而变化，因此权不唯一。但当研究同一问题，以权表征精度时，为使权有相对比较的意义，c 应取一个定值。例如，有观测值 $L_1,L_2,\cdots,L_n$，其方差为 $\sigma_1^2,\sigma_2^2,\cdots,\sigma_n^2$，则对应的权可写为

$$P_1=\frac{c}{\sigma_1^2},P_2=\frac{c}{\sigma_2^2},\cdots,P_n=\frac{c}{\sigma_n^2}$$

根据上式，可求出任意两个观测值之间的权比例关系式，即

$$\frac{P_i}{P_j}=\frac{\sigma_j^2}{\sigma_i^2} \tag{1.23}$$

为进一步阐述 c 的含义，比较式(1.22)和式(1.23)，并令 $c=\sigma_0^2$，则有

$$\frac{P_i}{1}=\frac{c}{\sigma_i^2}=\frac{\sigma_0^2}{\sigma_i^2}$$

可见，c 是单位权(权为 1)观测值的方差，记为 σ_0^2，我们将其称为单位权方差或方差因子，将 σ_0 称为单位权中误差。凡是方差等于 σ_0^2 的观测值，其权必等于 1；反之，权为 1 的观测值的方差即为单位权方差，且称该观测值为单位权观测值。

在实际的平差问题中，观测值的方差在平差前往往是无法确定的，但为了确定各个观测值在平差中所占的比重，可先确定各观测值的权。将观测值加权参与平差，从而得出合理的平差结果，这是我们引入权这个概念的关键所在。

例 1.3　在三角测量中，三等三角网测角中误差为 1.8″，四等三角网测角中误差为 2.5″，试确定它们的权。

解：设 $\sigma_0=5''$，则

$$P_{三}=\sigma_0^2/\sigma_{三}^2=5^2/1.8^2=7.72,\quad P_{四}=\sigma_0^2/\sigma_{四}^2=5^2/2.5^2=4$$

两者权的比例为

$$P_{三}/P_{四}=1.93$$

同理,设 $\sigma_0=\sigma_{四}=2.5''$,则

$$P_{三}=\sigma_0^2/\sigma_{三}^2=1.93,\quad P_{四}=\sigma_0^2/\sigma_{四}^2=1$$

两者权的比例为

$$P_{三}/P_{四}=1.93$$

可见,无论 σ_0 的取值如何,两观测值权的比例是不变的。

例 1.4 在边角网中,已知测角中误差为 1.0″,测边中误差为 2.0 cm,试确定它们的权。

解:设 $\sigma_0=\sigma_\beta=1.0''$,则得

$$P_\beta=\sigma_0^2/\sigma_\beta^2=1(\text{无量纲}),\quad P_S=\sigma_0^2/\sigma_S^2=0.25('')^2/\text{cm}^2$$

由上述两个例子可以看出:观测值的权值将随单位权中误差 σ_0 取值的不同而异,但观测值之间权的比例保持不变。在测量平差中权值的绝对大小是没有意义的,观测值之间权的比例才是我们需要的信息,在不同类的观测值中(如边角网)权为有量纲的值。

2.协因数

现将权的定义式改写为

$$\left.\begin{array}{c}\sigma_i^2=\sigma_0^2/P_i\\ \text{或}\\ \sigma_i=\sigma_0/\sqrt{P_i}\end{array}\right\}\tag{1.24}$$

令

$$Q_{ii}=1/P_i=\sigma_i^2/\sigma_0^2$$

式中,Q_{ii} 为协因数或权倒数,所以

$$\left.\begin{array}{c}\sigma_i^2=\sigma_0^2Q_{ii}\\ \text{或}\\ \sigma_i=\sigma_0\sqrt{Q_{ii}}\end{array}\right\}\tag{1.25}$$

式(1.25)表明,任一观测值(或任一随机变量)的方差总是等于单位权方差与该观测值协因数(权倒数)的乘积。

3.方差-协方差矩阵、协因数矩阵与权矩阵

对于单个观测量的精度衡量,可以用其方差来描述。但在测量中,通常碰到的是由 n 个观测量 $L_i(i=1,2,\cdots,n)$ 所组成的 n 维观测向量 $\underset{n\times1}{\boldsymbol{L}}$,为了描述多维观测向量的精度,需引进方差-协方差矩阵(简称协方差矩阵)、协因数矩阵和权矩阵等概念。

一维随机向量 $\boldsymbol{X}$ 的方差定义为

$$\underset{1\times1}{\boldsymbol{D}_{\boldsymbol{X}}}=\sigma_{\boldsymbol{X}}^2=E((\boldsymbol{X}-E(\boldsymbol{X}))^2)=E((\boldsymbol{X}-E(\boldsymbol{X}))(\boldsymbol{X}-E(\boldsymbol{X}))^{\mathrm{T}})\tag{1.26}$$

也可写为

$$\underset{1\times1}{\boldsymbol{D}_{\boldsymbol{X}}}=\sigma_{\boldsymbol{X}}^2=E(\boldsymbol{\Delta}_{\boldsymbol{X}}\boldsymbol{\Delta}_{\boldsymbol{X}}^{\mathrm{T}})=E(\boldsymbol{\Delta}_{\boldsymbol{X}}^2)=\lim_{n\to\infty}\frac{[\boldsymbol{\Delta}_{\boldsymbol{X}}^2]}{n}$$

式中,$\boldsymbol{\Delta}_{\boldsymbol{X}}=\boldsymbol{X}-E(\boldsymbol{X})$。对于多维随机向量 $\underset{t\times1}{\boldsymbol{X}}=[X_1\ \ X_2\ \ \cdots\ \ X_t]^{\mathrm{T}}$,描述其精度的协方差矩阵定义为

$$\underset{t\times t}{\boldsymbol{D}_{\boldsymbol{X}}}=E((\boldsymbol{X}-E(\boldsymbol{X}))(\boldsymbol{X}-E(\boldsymbol{X}))^{\mathrm{T}})=\begin{bmatrix}\sigma_{X_1}^2 & \sigma_{X_1X_2} & \cdots & \sigma_{X_1X_t}\\ \sigma_{X_2X_1} & \sigma_{X_2}^2 & \cdots & \sigma_{X_2X_t}\\ \vdots & \vdots & & \vdots\\ \sigma_{X_tX_1} & \sigma_{X_tX_2} & \cdots & \sigma_{X_t}^2\end{bmatrix}\tag{1.27}$$

式中，$\sigma_{X_i}^2=E((X_i-E(X_i))(X_i-E(X_i)))$为$\boldsymbol{X}$向量中第$i$个随机变量$X_i$的方差，而

$$\sigma_{X_iX_j}=E\big((X_i-E(X_i))(X_j-E(X_j))\big)\tag{1.28}$$

为向量中X_i和X_j两个随机变量的协方差，故式(1.27)称为随机向量$\boldsymbol{X}$的协方差矩阵。它是对称方阵，方阵中主对角线元素为向量中各随机变量的方差，非主对角线元素为两两随机变量间的协方差。由数理统计学中相关系数的定义得

$$\rho_{X_iX_j}=\frac{\sigma_{X_iX_j}}{\sigma_{X_i}\sigma_{X_j}}\tag{1.29}$$

当t维随机向量$\underset{t\times 1}{\boldsymbol{X}}$中的任意两个随机变量均互不相关时，有$\sigma_{X_iX_j}=0(i\neq j)$，则协方差矩阵$\boldsymbol{D}_{\boldsymbol{X}}$变为对角矩阵，即

$$\boldsymbol{D}_{\boldsymbol{X}}=\begin{bmatrix}\sigma_{X_1}^2 & & & \\ & \sigma_{X_2}^2 & & \\ & & \ddots & \\ & & & \sigma_{X_t}^2\end{bmatrix}\tag{1.30}$$

进一步，当$\sigma_{X_1}^2=\sigma_{X_2}^2=\cdots=\sigma_{X_t}^2=\sigma^2$，即为等精度情况时，有$\boldsymbol{D}_{\boldsymbol{X}}=\sigma^2\underset{t\times t}{\boldsymbol{I}}$，$\underset{t\times t}{\boldsymbol{I}}$为$t$阶单位矩阵。

设$\boldsymbol{Z}$向量由t维$\underset{t\times 1}{\boldsymbol{X}}$向量和$r$维$\underset{r\times 1}{\boldsymbol{Y}}$向量组成，即

$$\underset{(t+r)\times 1}{\boldsymbol{Z}}=\begin{bmatrix}\underset{t\times 1}{\boldsymbol{X}}\\ \underset{r\times 1}{\boldsymbol{Y}}\end{bmatrix}$$

则$\boldsymbol{Z}$向量的方差矩阵为

$$\begin{aligned}\underset{(t+r)\times(t+r)}{\boldsymbol{D}}&=E((\boldsymbol{Z}-E(\boldsymbol{Z}))(\boldsymbol{Z}-E(\boldsymbol{Z}))^{\mathrm{T}})\\&=E\left(\begin{bmatrix}\boldsymbol{X}-E(\boldsymbol{X})\\ \boldsymbol{Y}-E(\boldsymbol{Y})\end{bmatrix}((\boldsymbol{X}-E(\boldsymbol{X}))^{\mathrm{T}}(\boldsymbol{Y}-E(\boldsymbol{Y}))^{\mathrm{T}})\right)\\&=\begin{bmatrix}\underset{t\times t}{\boldsymbol{D}_{\boldsymbol{X}}} & \underset{t\times r}{\boldsymbol{D}_{\boldsymbol{XY}}}\\ \underset{r\times t}{\boldsymbol{D}_{\boldsymbol{YX}}} & \underset{r\times r}{\boldsymbol{D}_{\boldsymbol{Y}}}\end{bmatrix}\end{aligned}\tag{1.31}$$

式中，$\boldsymbol{D}_{\boldsymbol{X}}$、$\boldsymbol{D}_{\boldsymbol{Y}}$分别为$\boldsymbol{X}$、$\boldsymbol{Y}$向量的协方差矩阵，而$\boldsymbol{D}_{\boldsymbol{XY}}$、$\boldsymbol{D}_{\boldsymbol{YX}}$分别为$\boldsymbol{X}$向量关于$\boldsymbol{Y}$向量和$\boldsymbol{Y}$向量关于$\boldsymbol{X}$向量的协方差矩阵，即

$$\left.\begin{aligned}\boldsymbol{D}_{\boldsymbol{XY}}&=E((\boldsymbol{X}-E(\boldsymbol{X}))(\boldsymbol{Y}-E(\boldsymbol{Y}))^{\mathrm{T}})\\ \boldsymbol{D}_{\boldsymbol{YX}}&=E((\boldsymbol{Y}-E(\boldsymbol{Y}))(\boldsymbol{X}-E(\boldsymbol{X}))^{\mathrm{T}})\end{aligned}\right\}\tag{1.32}$$

易于证明

$$\boldsymbol{D}_{\boldsymbol{XY}}^{\mathrm{T}}=E((\boldsymbol{X}-E(\boldsymbol{X}))(\boldsymbol{Y}-E(\boldsymbol{Y}))^{\mathrm{T}})^{\mathrm{T}}=E((\boldsymbol{Y}-E(\boldsymbol{Y}))(\boldsymbol{X}-E(\boldsymbol{X}))^{\mathrm{T}})=\boldsymbol{D}_{\boldsymbol{YX}}$$

即$\boldsymbol{D}_{\boldsymbol{XY}}$与$\boldsymbol{D}_{\boldsymbol{YX}}$互为转置。

当 $\boldsymbol{D}_{XY}=\mathbf{0}$ 时,则表示 $\boldsymbol{X}$ 向量与 $\boldsymbol{Y}$ 向量是统计不相关的。

例 1.5 设在测站 D 上,用方向法观测了 A、B、C 三个方向(图 1.3),得 10 测回的方向观测值(表 1.3),试求方向观测值的方差与协方差。

解:(1)当各方向的真值未知时,计算观测值的算术平均值,作为其真值的估值,得

$$\hat{a}=28°47'31.3'',\quad \hat{b}=47°18'19.4'',\quad \hat{c}=69°50'32.8''$$

(2)计算改正数 v_{a_i}、v_{b_i}、v_{c_i},并以 $\sum v_{a_i}=\sum v_{b_i}=\sum v_{c_i}=0$ 检核计算的正确性。

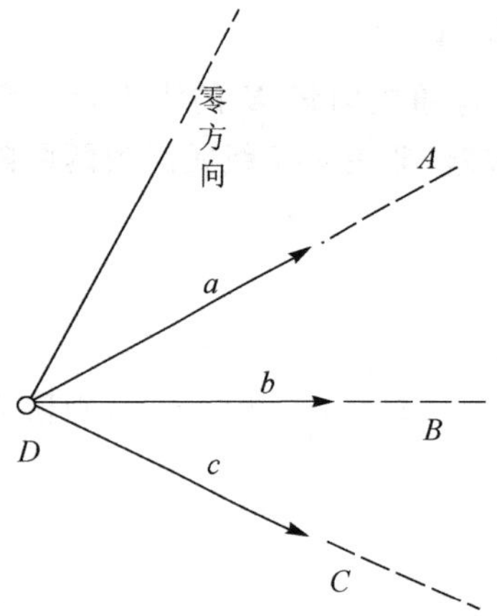

图 1.3 在测站 D 对 A、B、C 三个方向的观测

表 1.3 测站 D 的方向观测值

a /(° ′ ″)	b /(° ′ ″)	c /(° ′ ″)
28 47 29	47 18 19	69 50 34
28 47 34	47 18 20	69 50 35
28 47 28	47 18 18	69 50 33
28 47 33	47 18 17	69 50 35
28 47 35	47 18 24	69 50 31
28 47 35	47 18 18	69 50 30
28 47 31	47 18 16	69 50 29
28 47 29	47 18 25	69 50 32
28 47 27	47 18 19	69 50 32
28 47 32	47 18 18	69 50 37

(3)计算各方向观测值的改正数平方和$[vv]_a$、$[vv]_b$、$[vv]_c$。

(4)按测量学中直接观测的贝塞尔公式计算各方向观测值的方差估值 $\hat{\sigma}^2=[vv]/(n-1)$。式中,$n-1$ 为多余观测数,即数理统计学中的自由度 $d_f=n-1$,得

$$\hat{\sigma}_a^2=[vv]_a/9=78.1/9=8.68('')^2,\quad \hat{\sigma}_b^2=[vv]_b/9=76.4/9=8.49('')^2,$$

$$\hat{\sigma}_c^2=[vv]_c/9=55.6/9=6.18('')^2$$

或

$$\hat{\sigma}_a=2.95'',\quad \hat{\sigma}_b=2.91'',\quad \hat{\sigma}_c=2.49''$$

(5)计算两个方向观测值之间的协方差估值,得

$$\hat{\sigma}_{ab}=[v_a v_b]/9=3.80/9=0.42('')^2$$

$$\hat{\sigma}_{ac}=[v_a v_c]/9=-1.40/9=-0.16('')^2$$

$$\hat{\sigma}_{bc}=[v_b v_c]/9=-6.20/9=-0.69('')^2$$

(6)计算两个方向观测值间的相关系数估值为

$$\hat{\rho}_{ab}=\hat{\sigma}_{ab}/(\hat{\sigma}_a\hat{\sigma}_b)=0.05$$

$$\hat{\rho}_{ac}=\hat{\sigma}_{ac}/(\hat{\sigma}_a\hat{\sigma}_c)=-0.02$$

$$\hat{\rho}_{bc}=\hat{\sigma}_{bc}/(\hat{\sigma}_b\hat{\sigma}_c)=-0.10$$

可见,两个方向观测值间的相关系数很小,因此,可认为方向观测值之间是不相关的。

(7)观测向量的协方差矩阵估值为

$$\hat{\boldsymbol{D}}_L=\begin{bmatrix}8.68 & 0.42 & -0.16\\ 0.42 & 8.49 & -0.69\\ -0.16 & -0.69 & 6.18\end{bmatrix}\approx\begin{bmatrix}8.68 & 0 & 0\\ 0 & 8.49 & 0\\ 0 & 0 & 6.18\end{bmatrix}$$

我们已经定义了观测值协因数为观测值权倒数，如 $Q_{ii}=1/P_i=\sigma_i^2/\sigma_0^2$，对于两个随机变量之间的互协因数，可表示为

$$Q_{ij}=\frac{\sigma_{ij}}{\sigma_0^2}$$

式中，σ_{ij} 为协方差。

现将 t 维随机向量 $\underset{t\times 1}{\boldsymbol{X}}$ 的方差矩阵乘以一个纯量因子 $1/\sigma_0^2$，顾及式(1.27)和式(1.30)得协因数矩阵 $\boldsymbol{Q_X}$，即

$$\boldsymbol{Q_X}=\frac{1}{\sigma_0^2}\boldsymbol{D_X}=\begin{bmatrix}Q_{11} & Q_{12} & \cdots & Q_{1t}\\ Q_{21} & Q_{22} & \cdots & Q_{2t}\\ \vdots & \vdots & & \vdots\\ Q_{t1} & Q_{t2} & \cdots & Q_{tt}\end{bmatrix}\tag{1.33}$$

在协因数矩阵中，主对角线元素 Q_{ii} 为随机变量 X_i 的协因数，即权倒数，而非主对角线元素 $Q_{ij}(i\neq j)$ 则为 X_i 关于 X_j 的互协因数。容易理解，协因数 Q_{ii} 与权 P_i 有类似的作用，它们是比较观测值精度高低的一种指标，而协因数 $Q_{ij}(i\neq j)$ 是比较观测值之间相关程度的一种指标。

对于单个观测值 L_i，其权 P_i 与协因数 Q_{ii} 互为倒数，即 $Q_{ii}=1/P_i=P_i^{-1}$ 或 $P_i=Q_{ii}^{-1}$，将上述概念加以推广，定义 t 维向量 $\underset{t\times 1}{\boldsymbol{X}}$ 的权矩阵 $\underset{t\times t}{\boldsymbol{P_X}}$ 为

$$\boldsymbol{P_X}=\boldsymbol{Q_X}^{-1}\tag{1.34}$$

即观测向量 $\boldsymbol{X}$ 的权矩阵是其协因数矩阵 $\boldsymbol{Q_X}$ 的逆矩阵。观测向量 $\boldsymbol{X}$ 的权矩阵与其方差矩阵之间的关系式可写为

$$\boldsymbol{D_X}=\sigma_0^2\boldsymbol{P_X}^{-1}\tag{1.35}$$

例 1.6　已知观测向量 $\underset{2\times 1}{\boldsymbol{L}}$ 的协因数矩阵为 $\boldsymbol{Q}$，$\boldsymbol{Q}=\begin{bmatrix}2 & -1\\ -1 & 2\end{bmatrix}$，试求观测向量 $\boldsymbol{L}$ 的权矩阵 $\boldsymbol{P}$ 及观测值 L_1、L_2 的权。

解：由权矩阵定义得

$$\boldsymbol{P}=\boldsymbol{Q}^{-1}=\begin{bmatrix}2 & -1\\ -1 & 2\end{bmatrix}^{-1}=\frac{1}{3}\begin{bmatrix}2 & 1\\ 1 & 2\end{bmatrix}$$

又根据式(1.34)可知，$P_i=\dfrac{1}{Q_{ii}}$，故观测值的权值为 $P_1=\dfrac{1}{Q_{11}}=\dfrac{1}{2}$，$P_2=\dfrac{1}{Q_{22}}=\dfrac{1}{2}$。

例 1.7　已知观测向量 $\underset{3\times 1}{\boldsymbol{L}}$ 的权矩阵为 $\boldsymbol{P}=\begin{bmatrix}3 & 2 & 1\\ 2 & 4 & 2\\ 1 & 2 & 3\end{bmatrix}$，试求观测值 L_1、L_2、L_3 的权 P_i。

解：由式(1.34)可知观测向量 $\boldsymbol{L}$ 的协因数矩阵为

$$\boldsymbol{Q}=\boldsymbol{P}^{-1}=\begin{bmatrix}3 & 2 & 1\\ 2 & 4 & 2\\ 1 & 2 & 3\end{bmatrix}^{-1}=\frac{1}{4}\begin{bmatrix}2 & -1 & 0\\ -1 & 2 & -1\\ 0 & -1 & 2\end{bmatrix}$$

可见，$Q_{11}=Q_{22}=Q_{33}=2/4=1/2$，故 $P_1=P_2=P_3=2$。

从上面的例子可以看出：观测值的权 P_i 与权矩阵中三个主对角线元素 P_{ii} 不一定是相等的。

1.4 精度、准确度与精确度

1.4.1 精　度

综前所述,所谓观测值精度,是指在一定观测条件下,一个量的重复观测值彼此之间接近或一致的程度。方差 σ^2 就是衡量观测值精度的指标之一。由方差定义式可知,精度实际上反映了该组观测值与其理论平均值(数学期望)的接近程度。也可以说,精度是以观测值自身的平均值为标准的。观测条件越好,观测值越密集,该组观测值的精度越高。

1.4.2 准确度

所谓准确度,是指观测值的数学期望 $E(L)$ 与其真值 $\widetilde{L}$ 的接近程度。由观测值与真值之间的关系式(1.1),即 $L+\Delta=\widetilde{L}$,有 $E(\widetilde{L})=E(L)+E(\Delta)$,因此有 $\widetilde{L}=E(L)+E(\Delta)$。当观测值中不含系统误差和粗差时,$E(\Delta)=0$,故 $\widetilde{L}=E(L)$;反之,当观测值中含有系统误差或粗差,甚至两者均有时,$E(\Delta)\neq 0$,此时观测值的数学期望 $E(L)$ 将偏离其真值 $\widetilde{L}$,人们常用准确度来衡量,用 β 表示,即

$$\beta=\widetilde{L}-E(L) \tag{1.36}$$

可见观测值的数学期望 $E(L)$ 与其真值 $\widetilde{L}$ 偏差越大,则准确度越低,准确度实际上反映了观测结果受系统误差或粗差影响的大小程度。

图 1.4(a)与图 1.4(b)分别表示对同一个量的两组重复观测值的分布。由图 1.4 可知,$\sigma_1>\sigma_2$,即第二组比第一组的精度要高些;但 $\beta_2>\beta_1$,故第二组的准确度要比第一组低些。

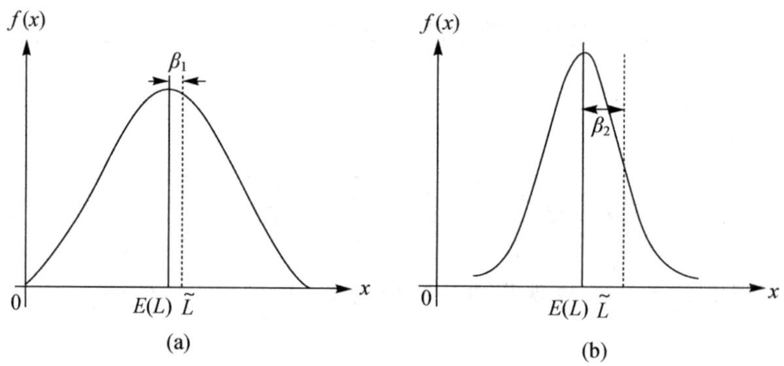

图 1.4　同一个量的两组重复观测值的分布

1.4.3 精确度

精确度是指观测结果与真值的接近程度,包括观测值与其数学期望的接近程度和数学期望与其真值的接近程度,它是精度和准确度的合成。通常我们用均方误差(mean squared error,MSE)来表示精确度的大小。设 L 为某观测量的观测值,$\widetilde{L}$ 为该观测量的真值,则均方误差的定义为

$$MSE(L)=E(L-\widetilde{L})^2 \tag{1.37}$$

将式(1.37)改写为

$$MSE(L)=E((L-E(L)+(E(L)-\tilde{L}))^2$$
$$=E(L-E(L))^2+E(E(L)-\tilde{L})^2+2E((L-E(L))(E(L)-\tilde{L}))$$

因为 $E((L-E(L))(E(L)-\tilde{L}))=E^2(L)-\tilde{L}E(L)-E^2(L)+E(L)\tilde{L}=0$，故式(1.37)又可写为

$$MSE(L)=\sigma_L^2+(E(L)-\tilde{L})^2 \tag{1.38}$$

即 L 的均方误差等于 L 的方差加上偏差的平方。从式(1.38)可看出，均方误差是一个全面衡量观测质量的指标。当观测结果中没有系统误差和粗差时，均方误差即为方差，精确度即为精度。

1.5　协方差传播律

对于单个观测值的精度评定和多个观测值(多维观测向量)的精度评定，前面我们已作了介绍，它们分别可以用方差和协方差矩阵来衡量。在测量工作中，除观测值外，还经常会遇到各种观测值函数，如何根据观测值的精度来求函数值的精度尚需研究，这就是我们将要介绍的传播律。

如图 1.5 所示，在测站 O 上观测三个方向的方向值为 L_1、L_2、L_3，根据三个方向值计算得 $\beta_1=L_2-L_1$、$\beta_2=L_3-L_2$，其中，β_1、β_2 就是观测值 L_i 的函数值。当已知 L_i 的精度时，如何评定 β_i 的精度？

又如图 1.6 所示，观测△ABC 的三个内角值 β_1、β_2、β_3，根据它们可以计算三角形闭合差和各内角的平差值。设观测值的向量表示为 $\boldsymbol{L}=[\beta_1\ \ \beta_2\ \ \beta_3]^{\mathrm{T}}$，计算闭合差的表达式为

$$\omega=180°-(\beta_1+\beta_2+\beta_3)=180°-[1\quad 1\quad 1]\boldsymbol{L}$$

三个内角的平差值表达式为

$$\hat{\boldsymbol{L}}=\begin{bmatrix}\beta_1\\ \beta_2\\ \beta_3\end{bmatrix}+\frac{1}{3}\boldsymbol{\omega}=\frac{1}{3}\begin{bmatrix}2 & -1 & -1\\ -1 & 2 & -1\\ -1 & -1 & 2\end{bmatrix}\boldsymbol{L}+\begin{bmatrix}60°\\ 60°\\ 60°\end{bmatrix} \tag{1.39}$$

由 $\boldsymbol{\omega}$ 和 $\hat{\boldsymbol{L}}$ 的表达式可知，它们都是观测值的函数，那么如何根据观测值的精度来衡量这些观测值函数的精度呢？

本节将要介绍的协方差传播律将是解决该问题的方法。

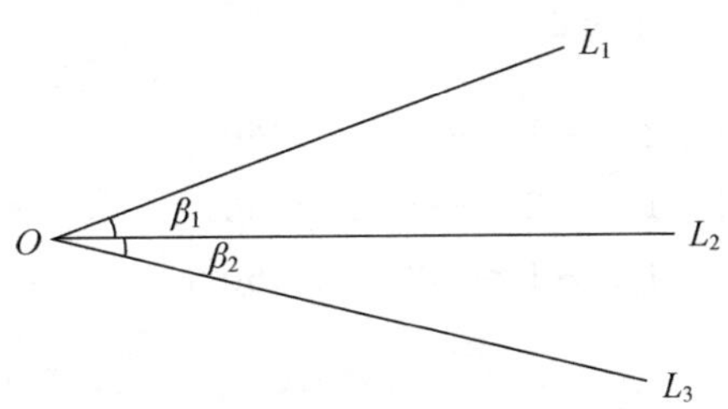

图 1.5　测站平差

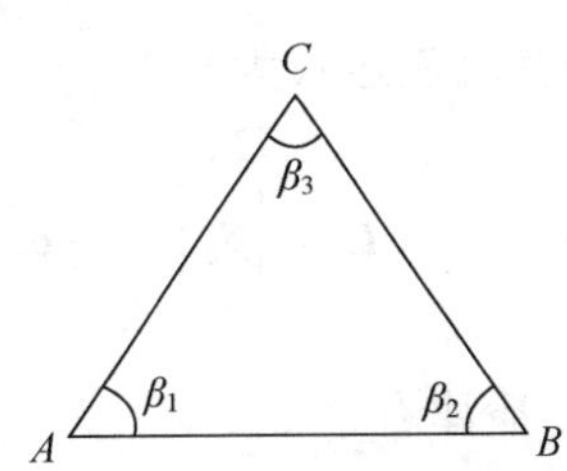

图 1.6　测角三角形

1.5.1　线性函数的协方差

在实际工作中，在求函数的精度时，非线性函数也是化成线性形式来解算的。因此，线性

函数的协方差传播律是传播律的基本形式。设已知随机向量$\underset{t\times 1}{\boldsymbol{X}}$,其数学期望为$E(\underset{t\times 1}{\boldsymbol{X}})$,方差矩阵为$\underset{t\times t}{\boldsymbol{D}_{\boldsymbol{X}}}$。若有线性函数

$$\underset{r\times 1}{\boldsymbol{Y}}=\underset{r\times t}{\boldsymbol{A}}\underset{t\times 1}{\boldsymbol{X}}+\underset{r\times 1}{\boldsymbol{b}} \tag{1.40}$$

式中,$\boldsymbol{A}$ 是已知系数矩阵,$\boldsymbol{b}$ 是已知常数向量。函数$\boldsymbol{Y}$的数学期望和方差为

$$E(\boldsymbol{Y})=\boldsymbol{A}E(\boldsymbol{X})+\boldsymbol{b} \tag{1.41}$$

$$\boldsymbol{D}_{\boldsymbol{Y}}=\boldsymbol{A}\boldsymbol{D}_{\boldsymbol{X}}\boldsymbol{A}^{\mathrm{T}} \tag{1.42}$$

式(1.42)是用来求函数的方差的公式,称为协方差传播律。

1.5.2 两组线性函数的互协方差矩阵

设有两组$\underset{t\times 1}{\boldsymbol{X}}$的线性函数

$$\left.\begin{aligned}\underset{r\times 1}{\boldsymbol{Y}}&=\underset{r\times t}{\boldsymbol{A}_1}\underset{t\times 1}{\boldsymbol{X}}+\underset{r\times 1}{\boldsymbol{b}_1}\\ \underset{s\times 1}{\boldsymbol{Z}}&=\underset{s\times t}{\boldsymbol{A}_2}\underset{t\times 1}{\boldsymbol{X}}+\underset{s\times 1}{\boldsymbol{b}_2}\end{aligned}\right\} \tag{1.43}$$

式中,$\boldsymbol{A}_1$、$\boldsymbol{A}_2$ 均为系数矩阵,$\boldsymbol{b}_1$、$\boldsymbol{b}_2$ 均为常数项向量。若已知$\boldsymbol{X}$的方差矩阵为$\boldsymbol{D}_{\boldsymbol{X}}$,则$\boldsymbol{Y}$关于$\boldsymbol{Z}$的协方差矩阵$\boldsymbol{D}_{\boldsymbol{YZ}}$和$\boldsymbol{Z}$关于$\boldsymbol{Y}$的协方差矩阵$\boldsymbol{D}_{\boldsymbol{ZY}}$可从协方差矩阵定义求得。根据式(1.32)有

$$\begin{aligned}\boldsymbol{D}_{\boldsymbol{YZ}}&=E((\boldsymbol{Y}-E(\boldsymbol{Y}))(\boldsymbol{Z}-E(\boldsymbol{Z}))^{\mathrm{T}})=E((\boldsymbol{A}_1\boldsymbol{X}-\boldsymbol{A}_1E(\boldsymbol{X}))(\boldsymbol{A}_2\boldsymbol{X}-\boldsymbol{A}_2E(\boldsymbol{X}))^{\mathrm{T}})\\ &=\boldsymbol{A}_1E((\boldsymbol{X}-E(\boldsymbol{X}))(\boldsymbol{X}-E(\boldsymbol{X}))^{\mathrm{T}})\boldsymbol{A}_2^{\mathrm{T}}=\boldsymbol{A}_1\boldsymbol{D}_{\boldsymbol{X}}\boldsymbol{A}_2^{\mathrm{T}}\end{aligned} \tag{1.44}$$

同理,得

$$\boldsymbol{D}_{\boldsymbol{ZY}}=\boldsymbol{A}_2\boldsymbol{D}_{\boldsymbol{X}}\boldsymbol{A}_1^{\mathrm{T}} \tag{1.45}$$

式(1.44)和式(1.45)即为求两组函数向量间的互协方差矩阵公式。

例 1.8 设有函数$Y=2X_1-3X_2-10=[2\ \ -3]\begin{bmatrix}X_1\\X_2\end{bmatrix}-10$,已知$\boldsymbol{D}_{\boldsymbol{X}}=\begin{bmatrix}8&2\\2&5\end{bmatrix}(\mathrm{cm}^2)$,试求函数$Y$的方差。

解:由协方差传播律得

$$\boldsymbol{D}_Y=\sigma_Y^2=[2\ \ -3]\begin{bmatrix}8&2\\2&5\end{bmatrix}\begin{bmatrix}2\\-3\end{bmatrix}=53(\mathrm{cm}^2),\quad \sigma_Y=7.3\ \mathrm{cm}$$

例 1.9 如图1.6所示,β_1、β_2、β_3 为等精度独立观测,其方差均为σ^2。试求平差值$\hat{\boldsymbol{L}}$的方差矩阵。

解:已知平差值表达式为

$$\hat{\boldsymbol{L}}=\begin{bmatrix}\beta_1\\\beta_2\\\beta_3\end{bmatrix}+\frac{1}{3}\boldsymbol{\omega}=\frac{1}{3}\begin{bmatrix}2&-1&-1\\-1&2&-1\\-1&-1&2\end{bmatrix}\boldsymbol{L}+\begin{bmatrix}60^\circ\\60^\circ\\60^\circ\end{bmatrix}$$

则根据协方差传播律有

$$\boldsymbol{D}_{\boldsymbol{L}}=\frac{1}{3}\begin{bmatrix}2&-1&-1\\-1&2&-1\\-1&-1&2\end{bmatrix}\begin{bmatrix}\sigma^2&&\\&\sigma^2&\\&&\sigma^2\end{bmatrix}\frac{1}{3}\begin{bmatrix}2&-1&-1\\-1&2&-1\\-1&-1&2\end{bmatrix}=\frac{\sigma^2}{3}\begin{bmatrix}2&-1&-1\\-1&2&-1\\-1&-1&2\end{bmatrix}$$

即平差后的三个内角的方差均为$\frac{2}{3}\sigma^2$,而两两之间的协方差均为$-\frac{1}{3}\sigma^2$。

例 1.10　设有函数

$$\boldsymbol{Z}=\boldsymbol{A}_1\boldsymbol{X}+\boldsymbol{A}_2\boldsymbol{Y}+\boldsymbol{F}^0$$

已知 $\boldsymbol{X}$、$\boldsymbol{Y}$ 的方差矩阵分别为 $\boldsymbol{D}_X$、$\boldsymbol{D}_Y$，两者之间的协方差矩阵为 $\boldsymbol{D}_{XY}$。试求 $\boldsymbol{Z}$ 的方差矩阵 $\boldsymbol{D}_Z$ 和 $\boldsymbol{Z}$ 关于 $\boldsymbol{X}$、$\boldsymbol{Z}$ 关于 $\boldsymbol{Y}$ 的协方差矩阵 $\boldsymbol{D}_{ZX}$、$\boldsymbol{D}_{ZY}$。

解：令 $\boldsymbol{K}=[\boldsymbol{A}_1\ \ \boldsymbol{A}_2]$，$\boldsymbol{U}=\begin{bmatrix}\boldsymbol{X}\\\boldsymbol{Y}\end{bmatrix}$，$\boldsymbol{F}=[\boldsymbol{I}\ \ \boldsymbol{0}]$，则函数式可改写为

$$\boldsymbol{Z}=\boldsymbol{K}\boldsymbol{U}+\boldsymbol{F}^0 \tag{1.46}$$

由协方差定义知道，$\boldsymbol{U}$ 的方差矩阵为

$$\boldsymbol{D}_U=\begin{bmatrix}\boldsymbol{D}_X & \boldsymbol{D}_{XY}\\\boldsymbol{D}_{YX} & \boldsymbol{D}_Y\end{bmatrix} \tag{1.47}$$

依据协方差传播律有

$$\boldsymbol{D}_Z=\boldsymbol{K}\boldsymbol{D}_U\boldsymbol{K}^{\mathrm{T}}=[\boldsymbol{A}_1\ \ \boldsymbol{A}_2]\begin{bmatrix}\boldsymbol{D}_X & \boldsymbol{D}_{XY}\\\boldsymbol{D}_{YX} & \boldsymbol{D}_Y\end{bmatrix}\begin{bmatrix}\boldsymbol{A}_1^{\mathrm{T}}\\\boldsymbol{A}_2^{\mathrm{T}}\end{bmatrix}=\boldsymbol{A}_1\boldsymbol{D}_X\boldsymbol{A}_1^{\mathrm{T}}+\boldsymbol{A}_2\boldsymbol{D}_Y\boldsymbol{A}_2^{\mathrm{T}}+\boldsymbol{A}_1\boldsymbol{D}_{XY}\boldsymbol{A}_2^{\mathrm{T}}+\boldsymbol{A}_2\boldsymbol{D}_{YX}\boldsymbol{A}_1^{\mathrm{T}} \tag{1.48}$$

为利用式(1.44)求 $\boldsymbol{Z}$ 关于 $\boldsymbol{X}$ 的协方差矩阵 $\boldsymbol{D}_{ZX}$，则必须将 $\boldsymbol{Z}$、$\boldsymbol{X}$ 表达为同一随机变量的函数，即均表达为 $\boldsymbol{X}$、$\boldsymbol{Y}$ 的函数，因此

$$\boldsymbol{Z}=\boldsymbol{A}_1\boldsymbol{X}+\boldsymbol{A}_2\boldsymbol{Y}+\boldsymbol{F}^0=[\boldsymbol{A}_1\ \ \boldsymbol{A}_2]\begin{bmatrix}\boldsymbol{X}\\\boldsymbol{Y}\end{bmatrix}+\boldsymbol{F}^0=\boldsymbol{K}\boldsymbol{U}+\boldsymbol{F}^0,\ \boldsymbol{X}=\boldsymbol{I}\boldsymbol{X}+\boldsymbol{0}\boldsymbol{Y}=[\boldsymbol{I}\ \ \boldsymbol{0}]\begin{bmatrix}\boldsymbol{X}\\\boldsymbol{Y}\end{bmatrix}=\boldsymbol{F}\boldsymbol{U}$$

再依据式(1.44)，得

$$\boldsymbol{D}_{ZX}=\boldsymbol{K}\boldsymbol{D}_U\boldsymbol{F}^{\mathrm{T}}=[\boldsymbol{A}_1\ \ \boldsymbol{A}_2]\begin{bmatrix}\boldsymbol{D}_X & \boldsymbol{D}_{XY}\\\boldsymbol{D}_{YX} & \boldsymbol{D}_Y\end{bmatrix}\begin{bmatrix}\boldsymbol{I}\\\boldsymbol{0}\end{bmatrix}=\boldsymbol{A}_1\boldsymbol{D}_X+\boldsymbol{A}_2\boldsymbol{D}_{YX} \tag{1.49}$$

同理，得

$$\boldsymbol{D}_{ZY}=[\boldsymbol{A}_1\ \ \boldsymbol{A}_2]\begin{bmatrix}\boldsymbol{D}_X & \boldsymbol{D}_{XY}\\\boldsymbol{D}_{YX} & \boldsymbol{D}_Y\end{bmatrix}\begin{bmatrix}\boldsymbol{0}\\\boldsymbol{I}\end{bmatrix}=\boldsymbol{A}_1\boldsymbol{D}_{XY}+\boldsymbol{A}_2\boldsymbol{D}_Y \tag{1.50}$$

例 1.11　设有函数 $\boldsymbol{Y}=\boldsymbol{A}_1\boldsymbol{X}_1+\boldsymbol{F}^0$，$\boldsymbol{Z}=\boldsymbol{A}_2\boldsymbol{X}_2+\boldsymbol{K}^0$，已知 $\boldsymbol{X}_1$、$\boldsymbol{X}_2$ 之间的协方差矩阵为 $\boldsymbol{D}_{12}$，求 $\boldsymbol{Y}$ 关于 $\boldsymbol{Z}$ 的协方差矩阵。

解：将函数改写为

$$\boldsymbol{Y}=\boldsymbol{A}_1\boldsymbol{X}_1+\boldsymbol{0}\boldsymbol{X}_2+\boldsymbol{F}^0=[\boldsymbol{A}_1\ \ \boldsymbol{0}][\boldsymbol{X}_1^{\mathrm{T}}\ \ \boldsymbol{X}_2^{\mathrm{T}}]^{\mathrm{T}}+\boldsymbol{F}^0$$

$$\boldsymbol{Z}=\boldsymbol{0}\boldsymbol{X}_1+\boldsymbol{A}_2\boldsymbol{X}_2+\boldsymbol{K}^0=[\boldsymbol{0}\ \ \boldsymbol{A}_2][\boldsymbol{X}_1^{\mathrm{T}}\ \ \boldsymbol{X}_2^{\mathrm{T}}]^{\mathrm{T}}+\boldsymbol{K}^0$$

依据协方差公式(1.44)，有

$$\boldsymbol{D}_{YZ}=[\boldsymbol{A}_1\ \ \boldsymbol{0}]\begin{bmatrix}\boldsymbol{D}_{X_1} & \boldsymbol{D}_{12}\\\boldsymbol{D}_{21} & \boldsymbol{D}_{X_2}\end{bmatrix}\begin{bmatrix}\boldsymbol{0}\\\boldsymbol{A}_2^{\mathrm{T}}\end{bmatrix}=\boldsymbol{A}_1\boldsymbol{D}_{12}\boldsymbol{A}_2^{\mathrm{T}} \tag{1.51}$$

式(1.51)表明，尽管 $\boldsymbol{Y}$ 和 $\boldsymbol{Z}$ 似乎毫无关系，但当 $\boldsymbol{X}_1$、$\boldsymbol{X}_2$ 间的协方差不为 $\boldsymbol{0}$ 时，我们利用“加零法”，将两函数式表示为同一随机向量 $[\boldsymbol{X}_1^{\mathrm{T}}\ \ \boldsymbol{X}_2^{\mathrm{T}}]^{\mathrm{T}}$ 的函数，从而计算出 $\boldsymbol{Y}$ 关于 $\boldsymbol{Z}$ 的协方差矩阵。

例 1.10 和例 1.11 中的结论，即式(1.48)至式(1.51)，今后可直接作为协方差传播律的基本公式加以引用。

1.6 协因数传播律与广义传播律

1.6.1 协因数传播律与广义传播律的定义

对于函数的精度,还可用协因数来表示,即当已知随机变量的协因数矩阵时,还可以求得随机变量函数的协因数矩阵。由于协方差矩阵等于单位权方差与协因数矩阵的乘积,即 $\boldsymbol{D}_{\boldsymbol{X}}=\sigma_0^2\boldsymbol{Q}_{\boldsymbol{X}}$,因此,1.5 节中导出的协方差传播律可转变为协因数之间的关系,称为协因数传播律,并将协方差传播律与协因数传播律合称为广义传播律。

根据式(1.42),有 $\boldsymbol{D}_{\boldsymbol{Y}}=\boldsymbol{A}\boldsymbol{D}_{\boldsymbol{X}}\boldsymbol{A}^{\mathrm{T}}$,改写为 $\sigma_0^2\boldsymbol{Q}_{\boldsymbol{Y}}=\sigma_0^2\boldsymbol{A}\boldsymbol{Q}_{\boldsymbol{X}}\boldsymbol{A}^{\mathrm{T}}$,两边约去 σ_0^2 后,则得协因数传播律为

$$\boldsymbol{Q}_{\boldsymbol{Y}}=\boldsymbol{A}\boldsymbol{Q}_{\boldsymbol{X}}\boldsymbol{A}^{\mathrm{T}} \tag{1.52}$$

同理,由式(1.44)、式(1.45)、式(1.48)、式(1.49)和式(1.51)可得

$$\boldsymbol{Q}_{\boldsymbol{YZ}}=\boldsymbol{A}_1\boldsymbol{Q}_{\boldsymbol{X}}\boldsymbol{A}_2^{\mathrm{T}} \tag{1.53}$$

$$\boldsymbol{Q}_{\boldsymbol{YZ}}=\boldsymbol{Q}_{\boldsymbol{ZY}}^{\mathrm{T}} \tag{1.54}$$

$$\boldsymbol{Q}_{\boldsymbol{Z}}=\boldsymbol{A}_1\boldsymbol{Q}_{\boldsymbol{X}}\boldsymbol{A}_1^{\mathrm{T}}+\boldsymbol{A}_2\boldsymbol{Q}_{\boldsymbol{Y}}\boldsymbol{A}_2^{\mathrm{T}}+\boldsymbol{A}_1\boldsymbol{Q}_{\boldsymbol{XY}}\boldsymbol{A}_2^{\mathrm{T}}+\boldsymbol{A}_2\boldsymbol{Q}_{\boldsymbol{YX}}\boldsymbol{A}_1^{\mathrm{T}} \tag{1.55}$$

$$\boldsymbol{Q}_{\boldsymbol{ZX}}=\boldsymbol{A}_1\boldsymbol{Q}_{\boldsymbol{X}}+\boldsymbol{A}_2\boldsymbol{Q}_{\boldsymbol{YX}} \tag{1.56}$$

$$\boldsymbol{Q}_{\boldsymbol{YZ}}=\boldsymbol{A}_1\boldsymbol{Q}_{12}\boldsymbol{A}_2^{\mathrm{T}} \tag{1.57}$$

例 1.12 如图 1.5 所示,在测站 O 上观测三个方向的方向值为 $\boldsymbol{L}=[L_1 \quad L_2 \quad L_3]^{\mathrm{T}}$,计算所得的角度向量为 $\beta_1=L_2-L_1$,$\beta_2=L_3-L_2$,令 $\boldsymbol{\beta}=[\beta_1 \quad \beta_2]^{\mathrm{T}}$,它与方向值向量的关系式为

$$\boldsymbol{\beta}=\begin{bmatrix}-1 & 1 & 0\\ 0 & -1 & 1\end{bmatrix}\begin{bmatrix}L_1\\ L_2\\ L_3\end{bmatrix}=\boldsymbol{A}\boldsymbol{L}$$

由于是等精度的独立观测,可设 $\boldsymbol{Q}_{\boldsymbol{L}}=\boldsymbol{I}$,则角度向量 $\boldsymbol{\beta}$ 的协因数矩阵可按式(1.52)得

$$\boldsymbol{Q}_{\boldsymbol{\beta}}=\boldsymbol{A}\boldsymbol{Q}_{\boldsymbol{L}}\boldsymbol{A}^{\mathrm{T}}=\begin{bmatrix}2 & -1\\ -1 & 2\end{bmatrix}$$

从本例可以看出,由独立观测的方向值所计算的相邻角度的协因数为-1。

1.6.2 非线性函数的广义传播律

根据前面的介绍,我们知道,广义传播律实质上是协方差传播律与协因数传播律的统称。在介绍协方差传播律与协因数传播律时,我们都是以观测值函数为线性函数为例进行介绍的,而在实际测量工作中,往往还会遇到观测值的非线性函数,如三角高程测量计算高差的公式 $h=D\tan\gamma$,式中,D 为已知的水平距离,γ 为竖直角观测值,h 是观测值的非线性函数。类似的例子可以举出很多,对于此类问题的协方差传播律和协因数传播律将在本小节进行探讨。

设有随机向量 $\underset{t\times 1}{\boldsymbol{X}}$ 的非线性函数为

$$\underset{t\times 1}{\boldsymbol{Y}}=F(\underset{t\times 1}{\boldsymbol{X}})$$

或写为

$$\boldsymbol{Y}=F(X_1, X_2, \cdots, X_t) \tag{1.58}$$

已知其协方差矩阵为 $\boldsymbol{D}_X$，需求 $\boldsymbol{Y}$ 的方差矩阵和协因数矩阵。

对于非线性函数的方差计算，必须先将函数线性化。其做法是，设 $\underset{t\times1}{\boldsymbol{X}}$ 的近似值为 $\underset{t\times1}{\boldsymbol{X}^0}$，即

$$\underset{t\times1}{\boldsymbol{X}^0}=[X_1^0 \quad X_2^0 \quad \cdots \quad X_t^0]^{\mathrm{T}} \tag{1.59}$$

则可将函数式(1.58)在 $\boldsymbol{X}^0$ 处按泰勒级数展开，即

$$\boldsymbol{Y}=F(X_1^0, X_2^0, \cdots, X_t^0)+\left(\frac{\partial F}{\partial X_1}\right)_0 (X_1-X_1^0)+\cdots+\left(\frac{\partial F}{\partial X_t}\right)_0 (X_t-X_t^0)+\cdots$$

略去二次以上各项，得函数的线性化公式为

$$\boldsymbol{Y}=\boldsymbol{Y}^0+\left.\frac{\partial F}{\partial \boldsymbol{X}}\right|_{\boldsymbol{X}^0}(\boldsymbol{X}-\boldsymbol{X}^0) \tag{1.60}$$

式中

$$\boldsymbol{Y}^0=F(\boldsymbol{X}^0)=F(X_1^0, X_2^0, \cdots, X_t^0) \tag{1.61}$$

$$\left.\frac{\partial F}{\partial \boldsymbol{X}}\right|_{\boldsymbol{X}^0}=\left[\frac{\partial F}{\partial X_1} \quad \frac{\partial F}{\partial X_2} \quad \cdots \quad \frac{\partial F}{\partial X_t}\right]_{\boldsymbol{X}^0} \tag{1.62}$$

若令

$$\left.\begin{aligned} \boldsymbol{Y}-\boldsymbol{Y}^0 &= \mathrm{d}\boldsymbol{Y} \\ \boldsymbol{X}-\boldsymbol{X}^0 &= \mathrm{d}\boldsymbol{X} \\ \left.\frac{\partial F}{\partial \boldsymbol{X}}\right|_{\boldsymbol{X}^0} &= \boldsymbol{F} \end{aligned}\right\} \tag{1.63}$$

由于 $\boldsymbol{Y}^0$、$\boldsymbol{X}^0$ 均为非随机变量，依据协方差传播律，有

$$\left.\begin{aligned} \boldsymbol{D}_{\mathrm{d}Y} &= \boldsymbol{D}_Y \\ \boldsymbol{D}_{\mathrm{d}X} &= \boldsymbol{D}_X \end{aligned}\right\} \tag{1.64}$$

将式(1.60)改写为

$$\mathrm{d}\boldsymbol{Y}=\boldsymbol{F}\,\mathrm{d}\boldsymbol{X} \tag{1.65}$$

式(1.65)为式(1.58)的全微分式，应用广义传播律，得

$$\boldsymbol{D}_Y=\boldsymbol{F}\boldsymbol{D}_X\boldsymbol{F}^{\mathrm{T}} \tag{1.66}$$

$$\boldsymbol{Q}_Y=\boldsymbol{F}\boldsymbol{Q}_X\boldsymbol{F}^{\mathrm{T}} \tag{1.67}$$

由式(1.66)和式(1.67)可知，非线性函数的广义传播律是先将式(1.58)全微分得到线性化函数式，然后用线性函数的广义传播律方法求得。

如果有 r 个非线性函数

$$\underset{r\times1}{\boldsymbol{Y}}=[F_1(\boldsymbol{X}) \quad F_2(\boldsymbol{X}) \quad \cdots \quad F_r(\boldsymbol{X})]^{\mathrm{T}} \tag{1.68}$$

线性化为

$$\underset{r\times1}{\mathrm{d}\boldsymbol{Y}}=\underset{r\times t}{\boldsymbol{F}}\ \underset{t\times1}{\mathrm{d}\boldsymbol{X}} \tag{1.69}$$

式中

$$\left.\begin{aligned} \mathrm{d}\boldsymbol{Y} &= \boldsymbol{Y}-\boldsymbol{Y}^0 \\ \mathrm{d}\boldsymbol{X} &= \boldsymbol{X}-\boldsymbol{X}^0 \end{aligned}\right\} \tag{1.70}$$

$$\boldsymbol{F}=\begin{bmatrix}\frac{\partial F_1}{\partial X_1} & \frac{\partial F_1}{\partial X_2} & \cdots & \frac{\partial F_1}{\partial X_t}\\ \frac{\partial F_2}{\partial X_1} & \frac{\partial F_2}{\partial X_2} & \cdots & \frac{\partial F_2}{\partial X_t}\\ \vdots & \vdots & & \vdots\\ \frac{\partial F_r}{\partial X_1} & \frac{\partial F_r}{\partial X_2} & \cdots & \frac{\partial F_r}{\partial X_t}\end{bmatrix} \tag{1.71}$$

则其方差矩阵为

$$\underset{r\times r}{\boldsymbol{D}_{\boldsymbol{Y}}}=\boldsymbol{F}\boldsymbol{D}_{\boldsymbol{X}}\boldsymbol{F}^{\mathrm{T}} \tag{1.72}$$

协因数矩阵为

$$\underset{r\times r}{\boldsymbol{Q}_{\boldsymbol{Y}}}=\boldsymbol{F}\boldsymbol{Q}_{\boldsymbol{X}}\boldsymbol{F}^{\mathrm{T}} \tag{1.73}$$

例 1.13 如图 1.7 所示,支导线中 A 为已知点,T_0 为 AB 方向的方位角,其方差为 $1.0('')^2$,观测角 β 的方差为 $4.0('')^2$。AC 两点边长 S 的观测值为 600 m,方差为 $0.5\ \mathrm{cm}^2$。试求 C 点的点位精度。

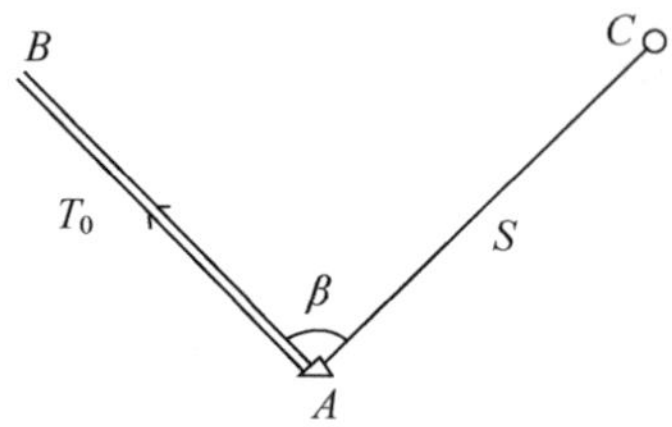

图 1.7 支导线示意

解法一:由 C 点的坐标方差求点位方差。

(1)列出函数式

$$X_C = X_A + S\cos(T_0+\beta)$$
$$Y_C = Y_A + S\sin(T_0+\beta)$$

(2)线性化。对上式求全微分,得

$$\begin{aligned}\mathrm{d}X_C &= \cos T\,\mathrm{d}S - \Delta Y\mathrm{d}T_0/\rho - \Delta Y\mathrm{d}\beta/\rho\\ &= [\cos T \quad -\Delta Y/\rho \quad -\Delta Y/\rho][\mathrm{d}S \quad \mathrm{d}T_0 \quad \mathrm{d}\beta]^{\mathrm{T}}\\ \mathrm{d}Y_C &= \sin T\,\mathrm{d}S + \Delta X\mathrm{d}T_0/\rho + \Delta X\mathrm{d}\beta/\rho\\ &= [\sin T \quad \Delta X/\rho \quad \Delta X/\rho][\mathrm{d}S \quad \mathrm{d}T_0 \quad \mathrm{d}\beta]^{\mathrm{T}}\end{aligned}$$

式中,T 为 AC 边的坐标方位角,$T=T_0+\beta$;ρ 是弧秒值,取值为 $\rho=57.3°=3\,438'=206\,265''\approx 2\times 10^{5}''$。

(3)计算坐标方差 $\sigma_{X_C}^2$、$\sigma_{Y_C}^2$。设 $\boldsymbol{X}=[S \quad T_0 \quad \beta]^{\mathrm{T}}$,由题意得

$$\boldsymbol{D}_{\boldsymbol{X}}=\begin{bmatrix}0.5 & & \\ & 1 & \\ & & 4\end{bmatrix}$$

按协方差传播律,得

$$\begin{aligned}\sigma_{X_C}^2 &= [\cos T \quad -\Delta Y/\rho \quad -\Delta Y/\rho]\begin{bmatrix}0.5 & & \\ & 1 & \\ & & 4\end{bmatrix}\begin{bmatrix}\cos T\\ -\Delta Y/\rho\\ -\Delta Y/\rho\end{bmatrix}\\ &= 0.5\cos^2 T + 5\Delta Y^2/\rho^2\end{aligned}$$

同理,得

$$\sigma_{Y_C}^2 = 0.5\sin^2 T + 5\Delta X^2/\rho^2$$

则点位方差为

$$\sigma_C^2=\sigma_{X_C}^2+\sigma_{Y_C}^2=0.5(\sin^2 T+\cos^2 T)+\frac{5}{\rho^2}(\Delta X^2+\Delta Y^2)=0.5+\frac{5}{\rho^2}S^2=0.95(\mathrm{cm}^2)$$

或

$$\sigma_C=0.97\ \mathrm{cm}$$

解法二：由 C 点的纵向方差 σ_s^2 和横向方差 σ_u^2 计算 C 点的点位方差 σ_C^2。

(1)纵向方差。由题意知

$$\sigma_s^2=0.5\ \mathrm{cm}^2$$

(2)横向方差。横向方差是由 AC 边的坐标方位角 T 的方差 σ_T^2 引起的，其关系式为 $\sigma_u^2=S^2\sigma_T^2/\rho^2$，因 $T=T_0+\beta$，所以 $\sigma_T^2=\sigma_{T_0}^2+\sigma_\beta^2=1+4=5('')^2$，得横向方差为

$$\sigma_u^2=S^2\sigma_T^2/\rho^2=(6\times10^4)^2\times5/(2\times10^5)^2=0.45(\mathrm{cm}^2)$$

则 C 点的点位方差为

$$\sigma_C^2=\sigma_s^2+\sigma_u^2=0.95\ \mathrm{cm}^2$$

1.7　广义传播律在测量中的应用

1.7.1　测量中常用的定权方法

1.3 节对权的概念进行了详细的介绍。在本节中，将借助于广义传播律，对测量平差中常用的定权方法进行探讨。

1. 水准测量

如图 1.8 所示，A、B 两水准点间的高差 h_{AB} 等于各测站高差之和，即

$$h_{AB}=h_1+h_2+\cdots+h_N$$

设各测站的观测高差是等精度的独立观测值，方差均为 σ^2。由于是独立观测，故 $\sigma_{ij}=0$，所以按协方差传播律，即式(1.42)，得

$$\left.\begin{aligned}&\sigma_{AB}^2=\sigma^2+\sigma^2+\cdots+\sigma^2=N\sigma^2\\&\text{或}\\&\sigma_{AB}=\sqrt{N}\sigma\end{aligned}\right\}\tag{1.74}$$

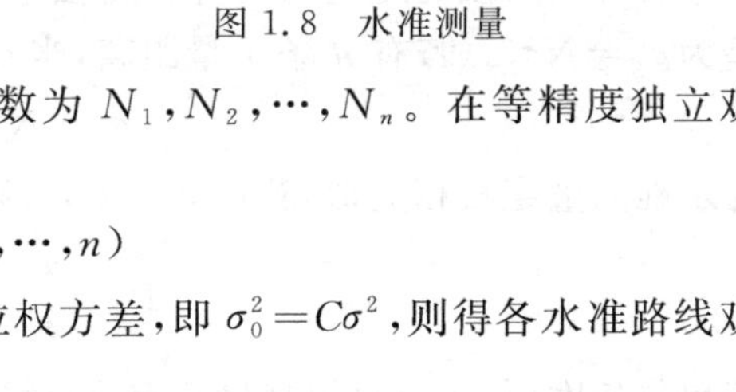

图 1.8　水准测量

设有 n 条水准路线的水准网，每条路线上的测站数为 $N_1,N_2,\cdots,N_n$。在等精度独立观测的情况下，各条路线的观测高差方差为

$$\sigma_i^2=N_i\sigma^2\quad(i=1,2,\cdots,n)$$

若取 C 个测站的水准路线观测高差的方差为单位权方差，即 $\sigma_0^2=C\sigma^2$，则得各水准路线观测高差的权为

$$P_i=\frac{\sigma_0^2}{\sigma_i^2}=\frac{C}{N_i}\quad(i=1,2,\cdots,n)\tag{1.75}$$

式(1.75)表明，当各测站的观测精度相同时，各路线观测高差的权与测站数成反比。

在平坦地区，每一测站的距离 s 基本相等，设第 i 段路线的距离为 S_i，那么该水准路线的测站数为 $N_i=S_i/s$，代入式(1.74)得

$$\sigma_i^2=\frac{S_i}{s}\sigma^2=\frac{S_i\sigma^2}{s} \tag{1.76}$$

式(1.76)中,若 $1/s$ 为 1 km 水准路线上的测站数,令 $(1/s)\sigma^2=N_{km}\sigma^2=\sigma_{km}^2$,则式(1.76)可改写成

$$\sigma_i^2=S_i\sigma_{km}^2 \tag{1.77}$$

若取长度为 C(以 km 为单位)的水准路线观测高差的方差为单位权方差,即

$$\sigma_0^2=C\sigma_{km}^2 \tag{1.78}$$

则依距离定权的公式为

$$P_i=\frac{\sigma_0^2}{\sigma_i^2}=\frac{C}{S_i}\quad(i=1,2,\cdots,n) \tag{1.79}$$

式(1.79)表明,当每千米观测高差的精度相同时,水准路线观测高差的权与该路线的长度成反比。

在实际水准测量工作中,一般来说,我们可以按照以下原则来定权:若布设的水准网在平原地区,由于每千米的测站数大致相等,因此,可以按水准路线的长度定权;若布设的水准网在起伏较大的丘陵地区或山区,由于每千米的测站数可能相差较大,则应按水准路线的测站数定权。

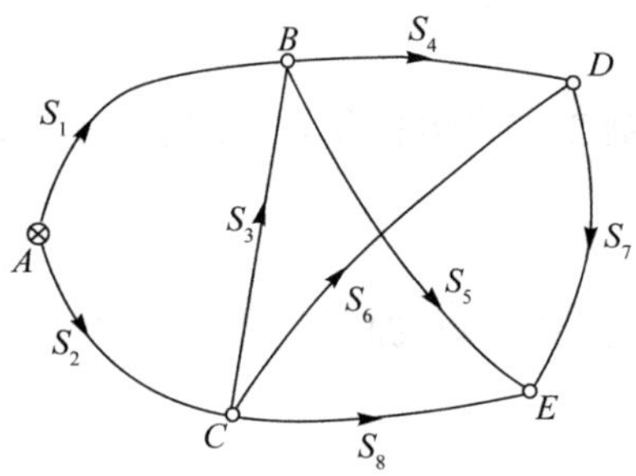

图 1.9　水准网示意

例 1.14　在图 1.9 的水准网中,各水准路线的长度分别为:$S_1=2.0$ km,$S_2=2.0$ km,$S_3=3$ km,$S_4=3$ km,$S_5=4$ km,$S_6=4$ km,$S_7=2.5$ km,$S_8=1.5$ km。试测定各路线观测高差的权。

解:设取 4 km 水准路线的观测高差为单位权观测,则由式(1.79)得

$$P_1=2,\quad P_2=2,\quad P_3=1.3,\quad P_4=1.3$$
$$P_5=1,\quad P_6=1,\quad P_7=1.6,\quad P_8=2.7$$

2. 距离丈量

用长度为 s 的钢尺丈量距离,丈量 N 个尺段后,其全长为

$$S=s_1+s_2+\cdots+s_N$$

若每一尺段的距离均为等精度独立观测值,其方差为 σ^2,则依据式(1.42)得全长 S 的方差为 $\sigma_S^2=N\sigma^2$。若有 n 条丈量距离,当对每一尺段进行等精度独立丈量时,其相应的方差为

$$\sigma_i^2=N_i\sigma^2\quad(i=1,2,\cdots,n)$$

与水准测量定权相类似,若取 $\sigma_0^2=C\sigma^2$,则相应权为

$$P_i=\frac{\sigma_0^2}{\sigma_i^2}=\frac{C}{N_i}\quad(i=1,2,\cdots,n) \tag{1.80}$$

若单位长度(如 1 km)的测量方差为 σ_{km}^2,则长度为 S_i 的方差可表示为[参阅式(1.77)]

$$\sigma_i^2=S_i\sigma_{km}^2$$

当取 $\sigma_0^2=C\sigma_{km}^2$ 时,则有定权公式

$$P_i=\frac{C}{S_i} \tag{1.81}$$

3. 三角高程测量

如图1.10所示，在三角高程测量中，两个三角点间的高差计算公式为

$$h_{AB}=D\tan\gamma+i-l$$

式中，i、l 分别为仪器高和觇标高，它们可精确量得，视为无误差。因此，对 D 和 γ 微分后得

$$\mathrm{d}h_{AB}=\tan\gamma\mathrm{d}D+D\sec^2\gamma\mathrm{d}\gamma/\rho$$

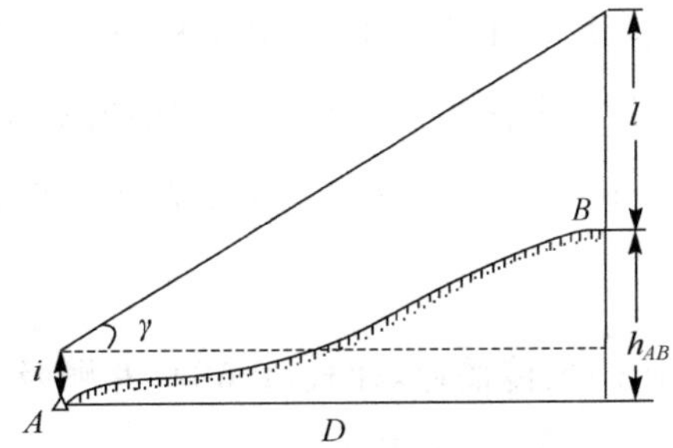

图1.10　三角高程测量

边长 D 和高度角 γ 是独立测量的，因此两者的协方差为0，按协方差传播律，得

$$\sigma_{AB}^2=\tan^2\gamma\sigma_D^2+(D\sec^2\gamma)^2\sigma_\gamma^2/\rho^2 \tag{1.82}$$

在实际测量中，由于高度角 γ 一般不会大于5°，故 $\tan^2\gamma$ 很小，所以式(1.82)中第一项相对第二项而言，可以忽略不计。当 $\gamma<5°$ 时，$\sec^2\gamma$ 趋于1，在此情况下式(1.82)变为

$$\sigma_{AB}^2=D^2\sigma_\gamma^2/\rho^2$$

对于距离为 D_i 的三角高程测量，则有 $\sigma_i^2=D_i^2\sigma_\gamma^2/\rho^2$。若取长度为 C(单位为km)的三角观测站高差的方差为单位权方差，即 $\sigma_0^2=C^2\sigma_\gamma^2/\rho^2$，则三角高程测量各高差的定权公式为

$$P_i=\frac{\sigma_0^2}{\sigma_i^2}=\frac{C^2}{D_i^2} \tag{1.83}$$

由式(1.83)可见，三角高程测量高差之权与两个三角点间的距离平方成反比。

4. 等精度观测值的算术平均值

设对某待测量进行 n 次等精度独立重复观测，该量的最佳估值就是 n 个观测值的算术平均值，即

$$\bar{L}=\sum L_i/n=[1/n\quad 1/n\quad \cdots\quad 1/n]\boldsymbol{L}$$

式中，$\boldsymbol{L}=[L_1\quad L_2\quad \cdots\quad L_n]^{\mathrm{T}}$，若观测值的方差为 σ^2，则按协方差传播律得算术平均值的方差为

$$\sigma_{\bar{L}}^2=[1/n\quad 1/n\quad \cdots\quad 1/n]\begin{bmatrix}\sigma^2 & & & \\ & \sigma^2 & & \\ & & \ddots & \\ & & & \sigma^2\end{bmatrix}\begin{bmatrix}1/n\\1/n\\ \vdots\\1/n\end{bmatrix}=\sigma^2/n$$

可见，算术平均值的方差 $\sigma_{\bar{L}}^2$ 是一次测量的方差 σ^2 的 $\frac{1}{n}$。若取一次测量的方差为单位权方差，即 $\sigma_0^2=\sigma^2$，那么算术平均值的权为

$$P_{\bar{L}}=\frac{\sigma_0^2}{\sigma_{\bar{L}}^2}=n \tag{1.84}$$

由此可见，观测量算术平均值的权与该观测量重复观测的次数成正比。

1.7.2　由真误差计算方差估值的公式

1. 用不同精度的真误差计算单位权方差估值的公式

设有独立非等精度观测值为 $L_1,L_2,\cdots,L_n$，其真误差为 $\Delta_1,\Delta_2,\cdots,\Delta_n$，权为 $P_1,P_2,\cdots,$

P_n。由式(1.24)可知,单位权方差与观测值方差有以下关系:$\sigma_i^2=\sigma_0^2/P_i$ 或 $\hat{\sigma}_i^2=\hat{\sigma}_0^2/P_i$。可见,只要设法导出单位权方差估值 $\hat{\sigma}_0^2$ 的公式,即可根据上式计算任一观测值的方差估值。

设 $L'_i=\sqrt{P_i}L_i$,其真误差的关系式为

$$\Delta'_i=\sqrt{P_i}\Delta_i \tag{1.85}$$

由协因数传播律,即式(1.52),并顾及式(1.24),有 $\frac{1}{P'}=(\sqrt{P_i})^2\ \frac{1}{P_i}=1$,即 $P'=1$。可见,L'_i 为单位权观测值,Δ'_i 为单位权观测值的真误差。因此,根据式(1.18)得单位权方差估值为

$$\hat{\sigma}_0^2=\frac{[\Delta'\Delta']}{n} \tag{1.86}$$

将式(1.85)代入式(1.86),得单位权方差估值的计算公式为

$$\left.\begin{aligned}&\hat{\sigma}_0^2=\frac{[P\Delta\Delta]}{n}\\ \text{或}\quad&\\ &\hat{\sigma}_0=\sqrt{\frac{[P\Delta\Delta]}{n}}\end{aligned}\right\} \tag{1.87}$$

式(1.87)即为用非等精度观测的真误差计算单位权方差估值的公式。

2.由三角形闭合差计算测角方差估值的公式

对于平面三角形而言,其内角之和的理论值为180°。因此,对三角形的三个内角进行测量,三角形闭合差实为三角形内角和的真误差。当等精度观测三角网中的每一个角度时,算得的三角形内角和也是等精度的,其闭合差也是等精度的。由式(1.18)可写出三角形内角和的方差估值为

$$\hat{\sigma}_\Sigma^2=\frac{[\omega\omega]}{n} \tag{1.88}$$

式中,ω 为三角形的闭合差,n 为同等级三角网中三角形的总数。

设 Σ_i 为第 i 个三角形内角之和,即

$$\Sigma_i=\beta_{i_1}+\beta_{i_2}+\beta_{i_3}\quad(i=1,2,\cdots,n) \tag{1.89}$$

若每一个角度观测值的方差为 σ^2,则式(1.89)依据协方差传播律,得

$$\left.\begin{aligned}&\sigma_\Sigma^2=3\sigma^2\\ \text{或}\quad&\\ &\sigma^2=\sigma_\Sigma^2/3\end{aligned}\right\} \tag{1.90}$$

将式(1.88)代入式(1.90),得到由三角形闭合差计算观测角度的方差估值公式为

$$\left.\begin{aligned}&\hat{\sigma}^2=\frac{[\omega\omega]}{3n}\\ \text{或}\quad&\\ &\hat{\sigma}=\sqrt{\frac{[\omega\omega]}{3n}}\end{aligned}\right\} \tag{1.91}$$

这就是测量中著名的菲列罗公式。该公式主要用于三角测量,用来初步评定测角精度是否满足各等级三角测量规范的要求。

3. 由水准环线高差闭合差计算水准测量单位权方差估值的公式

在水准测量中，水准环线的所有测段高差之和的理论值应为 0，所以与三角形闭合差相似，水准环线的高差闭合差是环线中所有测段高差之和的真误差。由于各个水准环线长短不一，因此，对于各个水准环线而言，它们的观测高差是不等精度的。

设水准环线的闭合差为 ω_i，环线长为 R_i，水准网共有 N 个环线，即 $i=1,2,\cdots,N$。设以 1 km 水准观测高差为单位权观测值，则每一环线高差观测值之权为 $1/R_i$，依据式(1.87)得单位权(每千米观测值)方差的估值公式为

$$\left.\begin{aligned}\hat{\sigma}_{\mathrm{km}}^2&=\frac{1}{N}\frac{[\omega\omega]}{R}\\ &\text{或}\\ \hat{\sigma}_{\mathrm{km}}&=\sqrt{\frac{1}{N}\frac{[\omega\omega]}{R}}\end{aligned}\right\}\tag{1.92}$$

由于水准网中相邻环线的观测高差之间并不完全相互独立，因此式(1.92)是一近似估算公式。

4. 由双观测值之差计算单位权方差的估值公式

在测量工作中，通常要对一系列观测量进行成对观测，将两次观测值的中值$(L'_i+L''_i)/2$作为最终观测值，如在水准测量、距离丈量等测量工作中，往往采用对同一段路线的高差或边长作往返观测的施测方案，测量中通常称为双观测。如果测量无误差，则往返观测值的差应等于 0。观测中含有误差时，往返观测的差值为

$$L'_i-L''_i=d_i\tag{1.93}$$

式中，d_i 为第 i 段双观测值的真误差。现有双观测序列为 $L'_1,L'_2,\cdots,L'_n$ 和 $L''_1,L''_2,\cdots,L''_n$，通常每一段的往测值和返测值的精度都是相等的，设其权为 P_i，则双观测序列的权为 $P_1,P_2,\cdots,P_n$。为了求单位权方差的估值公式，先求出 d_i 的权，对式(1.93)依据协因数传播律有

$$\left.\begin{aligned}\frac{1}{P_i}+\frac{1}{P_i}&=\frac{1}{P_{d_i}}\\ &\text{或}\\ P_{d_i}&=P_i/2\end{aligned}\right\}\tag{1.94}$$

根据式(1.87)得单位权方差的估值公式为

$$\hat{\sigma}_0^2=\frac{[P_d dd]}{n}=\frac{[Pdd]}{2n}\tag{1.95}$$

有了单位权方差后，任何量的方差均可求出。例如，为求得第 i 段往返观测值平均值的方差估值，先求出$(L'_i+L''_i)/2$ 的权为 $2P_i$，则方差估值为

$$\hat{\sigma}_i^2=\frac{\hat{\sigma}_0^2}{2P_i}=\frac{[Pdd]}{4nP_i}\tag{1.96}$$

例 1.15　设同等级水准测量中共测定 10 段高差，每段各测两次，其结果列于表 1.4 中。试求：

(1)每千米观测高差的方差。

(2)第五段观测高差的方差及高差平均值的方差。

(3)全长一次观测(往测和返测)高差的方差及全长高差平均值的方差。

表 1.4 水准路线两次观测高差值

段号	高差/m		$d_i=L'_i-L''_i$ /mm	d_id_i	距离 S_i/km	$P_id_id_i=\frac{d_id_i}{S_i}$
	L'_i	L''_i				
1	+5.806	+5.801	+5	25	4.0	6.25
2	+3.432	+3.438	−6	36	3.8	9.47
3	+1.440	+1.444	−4	16	2.2	7.27
4	−4.887	−4.890	+3	9	3.0	3.00
5	+6.188	+6.185	+3	9	3.3	2.73
6	+0.774	+0.776	−2	4	2.5	1.60
7	+8.864	+8.868	−4	16	3.0	5.33
8	−4.446	−4.451	+5	25	4.5	5.56
9	+2.233	+2.237	−4	16	3.4	4.71
10	+9.002	+8.999	+3	9	2.8	3.21
[ ]					32.5	49.13

解:以 1 km 观测高差为单位权观测值。

(1)单位权(每千米观测高差)方差为

$$\hat{\sigma}_0^2=\hat{\sigma}_{\mathrm{km}}^2=\frac{[Pdd]}{2n}=\frac{49.13}{2\times 10}=2.46(\mathrm{mm}^2)\quad 或\quad \hat{\sigma}_0=1.57\ \mathrm{mm}$$

(2)第五段观测高差的方差为

$$\hat{\sigma}_5^2=\hat{\sigma}_0^2/P_5=\hat{\sigma}_0^2S_5=2.46\times 3.3=8.12(\mathrm{mm}^2)\quad 或\quad \hat{\sigma}_5=2.85\ \mathrm{mm}$$

第五段高差平均值的方差为

$$\hat{\sigma}_{x_5}^2=\hat{\sigma}_5^2/2=8.12/2=4.06(\mathrm{mm}^2)\quad 或\quad \hat{\sigma}_{x_5}=2.01\ \mathrm{mm}$$

(3)全长一次观测高差的方差为

$$\hat{\sigma}_S^2=\hat{\sigma}_0^2[S_i]=2.46\times 32.5=79.95(\mathrm{mm}^2)\quad 或\quad \hat{\sigma}_S=8.94\ \mathrm{mm}$$

全长高差平均值的方差为

$$\hat{\sigma}_{x_S}^2=\hat{\sigma}_S^2/2=79.95/2=39.98(\mathrm{mm}^2)\quad 或\quad \hat{\sigma}_{x_S}=6.32\ \mathrm{mm}$$

1.7.3 若干独立误差联合影响的误差传播

观测结果同时受到许多独立误差联合影响的情况在测量工作中会经常遇到。例如,测量角度时将同时受到照准误差、读数误差、仪器对中误差、目标偏心误差的联合影响。在这种情况下,观测值的真误差是各个独立误差的代数和,即

$$\Delta=\Delta_1+\Delta_2+\cdots+\Delta_k \tag{1.97}$$

由于这些误差是彼此独立的,且具有随机性,因此,根据协方差传播律得出它们之间的方差关系式为

$$\sigma^2=\sigma_1^2+\sigma_2^2+\cdots+\sigma_k^2 \tag{1.98}$$

即观测结果的方差 σ^2 等于各独立误差的方差之和。

例 1.16 设用两个角规在图上截取距离,若已知两个角规的对点中误差均为 $\sigma=0.05$ mm,试求图上量距的方差。

解:设两个角规的对点真误差分别为 Δ_1、Δ_2,则图上量距的误差为

$$\Delta_s=\Delta_1+\Delta_2$$

按式(1.98)得量距方差为

$$\sigma_s^2=\sigma_1^2+\sigma_2^2=2\sigma^2=2\times0.05^2=0.005(\text{mm}^2)\quad 或\quad \sigma_s=0.07\text{ mm}$$

1.7.4　等影响原则在工程测量中的应用

当我们知道某函数中随机自变量的方差，而想要求得函数值的方差时，我们可以借助于1.5节中的协方差传播律来求解，而在实际工程中可能会遇到相反的问题。例如，在给定模型函数式 $Y=f(X)$ 及函数值的精度 σ_Y^2 时，为保证达到工程精度 σ_Y^2 的要求，如何分配已知函数中各自变量的施测精度。工程测量中通常用等影响原则来解决此类问题。

设已知函数式 $\underset{t\times1}{\boldsymbol{Y}}=f(\underset{t\times1}{\boldsymbol{X}})$ 及其要求的精度 $\sigma_{\boldsymbol{Y}}^2$。依广义传播律，即式(1.66)，有 $\sigma_{\boldsymbol{Y}}^2=\boldsymbol{F}\boldsymbol{D}_{\boldsymbol{X}}\boldsymbol{F}^{\mathrm{T}}$，当随机向量 $\underset{t\times1}{\boldsymbol{X}}$ 中的各分量彼此独立时，该式用纯量表示为

$$\sigma_{\boldsymbol{Y}}^2=\left(\frac{\partial f}{\partial X_1}\right)_0^2\sigma_1^2+\left(\frac{\partial f}{\partial X_2}\right)_0^2\sigma_2^2+\cdots+\left(\frac{\partial f}{\partial X_t}\right)_0^2\sigma_t^2 \tag{1.99}$$

所谓等影响原则就是令

$$\left(\frac{\partial f}{\partial X_1}\right)_0^2\sigma_1^2=\left(\frac{\partial f}{\partial X_2}\right)_0^2\sigma_2^2=\cdots=\left(\frac{\partial f}{\partial X_t}\right)_0^2\sigma_t^2=\sigma_{\boldsymbol{Y}}^2/t \tag{1.100}$$

或

$$\left|\left(\frac{\partial f}{\partial X_1}\right)_0\sigma_1\right|=\left|\left(\frac{\partial f}{\partial X_2}\right)_0\sigma_2\right|=\cdots=\left|\left(\frac{\partial f}{\partial X_t}\right)_0\sigma_t\right|=\left|\frac{\sigma_{\boldsymbol{Y}}}{\sqrt{t}}\right| \tag{1.101}$$

由式(1.100)或式(1.101)可以根据给定的函数形式和函数精度要求 $\sigma_{\boldsymbol{Y}}^2$，计算出各自变量 X_i 的精度允许值 σ_i^2，并依此来组织测量工作。这在简单的工程测量设计中很有用处。

习　题

1. 观测条件是由哪些因素构成的？它与观测结果的质量有什么联系？

2. 观测误差分为哪几类？它们各自是怎样定义的？对观测结果有什么影响？试举例说明。

3. 何谓多余观测？测量中为什么要进行多余观测？

4. 在水准观测中，有下列几种情况使水准尺读数有误差，试判断误差的性质及符号：

(1)视准轴与水准轴不平行。

(2)仪器下沉。

(3)读数不准确。

(4)水准尺下沉。

5. 测量平差的任务及内容是什么？

6. 在相同的观测条件下，大量的偶然误差呈现出什么样的规律性？

7. 已知两段距离的长度及中误差分别为300.465 m±4.5 cm及660.894 m±4.5 cm，试说明这两段距离的真误差是否相等？它们的精度是否相等？

8. 假设对某量进行了两组观测，它们的真误差分别为：

第一组　3，−3，　2，4，−2，−1，0，−4，　3，−2

第二组　0，−1，−7，2，　1，−1，8，　0，−3，　1

试求两组观测值的中误差 $\hat{\sigma}_1$、$\hat{\sigma}_2$，并比较两组观测值的精度。

9. 设有观测向量 $\underset{3\times1}{\boldsymbol{X}}=[L_1 \quad L_2 \quad L_3]^{\mathrm{T}}$，其协方差矩阵 $\underset{3\times3}{\boldsymbol{D}_{XX}}=\begin{bmatrix}4 & -2 & 0\\ -2 & 9 & -3\\ 0 & -3 & 16\end{bmatrix}$，试写出观测值 L_1、L_2、L_3 的中误差及其协方差 $\sigma_{L_1L_2}$、$\sigma_{L_1L_3}$ 和 $\sigma_{L_2L_3}$。

10. 已知观测值 L_1、L_2 的中误差为 $\sigma_1=\sigma_2=\sigma$，$\sigma_{12}=0$，设 $X=2L_1+5$、$Y=L_1-2L_2$、$Z=L_1L_2$、$t=X+Y$，试求 X、Y、Z 和 t 的中误差。

11. 设有观测向量 $\underset{3\times1}{\boldsymbol{L}}=[L_1 \quad L_2 \quad L_3]^{\mathrm{T}}$，其协方差矩阵为

$$\boldsymbol{D}_{LL}=\begin{bmatrix}4 & 0 & 0\\ 0 & 3 & 0\\ 0 & 0 & 2\end{bmatrix}$$

分别求下列函数的方差：

(1) $F_1=L_1-3L_3$。

(2) $F_2=3L_2L_3$。

12. 设有等精度独立观测值向量 $\underset{3\times1}{\boldsymbol{L}}=[L_1 \quad L_2 \quad L_3]^{\mathrm{T}}$，以及函数 $Y_1=S_{AB}\dfrac{\sin L_1}{\sin L_3}$、$Y_2=\alpha_{AB}-L_2$，式中，$\alpha_{AB}$ 和 S_{AB} 为无误差的已知值，测角中误差 $\sigma=1''$，试求函数的方差 $\sigma_{Y_1}^2$、$\sigma_{Y_2}^2$ 及其协方差 $\sigma_{Y_1Y_2}$。

13. 在图 1.11 中，测得△ABC 中∠$A\pm\sigma_A$，边长 $b\pm\sigma_b$、$c\pm\sigma_c$，试求三角形面积的中误差 σ_S。

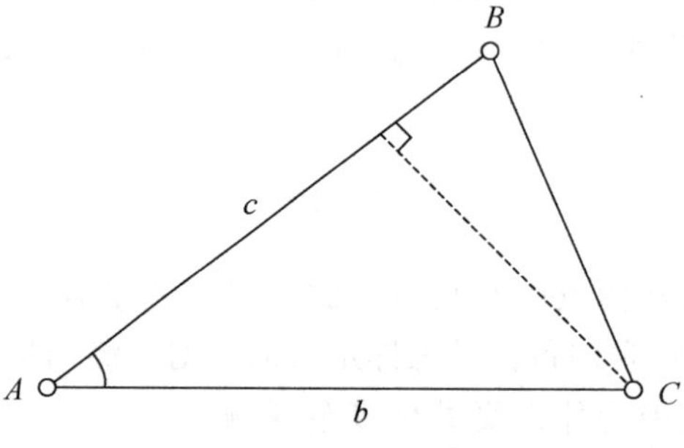

图 1.11　三角形示意

14. 有一角度测了 4 测回，得中误差为 0.42″，试求再增加多少测回其中误差为 0.28″？

15. 在相同观测条件下，应用水准测量测定了三角形各点 A、B、C 之间的高差，设三角形的边长分别为 $S_1=10$ km、$S_2=8$ km、$S_3=4$ km，令 40 km 的高差观测值为单位权观测值，试求各段观测高差的权及单位权中误差。

16. 以相同观测精度观测∠A 和∠B，其权分别为 $P_A=1/4$、$P_B=1/2$，已知 $\sigma_B=8''$，试求单位权中误差 σ_0 和∠A 的中误差 σ_A。

17. 已知观测值向量 $\underset{2\times1}{\boldsymbol{L}}$ 的权矩阵为 $\boldsymbol{P}_{LL}=\begin{bmatrix}5 & -2\\ -2 & 4\end{bmatrix}$，试求观测值的权 P_{L_1} 和 P_{L_2}。

第2章　最小二乘平差

观测误差不可避免，为了提高测量成果的精度，以及检查测量工作中可能出现的错误，一般都要进行多余观测。有了多余观测，则待定量的结果不再唯一，从而产生了测量平差问题。测量平差的目的就是消除这些差异或矛盾，并获得最佳结果。测量平差是基于最小二乘准则进行的，因此也称为最小二乘平差。本章主要介绍有关最小二乘平差的基本概念和方法。

2.1　测量平差的数学模型

2.1.1　数学模型

当测量系统中含有多余观测时，观测值的真值间就会产生某种函数关系，这种函数关系可以看作对自然现象的描述。当用观测值代替真值时，这种函数关系就会指示观测误差的累积程度，我们把这种函数关系称为函数模型。测量平差处理的是与观测值相关的问题，而观测误差是随机量，因此平差模型不仅考虑函数关系，还需要考虑随机模型。测量平差中把函数模型和随机模型统称为数学模型。

测量平差计算时，先要建立平差的数学模型，即函数模型和随机模型。

(1)函数模型。指观测值及待定参数之间的数学函数关系模型，通常包括：观测值数学期望之间的函数关系，观测值与待定参数的数学期望之间的函数关系，以及待定参数数学期望之间的函数关系。

(2)随机模型。指描述观测值的先验精度及其相互间统计关系性质的模型，通常用观测值的协方差矩阵来表示。

如图2.1所示，为了确定一个平面三角形的形状，观测了三角形的三个内角，得观测值向量 $\boldsymbol{L}$，$\boldsymbol{L}=[L_1\ \ L_2\ \ L_3]^{\mathrm{T}}$，假设观测为等精度独立观测，其观测值方差均为 σ^2。根据平面三角形的三内角和等于180°，平差的数学模型可表示如下：

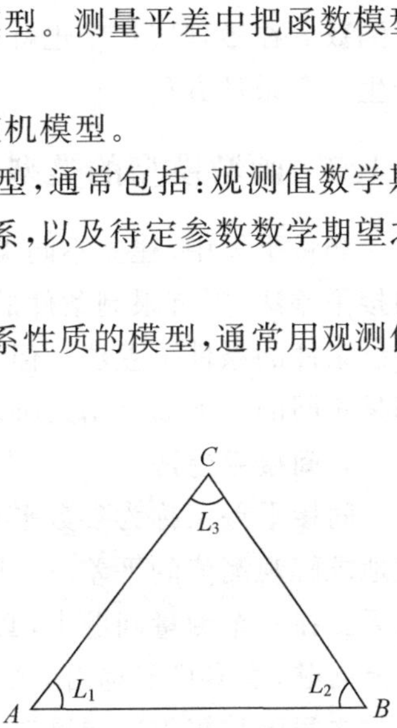

图2.1　三角形内角观测示意

(1)函数模型。已知 $\tilde{L}_1+\tilde{L}_2+\tilde{L}_3=180°$，又 $\tilde{L}_i=L_i+\Delta_i$，且 $E(\Delta_i)=0$，所以 $E(L_1)+E(L_2)+E(L_3)-180°=0$。

(2)随机模型。

$$\boldsymbol{D}_{\boldsymbol{L}}=\boldsymbol{D}_{\boldsymbol{\Delta}}=\sigma_0^2\boldsymbol{Q}$$

式中

$$\boldsymbol{D}_{\boldsymbol{L}}=\boldsymbol{D}_{\boldsymbol{\Delta}}=\begin{bmatrix}\sigma_1^2 & & \\ & \sigma_2^2 & \\ & & \sigma_3^2\end{bmatrix}=\sigma_0^2\begin{bmatrix}Q_1 & & \\ & Q_2 & \\ & & Q_3\end{bmatrix}$$

或写为

$$\boldsymbol{D}_L=\boldsymbol{D}_\Delta=\mathrm{diag}(\sigma_1^2,\sigma_2^2,\sigma_3^2)=\sigma_0^2\mathrm{diag}(Q_1,Q_2,Q_3)$$

以上内容以确定三角形形状为例,给出了一个简单测量平差问题的函数模型和随机模型。对于较复杂的测量平差问题,也可类似地列出其函数模型和随机模型,在后续的应用中我们将会进行详细讨论。

2.1.2 必要观测和多余观测

在上面提到的例子中,为了确定三角形的形状,必须观测其中的两个内角。这种能够唯一确定一个几何模型所必要的观测对象,称为必要观测量。一个测量问题的必要观测量的个数,称为必要观测数,通常用 t 来表示。可见 t 只与几何模型有关,与实际观测量无关。

显然,必要观测量之间是彼此独立的,即其中任何一个量都不能被表达成其余的必要观测量的函数。若在必要观测量的基础上,每增加一个观测量,观测中就有了一个多余观测量。例如,在确定三角形形状时,如果还观测了第三个内角,就有了一个多余观测量。增加一个多余观测量,将会使观测量真值之间产生一个几何或物理的约束方程,如

$$\widetilde{L}_1+\widetilde{L}_2+\widetilde{L}_3=180°$$

上式就是由增加了一个多余观测量引起的观测量真值之间的几何条件方程式,在测量平差中称为条件方程。设观测值的总数为 n,必要观测数为 t,则多余观测数为 $r=n-t$,其中,多余观测数 r 在数理统计中也称为自由度 d_f。在一个测量问题中,如果有 r 个多余观测数,则必产生 r 个条件方程。

2.1.3 函数模型的类型

测量平差中,建立不同类型的函数模型,对应不同的平差方法。基本平差方法通常分为:间接平差法、附有限制条件的间接平差法、条件平差法、附有未知参数的条件平差法,以及附有限制条件的条件平差法。但对同一个测量平差问题,上述不同平差方法的最小二乘平差结果都是相同的。下面介绍几种基本平差方法的函数模型。

1. 间接平差法

间接平差又称为参数平差,是选取与观测值有一定关系的未知数作为参数(未知参数),间接地求解观测值的平差值。间接平差的函数模型是观测值与未知参数的数学期望之间的函数关系。在一个测量问题中,必要观测可以完全确定测量问题中的任意一个待定量,而对于一个平差问题,最多只能选出 t 个独立的未知数(平差时,设未知数个数为 u),再多选时,就会使未知数之间函数相关。如果选择了 $u=t$ 个独立的未知数 X,则所有的观测量都可写成未知数 X 的函数,这些方程称为观测方程。用 c 表示函数模型总数,显然,观测方程的个数等于观测值的个数,即 $c=n$。以观测方程为函数模型的平差方法,称为间接平差法。因此,间接平差时的函数模型可表示为

$$\underset{n\times1}{\widetilde{\boldsymbol{L}}}=F(\widetilde{\boldsymbol{X}}) \tag{2.1}$$

其线性形式为

$$\underset{n\times1}{\widetilde{\boldsymbol{L}}}=\underset{n\times t}{\boldsymbol{B}}\,\underset{t\times1}{\widetilde{\boldsymbol{X}}}+\underset{n\times1}{\boldsymbol{B}^0} \tag{2.2}$$

式中,$\boldsymbol{B}$ 为系数矩阵,$\boldsymbol{B}^0$ 为常数项向量。

实际中，观测方程大多数是非线性的，但可以将非线性的观测方程转换为线性观测方程。关于非线性方程线性化的方法，我们将在后续章节进行详细介绍。

例 2.1　在图 2.2 所示的水准网中，已知 A 点高程 H_A，为了确定 B、C、D 三点的高程，观测了 6 段高差值 $h_1,h_2,\cdots,h_6$，各段水准路线长度为 $S_1,S_2,\cdots,S_6$。试建立间接平差的数学模型。

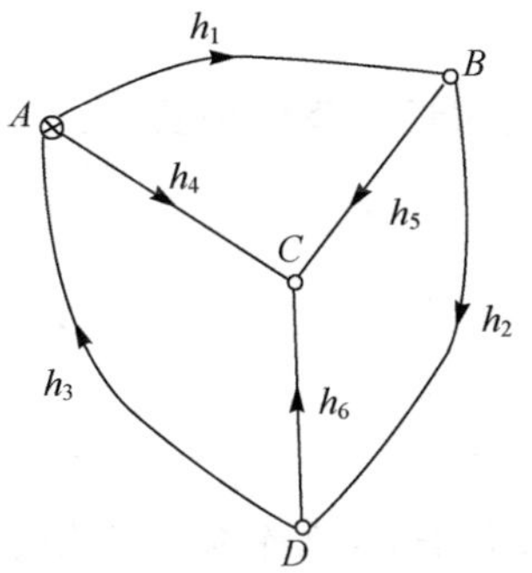

图 2.2　水准网示意

解：选择 B、C、D 三点的高程为未知数，即 $\widetilde{H}_B=\widetilde{X}_1$、$\widetilde{H}_C=\widetilde{X}_2$、$\widetilde{H}_D=\widetilde{X}_3$，则间接平差时的函数模型（即观测方程式）为

$$\left.\begin{aligned}
\tilde{h}_1&=\widetilde{H}_B-H_A=\widetilde{X}_1-H_A\\
\tilde{h}_2&=\widetilde{H}_D-\widetilde{H}_B=\widetilde{X}_3-\widetilde{X}_1\\
\tilde{h}_3&=H_A-\widetilde{H}_D=H_A-\widetilde{X}_3\\
\tilde{h}_4&=\widetilde{H}_C-H_A=\widetilde{X}_2-H_A\\
\tilde{h}_5&=\widetilde{H}_C-\widetilde{H}_B=\widetilde{X}_2-\widetilde{X}_1\\
\tilde{h}_6&=\widetilde{H}_C-\widetilde{H}_D=\widetilde{X}_2-\widetilde{X}_3
\end{aligned}\right\}$$

令观测量的真值向量为 $\widetilde{\boldsymbol{L}}=[\tilde{h}_1\quad\tilde{h}_2\quad\tilde{h}_3\quad\tilde{h}_4\quad\tilde{h}_5\quad\tilde{h}_6]^{\mathrm{T}}$。系数矩阵 $\boldsymbol{B}$ 和常数项向量 $\boldsymbol{B}^0$ 为

$$\boldsymbol{B}=\begin{bmatrix}1&0&0\\-1&0&1\\0&0&-1\\0&1&0\\-1&1&0\\0&1&-1\end{bmatrix},\quad \boldsymbol{B}^0=\begin{bmatrix}-H_A\\0\\H_A\\-H_A\\0\\0\end{bmatrix}$$

未知数向量为 $\widetilde{\boldsymbol{X}}=[\widetilde{H}_B\quad\widetilde{H}_C\quad\widetilde{H}_D]^{\mathrm{T}}=[\widetilde{X}_1\quad\widetilde{X}_2\quad\widetilde{X}_3]^{\mathrm{T}}$，则矩阵表示的观测方程为

$$\widetilde{\boldsymbol{L}}=\boldsymbol{B}\widetilde{\boldsymbol{X}}+\boldsymbol{B}^0$$

平差的随机模型：由于各水准线路的高差测量是独立的，设 1 km 观测高差的权为单位权，则根据测量常用定权的公式，可得到观测高差的权为

$$P_i=\frac{1}{S_i}\quad(i=1,2,\cdots,6)$$

于是，方差矩阵 $\boldsymbol{D_L}$ 为

$$\begin{aligned}
\boldsymbol{D_L}&=\mathrm{diag}(\sigma_1^2,\sigma_2^2,\sigma_3^2,\sigma_4^2,\sigma_5^2,\sigma_6^2)\\
&=\sigma_0^2\mathrm{diag}(Q_{h_1},Q_{h_2},Q_{h_3},Q_{h_4},Q_{h_5},Q_{h_6})\\
&=\sigma_0^2\mathrm{diag}(S_1,S_2,S_3,S_4,S_5,S_6)
\end{aligned}$$

式中，S_i 为测段 h_i 的线路长度。可见，随机模型是可以根据观测条件在平差前得到的。或者说随机模型是与观测条件有关的，与所建立的函数模型无关，即同一个平差问题的随机模型与平差方法无关。

2. 附有限制条件的间接平差法

间接平差时，当所选未知数 X 的个数 $u>t$，且包含 t 个独立未知数时，由于平差问题中最多

只有 t 个独立未知数,若未知数个数 u 大于必要观测数 t,未知数之间就不会完全独立,那么未知数之间应产生 $u-t$ 个限制条件。这时,平差的函数模型除了类似间接平差的 n 个观测方程[式(2.2)]外,还应当列 $s=u-t$ 个未知数之间的条件方程,这些方程称为限制条件方程,即

$$\underset{s\times1}{\boldsymbol{\Phi}}(\widetilde{\boldsymbol{X}})=\boldsymbol{0} \tag{2.3}$$

其线性化的形式为

$$\underset{s\times u}{\boldsymbol{C}}\ \underset{u\times1}{\widetilde{\boldsymbol{X}}}+\underset{s\times1}{\boldsymbol{C}^0}=\boldsymbol{0} \tag{2.4}$$

式中,$\boldsymbol{C}$ 为限制条件方程的系数矩阵,$\boldsymbol{C}^0$ 为限制条件方程的常数项向量。我们把式(2.2)和式(2.4)称为附有限制条件的间接平差的函数模型,即

$$\left.\begin{aligned}\underset{n\times1}{\widetilde{\boldsymbol{L}}}&=\underset{n\times u}{\boldsymbol{B}}\ \underset{u\times1}{\widetilde{\boldsymbol{X}}}+\underset{n\times1}{\boldsymbol{B}^0}\\ \underset{s\times u}{\boldsymbol{C}}\ \underset{u\times1}{\widetilde{\boldsymbol{X}}}&+\underset{s\times1}{\boldsymbol{C}^0}=\boldsymbol{0}\end{aligned}\right\} \tag{2.5}$$

所以附有限制条件的间接平差函数模型的方程总数为 $c=n+s$。

在图 2.1 所示的确定三角形形状的平差问题中,若选择 $u=3$,大于 $t=2$ 个独立未知数,令$\angle A$、$\angle B$、$\angle C$ 分别为未知数 X_1、X_2、X_3,则附有限制条件的间接平差的函数模型为

$$\left.\begin{aligned}&\widetilde{L}_1=\widetilde{X}_1\\ &\widetilde{L}_2=\widetilde{X}_2\\ &\widetilde{L}_3=\widetilde{X}_3\\ &\widetilde{X}_1+\widetilde{X}_2+\widetilde{X}_3-180^\circ=0\end{aligned}\right\}$$

或表示为

$$\left.\begin{aligned}\underset{3\times1}{\widetilde{\boldsymbol{L}}}&=\underset{3\times3}{\boldsymbol{B}}\ \underset{3\times1}{\widetilde{\boldsymbol{X}}}+\underset{3\times1}{\boldsymbol{B}^0}\\ \underset{1\times3}{\boldsymbol{C}}\ \underset{3\times1}{\widetilde{\boldsymbol{X}}}&+\underset{1\times1}{\boldsymbol{C}^0}=\boldsymbol{0}\end{aligned}\right\}$$

式中,$\underset{3\times1}{\widetilde{\boldsymbol{L}}}=[\widetilde{L}_1\quad \widetilde{L}_2\quad \widetilde{L}_3]^{\mathrm{T}}$,$\underset{3\times1}{\widetilde{\boldsymbol{X}}}=[\widetilde{X}_1\quad \widetilde{X}_2\quad \widetilde{X}_3]^{\mathrm{T}}$,$\underset{3\times3}{\boldsymbol{B}}=\begin{bmatrix}1&0&0\\0&1&0\\0&0&1\end{bmatrix}$,$\underset{1\times3}{\boldsymbol{C}}=[1\quad 1\quad 1]$,$\underset{3\times1}{\boldsymbol{B}^0}=[0\quad 0\quad 0]^{\mathrm{T}}$,$\underset{1\times1}{\boldsymbol{C}^0}=-180^\circ$。

3.条件平差法

条件平差的函数模型又称为条件方程,指观测值的数学期望之间的函数关系。以条件方程为平差函数模型的平差方法,称为条件平差。

设某平差问题中,已知 n 个观测量,必要观测量的个数为 t,则多余观测数 $r=n-t$。由于每增加一个多余观测量,就会增加一个观测值期望间的约束条件,即条件方程,故条件平差中,条件方程的个数等于多余观测数,即 $c=r$。n 维观测向量用 $\underset{n\times1}{\boldsymbol{L}}$ 表示,其真值向量为 $\underset{n\times1}{\widetilde{\boldsymbol{L}}}$,则 r 个条件方程可表示为

$$\underset{r\times1}{F}(\widetilde{\boldsymbol{L}})=\boldsymbol{0} \tag{2.6}$$

其线性化后的条件方程为

$$\underset{r\times n}{\boldsymbol{A}}\ \underset{n\times1}{\widetilde{\boldsymbol{L}}}+\underset{r\times1}{\boldsymbol{A}^0}=\boldsymbol{0} \tag{2.7}$$

式中,$\boldsymbol{A}$ 为条件方程的系数矩阵,当条件方程之间彼此函数独立时,其秩 $R(\boldsymbol{A})=r$,行满秩;

$\boldsymbol{A}^0$ 为条件方程常数项向量。值得注意的是，条件平差时所列的 r 个条件方程必须是线性无关的，否则条件方程个数不足，不能消除所有的矛盾，达不到平差的目的。

例 2.2　图 2.2 中，已知 A 点高程 H_A，为了确定 B、C、D 点的高程，观测了 6 段高差值 $h_i(i=1,2,\cdots,6)$。试建立条件平差时的函数模型（条件方程）。

解：(1)从图 2.2 可知，总观测数 $n=6$，必要观测数 $t=3$，则条件方程个数为

$$r=n-t=6-3=3$$

当由已知点 A 确定 B、C、D 点的高程时，其必要观测量的个数为 3，如 $\tilde{h}_1$、$\tilde{h}_4$、$\tilde{h}_3$ 或 $\tilde{h}_1$、$\tilde{h}_2$、$\tilde{h}_6$ 或 $\tilde{h}_4$、$\tilde{h}_5$、$\tilde{h}_6$ 等均可，只要有任一组的 3 个必要观测量，就可唯一（不顾及测量误差影响）地确定 B、C、D 三个点的高程了。

(2)在必要观测量的基础上，每增加一个多余观测量，就会产生一个条件方程。在图 2.2 中，选择第三组 $\tilde{h}_4$、$\tilde{h}_5$、$\tilde{h}_6$ 为必要观测量，如图 2.3 所示。当增加了多余观测量 h_1 时产生 $\tilde{h}_1+\tilde{h}_5-\tilde{h}_4=0$ 条件方程，增加 h_2 时产生 $\tilde{h}_2+\tilde{h}_6-\tilde{h}_5=0$ 条件方程，增加 h_3 时产生 $\tilde{h}_3+\tilde{h}_4-\tilde{h}_6=0$ 条件方程。可见，每增加一个多余观测量，将产生一个独立的约束方程（即条件方程）。对于选择其他的，如 $\tilde{h}_1$、$\tilde{h}_4$、$\tilde{h}_3$ 或 $\tilde{h}_1$、$\tilde{h}_2$、$\tilde{h}_6$ 作为必要观测量，可用同样的方法分析，列出相应的条件方程。

(3)根据图 2.2，应列出 3 个函数独立的条件方程，即

$$\left.\begin{aligned}\tilde{h}_1-\tilde{h}_4+\tilde{h}_5=0\\ \tilde{h}_2-\tilde{h}_5+\tilde{h}_6=0\\ \tilde{h}_3+\tilde{h}_4-\tilde{h}_6=0\end{aligned}\right\}$$

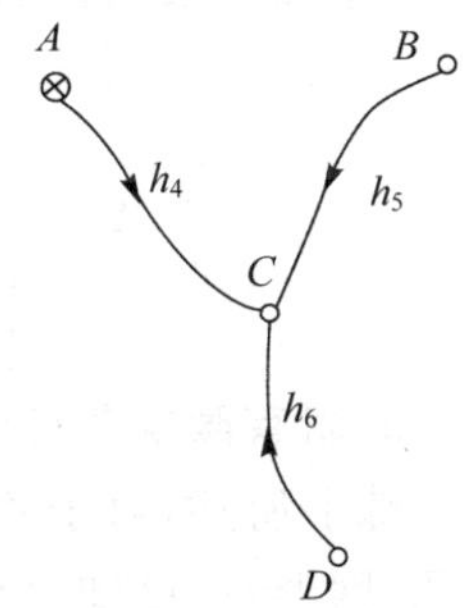

图 2.3　水准路线

矩阵形式为

$$\underset{3\times6}{\boldsymbol{A}}\ \underset{6\times1}{\tilde{\boldsymbol{h}}}+\underset{3\times1}{\boldsymbol{A}^0}=\boldsymbol{0}$$

式中

$$\tilde{\boldsymbol{h}}=\begin{bmatrix}\tilde{h}_1 & \tilde{h}_2 & \tilde{h}_3 & \tilde{h}_4 & \tilde{h}_5 & \tilde{h}_6\end{bmatrix}^{\mathrm{T}}$$

$$\boldsymbol{A}^0=\begin{bmatrix}0 & 0 & 0\end{bmatrix}^{\mathrm{T}}$$

$$\underset{3\times6}{\boldsymbol{A}}=\begin{bmatrix}1 & 0 & 0 & -1 & 1 & 0\\ 0 & 1 & 0 & 0 & -1 & 1\\ 0 & 0 & 1 & 1 & 0 & -1\end{bmatrix}$$

显然，条件方程的形式不是唯一的，但必须是线性无关的。

4. 附有未知参数的条件平差法

在平差计算时，有时为了方便建立条件方程，还可选取某些量作为未知参数，一起参与平差。每多选一个未知参数，在观测量与未知参数之间就会多产生一个条件方程。例如图 2.1 确定三角形形状的平差问题中，有 $n=3$、$t=2$，则 $r=n-t=1$，若按条件平差，则产生一个三内角和等于 180°的条件方程。现选择 $\angle A$ 为未知参数 X，则将增加一个未知参数与观测值间的函数关系，即观测值 L_1 的数学期望与未知参数 X 的数学期望之间的条件方程 $\tilde{L}_1-\tilde{X}=0$ 参与平差。因此，在某平差问题中，观测总数为 n，必要观测数为 t，则多余观测数 $r=n-t$，若多选了 $u(0<u<t)$ 个未知参数，平差时，函数模型的总数为 $c=r+u$。

条件方程可表示为

$$F(\widetilde{\boldsymbol{L}},\widetilde{\boldsymbol{X}})=\mathbf{0} \tag{2.8}$$

线性化后的条件方程为

$$\underset{c\times n}{\boldsymbol{A}}\ \underset{n\times 1}{\widetilde{\boldsymbol{L}}}+\underset{c\times u}{\boldsymbol{B}}\ \underset{u\times 1}{\widetilde{\boldsymbol{X}}}+\underset{c\times 1}{\boldsymbol{A}^0}=\mathbf{0} \tag{2.9}$$

式中,$\boldsymbol{A}$、$\boldsymbol{B}$ 为已知系数矩阵,$\boldsymbol{A}^0$ 为方程常数项向量,$\widetilde{\boldsymbol{L}}$ 为观测向量的数学期望值,$\widetilde{\boldsymbol{X}}$ 为未知参数向量的数学期望值。其中,未知参数 $\widetilde{\boldsymbol{X}}$ 的个数为 $u<t$,且未知参数间函数无关。由于条件方程(2.9)中含有未知参数 $\widetilde{\boldsymbol{X}}$,故该函数模型称为附有未知参数的条件平差模型。

在图 2.2 所示的水准网中,若选择 C 点的高程为未知参数 X_C,其数学期望值表示为 $\widetilde{X}_C$,则总的条件方程个数为 $c=3+1=4$,条件方程的形式为

$$\left.\begin{aligned}\tilde{h}_1-\tilde{h}_4+\tilde{h}_5=0\\ \tilde{h}_2-\tilde{h}_5+\tilde{h}_6=0\\ \tilde{h}_3+\tilde{h}_4-\tilde{h}_6=0\\ \tilde{h}_4-\widetilde{X}_C+H_A=0\end{aligned}\right\}$$

用矩阵形式可表示为

$$\underset{4\times 6}{\boldsymbol{A}}\ \underset{6\times 1}{\tilde{\boldsymbol{h}}}+\underset{4\times 1}{\boldsymbol{B}}\ \underset{1\times 1}{\widetilde{\boldsymbol{X}}}+\underset{4\times 1}{\boldsymbol{A}^0}=\mathbf{0}$$

式中,未知参数向量为 $\underset{1\times 1}{\widetilde{\boldsymbol{X}}}=\widetilde{\boldsymbol{X}}_C$,系数矩阵和常数项向量为

$$\underset{4\times 6}{\boldsymbol{A}}=\begin{bmatrix}1&0&0&-1&1&0\\0&1&0&0&-1&1\\0&0&1&1&0&-1\\0&0&0&1&0&0\end{bmatrix},\quad \underset{4\times 1}{\boldsymbol{B}}=\begin{bmatrix}0\\0\\0\\-1\end{bmatrix},\quad \underset{4\times 1}{\boldsymbol{A}^0}=\begin{bmatrix}0\\0\\0\\H_A\end{bmatrix}$$

5. 附有限制条件的条件平差法

综上所述,对于一个平差问题,其观测总数 n、必要观测数 t 和条件方程数 r 均根据平差问题(网形)而已知,但平差的函数模型却随着选择不同的未知数个数而不同。间接平差是选择 $u=t$ 个独立未知数,建立 $c=n$ 个观测方程;附有限制条件的间接平差是选择 $u>t$ 个未知数,且包含 t 个独立函数,建立 $c=n+s=n+(u-t)$个条件方程;条件平差是不选任何未知数($u=0$),建立 $c=r$ 个线性无关的条件方程;附有未知参数的条件平差法是选择 $0<u<t$ 个独立未知参数,建立 $c=r+u$ 个条件方程。以上四种平差方法包括的条件方程有以下四类,即

$$\widetilde{\boldsymbol{L}}=F(\widetilde{\boldsymbol{X}}),\quad F(\widetilde{\boldsymbol{L}},\widetilde{\boldsymbol{X}})=\mathbf{0},\quad F(\widetilde{\boldsymbol{L}})=\mathbf{0},\quad \Phi(\widetilde{\boldsymbol{X}})=\mathbf{0}$$

线性化形式为

$$\widetilde{\boldsymbol{L}}=\boldsymbol{B}\widetilde{\boldsymbol{X}}+\boldsymbol{B}^0,\quad \boldsymbol{A}\widetilde{\boldsymbol{L}}+\boldsymbol{B}\widetilde{\boldsymbol{X}}+\boldsymbol{A}^0=\mathbf{0},\quad \boldsymbol{A}\widetilde{\boldsymbol{L}}+\boldsymbol{A}^0=\mathbf{0},\quad \boldsymbol{C}\widetilde{\boldsymbol{X}}+\boldsymbol{C}^0=\mathbf{0}$$

前三种函数模型均含有观测量的期望,称为一般条件方程,最后一种称为限制条件方程。

显然,我们可以用附有限制条件的条件平差法来概括前面四种平差方法,其函数模型为

$$\left.\begin{aligned}\underset{c\times 1}{\boldsymbol{F}}(\widetilde{\boldsymbol{L}},\widetilde{\boldsymbol{X}})=\mathbf{0}\\ \underset{s\times 1}{\boldsymbol{\Phi}}(\widetilde{\boldsymbol{X}})=\mathbf{0}\end{aligned}\right\} \tag{2.10}$$

或线性化形式为

$$\left.\begin{aligned}\underset{c\times n}{\boldsymbol{A}}\ \underset{n\times 1}{\widetilde{\boldsymbol{L}}}+\underset{c\times u}{\boldsymbol{B}}\ \underset{u\times 1}{\widetilde{\boldsymbol{X}}}+\underset{c\times 1}{\boldsymbol{A}^0}=\mathbf{0}\\ \underset{s\times u}{\boldsymbol{C}}\ \underset{u\times 1}{\widetilde{\boldsymbol{X}}}+\underset{s\times 1}{\boldsymbol{C}^0}=\mathbf{0}\end{aligned}\right\} \tag{2.11}$$

式中，u 为未知数个数，s 为不独立的未知数个数，所以 $c=r+u-s$，$c>u$，$u>s$，且系数矩阵的秩分别为 $R(\boldsymbol{A})=c$，$R(\boldsymbol{B})=u$，$R(\boldsymbol{C})=s$。在式(2.10)或式(2.11)的函数模型中，无论选了多少个未知数，也无论未知数之间是否函数独立，均可概括，故称为概括函数模型，其条件方程的总数为 $c+s=r+u$，而且自由度仍为多余观测数 r，即

$$d_f=c+s-u=r \tag{2.12}$$

分析概括函数模型，可以归纳各种平差方法的函数模型与概括函数模型的关系，见表 2.1。

表 2.1　各种平差方法函数模型汇总

<table>
<tr><th>参数的个数</th><th>参数独立</th><th colspan="2">部分参数不独立</th></tr>
<tr><td>$u=0$</td><td>条件平差法
$\boldsymbol{A}\tilde{\boldsymbol{L}}+\boldsymbol{A}^0=\boldsymbol{0},\boldsymbol{B}=\boldsymbol{0},\boldsymbol{C}=\boldsymbol{0},$
$R(\boldsymbol{A})=r=n-t$</td><td colspan="2"></td></tr>
<tr><td>$u<t$</td><td>附有未知参数的条件平差法
$\boldsymbol{A}\tilde{\boldsymbol{L}}+\boldsymbol{B}\tilde{\boldsymbol{X}}+\boldsymbol{A}^0=\boldsymbol{0},\boldsymbol{C}=\boldsymbol{0},$
$R(\boldsymbol{A})=c,R(\boldsymbol{B})=u$</td><td colspan="2">附有限制条件的条件平差法
$\boldsymbol{A}\tilde{\boldsymbol{L}}+\boldsymbol{B}\tilde{\boldsymbol{X}}+\boldsymbol{A}^0=\boldsymbol{0},\boldsymbol{C}\tilde{\boldsymbol{X}}+\boldsymbol{C}^0=\boldsymbol{0},$
$R(\boldsymbol{A})=c,R(\boldsymbol{B})=u,R(\boldsymbol{C})=s$</td></tr>
<tr><td>$u=t$</td><td>间接平差法
$\tilde{\boldsymbol{L}}=\boldsymbol{B}\tilde{\boldsymbol{X}}+\boldsymbol{B}^0,\boldsymbol{C}=\boldsymbol{0},\boldsymbol{A}=-\boldsymbol{I},$
$R(\boldsymbol{B})=t$</td><td colspan="2">附有限制条件的条件平差法
$\boldsymbol{A}\tilde{\boldsymbol{L}}+\boldsymbol{B}\tilde{\boldsymbol{X}}+\boldsymbol{A}^0=\boldsymbol{0},\boldsymbol{C}\tilde{\boldsymbol{X}}+\boldsymbol{C}^0=\boldsymbol{0},$
$R(\boldsymbol{A})=c,R(\boldsymbol{B})=u,R(\boldsymbol{C})=s$</td></tr>
<tr><td>$u>t$</td><td></td><td>附有限制条件的间接平差法
$\tilde{\boldsymbol{L}}=\boldsymbol{B}\tilde{\boldsymbol{X}}+\boldsymbol{B}^0,\boldsymbol{C}\tilde{\boldsymbol{X}}+\boldsymbol{C}^0=\boldsymbol{0},$
$\boldsymbol{A}=-\boldsymbol{I},R(\boldsymbol{B})=u,R(\boldsymbol{C})=s$</td><td>附有限制条件的条件平差法
(少于 t 个独立参数)
$\boldsymbol{A}\tilde{\boldsymbol{L}}+\boldsymbol{B}\tilde{\boldsymbol{X}}+\boldsymbol{A}^0=\boldsymbol{0},\boldsymbol{C}\tilde{\boldsymbol{X}}+\boldsymbol{C}^0=\boldsymbol{0},$
$R(\boldsymbol{A})=c,R(\boldsymbol{B})=u,R(\boldsymbol{C})=s$</td></tr>
</table>

概括函数模型是可以概括前面四种平差方法的函数模型，或者说，前面四种平差方法的函数模型都是概括函数模型的特例。但从建立这些函数模型的过程来看，各种函数模型间的差异与未知参数的选择有关。因此，各种函数模型间是可以互相转换的，如：在附有限制条件的条件函数模型中，通过 $c+s$ 个条件方程，消去 u 个未知数，就变成条件平差时的函数模型；若只选 t 个独立的必要未知数时，则变成间接平差的函数模型。但同一个平差问题，无论选择哪种函数模型进行平差计算，其结果都是相同的。各种平差方法的随机模型是一致的。

2.1.4　非线性函数模型的线性化

在测量平差中，建立的函数模型有些是线性的，有些是非线性的，而在平差计算时，必须将非线性函数模型转换成线性形式，即非线性函数模型的线性化。

数学模型中的函数模型，是根据几何或物理的约束条件所建立的条件方程。方程中的观测向量和未知数是以数学期望(真值)表示的，如 $\tilde{\boldsymbol{L}}$ 和 $\tilde{\boldsymbol{X}}$。由于观测误差的随机性，$\tilde{\boldsymbol{L}}$ 和 $\tilde{\boldsymbol{X}}$ 或 $\boldsymbol{\Delta}$ 和 $\tilde{\boldsymbol{x}}$(分别为 $\tilde{\boldsymbol{L}}$ 和 $\tilde{\boldsymbol{X}}$ 的真误差)均为未知的，是待求量。

由于真值 $\tilde{\boldsymbol{L}}$ 和 $\tilde{\boldsymbol{X}}$ 一般无法得到，因此，我们只能求取它们的估值(平差值)$\hat{\boldsymbol{L}}$ 和 $\hat{\boldsymbol{X}}$(或 $\boldsymbol{V}$ 和 $\hat{\boldsymbol{x}}$)，所以有

$$\left.\begin{aligned}\hat{\boldsymbol{L}}&=\boldsymbol{L}+\boldsymbol{V}\\ \hat{\boldsymbol{X}}&=\boldsymbol{X}^0+\hat{\boldsymbol{x}}\end{aligned}\right\} \tag{2.13}$$

式中,$\hat{\boldsymbol{L}}$、$\hat{\boldsymbol{X}}$ 分别是$\tilde{\boldsymbol{L}}$、$\tilde{\boldsymbol{X}}$ 的估值;$\boldsymbol{V}$、$\hat{\boldsymbol{x}}$ 分别是$\boldsymbol{\Delta}$ 和 $\tilde{\boldsymbol{x}}$ 的估值,称为改正数;$\boldsymbol{X}^0$ 是未知数 $\tilde{\boldsymbol{X}}$ 的近似值。平差时,函数模型一般都是直接用平差值代替真值列立的。

(1)间接平差时,式(2.2)改写为

$$\hat{\boldsymbol{L}}=\boldsymbol{B}\hat{\boldsymbol{X}}+\boldsymbol{B}^0 \tag{2.14}$$

将式(2.13)代入式(2.14)并整理,得误差方程式为

$$\boldsymbol{V}=\boldsymbol{B}\hat{\boldsymbol{x}}-\boldsymbol{f} \tag{2.15}$$

式中,$-\boldsymbol{f}=\boldsymbol{B}\boldsymbol{X}^0+\boldsymbol{B}^0-\boldsymbol{L}$。

(2)附有限制条件的间接平差时,式(2.5)改写为

$$\left.\begin{aligned}\underset{n\times 1}{\hat{\boldsymbol{L}}}&=\underset{n\times u}{\boldsymbol{B}}\ \underset{u\times 1}{\hat{\boldsymbol{X}}}+\underset{n\times 1}{\boldsymbol{B}^0}\\ \underset{s\times u}{\boldsymbol{C}}\ \underset{u\times 1}{\hat{\boldsymbol{X}}}&+\underset{s\times 1}{\boldsymbol{C}^0}=\boldsymbol{0}\end{aligned}\right\} \tag{2.16}$$

用改正数形式表示为

$$\left.\begin{aligned}\boldsymbol{V}&=\boldsymbol{B}\hat{\boldsymbol{x}}-\boldsymbol{f}\\ \boldsymbol{C}\hat{\boldsymbol{x}}&-\boldsymbol{f}_x=\boldsymbol{0}\end{aligned}\right\} \tag{2.17}$$

式中,$-\boldsymbol{f}=\boldsymbol{B}\boldsymbol{X}^0+\boldsymbol{B}^0-\boldsymbol{L}$,$-\boldsymbol{f}_x=\boldsymbol{C}\boldsymbol{X}^0+\boldsymbol{C}^0$。

(3)条件平差时,式(2.7)改写为

$$\boldsymbol{A}\hat{\boldsymbol{L}}+\boldsymbol{A}^0=\boldsymbol{0} \tag{2.18}$$

用改正数形式表示为

$$\boldsymbol{A}\boldsymbol{V}-\boldsymbol{f}=\boldsymbol{0} \tag{2.19}$$

式中,$-\boldsymbol{f}=\boldsymbol{A}\boldsymbol{L}+\boldsymbol{A}^0$。

(4)附有未知参数的条件平差时,式(2.9)改写为

$$\boldsymbol{A}\hat{\boldsymbol{L}}+\boldsymbol{B}\hat{\boldsymbol{X}}+\boldsymbol{A}^0=\boldsymbol{0} \tag{2.20}$$

或写为改正数形式,即

$$\boldsymbol{A}\boldsymbol{V}+\boldsymbol{B}\hat{\boldsymbol{x}}-\boldsymbol{f}=\boldsymbol{0} \tag{2.21}$$

式中,$-\boldsymbol{f}=\boldsymbol{A}\boldsymbol{L}+\boldsymbol{B}\boldsymbol{X}^0+\boldsymbol{A}^0$。

线性函数模型可以直接写成用改正数表示的形式。对于非线性函数模型则需要将其线性化,即按照泰勒级数展开,并取至一次项,二次及以上项舍去不计。下面以附有限制条件的条件平差法的概括函数模型为例,说明非线性条件方程线性化的方法。

设非线性条件方程(包括限制条件方程)为

$$\left.\begin{aligned}F(\tilde{\boldsymbol{L}},\tilde{\boldsymbol{X}})&=\boldsymbol{0}\\ \Phi(\tilde{\boldsymbol{X}})&=\boldsymbol{0}\end{aligned}\right\} \tag{2.22}$$

将式(2.22)以泰勒级数展开。由于观测量 $\boldsymbol{L}$ 的真误差 $\boldsymbol{\Delta}$ 和未知数 $\boldsymbol{X}$ 的真误差 $\tilde{\boldsymbol{x}}$ 均为微小量,故只取展开式的零次项和一次项,得

$$F(\tilde{\boldsymbol{L}},\tilde{\boldsymbol{X}})=F(\boldsymbol{L}+\boldsymbol{\Delta},\boldsymbol{X}^0+\tilde{\boldsymbol{x}})=F(\boldsymbol{L},\boldsymbol{X}^0)+\left.\frac{\partial F}{\partial\tilde{\boldsymbol{L}}}\right|_{\boldsymbol{L},\boldsymbol{X}^0}\cdot\boldsymbol{\Delta}+\left.\frac{\partial F}{\partial\tilde{\boldsymbol{X}}}\right|_{\boldsymbol{L},\boldsymbol{X}^0}\cdot\tilde{\boldsymbol{x}}=\boldsymbol{0} \tag{2.23}$$

$$\Phi(\tilde{\boldsymbol{X}})=\Phi(\boldsymbol{X}^0+\tilde{\boldsymbol{x}})=\Phi(\boldsymbol{X}^0)+\left.\frac{\partial\Phi}{\partial\tilde{\boldsymbol{X}}}\right|_{\boldsymbol{X}^0}\cdot\tilde{\boldsymbol{x}}=\boldsymbol{0} \tag{2.24}$$

式中,$\partial F/\partial\tilde{\boldsymbol{L}}$ 是$c\times n$ 阶矩阵,并以 $\boldsymbol{A}$ 表示;$\partial F/\partial\tilde{\boldsymbol{X}}$ 是 $c\times u$ 阶矩阵,并以 $\boldsymbol{B}$ 表示;$\partial\Phi/\partial\tilde{\boldsymbol{X}}$ 是

$s\times u$ 阶矩阵，以 $\boldsymbol{C}$ 表示，即

$$\underset{c\times n}{\boldsymbol{A}}=\left.\frac{\partial F}{\partial \widetilde{\boldsymbol{L}}}\right|_{\boldsymbol{L},\boldsymbol{X}^0}=\begin{bmatrix}\partial F_1/\partial \widetilde{L}_1 & \partial F_1/\partial \widetilde{L}_2 & \cdots & \partial F_1/\partial \widetilde{L}_n\\ \partial F_2/\partial \widetilde{L}_1 & \partial F_2/\partial \widetilde{L}_2 & \cdots & \partial F_2/\partial \widetilde{L}_n\\ \vdots & \vdots & & \vdots\\ \partial F_c/\partial \widetilde{L}_1 & \partial F_c/\partial \widetilde{L}_2 & \cdots & \partial F_c/\partial \widetilde{L}_n\end{bmatrix} \tag{2.25}$$

$$\underset{c\times u}{\boldsymbol{B}}=\left.\frac{\partial F}{\partial \widetilde{\boldsymbol{X}}}\right|_{\boldsymbol{L},\boldsymbol{X}^0}=\begin{bmatrix}\partial F_1/\partial \widetilde{X}_1 & \partial F_1/\partial \widetilde{X}_2 & \cdots & \partial F_1/\partial \widetilde{X}_u\\ \partial F_2/\partial \widetilde{X}_1 & \partial F_2/\partial \widetilde{X}_2 & \cdots & \partial F_2/\partial \widetilde{X}_u\\ \vdots & \vdots & & \vdots\\ \partial F_c/\partial \widetilde{X}_1 & \partial F_c/\partial \widetilde{X}_2 & \cdots & \partial F_c/\partial \widetilde{X}_u\end{bmatrix} \tag{2.26}$$

$$\underset{s\times u}{\boldsymbol{C}}=\left.\frac{\partial \Phi}{\partial \widetilde{\boldsymbol{X}}}\right|_{\boldsymbol{X}^0}=\begin{bmatrix}\partial \Phi_1/\partial \widetilde{X}_1 & \partial \Phi_1/\partial \widetilde{X}_2 & \cdots & \partial \Phi_1/\partial \widetilde{X}_u\\ \partial \Phi_2/\partial \widetilde{X}_1 & \partial \Phi_2/\partial \widetilde{X}_2 & \cdots & \partial \Phi_2/\partial \widetilde{X}_u\\ \vdots & \vdots & & \vdots\\ \partial \Phi_s/\partial \widetilde{X}_1 & \partial \Phi_s/\partial \widetilde{X}_2 & \cdots & \partial \Phi_s/\partial \widetilde{X}_u\end{bmatrix} \tag{2.27}$$

令

$$\left.\begin{aligned}-\underset{c\times 1}{\boldsymbol{f}}&=F(\boldsymbol{L},\boldsymbol{X}^0)=\begin{bmatrix}F_1(\boldsymbol{L},\boldsymbol{X}^0)\\ F_2(\boldsymbol{L},\boldsymbol{X}^0)\\ \vdots\\ F_c(\boldsymbol{L},\boldsymbol{X}^0)\end{bmatrix}\\ -\underset{s\times 1}{\boldsymbol{f}_x}&=\Phi(\boldsymbol{X}^0)=\begin{bmatrix}\Phi_1(\boldsymbol{X}^0)\\ \Phi_2(\boldsymbol{X}^0)\\ \vdots\\ \Phi_s(\boldsymbol{X}^0)\end{bmatrix}\end{aligned}\right\} \tag{2.28}$$

则式(2.22)可写成为

$$\left.\begin{aligned}\underset{c\times n}{\boldsymbol{A}}\underset{n\times 1}{\boldsymbol{\Delta}}+\underset{c\times u}{\boldsymbol{B}}\underset{u\times 1}{\tilde{\boldsymbol{x}}}-\underset{c\times 1}{\boldsymbol{f}}&=\boldsymbol{0}\\ \underset{s\times u}{\boldsymbol{C}}\underset{u\times 1}{\tilde{\boldsymbol{x}}}-\underset{s\times 1}{\boldsymbol{f}_x}&=\boldsymbol{0}\end{aligned}\right\} \tag{2.29}$$

用改正数表示为

$$\left.\begin{aligned}\underset{c\times n}{\boldsymbol{A}}\underset{n\times 1}{\boldsymbol{V}}+\underset{c\times u}{\boldsymbol{B}}\underset{u\times 1}{\hat{\boldsymbol{x}}}-\underset{c\times 1}{\boldsymbol{f}}&=\boldsymbol{0}\\ \underset{s\times u}{\boldsymbol{C}}\underset{u\times 1}{\hat{\boldsymbol{x}}}-\underset{s\times 1}{\boldsymbol{f}_x}&=\boldsymbol{0}\end{aligned}\right\} \tag{2.30}$$

式(2.30)即为条件方程和限制条件方程的线性形式，其中系数矩阵 $\boldsymbol{A}$、$\boldsymbol{B}$、$\boldsymbol{C}$ 也称为设计矩阵。与式(2.30)类似地可以根据其他各种函数模型的特点，分别写出它们线性化后的形式。

(1)条件平差法的线性函数模型。当不选取任何未知数时，则 $u=0$、$s=0$、$\boldsymbol{B}=\boldsymbol{0}$、$\boldsymbol{C}=\boldsymbol{0}$，此时 $c=r$，所以条件平差的线性函数模型为

$$\underset{r\times n}{\boldsymbol{A}}\underset{n\times 1}{\boldsymbol{\Delta}}-\underset{r\times 1}{\boldsymbol{f}}=\boldsymbol{0} \tag{2.31}$$

(2)附有未知参数的条件平差法的线性函数模型。设选取 u 个函数独立的参数，$u<t$，则

$s=0$、$\boldsymbol{C}=\boldsymbol{0}$,此时,附有未知参数的条件平差的线性函数模型为

$$\underset{c\times n}{\boldsymbol{A}}\underset{n\times 1}{\boldsymbol{\Delta}}+\underset{c\times u}{\boldsymbol{B}}\underset{u\times 1}{\tilde{\boldsymbol{x}}}-\underset{c\times 1}{\boldsymbol{f}}=\boldsymbol{0} \tag{2.32}$$

(3)间接平差法的线性函数模型。当选取 $u=t$ 个未知参数,即 $s=0$、$\boldsymbol{C}=\boldsymbol{0}$ 时,总可以使每个条件方程中只包含一个观测值,并使它的系数均为 -1,即 $\boldsymbol{A}=-\boldsymbol{I}$,且 $c=r+t=n$,于是有间接平差的线性函数模型(观测方程)为

$$\underset{n\times 1}{\boldsymbol{\Delta}}=\underset{n\times t}{\boldsymbol{B}}\underset{t\times 1}{\tilde{\boldsymbol{x}}}-\underset{n\times 1}{\boldsymbol{f}} \tag{2.33}$$

(4)附有限制条件的间接平差法的线性函数模型。当选取 u 个未知参数,$u>t$,且其中包含 t 个独立参数和 $s=u-t$ 个不独立参数时,一定可以将每个观测量都表达成 u 个未知参数的函数,此外还应有 s 个限制条件,即 $\boldsymbol{A}=-\boldsymbol{I}$,所以,附有限制条件的间接平差的线性函数模型为

$$\left.\begin{aligned}\underset{n\times 1}{\boldsymbol{\Delta}}&=\underset{n\times t}{\boldsymbol{B}}\underset{t\times 1}{\tilde{\boldsymbol{x}}}-\underset{n\times 1}{\boldsymbol{f}}\\ \underset{s\times u}{\boldsymbol{C}}\underset{u\times 1}{\tilde{\boldsymbol{x}}}&-\underset{s\times 1}{\boldsymbol{f}_x}=\boldsymbol{0}\end{aligned}\right\} \tag{2.34}$$

将 $\boldsymbol{\Delta}$ 和 $\tilde{\boldsymbol{x}}$ 换成相应的估值 $\boldsymbol{V}$ 和 $\hat{\boldsymbol{x}}$,就变为各种平差函数模型的改正数形式。

例 2.3 为了确定三角形的形状和大小,必要的观测元素是两边一角。如图 2.4 所示,现共观测了三个角度和三条边长,试以条件平差法列出其函数模型,并线性化。

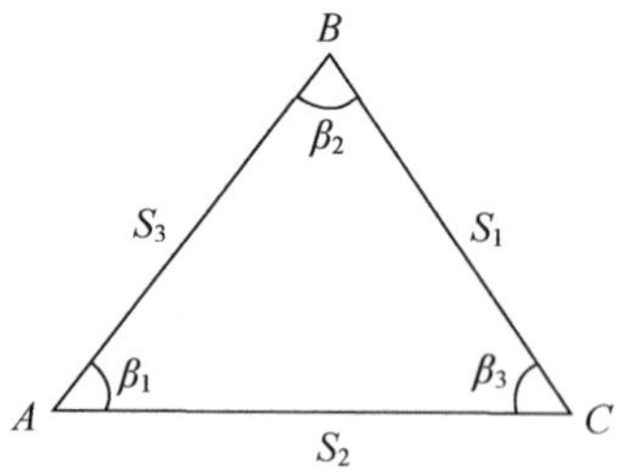

图 2.4 边角观测示意

解:已知 $n=6$、$t=3$,则 $r=n-t=3$。根据几何关系,函数模型的条件可选为

$$\left.\begin{aligned}&\tilde{\beta}_1+\tilde{\beta}_2+\tilde{\beta}_3-180^\circ=0\\ &\tilde{S}_1/\sin\tilde{\beta}_1-\tilde{S}_2/\sin\tilde{\beta}_2=0\\ &\tilde{S}_1/\sin\tilde{\beta}_1-\tilde{S}_3/\sin\tilde{\beta}_3=0\end{aligned}\right\}$$

后两个条件为非线性条件方程,为了平差计算,需对其线性化。令

$$\left.\begin{aligned}\tilde{\beta}_i&=\beta_i+\Delta\beta_i\\ \tilde{S}_i&=S_i+\Delta S_i\end{aligned}\right\}$$

式中,$i=1,2,3$,β_i、S_i 为三角形中的角度和边长观测值,$\Delta\beta_i$、ΔS_i 为其相应的真误差。将上式代入建立的条件方程,并用泰勒级数展开,舍去二次以上高次项,得线性条件方程为

$$\left.\begin{aligned}&\Delta\beta_1+\Delta\beta_2+\Delta\beta_3-f_1=0\\ &-f_1=\beta_1+\beta_2+\beta_3-180^\circ\\ &S_1\frac{\cos\beta_2}{\rho}\Delta\beta_2-S_2\frac{\cos\beta_1}{\rho}\Delta\beta_1+\sin\beta_2\Delta S_1-\sin\beta_1\Delta S_2-f_2=0\\ &-f_2=S_1\sin\beta_2-S_2\sin\beta_1\\ &-S_3\frac{\cos\beta_1}{\rho}\Delta\beta_1+S_1\frac{\cos\beta_3}{\rho}\Delta\beta_3+\sin\beta_3\Delta S_1-\sin\beta_1\Delta S_3-f_3=0\\ &-f_3=S_1\sin\beta_3-S_3\sin\beta_1\end{aligned}\right\}$$

写成改正数形式为

$$
\left.\begin{aligned}
&v_{\beta_1}+v_{\beta_2}+v_{\beta_3}-f_1=0\\
&-f_1=\beta_1+\beta_2+\beta_3-180^\circ\\
&-S_2\frac{\cos\beta_1}{\rho}v_{\beta_1}+S_1\frac{\cos\beta_2}{\rho}v_{\beta_2}+\sin\beta_2 v_{s_1}-\sin\beta_1 v_{s_2}-f_2=0\\
&-f_2=S_1\sin\beta_2-S_2\sin\beta_1\\
&-S_3\frac{\cos\beta_1}{\rho}v_{\beta_1}+S_1\frac{\cos\beta_3}{\rho}v_{\beta_3}+\sin\beta_3 v_{s_1}-\sin\beta_1 v_{s_3}-f_3=0\\
&-f_3=S_1\sin\beta_3-S_3\sin\beta_1
\end{aligned}\right\}
$$

本例中除了可以列立以上条件方程外，还可按照余弦定理列立条件方程如下

$$
\left.\begin{aligned}
&\tilde{S}_2^2+\tilde{S}_3^2-2\tilde{S}_2\tilde{S}_3\cos\tilde{\beta}_1-\tilde{S}_1^2=0\\
&\tilde{S}_1^2+\tilde{S}_3^2-2\tilde{S}_1\tilde{S}_3\cos\tilde{\beta}_2-\tilde{S}_2^2=0\\
&\tilde{S}_1^2+\tilde{S}_2^2-2\tilde{S}_1\tilde{S}_2\cos\tilde{\beta}_3-\tilde{S}_3^2=0
\end{aligned}\right\}
$$

将上式线性化后进行平差计算，可得到与前述列立的条件方程同样的结果。所以，在同一平差问题中，只要选择 r 个函数独立的条件方程进行平差计算，其结果均可满足所有的几何（或物理）的关系式。

2.2　最小二乘准则

测量平差是按平差的数学模型进行的，平差的数学模型包括函数模型和随机模型两部分。数学模型中的随机模型，在平差前是已知的，也称为先验信息，用观测向量的方差矩阵表示，该矩阵称为先验方差矩阵，即

$$
\boldsymbol{D}_L=\sigma_0^2\boldsymbol{Q}_L=\sigma_0^2\boldsymbol{P}_L^{-1} \tag{2.35}
$$

当测量中只含有偶然误差时，观测向量 $\boldsymbol{L}$ 和误差向量 $\boldsymbol{\Delta}$ 具有相同的随机性质，即

$$
\left.\begin{aligned}
\boldsymbol{D}_L&=\boldsymbol{D}_\Delta\\
\boldsymbol{Q}_L&=\boldsymbol{Q}_\Delta\\
\boldsymbol{P}_L&=\boldsymbol{P}_\Delta
\end{aligned}\right\} \tag{2.36}
$$

平差时，根据平差的函数模型求取估值 $\hat{\boldsymbol{L}}$ 和 $\hat{\boldsymbol{X}}$（或 $\boldsymbol{V}$ 和 $\hat{\boldsymbol{x}}$）时，会发现未知数 $\hat{\boldsymbol{L}}$ 和 $\hat{\boldsymbol{X}}$（或 $\boldsymbol{V}$ 和 $\hat{\boldsymbol{x}}$）的个数（$n+u$）多于条件方程（包括限制条件方程）的个数（$c+s$），所以有无穷多个解，即结果并不唯一。为了在众多组解中选出一组最优解作为平差的最终估值，必须增加约束条件，这种约束条件是由某种准则实现的，在准则的条件下求得估值的唯一解。在测量工作及其他科学、工程领域中，用得最早且最为广泛的估计准则，就是最小二乘准则，即

$$
\boldsymbol{V}^{\mathrm{T}}\boldsymbol{P}\boldsymbol{V}=\min \tag{2.37}
$$

式中，$\boldsymbol{V}$ 为观测误差的估值向量，在最小二乘估计中称为观测值的最或然改正数，或称为残差；$\boldsymbol{P}$ 为观测向量的先验权矩阵。当观测是等精度独立观测时，权矩阵 $\boldsymbol{P}=\boldsymbol{I}$，则式(2.37)可写为

$$
\boldsymbol{V}^{\mathrm{T}}\boldsymbol{P}\boldsymbol{V}=[vv]=\sum_{i=1}^{n}v_i^2=v_1^2+v_2^2+\cdots+v_n^2=\min \tag{2.38}
$$

即残差的平方和最小。当观测为非等精度独立观测时，权矩阵 $\boldsymbol{P}=\mathrm{diag}(p_1,p_2,\cdots,p_n)$，则式(2.37)可写为

$$\boldsymbol{V}^{\mathrm{T}}\boldsymbol{P}\boldsymbol{V}=[pvv]=\sum_{i=1}^{n}p_i v_i^2=p_1 v_1^2+p_2 v_2^2+\cdots+p_n v_n^2=\min \tag{2.39}$$

对于一般情况,权为满秩非对角矩阵时,则式(2.37)可写为

$$\boldsymbol{V}^{\mathrm{T}}\boldsymbol{P}\boldsymbol{V}=\begin{bmatrix}v_1 & v_2 & \cdots & v_n\end{bmatrix}\begin{bmatrix}p_{11} & p_{12} & \cdots & p_{1n}\\ p_{21} & p_{22} & \cdots & p_{2n}\\ \vdots & \vdots & & \vdots\\ p_{n1} & p_{n2} & \cdots & p_{nn}\end{bmatrix}\begin{bmatrix}v_1\\ v_2\\ \vdots\\ v_n\end{bmatrix}=\min \tag{2.40}$$

协因数矩阵与方差矩阵只差一个比例因子,即单位权方差 σ_0^2,再利用权矩阵和协方差矩阵的互逆关系,式(2.37)也等价于

$$\left.\begin{array}{r}\boldsymbol{V}^{\mathrm{T}}\boldsymbol{D}^{-1}\boldsymbol{V}=\min\\ \text{或}\qquad\qquad\\ \boldsymbol{V}^{\mathrm{T}}\boldsymbol{Q}^{-1}\boldsymbol{V}=\min\end{array}\right\} \tag{2.41}$$

式中,$\boldsymbol{D}$ 与 $\boldsymbol{Q}$ 为观测向量的方差矩阵和协因数矩阵。

最小二乘准则的原理由高斯提出并用于谷神星运行轨道的确定,且已证明通过最小二乘准则获得的参数估计是唯一的,是最优线性无偏估值。关于最小二乘解的统计性质的内容将在 2.7 节介绍。由于最小二乘准则不需要事先确定分布的类型,只需要知道观测向量的先验权矩阵,也就是说所需要的统计信息量少,因此被广泛应用。

2.3 间接平差法

不同的函数模型对应不同的平差方法,从本节起将分别介绍各种函数模型的平差计算公式。间接平差法是选择 $u=t$ 个函数独立的未知参数,建立 n 个观测方程作为平差函数模型的一种处理方式。

函数模型为

$$\hat{\boldsymbol{L}}=\boldsymbol{B}\hat{\boldsymbol{X}}+\boldsymbol{B}^0 \tag{2.42}$$

其改正数形式为

$$\left.\begin{array}{l}\boldsymbol{V}=\boldsymbol{B}\hat{\boldsymbol{x}}-\boldsymbol{f}\\ -\boldsymbol{f}=\boldsymbol{B}\boldsymbol{X}^0+\boldsymbol{B}^0-\boldsymbol{L}\end{array}\right\} \tag{2.43}$$

随机模型为

$$\boldsymbol{D}_L=\boldsymbol{D}_\Delta=\sigma_0^2\boldsymbol{Q}=\sigma_0^2\boldsymbol{P}^{-1} \tag{2.44}$$

以上模型也称高斯-马尔可夫模型。

2.3.1 平差计算公式

间接平差的误差方程为

$$\underset{n\times1}{\boldsymbol{V}}=\underset{n\times t}{\boldsymbol{B}}\,\underset{t\times1}{\hat{\boldsymbol{x}}}-\underset{n\times1}{\boldsymbol{f}} \tag{2.45}$$

$$-\boldsymbol{f}=\boldsymbol{B}\boldsymbol{X}^0+\boldsymbol{B}^0-\boldsymbol{L} \tag{2.46}$$

式中,误差方程的系数矩阵 $\boldsymbol{B}$ 的秩 $R(\boldsymbol{B})=t$。

对于 n 个误差方程,需要求解 n 个观测值的改正数 $\boldsymbol{V}$ 和 t 个独立未知参数的估值 $\hat{\boldsymbol{x}}$,所以是不定解方程组,即有无穷多个解。为了得到唯一解,需附加约束条件,即最小二乘准则。根

据最小二乘准则，应在满足 $\boldsymbol{V}^{\mathrm{T}}\boldsymbol{PV}=\min$ 的情况下确定未知参数的估值 $\hat{\boldsymbol{x}}$。

设观测权矩阵为

$$\boldsymbol{P}=\boldsymbol{Q}^{-1}=\begin{bmatrix}Q_{11} & Q_{12} & \cdots & Q_{1n}\\ Q_{21} & Q_{22} & \cdots & Q_{2n}\\ \vdots & \vdots & & \vdots\\ Q_{n1} & Q_{n2} & \cdots & Q_{nn}\end{bmatrix}^{-1}=\begin{bmatrix}P_{11} & P_{12} & \cdots & P_{1n}\\ P_{21} & P_{22} & \cdots & P_{2n}\\ \vdots & \vdots & & \vdots\\ P_{n1} & P_{n2} & \cdots & P_{nn}\end{bmatrix} \tag{2.47}$$

这样一来，平差问题就变成数学上求极值点的问题了。按照求函数自由极值的方法，将 $\boldsymbol{V}^{\mathrm{T}}\boldsymbol{PV}$ 对 $\hat{\boldsymbol{x}}$ 求导，并令其等于零，即

$$\frac{\partial(\boldsymbol{V}^{\mathrm{T}}\boldsymbol{PV})}{\partial\hat{\boldsymbol{x}}}=2\boldsymbol{V}^{\mathrm{T}}\boldsymbol{P}\frac{\partial\boldsymbol{V}}{\partial\hat{\boldsymbol{x}}}=2\boldsymbol{V}^{\mathrm{T}}\boldsymbol{PB}=\boldsymbol{0} \tag{2.48}$$

两边转置，得 $\boldsymbol{B}^{\mathrm{T}}\boldsymbol{PV}=\boldsymbol{0}$，将式(2.45)代入得到消去 $\boldsymbol{V}$ 后的方程式为

$$\boldsymbol{B}^{\mathrm{T}}\boldsymbol{PB}\hat{\boldsymbol{x}}-\boldsymbol{B}^{\mathrm{T}}\boldsymbol{Pf}=\boldsymbol{0} \tag{2.49}$$

令

$$\left.\begin{aligned}\boldsymbol{N}_{bb}&=\boldsymbol{B}^{\mathrm{T}}\boldsymbol{PB}\\ \boldsymbol{f}_e&=\boldsymbol{B}^{\mathrm{T}}\boldsymbol{Pf}\end{aligned}\right\} \tag{2.50}$$

则式(2.49)为

$$\underset{t\times t}{\boldsymbol{N}_{bb}}\underset{t\times 1}{\hat{\boldsymbol{x}}}-\underset{t\times 1}{\boldsymbol{f}_e}=\boldsymbol{0} \tag{2.51}$$

式(2.51)称为间接平差的法方程。式中，$\boldsymbol{N}_{bb}$ 为法方程的系数矩阵，$\boldsymbol{f}_e$ 为法方程的常数项向量。由于 $\boldsymbol{N}_{bb}$ 为满秩对称方阵，凯利逆存在，因此其解为

$$\hat{\boldsymbol{x}}=\boldsymbol{N}_{bb}^{-1}\boldsymbol{f}_e=(\boldsymbol{B}^{\mathrm{T}}\boldsymbol{PB})^{-1}\boldsymbol{B}^{\mathrm{T}}\boldsymbol{Pf} \tag{2.52}$$

将解得的 $\hat{\boldsymbol{x}}$ 代入式(2.45)可求得改正数 $\boldsymbol{V}$，并由 $\hat{\boldsymbol{L}}=\boldsymbol{L}+\boldsymbol{V}$ 求得观测值的平差值。同样，由 $\hat{\boldsymbol{X}}=\boldsymbol{X}^0+\hat{\boldsymbol{x}}$ 可求得未知参数的平差值 $\hat{\boldsymbol{X}}$。

2.3.2　精度评定公式

测量平差的目的就是对未知数和观测值求出估值，并评定其精度。所谓精度评定就是对未知数的方差或协方差做出估计。精度评定包括两个方面：一是观测量的实际精度，二是由观测量经平差得到的观测值函数的精度。例如，观测向量的方差矩阵为 $\boldsymbol{D}_L=\sigma_0^2\boldsymbol{Q}_L$，只要求出单位权方差的估值 $\hat{\sigma}_0^2$，并求得 $\boldsymbol{Q}_{\hat{L}}$，就可以得到方差估值 $\boldsymbol{D}_{\hat{L}}$。所以，为求方差估值，需要计算单位权方差的估值以及对应量的协因数矩阵估值。

1. 验后单位权方差估值

验后单位权方差估值的计算公式为

$$\hat{\sigma}_0^2=\frac{\boldsymbol{V}^{\mathrm{T}}\boldsymbol{PV}}{r}=\frac{\boldsymbol{V}^{\mathrm{T}}\boldsymbol{PV}}{n-t} \tag{2.53}$$

为了计算 $\hat{\sigma}_0^2$，需要计算 $\boldsymbol{V}^{\mathrm{T}}\boldsymbol{PV}$。$\boldsymbol{V}^{\mathrm{T}}\boldsymbol{PV}$ 可采用以下两种方法计算：

(1)直接计算法。计算出 $\boldsymbol{V}$ 后，直接由它计算 $\boldsymbol{V}^{\mathrm{T}}\boldsymbol{PV}$。

(2)公式计算法。公式为

$$\boldsymbol{V}^{\mathrm{T}}\boldsymbol{PV}=(\boldsymbol{B}\hat{\boldsymbol{x}}-\boldsymbol{f})^{\mathrm{T}}\boldsymbol{P}(\boldsymbol{B}\hat{\boldsymbol{x}}-\boldsymbol{f})=\hat{\boldsymbol{x}}^{\mathrm{T}}\boldsymbol{B}^{\mathrm{T}}\boldsymbol{PB}\hat{\boldsymbol{x}}+\boldsymbol{f}^{\mathrm{T}}\boldsymbol{Pf}-\hat{\boldsymbol{x}}^{\mathrm{T}}\boldsymbol{B}^{\mathrm{T}}\boldsymbol{Pf}-\boldsymbol{f}^{\mathrm{T}}\boldsymbol{PB}\hat{\boldsymbol{x}} \tag{2.54}$$

式(2.54)的第一、三、四项分别等于

$$\left.\begin{aligned}\hat{\boldsymbol{x}}^{\mathrm{T}}\boldsymbol{B}^{\mathrm{T}}\boldsymbol{P}\boldsymbol{B}\hat{\boldsymbol{x}}&=\hat{\boldsymbol{x}}^{\mathrm{T}}\\ \hat{\boldsymbol{x}}^{\mathrm{T}}\boldsymbol{B}^{\mathrm{T}}\boldsymbol{P}\boldsymbol{f}&=\hat{\boldsymbol{x}}^{\mathrm{T}}\\ \boldsymbol{f}^{\mathrm{T}}\boldsymbol{P}\boldsymbol{B}\hat{\boldsymbol{x}}&=\boldsymbol{f}_e^{\mathrm{T}}\hat{\boldsymbol{x}}\end{aligned}\right\}\tag{2.55}$$

将式(2.55)代入式(2.54),则有

$$\boldsymbol{V}^{\mathrm{T}}\boldsymbol{P}\boldsymbol{V}=\boldsymbol{f}^{\mathrm{T}}\boldsymbol{P}\boldsymbol{f}-\boldsymbol{f}_e^{\mathrm{T}}\hat{\boldsymbol{x}}\tag{2.56}$$

以上为计算 $\boldsymbol{V}^{\mathrm{T}}\boldsymbol{P}\boldsymbol{V}$ 的公式。式中,$\boldsymbol{f}_e$ 为法方程的常数项向量,$\hat{\boldsymbol{x}}$ 为法方程的解向量。

单位权方差估值等于残差平方和 $\boldsymbol{V}^{\mathrm{T}}\boldsymbol{P}\boldsymbol{V}$ 除以多余观测 r,与平差方法无关,即计算公式是一致的。

2.协因数矩阵的计算

根据间接平差各基本向量间的关系,可利用协因数传播律来计算间接平差基本向量的协因数矩阵及两两向量间的互协因数矩阵。

(1)由 $\boldsymbol{f}=-(\boldsymbol{B}\boldsymbol{X}^0+\boldsymbol{B}^0-\boldsymbol{L})=\boldsymbol{L}-(\boldsymbol{B}\boldsymbol{X}^0+\boldsymbol{B}^0)$ 以及观测值 $\boldsymbol{L}$ 的协因数矩阵(平差前随机模型,$\boldsymbol{Q}_L=\boldsymbol{Q}$),利用协因数传播律得 $\boldsymbol{Q}_f=\boldsymbol{Q}_{LL}=\boldsymbol{Q}$。

(2)由 $\boldsymbol{f}_e=\boldsymbol{B}^{\mathrm{T}}\boldsymbol{P}\boldsymbol{f}$ 及已求得的 $\boldsymbol{Q}_f$,得 $\boldsymbol{Q}_{f_e}=\boldsymbol{B}^{\mathrm{T}}\boldsymbol{P}\boldsymbol{Q}_f(\boldsymbol{B}^{\mathrm{T}}\boldsymbol{P})^{\mathrm{T}}=\boldsymbol{B}^{\mathrm{T}}\boldsymbol{P}\boldsymbol{B}=\boldsymbol{N}_{bb}$。

(3)由 $\hat{\boldsymbol{x}}=\boldsymbol{N}_{bb}^{-1}\boldsymbol{f}_e$ 得

$$\boldsymbol{Q}_{\hat{x}}=\boldsymbol{N}_{bb}^{-1}\boldsymbol{Q}_{f_e}\boldsymbol{N}_{bb}^{-1}=\boldsymbol{N}_{bb}^{-1}\boldsymbol{N}_{bb}\boldsymbol{N}_{bb}^{-1}=\boldsymbol{N}_{bb}^{-1}$$

(4)由 $\boldsymbol{V}=\boldsymbol{B}\hat{\boldsymbol{x}}-\boldsymbol{f}=[\boldsymbol{B}\quad -\boldsymbol{I}]\begin{bmatrix}\hat{\boldsymbol{x}}\\ \boldsymbol{f}\end{bmatrix}$,利用协因数传播律得

$$\boldsymbol{Q}_V=[\boldsymbol{B}\quad -\boldsymbol{I}]\begin{bmatrix}\boldsymbol{Q}_{\hat{x}} & \boldsymbol{Q}_{\hat{x}f}\\ \boldsymbol{Q}_{f\hat{x}} & \boldsymbol{Q}_f\end{bmatrix}\begin{bmatrix}\boldsymbol{B}^{\mathrm{T}}\\ -\boldsymbol{I}\end{bmatrix}=\boldsymbol{B}\boldsymbol{Q}_{\hat{x}}\boldsymbol{B}^{\mathrm{T}}-\boldsymbol{Q}_{f\hat{x}}\boldsymbol{B}^{\mathrm{T}}-\boldsymbol{B}\boldsymbol{Q}_{\hat{x}f}+\boldsymbol{Q}_f$$

又因 $\hat{\boldsymbol{x}}=\boldsymbol{N}_{bb}^{-1}\boldsymbol{f}_e=\boldsymbol{N}_{bb}^{-1}\boldsymbol{B}^{\mathrm{T}}\boldsymbol{P}\boldsymbol{f}$,有

$$\boldsymbol{Q}_{\hat{x}f}=\boldsymbol{N}_{bb}^{-1}\boldsymbol{B}^{\mathrm{T}}\boldsymbol{P}\boldsymbol{Q}_f=\boldsymbol{N}_{bb}^{-1}\boldsymbol{B}^{\mathrm{T}}\boldsymbol{P}\boldsymbol{Q}=\boldsymbol{Q}_{\hat{x}}\boldsymbol{B}^{\mathrm{T}}=\boldsymbol{Q}_{f\hat{x}}^{\mathrm{T}}$$

所以

$$\boldsymbol{Q}_V=\boldsymbol{Q}_f+\boldsymbol{B}\boldsymbol{Q}_{\hat{x}}\boldsymbol{B}^{\mathrm{T}}-\boldsymbol{B}\boldsymbol{Q}_{\hat{x}}\boldsymbol{B}^{\mathrm{T}}-\boldsymbol{B}\boldsymbol{Q}_{\hat{x}}\boldsymbol{B}^{\mathrm{T}}=\boldsymbol{Q}-\boldsymbol{B}\boldsymbol{Q}_{\hat{x}}\boldsymbol{B}^{\mathrm{T}}$$

上面列举说明了平差值协因数矩阵和互协因数矩阵的推导过程,其余的均可按上述方法求得,详见表 2.2,以便查用。其中,函数模型为 $\boldsymbol{V}=\boldsymbol{B}\hat{\boldsymbol{x}}-\boldsymbol{f}$,$\boldsymbol{N}_{bb}=\boldsymbol{B}^{\mathrm{T}}\boldsymbol{P}\boldsymbol{B}$。

表 2.2　间接平差中的协因数矩阵

向量	$\hat{\boldsymbol{x}}$	$\hat{\boldsymbol{L}}$	$\boldsymbol{V}$	$\boldsymbol{f}$
$\hat{\boldsymbol{x}}$	$\boldsymbol{N}_{bb}^{-1}$	$\boldsymbol{Q}_{\hat{x}}\boldsymbol{B}^{\mathrm{T}}$	**0**	$\boldsymbol{Q}_{\hat{x}}\boldsymbol{B}^{\mathrm{T}}$
$\hat{\boldsymbol{L}}$	$\boldsymbol{B}\boldsymbol{Q}_{\hat{x}}$	$\boldsymbol{B}\boldsymbol{Q}_{\hat{x}}\boldsymbol{B}^{\mathrm{T}}$	**0**	$\boldsymbol{B}\boldsymbol{Q}_{\hat{x}}\boldsymbol{B}^{\mathrm{T}}$
$\boldsymbol{V}$	**0**	**0**	$\boldsymbol{Q}-\boldsymbol{B}\boldsymbol{Q}_{\hat{x}}\boldsymbol{B}^{\mathrm{T}}$	$\boldsymbol{B}\boldsymbol{Q}_{\hat{x}}\boldsymbol{B}^{\mathrm{T}}-\boldsymbol{Q}$
$\boldsymbol{f}$	$\boldsymbol{B}\boldsymbol{Q}_{\hat{x}}$	$\boldsymbol{B}\boldsymbol{Q}_{\hat{x}}\boldsymbol{B}^{\mathrm{T}}$	$\boldsymbol{B}\boldsymbol{Q}_{\hat{x}}\boldsymbol{B}^{\mathrm{T}}-\boldsymbol{Q}$	$\boldsymbol{Q}$

根据验后单位权方差估值 $\hat{\sigma}_0^2$ 和平差值的协因数矩阵,可计算平差值的方差矩阵,如未知参数的平差值的协方差矩阵为 $\boldsymbol{D}_{\hat{X}}=\hat{\sigma}_0^2\boldsymbol{Q}_{\hat{X}}=\hat{\sigma}_0^2\boldsymbol{N}_{bb}^{-1}$,由于 $\hat{\boldsymbol{X}}=\boldsymbol{X}^0+\hat{\boldsymbol{x}}$,故 $\boldsymbol{Q}_{\hat{X}}=Q_{\hat{x}}$,因此以后与 $\hat{\boldsymbol{X}}$ 和 $\hat{\boldsymbol{x}}$ 有关的协因数矩阵中,均不做说明可以将 $\boldsymbol{Q}_{\hat{X}}$ 表示成 $\boldsymbol{Q}_{\hat{x}}$。由上文推导可知,间接平差中,未知参数协因数矩阵等于法方程系数矩阵的逆矩阵,这是一个重要的关系式,在间接平差

的精度评定中，会经常用到。

3. 未知数函数的协因数

在间接平差中，除了需要求观测值和未知数等平差量的精度外，还经常需要求由观测量计算的平差值函数的精度。因为间接平差问题中，选择了 t 个独立的未知数，所以平差中任何一个量都可由未知数的平差值求出，或者说，平差问题中的其他量均可由未知数表达，这称为未知数的函数。为此，我们将介绍未知数函数协因数的计算方法。

设有未知数平差值的任意函数为

$$\hat{\boldsymbol{\varphi}}=\Phi(\hat{\boldsymbol{X}})=\Phi(\boldsymbol{X}^0+\hat{\boldsymbol{x}})=\Phi(\hat{X}_1,\hat{X}_2,\cdots,\hat{X}_t)$$

对上式两边全微分，得线性化形式为

$$\mathrm{d}\hat{\boldsymbol{\varphi}}=\left(\frac{\partial\Phi}{\partial\hat{\boldsymbol{X}}}\right)_0\mathrm{d}\hat{\boldsymbol{X}}=\left(\frac{\partial\Phi}{\partial\hat{X}_1}\right)_0\mathrm{d}\hat{X}_1+\left(\frac{\partial\Phi}{\partial\hat{X}_2}\right)_0\mathrm{d}\hat{X}_2+\cdots+\left(\frac{\partial\Phi}{\partial\hat{X}_t}\right)_0\mathrm{d}\hat{X}_t \tag{2.57}$$

式(2.57)称为权函数式。

设

$$\boldsymbol{G}_{\boldsymbol{X}}^{\mathrm{T}}=\begin{bmatrix}\left(\dfrac{\partial\Phi}{\partial\hat{X}_1}\right)_0 & \left(\dfrac{\partial\Phi}{\partial\hat{X}_2}\right)_0 & \cdots & \left(\dfrac{\partial\Phi}{\partial\hat{X}_t}\right)_0\end{bmatrix},\quad \mathrm{d}\hat{\boldsymbol{X}}=\begin{bmatrix}\mathrm{d}\hat{X}_1 & \mathrm{d}\hat{X}_2 & \cdots & \mathrm{d}\hat{X}_t\end{bmatrix}^{\mathrm{T}}$$

式(2.57)可写为

$$\mathrm{d}\hat{\boldsymbol{\varphi}}=\boldsymbol{G}_{\boldsymbol{X}}^{\mathrm{T}}\mathrm{d}\hat{\boldsymbol{X}} \tag{2.58}$$

因 $\mathrm{d}\hat{\boldsymbol{X}}=\hat{\boldsymbol{X}}-\boldsymbol{X}^0$，其中 $\boldsymbol{X}^0$ 为选取的近似值，是常数，故按照协因数传播律可得 $\boldsymbol{Q}_{\mathrm{d}\hat{\boldsymbol{X}}}=\boldsymbol{Q}_{\hat{\boldsymbol{X}}}$，或者说增量的协因数与该量的协因数是相等的，那么也有 $\boldsymbol{Q}_{\mathrm{d}\hat{\boldsymbol{\varphi}}}=\boldsymbol{Q}_{\hat{\boldsymbol{\varphi}}}$。于是对式(2.58)应用协因数传播律，得未知数函数的协因数为

$$\boldsymbol{Q}_{\hat{\boldsymbol{\varphi}}}=\boldsymbol{G}_{\boldsymbol{X}}^{\mathrm{T}}\boldsymbol{Q}_{\hat{\boldsymbol{X}}}\boldsymbol{G}_{\boldsymbol{X}} \tag{2.59}$$

式中，$\boldsymbol{Q}_{\hat{\boldsymbol{X}}}=(\boldsymbol{B}^{\mathrm{T}}\boldsymbol{P}\boldsymbol{B})^{-1}=\boldsymbol{N}_{bb}^{-1}$。

求得未知数函数的协因数后，即可计算未知数函数的方差估值，如 $\hat{\sigma}_{\hat{\boldsymbol{\varphi}}}^2=\hat{\sigma}_0^2\boldsymbol{Q}_{\hat{\boldsymbol{\varphi}}}$。

综上所述，将间接平差计算步骤及公式的纯量表示总结如下：

(1)根据平差问题(网形)，选择 t 个函数独立的未知数 $\hat{\boldsymbol{x}}$。

(2)以每一观测量与未知数向量间的关系，列出误差方程式，若为非线性，需要将其线性化。式(2.45)的纯量表示为

$$\left.\begin{aligned}v_1&=a_1\hat{x}_1+b_1\hat{x}_2+\cdots+t_1\hat{x}_t-f_1\\v_2&=a_2\hat{x}_1+b_2\hat{x}_2+\cdots+t_2\hat{x}_t-f_2\\&\vdots\\v_n&=a_n\hat{x}_1+b_n\hat{x}_2+\cdots+t_n\hat{x}_t-f_n\\\boldsymbol{P}&=\mathrm{diag}(p_1,p_2,\cdots,p_n)\end{aligned}\right\}$$

写成矩阵形式即式(2.45)，式中，$f_i=L_i-(a_iX_1^0+b_iX_2^0+\cdots+t_iX_t^0)$。

(3)根据误差方程式系数、常数项及观测值的先验权，组成法方程式，式(2.51)的纯量表示为

$$\left.\begin{aligned}[paa]\hat{x}_1+[pab]\hat{x}_2+\cdots+[pat]\hat{x}_t-[paf]&=0\\[pba]\hat{x}_1+[pbb]\hat{x}_2+\cdots+[pbt]\hat{x}_t-[pbf]&=0\\&\vdots\\[pta]\hat{x}_1+[ptb]\hat{x}_2+\cdots+[ptt]\hat{x}_t-[ptf]&=0\end{aligned}\right\}$$

(4)解法方程式,得未知数改正数向量的估值,即 $\hat{\boldsymbol{x}}=[\hat{x}_1 \quad \hat{x}_2 \quad \cdots \quad \hat{x}_t]^{\mathrm{T}}$,计算未知数的平差值为 $\hat{\boldsymbol{X}}=\boldsymbol{X}^0+\hat{\boldsymbol{x}}=[X_1^0+\hat{x}_1 \quad X_2^0+\hat{x}_2 \quad \cdots \quad X_t^0+\hat{x}_t]^{\mathrm{T}}$。

(5)将求得的 $\hat{\boldsymbol{x}}$ 代入误差方程式,计算观测值的最或然改正数 $\boldsymbol{V}=\boldsymbol{B}\hat{\boldsymbol{x}}-\boldsymbol{f}$,进而求出观测量平差值 $\hat{\boldsymbol{L}}=\boldsymbol{L}+\boldsymbol{V}$。

(6)精度评定。计算单位权方差估值 $\hat{\sigma}_0^2=\dfrac{\boldsymbol{V}^{\mathrm{T}}\boldsymbol{P}\boldsymbol{V}}{n-t}$,对于独立观测量,其权矩阵为 $\boldsymbol{P}=\mathrm{diag}(p_1,p_2,\cdots,p_n)$,则单位权方差估值计算为 $\hat{\sigma}_0^2=\dfrac{[pvv]}{n-t}$。未知数方差的计算公式为

$$\boldsymbol{Q}_{\hat{\boldsymbol{X}}}=\boldsymbol{N}_{bb}^{-1}=\begin{bmatrix} Q_{\hat{X}_1} & Q_{\hat{X}_1\hat{X}_2} & \cdots & Q_{\hat{X}_1\hat{X}_t} \\ Q_{\hat{X}_2\hat{X}_1} & Q_{\hat{X}_2} & \cdots & Q_{\hat{X}_2\hat{X}_t} \\ \vdots & \vdots & & \vdots \\ Q_{\hat{X}_t\hat{X}_1} & Q_{\hat{X}_t\hat{X}_2} & \cdots & Q_{\hat{X}_t} \end{bmatrix}$$

主对角线上元素即为各个未知数的协因数,于是得 $\sigma_{\hat{X}_i}^2=\hat{\sigma}_0^2 Q_{\hat{X}_i}$。

(7)未知数函数的方差计算。先建立未知数函数式(2.58),然后按照式(2.59)求出未知数函数的协因数 $\boldsymbol{Q}_{\hat{\boldsymbol{\varphi}}}$。于是未知数函数的方差估值为 $\hat{\sigma}_{\hat{\boldsymbol{\varphi}}}^2=\hat{\sigma}_0^2\boldsymbol{Q}_{\hat{\boldsymbol{\varphi}}}$。

例 2.4　在图 2.5 的水准网中,已知点 C 的高程为 $H=100.000$ m,观测高差为

$$\boldsymbol{L}=[h_1 \quad h_2 \quad \cdots \quad h_6]^{\mathrm{T}}=[0.023 \quad 1.114 \quad 1.142 \quad 0.079 \quad 0.099 \quad 1.210]^{\mathrm{T}}(\mathrm{m})$$

其权矩阵为 $\boldsymbol{P}=\mathrm{diag}(2,2,2,1,1,1)$,试按间接平差法求其平差结果。

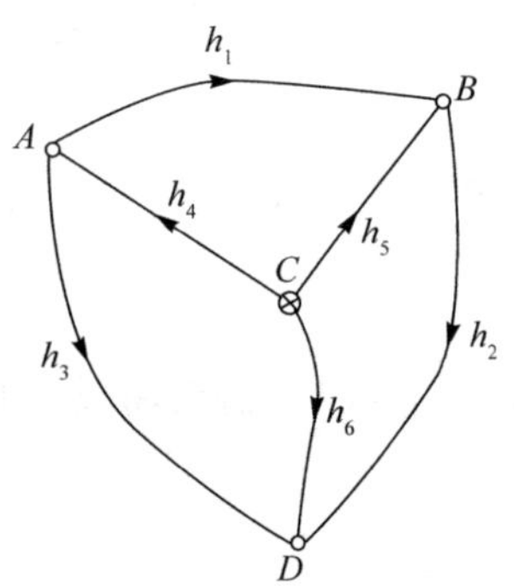

图 2.5　水准网示意

解:(1)列误差方程式。网中 $n=6$,必要观测数 $t=3$。设待定点 A、B、D 的平差高程为未知参数,即

$$\hat{\boldsymbol{X}}=[\hat{H}_A \quad \hat{H}_B \quad \hat{H}_D]^{\mathrm{T}}=[\hat{X}_1 \quad \hat{X}_2 \quad \hat{X}_3]^{\mathrm{T}}$$

取近似值为

$$\boldsymbol{X}^0=[X_1^0 \quad X_2^0 \quad X_3^0]^{\mathrm{T}}=[100.079 \quad 100.099 \quad 101.210]^{\mathrm{T}}(\mathrm{m})$$

得误差方程式 $\boldsymbol{V}=\boldsymbol{B}\hat{\boldsymbol{x}}-\boldsymbol{f}$ 为

$$\begin{bmatrix} v_1 \\ v_2 \\ v_3 \\ v_4 \\ v_5 \\ v_6 \end{bmatrix}=\begin{bmatrix} -1 & 1 & 0 \\ 0 & -1 & 1 \\ -1 & 0 & 1 \\ 1 & 0 & 0 \\ 0 & 1 & 0 \\ 0 & 0 & 1 \end{bmatrix}\begin{bmatrix} \hat{x}_1 \\ \hat{x}_2 \\ \hat{x}_3 \end{bmatrix}-\begin{bmatrix} 3 \\ 3 \\ 11 \\ 0 \\ 0 \\ 0 \end{bmatrix}$$

(2)根据误差方程式和观测权矩阵 $\boldsymbol{P}=\mathrm{diag}(2,2,2,1,1,1)$ 按式(2.49)组成法方程式为

$$\begin{bmatrix} 5 & -2 & -2 \\ -2 & 5 & -2 \\ -2 & -2 & 5 \end{bmatrix}\begin{bmatrix} \hat{x}_1 \\ \hat{x}_2 \\ \hat{x}_3 \end{bmatrix}-\begin{bmatrix} -28 \\ 0 \\ 28 \end{bmatrix}=\boldsymbol{0}$$

(3)解算法方程式及未知数,得

$$\hat{\boldsymbol{x}}=[-4 \quad 0 \quad 4]^{\mathrm{T}}(\mathrm{mm})$$

(4)计算待定点平差后高程为

$$\hat{\boldsymbol{X}}=\boldsymbol{X}^0+\hat{\boldsymbol{x}}=[100.075\quad 100.099\quad 101.214]^{\mathrm{T}}(\mathrm{m})$$

所以

$$\hat{\boldsymbol{X}}_1=\hat{\boldsymbol{H}}_A=100.075\ \mathrm{m},\quad \hat{\boldsymbol{X}}_2=\hat{\boldsymbol{H}}_B=100.099\ \mathrm{m},\quad \hat{\boldsymbol{X}}_3=\hat{\boldsymbol{H}}_D=101.214\ \mathrm{m}$$

(5)精度评定计算。

$$\boldsymbol{V}^{\mathrm{T}}\boldsymbol{P}\boldsymbol{V}=\boldsymbol{f}^{\mathrm{T}}\boldsymbol{P}\boldsymbol{f}-(\boldsymbol{B}^{\mathrm{T}}\boldsymbol{P}\boldsymbol{f})^{\mathrm{T}}\hat{\boldsymbol{x}}=95-41=54(\mathrm{mm}^2)$$

验后单位权方差估值为

$$\hat{\sigma}_0^2=\frac{\boldsymbol{V}^{\mathrm{T}}\boldsymbol{P}\boldsymbol{V}}{n-t}=\frac{54}{6-3}=18(\mathrm{mm}^2)$$

因为 $\boldsymbol{Q}_{\hat{x}}=\boldsymbol{N}_{bb}^{-1}=\begin{bmatrix}5&-2&-2\\-2&5&-2\\-2&-2&5\end{bmatrix}^{-1}=\dfrac{1}{7}\begin{bmatrix}3&2&2\\2&3&2\\2&2&3\end{bmatrix}$,所以未知数 $\hat{\boldsymbol{x}}$ 的方差矩阵为

$$\boldsymbol{D}_{\hat{x}}=\hat{\sigma}_0^2\boldsymbol{Q}_{\hat{x}}=\frac{18}{7}\begin{bmatrix}3&2&2\\2&3&2\\2&2&3\end{bmatrix}=\begin{bmatrix}7.71&5.14&5.14\\5.14&7.71&5.14\\5.14&5.14&7.71\end{bmatrix}(\mathrm{mm}^2)$$

显然有 $\hat{\sigma}_{\hat{H}_A}^2=\hat{\sigma}_{\hat{H}_B}^2=\hat{\sigma}_{\hat{H}_C}^2=7.71\ \mathrm{mm}$,或 $\hat{\sigma}_{\hat{H}_A}=\hat{\sigma}_{\hat{H}_B}=\hat{\sigma}_{\hat{H}_C}=2.78\ \mathrm{mm}$。

(6) 观测平差值 $\hat{\boldsymbol{L}}$ 及其方差矩阵 $\boldsymbol{D}_{\hat{L}}$ 的计算。

改正数为

$$\boldsymbol{V}=\boldsymbol{B}\hat{\boldsymbol{x}}-\boldsymbol{f}=[1\quad 1\quad -3\quad -4\quad 0\quad 4]^{\mathrm{T}}(\mathrm{mm})$$

观测高差平差值为

$$\hat{\boldsymbol{L}}=\boldsymbol{L}+\boldsymbol{V}=[0.024\quad 1.115\quad 1.139\quad 0.075\quad 0.099\quad 1.214]^{\mathrm{T}}(\mathrm{m})$$

平差值 $\hat{\boldsymbol{L}}$ 的协因数矩阵为

$$\boldsymbol{Q}_{\hat{L}}=\boldsymbol{B}\boldsymbol{Q}_{\hat{x}}\boldsymbol{B}^{\mathrm{T}}=\frac{1}{7}\begin{bmatrix}2&-1&1&-1&1&0\\-1&2&1&0&-1&1\\1&1&2&-1&0&1\\-1&0&-1&3&2&2\\1&-1&0&2&3&2\\0&1&1&2&2&3\end{bmatrix}$$

平差值 $\hat{\boldsymbol{L}}$ 的方差矩阵为

$$\boldsymbol{D}_{\hat{L}}=\hat{\sigma}_0^2\boldsymbol{Q}_{\hat{L}}=\begin{bmatrix}5.14&-2.57&2.57&-2.57&2.57&0\\-2.57&5.14&2.57&0&-2.57&2.57\\2.57&2.57&5.14&-2.57&0&2.57\\-2.57&0&-2.57&7.71&5.14&5.14\\2.57&-2.57&0&5.14&7.71&5.14\\0&2.57&2.57&5.14&5.14&7.71\end{bmatrix}(\mathrm{mm}^2)$$

2.3.3　附有限制条件的间接平差

间接平差是测量数据处理中应用较为广泛的一种方法。在间接平差中,如果我们选择的参数个数 u 大于 t,且包含 t 个独立未知参数,这时所选参数间存在 $u-t=s$ 个约束条件,

或称为限制条件。这时就不能按照间接平差的公式进行计算，需要考虑加入限制条件来进行平差。这种在平差计算时，直接利用建立的 n 个观测方程及 s 个参数间的限制条件方程共同组成函数模型，依据最小二乘准则求唯一解的平差方法，称为附有限制条件的间接平差法。

可以认为附有限制条件的间接平差是一种特殊的间接平差，不同之处在于增加了表示未知数间的限制条件的函数模型。那么什么情况下需要增加未知数呢？一般而言，当我们选择 t 个独立未知数建立观测方程时，有些观测方程不方便建立，这时可以采取多选未知数的方法得以方便地列立观测方程，这时未知数之间就会存在限制条件方程。如图 2.6 所示，有一测角网，A、B 为已知点，P_1、P_2 为待定点，且 P_1P_2 边的边长和方位角均已知。根据已知及观测信息可知，$n=8,t=2$。如果选择 P_1 点的坐标($\hat{X}_1,\hat{Y}_1$)为未知数，根据坐标与方位角的关系，建立∠3、∠8 与坐标的函数关系是容易的，但其他各角则不容易建立。如果再增加 P_2 点的坐标($\hat{X}_2,\hat{Y}_2$)也为未知数，则所有角度的观测方程均容易建立。这时由于多选了两个未知数，那么未知数间存在两个限制条件，这两个限制条件就是：平差后 P_1、P_2 两点坐标反算得到的边长和方位角与已知的边长和方位角必须相等。这两个限制条件也称为边长条件和方位角条件，即

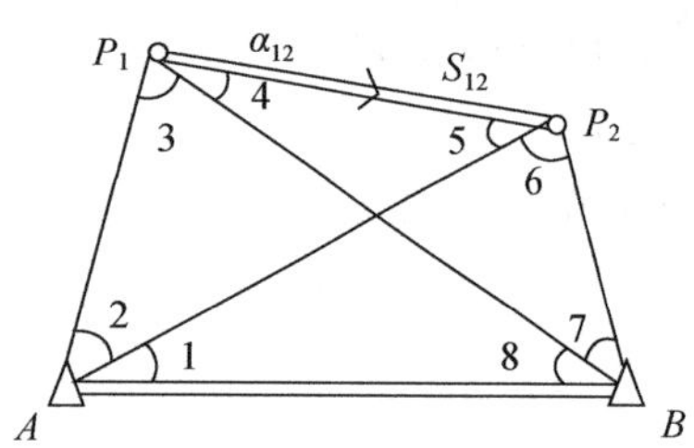

图 2.6 测角网示意

$$\left.\begin{aligned} S_{12}&=\sqrt{(\hat{X}_2-\hat{X}_1)^2+(\hat{Y}_2-\hat{Y}_1)^2} \\ \alpha_{12}&=\arctan\frac{\hat{Y}_2-\hat{Y}_1}{\hat{X}_2-\hat{X}_1}\end{aligned}\right\}$$

那么，将 8 个角度的误差方程和 2 个限制条件一起作为平差函数模型在最小二乘准则下求解，就是附有限制条件的间接平差。

1. 平差计算公式

前面已经给出了附有限制条件的间接平差法的函数模型，即

$$\left.\begin{aligned} \underset{n\times1}{\boldsymbol{V}}&=\underset{n\times u}{\boldsymbol{B}}\ \underset{u\times1}{\hat{\boldsymbol{x}}}-\underset{n\times1}{\boldsymbol{f}} \\ \underset{s\times u}{\boldsymbol{C}}\ \underset{u\times1}{\hat{\boldsymbol{x}}}&-\underset{s\times1}{\boldsymbol{f}_x}=\boldsymbol{0}\end{aligned}\right\} \tag{2.60}$$

式中，$-\boldsymbol{f}=\boldsymbol{B}\boldsymbol{X}^0+\boldsymbol{B}^0-\boldsymbol{L}$，$-\boldsymbol{f}_x=\boldsymbol{C}\boldsymbol{X}^0+\boldsymbol{C}^0$，$R(\boldsymbol{B})=u$，$R(\boldsymbol{C})=s$，$u<n$，$s<u$。

随机模型为

$$\boldsymbol{D}_L=\sigma_0^2\boldsymbol{Q}_L=\sigma_0^2\boldsymbol{P}_L^{-1}=\sigma_0^2\boldsymbol{P}^{-1} \tag{2.61}$$

方程中，n 个观测量和 u 个未知参数是待求未知量，而方程总个数为 $n+s$，因此也是在无穷多组解中选择一组最优解。为了得到唯一解，除了满足式(2.60)，还应满足 $\boldsymbol{V}^{\mathrm{T}}\boldsymbol{P}\boldsymbol{V}=\min$，相当于求有约束条件的极值问题。组成极值函数

$$\Phi=\boldsymbol{V}^{\mathrm{T}}\boldsymbol{P}\boldsymbol{V}+2\boldsymbol{K}_S^{\mathrm{T}}(\boldsymbol{C}\hat{\boldsymbol{x}}-\boldsymbol{f}_x)$$

式中，$\boldsymbol{K}_S^{\mathrm{T}}$ 是联系数向量，要使得 Φ 最小，对 $\hat{\boldsymbol{x}}$ 求偏导数并令其为 $\boldsymbol{0}$，有

$$\frac{\partial\Phi}{\partial\hat{\boldsymbol{x}}}=2\boldsymbol{V}^{\mathrm{T}}\boldsymbol{P}\frac{\partial\boldsymbol{V}}{\partial\hat{\boldsymbol{x}}}+2\boldsymbol{K}_S^{\mathrm{T}}\boldsymbol{C}=2\boldsymbol{V}^{\mathrm{T}}\boldsymbol{P}\boldsymbol{B}+2\boldsymbol{K}_S^{\mathrm{T}}\boldsymbol{C}=\boldsymbol{0} \tag{2.62}$$

对式(2.62)两边转置后得到

$$\boldsymbol{B}^{\mathrm{T}}\boldsymbol{P}\boldsymbol{V}+\boldsymbol{C}^{\mathrm{T}}\boldsymbol{K}_S=\boldsymbol{0} \tag{2.63}$$

我们将式(2.60)和式(2.63)称为基础方程。将式(2.60)的第一式代入式(2.63)，得

$$\boldsymbol{B}^{\mathrm{T}}\boldsymbol{P}\boldsymbol{B}\hat{\boldsymbol{x}}+\boldsymbol{C}^{\mathrm{T}}\boldsymbol{K}_S-\boldsymbol{B}^{\mathrm{T}}\boldsymbol{P}\boldsymbol{f}=\boldsymbol{0} \tag{2.64}$$

式(2.64)和式(2.60)第二式称为附有限制条件的间接平差的法方程。

令 $\boldsymbol{N}_{bb}=\boldsymbol{B}^{\mathrm{T}}\boldsymbol{P}\boldsymbol{B}$、$\boldsymbol{f}_e=\boldsymbol{B}^{\mathrm{T}}\boldsymbol{P}\boldsymbol{f}$，则法方程可表示为

$$\left.\begin{aligned}\underset{u\times u}{\boldsymbol{N}_{bb}}\ \underset{u\times 1}{\hat{\boldsymbol{x}}}+\underset{u\times s}{\boldsymbol{C}^{\mathrm{T}}}\ \underset{s\times 1}{\boldsymbol{K}_S}-\underset{u\times 1}{\boldsymbol{f}_e}=\boldsymbol{0}\\ \underset{s\times u}{\boldsymbol{C}}\ \underset{u\times 1}{\hat{\boldsymbol{x}}}-\underset{s\times 1}{\boldsymbol{f}_x}=\boldsymbol{0}\end{aligned}\right\} \tag{2.65}$$

用 $\boldsymbol{C}\boldsymbol{N}_{bb}^{-1}$ 左乘式(2.65)第一式并减去式(2.65)第二式，得到

$$\boldsymbol{C}\boldsymbol{N}_{bb}^{-1}\boldsymbol{C}^{\mathrm{T}}\boldsymbol{K}_S-(\boldsymbol{C}\boldsymbol{N}_{bb}^{-1}\boldsymbol{f}_e-\boldsymbol{f}_x)=\boldsymbol{0} \tag{2.66}$$

令 $\boldsymbol{N}_{cc}=\boldsymbol{C}\boldsymbol{N}_{bb}^{-1}\boldsymbol{C}^{\mathrm{T}}$，式(2.66)也可以写成

$$\boldsymbol{N}_{cc}\boldsymbol{K}_S-(\boldsymbol{C}\boldsymbol{N}_{bb}^{-1}\boldsymbol{f}_e-\boldsymbol{f}_x)=\boldsymbol{0}$$

解得

$$\boldsymbol{K}_S=\boldsymbol{N}_{cc}^{-1}(\boldsymbol{C}\boldsymbol{N}_{bb}^{-1}\boldsymbol{f}_e-\boldsymbol{f}_x) \tag{2.67}$$

将式(2.67)代入式(2.65)，经整理得

$$\hat{\boldsymbol{x}}=(\boldsymbol{N}_{bb}^{-1}-\boldsymbol{N}_{bb}^{-1}\boldsymbol{C}^{\mathrm{T}}\boldsymbol{N}_{cc}^{-1}\boldsymbol{C}\boldsymbol{N}_{bb}^{-1})\boldsymbol{f}_e+\boldsymbol{N}_{bb}^{-1}\boldsymbol{C}^{\mathrm{T}}\boldsymbol{N}_{cc}^{-1}\boldsymbol{f}_x \tag{2.68}$$

将 $\hat{\boldsymbol{x}}$ 代入式(2.60)求得 $\boldsymbol{V}$，再根据 $\hat{\boldsymbol{L}}=\boldsymbol{L}+\boldsymbol{V}$，$\hat{\boldsymbol{X}}=\boldsymbol{X}^0+\hat{\boldsymbol{x}}$，求得观测值和参数的平差值。

求解法方程时，也可按照矩阵求逆来求。法方程写为

$$\begin{bmatrix}\boldsymbol{N}_{bb} & \boldsymbol{C}^{\mathrm{T}}\\ \boldsymbol{C} & \boldsymbol{0}\end{bmatrix}\begin{bmatrix}\hat{\boldsymbol{x}}\\ \boldsymbol{K}_S\end{bmatrix}-\begin{bmatrix}\boldsymbol{f}_e\\ \boldsymbol{f}_x\end{bmatrix}=\boldsymbol{0}$$

则

$$\begin{bmatrix}\hat{\boldsymbol{x}}\\ \boldsymbol{K}_S\end{bmatrix}=\begin{bmatrix}\boldsymbol{N}_{bb} & \boldsymbol{C}^{\mathrm{T}}\\ \boldsymbol{C} & \boldsymbol{0}\end{bmatrix}^{-1}\begin{bmatrix}\boldsymbol{f}_e\\ \boldsymbol{f}_x\end{bmatrix}$$

得到 $\hat{\boldsymbol{x}}$ 值后，代入式(2.60)的第一式即可求得改正数 $\boldsymbol{V}$，然后按照 $\hat{\boldsymbol{L}}=\boldsymbol{L}+\boldsymbol{V}$，$\hat{\boldsymbol{X}}=\boldsymbol{X}^0+\hat{\boldsymbol{x}}$，求观测值的平差值及未知数的平差值。

2.精度评定

精度评定与间接平差类同，包括验后单位权方差估值、基本向量协因数矩阵及未知数函数协因数的计算。

(1)验后单位权方差估值公式为

$$\hat{\sigma}_0^2=\frac{\boldsymbol{V}^{\mathrm{T}}\boldsymbol{P}\boldsymbol{V}}{r}=\frac{\boldsymbol{V}^{\mathrm{T}}\boldsymbol{P}\boldsymbol{V}}{n-(u-s)} \tag{2.69}$$

式中，r 为多余观测数，$u-s=t$ 是独立的必要的参数个数。$\boldsymbol{V}^{\mathrm{T}}\boldsymbol{P}\boldsymbol{V}$ 的求法如 2.3.2 小节中所述。

(2)各基本向量的协因数矩阵和两两向量间的互协因数矩阵的计算公式如下：

——由于 $-\boldsymbol{f}=\boldsymbol{B}\boldsymbol{X}^0+\boldsymbol{B}^0-\boldsymbol{L}$，故

$$\boldsymbol{Q}_f=\boldsymbol{Q}_L=\boldsymbol{Q}$$

而 $\boldsymbol{f}_e=\boldsymbol{B}^{\mathrm{T}}\boldsymbol{P}\boldsymbol{f}$，于是

$$\boldsymbol{Q}_{f_e}=\boldsymbol{B}^{\mathrm{T}}\boldsymbol{P}\boldsymbol{Q}_f\boldsymbol{P}\boldsymbol{B}=\boldsymbol{N}_{bb}$$

——因 $\hat{\boldsymbol{x}}=(\boldsymbol{N}_{bb}^{-1}-\boldsymbol{N}_{bb}^{-1}\boldsymbol{C}^{\mathrm{T}}\boldsymbol{N}_{cc}^{-1}\boldsymbol{C}\boldsymbol{N}_{bb}^{-1})\boldsymbol{f}_e+\boldsymbol{N}_{bb}^{-1}\boldsymbol{C}^{\mathrm{T}}\boldsymbol{N}_{cc}^{-1}\boldsymbol{f}_x$，而 $\boldsymbol{f}_x$ 是一个常数，与观测误差无关，故

$$\begin{aligned} Q_{\hat{x}} &= (N_{bb}^{-1} - N_{bb}^{-1}C^{T}N_{cc}^{-1}CN_{bb}^{-1})Q_{f_e}(N_{bb}^{-1} - N_{bb}^{-1}C^{T}N_{cc}^{-1}CN_{bb}^{-1})^{T} \\ &= (N_{bb}^{-1} - N_{bb}^{-1}C^{T}N_{cc}^{-1}CN_{bb}^{-1})N_{bb}(N_{bb}^{-1} - N_{bb}^{-1}C^{T}N_{cc}^{-1}CN_{bb}^{-1})^{T} \\ &= N_{bb}^{-1} - N_{bb}^{-1}C^{T}N_{cc}^{-1}CN_{bb}^{-1} \end{aligned}$$

——因 $K_S = N_{cc}^{-1}(CN_{bb}^{-1}f_e - f_x)$，所以有

$$Q_{K_S} = N_{cc}^{-1}CN_{bb}^{-1}Q_{f_e}(N_{cc}^{-1}CN_{bb}^{-1})^{T} = N_{cc}^{-1}CN_{bb}^{-1}N_{bb}N_{bb}^{-1}C^{T}N_{cc}^{-1} = N_{cc}^{-1}(CN_{bb}^{-1}C^{T})N_{cc}^{-1} = N_{cc}^{-1}$$

——由 $f_e = B^{T}Pf$，有 $Q_{f_eL} = B^{T}PQ = B^{T}$。

——由 $\hat{L} = L + V = [I\quad I]\begin{bmatrix} L \\ V \end{bmatrix}$ 得

$$Q_{\hat{L}} = Q + Q_{LV} + Q_{VL} + Q_{V}$$

而 $Q_{VL} = -Q_V = BN_{bb}^{-1}B^{T} - Q$，$Q_{VL} = Q_{LV}^{T} = Q_{LV}$，所以有

$$Q_{\hat{L}} = Q - Q_V$$

仿照上述推导方法，按照协因数传播律可以求得基本向量的协因数矩阵及两两向量间的互协因数矩阵，如表 2.3 所示。函数模型为 $V = B\hat{x} - f$，$C\hat{x} - f_x = 0$，$N_{bb} = B^{T}PB$，$N_{cc} = CN_{bb}^{-1}C^{T}$。

表 2.3　附有限制条件的间接平差的协因数矩阵

向量	$\hat{x}$	$\hat{L}$	V	f	K_S
$\hat{x}$	$N_{bb}^{-1} - N_{bb}^{-1}C^{T}N_{cc}^{-1}CN_{bb}^{-1}$	$Q_{\hat{x}}B^{T}$	0	$Q_{\hat{x}}B^{T}$	0
$\hat{L}$	$BQ_{\hat{x}}$	$BQ_{\hat{x}}B^{T}$	0	$BQ_{\hat{x}}B^{T}$	0
V	0	0	$Q - BQ_{\hat{x}}B^{T}$	$BQ_{\hat{x}}B^{T} - Q$	$-BN_{bb}^{-1}C^{T}N_{cc}^{-1}$
f	$BQ_{\hat{x}}$	$BQ_{\hat{x}}B^{T}$	$BQ_{\hat{x}}B^{T} - Q$	Q	$BN_{bb}^{-1}C^{T}N_{cc}^{-1}$
K_S	0	0	$-N_{cc}^{-1}CN_{bb}^{-1}B^{T}$	$N_{cc}^{-1}CN_{bb}^{-1}B^{T}$	N_{cc}^{-1}

(3)未知数函数协因数的计算。在附有限制条件的间接平差中，所选的 u 个未知数中包含了 t 个独立的未知数，所以与间接平差一样，平差中任何一个量的平差值均可由未知数的平差值表达，即是未知数的函数。

设有未知数平差值的函数 $\hat{\varphi}$，$\hat{\varphi} = \Phi(\hat{X})$，对其进行全微分，得到权函数式为

$$d\hat{\varphi} = \left(\frac{\partial \Phi}{\partial \hat{X}}\right)_0 d\hat{X} = G_X^{T} d\hat{X}$$

其中

$$G_X^{T} = \left[\left(\frac{\partial \Phi}{\partial \hat{X}_1}\right)_0 \quad \left(\frac{\partial \Phi}{\partial \hat{X}_2}\right)_0 \quad \cdots \quad \left(\frac{\partial \Phi}{\partial \hat{X}_u}\right)_0\right] \tag{2.70}$$

将 $\hat{X}_0$ 代入各偏导数中，即可得到各偏导数值。当求得 $Q_{\hat{X}}$ 后，根据协因数传播律得到平差值函数的协因数为 $Q_{\hat{\varphi}} = G_X^{T}Q_{\hat{X}}G_X$，$Q_{\hat{X}}$ 的计算参见表 2.3。于是函数 $\hat{\varphi}$ 的中误差为 $\hat{\sigma}_{\hat{\varphi}} = \hat{\sigma}_0\sqrt{Q_{\hat{\varphi}}}$。

3. 附有限制条件的间接平差计算步骤及示例

为了便于理解和应用，将上述平差计算步骤归纳如下：

(1)根据平差问题(网形)，选择 $u > t$ 个未知数 $\hat{x}$，且包含 t 个独立的未知数。

(2)建立 n 个误差方程及 $s = u - t$ 个未知数间的限制条件[式(2.60)]。

(3)根据建立的函数模型及观测随机模型，利用式(2.68)求未知数的改正数 $\hat{x}$，回代式(2.60)求观测值的改正数 V，进而计算观测值及未知数的平差值。

(4)计算单位权方差估值[式(2.69)]。

(5)由表 2.3 求未知数的协方差矩阵 $\boldsymbol{Q}_{\hat{X}}$。

(6)根据平差问题,建立未知数的函数式(2.70),并求未知数函数的协因数 $\boldsymbol{Q}_{\hat{\varphi}} = \boldsymbol{G}_X^{\mathrm{T}} \boldsymbol{Q}_{\hat{X}} \boldsymbol{G}_X$,再利用单位权方差估值计算未知数函数的方差估值 $\hat{\sigma}_{\hat{\varphi}} = \hat{\sigma}_0 \sqrt{\boldsymbol{Q}_{\hat{\varphi}}}$。

例 2.5　如图 2.7 所示,已知固定角 $\angle ACB = 85°00'00''$,等精度观测 4 个角度,观测值为:$L_1 = 29°59'50''$, $L_2 = 60°29'58''$, $L_3 = 30°29'55''$, $L_4 = 24°30'05''$。按照附有限制条件的间接平差法进行平差计算。

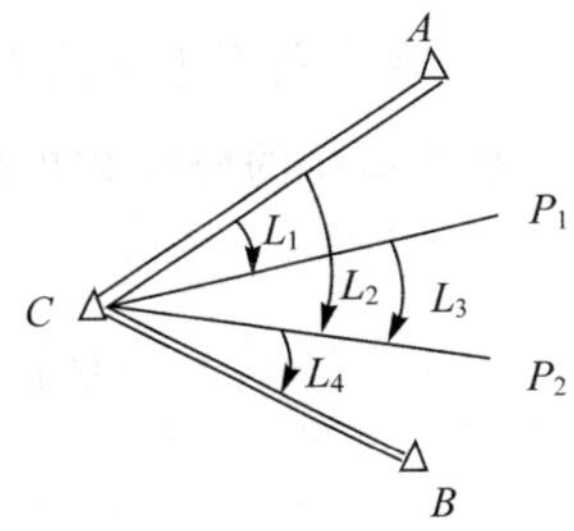

图 2.7　测站平差

解:(1)由题意可知:$n=4$,必要观测数 $t=2$。选择 3 个参数,即

$$\hat{X}_1 = \hat{L}_1,\quad \hat{X}_2 = \hat{L}_3,\quad \hat{X}_3 = \hat{L}_4$$

需要建立 4 个误差方程和 1 个未知参数的限制条件。取近似值为

$$X_1^0 = 29°59'50'',\quad X_2^0 = 30°29'55'',\quad X_3^0 = 24°30'05''$$

(2)列立误差方程及限制条件方程为

$$\left.\begin{aligned} v_1 &= \hat{x}_1 \\ v_2 &= \hat{x}_1 + \hat{x}_2 - 13'' \\ v_3 &= \hat{x}_2 \\ v_4 &= \hat{x}_3 \\ \hat{x}_1 + \hat{x}_2 &+ \hat{x}_3 - 10'' = 0 \end{aligned}\right\}$$

即

$$\left.\begin{aligned} \boldsymbol{V} &= \begin{bmatrix} 1 & 0 & 0 \\ 1 & 1 & 0 \\ 0 & 1 & 0 \\ 0 & 0 & 1 \end{bmatrix} \hat{\boldsymbol{x}} - \begin{bmatrix} 0 \\ 13 \\ 0 \\ 0 \end{bmatrix} \\ & \begin{bmatrix} 1 & 1 & 1 \end{bmatrix} \hat{\boldsymbol{x}} - 10 = 0 \end{aligned}\right\}$$

(3)顾及 $\boldsymbol{Q} = \boldsymbol{I}$,按照式(2.65)组成法方程为

$$\boldsymbol{N}_{bb} = \boldsymbol{B}^{\mathrm{T}} \boldsymbol{P} \boldsymbol{B} = \begin{bmatrix} 2 & 1 & 0 \\ 1 & 2 & 0 \\ 0 & 0 & 1 \end{bmatrix},\quad \boldsymbol{f}_e = \boldsymbol{B}^{\mathrm{T}} \boldsymbol{P} \boldsymbol{f} = \begin{bmatrix} 13 \\ 13 \\ 0 \end{bmatrix}$$

则法方程为

$$\begin{bmatrix} 2 & 1 & 0 \\ 1 & 2 & 0 \\ 0 & 0 & 1 \end{bmatrix} \hat{\boldsymbol{x}} + \begin{bmatrix} 1 \\ 1 \\ 1 \end{bmatrix} \boldsymbol{K}_S - \begin{bmatrix} 13 \\ 13 \\ 0 \end{bmatrix} = \boldsymbol{0},\quad \begin{bmatrix} 1 & 1 & 1 \end{bmatrix} \hat{\boldsymbol{x}} - 10 = 0$$

(4)解算法方程式得 $\hat{\boldsymbol{x}} = [4.6\quad 4.6\quad 0.8]^{\mathrm{T}}('')$,$\boldsymbol{K}_S = -0.8$。

(5) 观测值改正数 $\boldsymbol{V}$ 及其平差值 $\hat{\boldsymbol{L}}$ 计算。

$$\boldsymbol{V} = \boldsymbol{B}\hat{\boldsymbol{x}} - \boldsymbol{f} = [4.6\quad -3.8\quad 4.6\quad 0.8]^{\mathrm{T}}('')$$

由 $\hat{\boldsymbol{L}} = \boldsymbol{L} + \boldsymbol{V}$ 得

$$\hat{L}_1=29°59'54.6'',\quad \hat{L}_2=60°29'54.2'',\quad \hat{L}_3=30°29'59.6'',\quad \hat{L}_4=24°30'5.8''$$

(6)单位权方差估值计算。

计算 $\boldsymbol{V}^{\mathrm{T}}\boldsymbol{P}\boldsymbol{V}=57.4('')^2$,所以单位权方差估值为

$$\hat{\sigma}_0^2=\frac{\boldsymbol{V}^{\mathrm{T}}\boldsymbol{P}\boldsymbol{V}}{n-t}=\frac{57.4}{4-2}=28.7('')^2,\quad \hat{\sigma}_0=5.4''$$

(7)观测角度平差值 $\hat{\boldsymbol{L}}$ 的方差矩阵 $\boldsymbol{D}_{\hat{L}}$ 的计算。

平差值$\hat{\boldsymbol{L}}$ 的协因数矩阵为

$$\boldsymbol{Q}_{\hat{L}\hat{L}}=\boldsymbol{B}\boldsymbol{Q}_{\hat{X}\hat{X}}\boldsymbol{B}^{\mathrm{T}}=\begin{bmatrix}0.6 & 0.2 & -0.4 & -0.2\\ 0.2 & 0.4 & 0.2 & -0.4\\ -0.4 & 0.2 & 0.6 & -0.2\\ -0.2 & -0.4 & -0.2 & 0.4\end{bmatrix}$$

平差值 $\hat{\boldsymbol{L}}$ 的方差矩阵为

$$\boldsymbol{D}_{\hat{L}\hat{L}}=\hat{\sigma}_0\boldsymbol{Q}_{\hat{L}\hat{L}}=\begin{bmatrix}17.22 & 5.74 & -11.48 & -5.74\\ 5.74 & 11.48 & 5.74 & -11.48\\ -11.48 & 5.74 & 17.22 & -5.74\\ -5.74 & -11.48 & -5.74 & 11.48\end{bmatrix}$$

显然,$\hat{\sigma}_{\hat{L}_1}=\hat{\sigma}_{\hat{L}_3}=\sqrt{17.22}=4.2('')$,$\hat{\sigma}_{\hat{L}_2}=\hat{\sigma}_{\hat{L}_4}=\sqrt{11.48}=3.4('')$。

2.4 条件平差法

间接平差是选取 t 个独立未知数,建立 n 个观测方程,按照最小二乘准则求唯一解。实际中我们可以不选未知数,取全部观测量的平差值作为未知数进行平差计算。由于存在多余观测,这些观测量(未知数)间必然存在一定的函数关系式,即条件方程。利用条件方程,按照最小二乘准则求观测值的平差值,并进行精度评定的过程就是条件平差。

2.4.1 平差计算公式

条件平差线性化的改正数条件方程为

$$\underset{r\times n}{\boldsymbol{A}}\ \underset{n\times 1}{\boldsymbol{V}}-\underset{r\times 1}{\boldsymbol{f}}=\boldsymbol{0} \tag{2.71}$$

式中,$-\boldsymbol{f}=\boldsymbol{A}\boldsymbol{L}+\boldsymbol{A}^0$ 且 $r=n-t$,系数矩阵 $\boldsymbol{A}$ 为行满秩矩阵,即 $R(\boldsymbol{A})=r$。

条件平差法就是在满足式(2.71)的条件下,求出满足 $\boldsymbol{V}^{\mathrm{T}}\boldsymbol{P}\boldsymbol{V}=\min$ 的改正数 $\boldsymbol{V}$,故应用数学上求条件极值的方法解决此问题。构造极值函数

$$\boldsymbol{\Phi}=\boldsymbol{V}^{\mathrm{T}}\boldsymbol{P}\boldsymbol{V}-2\boldsymbol{K}^{\mathrm{T}}(\boldsymbol{A}\boldsymbol{V}-\boldsymbol{f})=\min \tag{2.72}$$

式中,$-2\boldsymbol{K}^{\mathrm{T}}$ 为拉格朗日乘数。其中,$\boldsymbol{K}=[k_1\quad k_2\quad \cdots\quad k_r]^{\mathrm{T}}$,称 $\boldsymbol{K}$ 为联系数向量,向量中的元素 k_i 为联系数。为了让式(2.72)的函数 Φ 达到极小值,需求 Φ 对 $\boldsymbol{V}$ 的一阶偏导,并令其等于 $\boldsymbol{0}$,即

$$\frac{\partial\boldsymbol{\Phi}}{\partial\boldsymbol{V}}=2\boldsymbol{V}^{\mathrm{T}}\boldsymbol{P}-2\boldsymbol{K}^{\mathrm{T}}\boldsymbol{A}=\boldsymbol{0} \tag{2.73}$$

因 $\boldsymbol{P}$ 是对称矩阵,由式(2.71)和式(2.73)可以得到以下方程组,也称为基础方程,即

$$\boldsymbol{A}\boldsymbol{V}-\boldsymbol{f}=\boldsymbol{0},\quad \boldsymbol{P}\boldsymbol{V}-\boldsymbol{A}^{\mathrm{T}}\boldsymbol{K}=\boldsymbol{0}$$

其矩阵形式为

$$\begin{bmatrix} \boldsymbol{P} & -\boldsymbol{A}^{\mathrm{T}} \\ \boldsymbol{A} & \boldsymbol{0} \end{bmatrix} \begin{bmatrix} \boldsymbol{V} \\ \boldsymbol{K} \end{bmatrix} - \begin{bmatrix} \boldsymbol{0} \\ \boldsymbol{f} \end{bmatrix} = \boldsymbol{0} \tag{2.74}$$

为了便于基础方程组求解，可以进行如下推导。因 $\boldsymbol{P}$ 为满秩方阵，故

$$\boldsymbol{V} = \boldsymbol{P}^{-1}\boldsymbol{A}^{\mathrm{T}}\boldsymbol{K} = \boldsymbol{Q}\boldsymbol{A}^{\mathrm{T}}\boldsymbol{K} \tag{2.75}$$

式(2.75)称为改正数方程，是条件平差计算改正数的计算公式。将式(2.75)代入式(2.71)，得

$$\boldsymbol{A}\boldsymbol{P}^{-1}\boldsymbol{A}^{\mathrm{T}}\boldsymbol{K} - \boldsymbol{f} = \boldsymbol{0} \tag{2.76}$$

式(2.76)称为条件平差的法方程式。令 $\boldsymbol{N}_{aa} = \boldsymbol{A}\boldsymbol{P}^{-1}\boldsymbol{A}^{\mathrm{T}} = \boldsymbol{A}\boldsymbol{Q}\boldsymbol{A}^{\mathrm{T}}$，则式(2.76)可写为

$$\boldsymbol{N}_{aa}\boldsymbol{K} - \boldsymbol{f} = \boldsymbol{0} \tag{2.77}$$

式中，$\boldsymbol{N}_{aa} = \boldsymbol{A}\boldsymbol{P}^{-1}\boldsymbol{A}^{\mathrm{T}} = (\boldsymbol{A}\boldsymbol{P}^{-1}\boldsymbol{A}^{\mathrm{T}})^{\mathrm{T}} = \boldsymbol{N}_{aa}^{\mathrm{T}}$，$R(\boldsymbol{N}_{aa}) = R(\boldsymbol{A}\boldsymbol{P}^{-1}\boldsymbol{A}^{\mathrm{T}}) = R(\boldsymbol{A}) = r$。故其系数矩阵 $\boldsymbol{N}_{aa}$ 为满秩对称矩阵，凯利逆存在。因此由式(2.77)可求得联系数向量 $\boldsymbol{K}$ 的唯一解，即

$$\boldsymbol{K} = \boldsymbol{N}_{aa}^{-1}\boldsymbol{f} \tag{2.78}$$

将式(2.78)代入式(2.75)，求得改正数 $\boldsymbol{V}$，将所求的改正数 $\boldsymbol{V}$ 代入 $\hat{\boldsymbol{L}} = \boldsymbol{L} + \boldsymbol{V}$，进而可得观测值的平差值。

2.4.2　精度评定

条件平差法与间接平差法精度评定方法相似，但在求由观测量计算的平差值函数的精度时二者方法有所不同。

1. 验后单位权方差的估值

验后单位权方差的估值计算公式都是一样的，与平差方法无关，即

$$\hat{\sigma}_0^2 = \frac{\boldsymbol{V}^{\mathrm{T}}\boldsymbol{P}\boldsymbol{V}}{r} \tag{2.79}$$

式中，r 为自由度(多余观测数)。在条件平差中，r 也代表条件方程的个数。为了计算 $\hat{\sigma}_0^2$，需要先计算 $\boldsymbol{V}^{\mathrm{T}}\boldsymbol{P}\boldsymbol{V}$。因为 $\boldsymbol{V} = \boldsymbol{P}^{-1}\boldsymbol{A}^{\mathrm{T}}\boldsymbol{K}$，$\boldsymbol{A}\boldsymbol{V} - \boldsymbol{f} = \boldsymbol{0}$，可以知道

$$\boldsymbol{V}^{\mathrm{T}}\boldsymbol{P}\boldsymbol{V} = \boldsymbol{V}^{\mathrm{T}}\boldsymbol{P}\boldsymbol{P}^{-1}\boldsymbol{A}^{\mathrm{T}}\boldsymbol{K} = \boldsymbol{V}^{\mathrm{T}}\boldsymbol{A}^{\mathrm{T}}\boldsymbol{K} = (\boldsymbol{A}\boldsymbol{V})^{\mathrm{T}}\boldsymbol{K} = \boldsymbol{f}^{\mathrm{T}}\boldsymbol{K} \tag{2.80}$$

再将 $\boldsymbol{K} = \boldsymbol{N}_{aa}^{-1}\boldsymbol{f}$ 代入上式，得

$$\boldsymbol{V}^{\mathrm{T}}\boldsymbol{P}\boldsymbol{V} = \boldsymbol{f}^{\mathrm{T}}\boldsymbol{N}_{aa}^{-1}\boldsymbol{f}$$

故

$$\hat{\sigma}_0^2 = \frac{\boldsymbol{f}^{\mathrm{T}}\boldsymbol{N}_{aa}^{-1}\boldsymbol{f}}{r}$$

2. 协因数矩阵计算

在条件平差中，基本向量 $\boldsymbol{f}$、$\boldsymbol{K}$、$\boldsymbol{V}$、$\hat{\boldsymbol{L}}$ 均是观测向量 $\boldsymbol{L}$ 的线性函数。因此，我们同样利用观测向量的协因数矩阵(已知观测向量的协因数矩阵为 $\boldsymbol{Q}$)，按照协因数传播律来求出各基本向量的协因数矩阵及它们两两之间的互协因数矩阵。例如：

(1)因为 $\boldsymbol{f} = -(\boldsymbol{A}\boldsymbol{L} + \boldsymbol{A}^0) = -\boldsymbol{A}\boldsymbol{L} - \boldsymbol{A}^0$，故 $\boldsymbol{Q}_f = \boldsymbol{A}\boldsymbol{Q}\boldsymbol{A}^{\mathrm{T}} = \boldsymbol{N}_{aa}$。

(2)因为 $\boldsymbol{V} = \boldsymbol{P}^{-1}\boldsymbol{A}^{\mathrm{T}}\boldsymbol{N}_{aa}^{-1}\boldsymbol{f}$，所以 $\boldsymbol{Q}_V = \boldsymbol{P}^{-1}\boldsymbol{A}^{\mathrm{T}}\boldsymbol{N}_{aa}^{-1}\boldsymbol{Q}_f\boldsymbol{N}_{aa}^{-1}\boldsymbol{A}\boldsymbol{P}^{-1} = \boldsymbol{P}^{-1}\boldsymbol{A}^{\mathrm{T}}\boldsymbol{N}_{aa}^{-1}\boldsymbol{A}\boldsymbol{P}^{-1} = \boldsymbol{Q}\boldsymbol{A}^{\mathrm{T}}\boldsymbol{N}_{aa}^{-1}\boldsymbol{A}\boldsymbol{Q}$。

(3)由 $\boldsymbol{K} = \boldsymbol{N}_{aa}^{-1}\boldsymbol{f}$，得 $\boldsymbol{Q}_K = \boldsymbol{N}_{aa}^{-1}\boldsymbol{Q}_f\boldsymbol{N}_{aa}^{-1} = \boldsymbol{N}_{aa}^{-1}$。

(4)由$\hat{\boldsymbol{L}}=\boldsymbol{L}+\boldsymbol{V}=[\boldsymbol{I}\quad\boldsymbol{I}]\begin{bmatrix}\boldsymbol{L}\\\boldsymbol{V}\end{bmatrix}$,得

$$\boldsymbol{Q}_{\hat{L}}=[\boldsymbol{I}\quad\boldsymbol{I}]\begin{bmatrix}\boldsymbol{Q}_L & \boldsymbol{Q}_{LV}\\\boldsymbol{Q}_{VL} & \boldsymbol{Q}_V\end{bmatrix}\begin{bmatrix}\boldsymbol{I}\\\boldsymbol{I}\end{bmatrix}=\boldsymbol{Q}_L+\boldsymbol{Q}_{VL}+\boldsymbol{Q}_{LV}+\boldsymbol{Q}_V$$

由于$\boldsymbol{V}=\boldsymbol{P}^{-1}\boldsymbol{A}^{\mathrm{T}}\boldsymbol{N}_{aa}^{-1}\boldsymbol{f}=-\boldsymbol{P}^{-1}\boldsymbol{A}^{\mathrm{T}}\boldsymbol{N}_{aa}^{-1}\boldsymbol{AL}-\boldsymbol{P}^{-1}\boldsymbol{A}^{\mathrm{T}}\boldsymbol{N}_{aa}^{-1}\boldsymbol{A}^0$,$\boldsymbol{Q}_{VL}=-\boldsymbol{QA}^{\mathrm{T}}\boldsymbol{N}_{aa}^{-1}\boldsymbol{AQ}=\boldsymbol{Q}_{LV}^{\mathrm{T}}=-\boldsymbol{Q}_V$,所以

$$\boldsymbol{Q}_{\hat{L}}=\boldsymbol{Q}-\boldsymbol{QA}^{\mathrm{T}}\boldsymbol{N}_{aa}^{-1}\boldsymbol{AQ}=\boldsymbol{Q}-\boldsymbol{Q}_V$$

以上介绍了部分协因数矩阵的推导过程,其余的以此类推,在此不再一一推导,详见表2.4,以便查用。其中,函数模型为$\boldsymbol{AV}-\boldsymbol{f}=\boldsymbol{0}$,$\boldsymbol{N}_{aa}=\boldsymbol{AQA}^{\mathrm{T}}$。

表2.4　条件平差的协因数矩阵

向量	$\hat{\boldsymbol{L}}$	$\boldsymbol{V}$	$\boldsymbol{f}$	$\boldsymbol{K}$
$\hat{\boldsymbol{L}}$	$\boldsymbol{Q}-\boldsymbol{QA}^{\mathrm{T}}\boldsymbol{N}_{aa}^{-1}\boldsymbol{AQ}$	$\boldsymbol{0}$	$\boldsymbol{0}$	$\boldsymbol{0}$
$\boldsymbol{V}$	$\boldsymbol{0}$	$\boldsymbol{QA}^{\mathrm{T}}\boldsymbol{N}_{aa}^{-1}\boldsymbol{AQ}$	$\boldsymbol{QA}^{\mathrm{T}}$	$\boldsymbol{QA}^{\mathrm{T}}\boldsymbol{N}_{aa}^{-1}$
$\boldsymbol{f}$	$\boldsymbol{0}$	$\boldsymbol{AQ}$	$\boldsymbol{N}_{aa}$	$\boldsymbol{I}$
$\boldsymbol{K}$	$\boldsymbol{0}$	$\boldsymbol{N}_{aa}^{-1}\boldsymbol{AQ}$	$\boldsymbol{I}$	$\boldsymbol{N}_{aa}^{-1}$

根据验后单位权方差估值和表2.4中的协方差矩阵即可求得对应各量的方差矩阵。如求观测向量平差值的方差矩阵$\boldsymbol{D}_{\hat{L}}$,可按$\boldsymbol{D}_{\hat{L}}=\hat{\sigma}_0^2\boldsymbol{Q}_{\hat{L}}$计算。

3.平差值函数的协因数

在条件平差中,可以获得各个观测量平差值,而任何量的平差值又均可由观测量平差值表达,即为观测量平差值的函数。这里值得注意的是,间接平差中将任何量的平差值表达成未知参数的函数,称未知数函数;而在条件平差中,不是未知数函数,而是平差值函数。设平差值函数的一般表达式为

$$\hat{\boldsymbol{\varphi}}=\Phi(\hat{\boldsymbol{L}})\tag{2.81}$$

对式(2.81)两边进行全微分,得权函数式为

$$\mathrm{d}\hat{\boldsymbol{\varphi}}=\left(\frac{\partial\Phi}{\partial\hat{\boldsymbol{L}}}\right)_0\mathrm{d}\hat{\boldsymbol{L}}=\boldsymbol{G}_L^{\mathrm{T}}\mathrm{d}\hat{\boldsymbol{L}}\tag{2.82}$$

其中,$\boldsymbol{G}_L^{\mathrm{T}}=\left(\frac{\partial\Phi}{\partial\hat{\boldsymbol{L}}}\right)_0=\left[\left(\frac{\partial\Phi}{\partial\hat{L}_1}\right)_0\quad\left(\frac{\partial\Phi}{\partial\hat{L}_2}\right)_0\quad\cdots\quad\left(\frac{\partial\Phi}{\partial\hat{L}_n}\right)_0\right]$,顾及$\boldsymbol{Q}_{\hat{L}}=\boldsymbol{Q}_{\mathrm{d}\hat{L}}$,$\boldsymbol{Q}_{\hat{\varphi}}=\boldsymbol{Q}_{\mathrm{d}\hat{\varphi}}$,对式(2.82)应用协因数传播律得平差值函数的协因数为

$$\boldsymbol{Q}_{\hat{\varphi}}=\boldsymbol{G}_L^{\mathrm{T}}\boldsymbol{Q}_{\hat{L}}\boldsymbol{G}_L\tag{2.83}$$

求得平差值函数的协因数后,就可由单位权方差估值及平差值函数的协因数求得平差值函数$\hat{\boldsymbol{\varphi}}$的方差估值为$\hat{\sigma}_{\hat{\varphi}}^2=\hat{\sigma}_0^2\boldsymbol{Q}_{\hat{\varphi}}$。

4.条件平差的计算步骤及示例

(1)根据平差问题(网形)的具体情况,确定观测总数n、必要观测数t及自由度r。

(2)正确列出r个函数独立的纯量条件方程,即

$$\left.\begin{array}{l}a_1v_1+a_2v_2+\cdots+a_nv_n-f_a=0\\b_1v_1+b_2v_2+\cdots+b_nv_n-f_b=0\\\qquad\vdots\\r_1v_1+r_2v_2+\cdots+r_nv_n-f_r=0\\\boldsymbol{P}=\mathrm{diag}(p_1,p_2,\cdots,p_n)\end{array}\right\}$$

并写成矩阵形式，如式(2.71)所示。

(3)根据条件方程的系数、常数项，以及观测值的协因数矩阵组成法方程为

$$\left.\begin{array}{l}\left[\dfrac{aa}{p}\right]k_1+\left[\dfrac{ab}{p}\right]k_2+\cdots+\left[\dfrac{ar}{p}\right]k_r-f_a=0\\\left[\dfrac{ba}{p}\right]k_1+\left[\dfrac{bb}{p}\right]k_2+\cdots+\left[\dfrac{br}{p}\right]k_r-f_b=0\\\qquad\vdots\\\left[\dfrac{ra}{p}\right]k_1+\left[\dfrac{rb}{p}\right]k_2+\cdots+\left[\dfrac{rr}{p}\right]k_r-f_r=0\end{array}\right\}$$

法方程的矩阵形式为式(2.76)或式(2.77)。

(4)解法方程，求联系数 $k_i(i=1,2,\cdots,r)$。

(5)计算改正数 $\boldsymbol{V}$。由改正数方程(2.75)可得改正数的纯量表达式为

$$v_i=\frac{1}{p_i}(a_ik_1+b_ik_2+\cdots+r_ik_r)\quad(i=1,2,\cdots,n)$$

(6)计算观测量的平差值，即 $\hat{L}_i=L_i+v_i$，其中，$i=1,2,\cdots,n$。

为了检查平差结果的正确性，用计算所得的平差值 $\hat{\boldsymbol{L}}$ 代入条件方程看其是否满足。

(7)精度评定。计算单位权方差估值 $\hat{\sigma}_0^2=\boldsymbol{V}^{\mathrm{T}}\boldsymbol{PV}/(n-t)$，计算观测量平差值的协因数 $\boldsymbol{Q}_{\hat{L}}$，即

$$\boldsymbol{Q}_{\hat{L}}=\boldsymbol{Q}-\boldsymbol{QA}^{\mathrm{T}}\boldsymbol{N}_{aa}^{-1}\boldsymbol{AQ}=\begin{bmatrix}Q_{\hat{L}_1}&Q_{\hat{L}_1\hat{L}_2}&\cdots&Q_{\hat{L}_1\hat{L}_n}\\Q_{\hat{L}_2\hat{L}_1}&Q_{\hat{L}_2}&\cdots&Q_{\hat{L}_2\hat{L}_n}\\\vdots&\vdots&&\vdots\\Q_{\hat{L}_n\hat{L}_1}&Q_{\hat{L}_n\hat{L}_2}&\cdots&Q_{\hat{L}_n}\end{bmatrix}$$

列立平差值函数式(2.82)，并求平差值函数的协因数式(2.83)，由 $\hat{\sigma}_{\hat{\varphi}}^2=\hat{\sigma}_0^2\boldsymbol{Q}_{\hat{\varphi}}$ 计算平差值函数的方差估值。

例 2.6　仍以例 2.4 中的水准网平差为例，试按条件平差法求其平差结果。

解：(1)列条件方程。$n=6,t=3$，故 $r=n-t=3$，平差值条件方程为

$$\left.\begin{array}{r}\hat{L}_1+\hat{L}_4-\hat{L}_5=0\\\hat{L}_2+\hat{L}_5-\hat{L}_6=0\\-\hat{L}_3-\hat{L}_4+\hat{L}_6=0\end{array}\right\}$$

写成改正数表示的条件方程为

$$\left.\begin{array}{r}v_1+v_4-v_5+3=0\\v_2+v_5-v_6+3=0\\-v_3-v_4+v_6-11=0\end{array}\right\}$$

令 $\boldsymbol{V}=[v_1\ \ v_2\ \ v_3\ \ v_4\ \ v_5\ \ v_6]^{\mathrm{T}}$，则条件方程的矩阵形式为

$$\begin{bmatrix}1&0&0&1&-1&0\\0&1&0&0&1&-1\\0&0&-1&-1&0&1\end{bmatrix}\boldsymbol{V}-\begin{bmatrix}-3\\-3\\11\end{bmatrix}=\boldsymbol{0}$$

(2)列立平差值函数式。设平差后 A、B、D 三点的高程为 $\hat{\varphi}_1$、$\hat{\varphi}_2$、$\hat{\varphi}_3$，则有

$$\left.\begin{aligned}\hat{\varphi}_1&=\hat{H}_A=H_C+\hat{h}_4\\\hat{\varphi}_2&=\hat{H}_B=H_C+\hat{h}_5\\\hat{\varphi}_3&=\hat{H}_D=H_C+\hat{h}_6\end{aligned}\right\}$$

令 $\hat{\boldsymbol{\varphi}}=[\hat{\varphi}_1\ \ \hat{\varphi}_2\ \ \hat{\varphi}_3]^{\mathrm{T}}$，$\hat{\boldsymbol{L}}=[\hat{h}_1\ \ \hat{h}_2\ \ \hat{h}_3\ \ \hat{h}_4\ \ \hat{h}_5\ \ \hat{h}_6]^{\mathrm{T}}$，平差值函数写成矩阵形式为

$$\hat{\boldsymbol{\varphi}}=\begin{bmatrix}0&0&0&1&0&0\\0&0&0&0&1&0\\0&0&0&0&0&1\end{bmatrix}\hat{\boldsymbol{L}}+\begin{bmatrix}1\\1\\1\end{bmatrix}H_C$$

若令 $\boldsymbol{G}_L^{\mathrm{T}}=\begin{bmatrix}1&0&0&0&0&0\\0&0&0&-1&0&0\\0&0&1&0&0&0\end{bmatrix}$，则平差值权函数为 $\mathrm{d}\hat{\boldsymbol{\varphi}}=\boldsymbol{G}_L^{\mathrm{T}}\mathrm{d}\hat{\boldsymbol{L}}$。

(3)组成法方程并解算。根据观测高差的权矩阵计算协因数矩阵为 $\boldsymbol{Q}=\boldsymbol{P}^{-1}=\mathrm{diag}(0.5,0.5,0.5,1,1,1)$。为了计算方便，将观测值的协因数矩阵乘以 2，则得 $\boldsymbol{Q}=\boldsymbol{P}^{-1}=\mathrm{diag}(1,1,1,2,2,2)$，对应的权矩阵变为 $\boldsymbol{P}=\mathrm{diag}(1,1,1,0.5,0.5,0.5)$，计算法方程系数矩阵为

$$\boldsymbol{N}_{aa}=\boldsymbol{AQA}^{\mathrm{T}}=\begin{bmatrix}5&-2&-2\\-2&5&-2\\-2&-2&5\end{bmatrix}$$

则法方程为 $\boldsymbol{N}_{aa}\boldsymbol{K}-\boldsymbol{f}=\boldsymbol{0}$，即

$$\begin{bmatrix}5&-2&-2\\-2&5&-2\\-2&-2&5\end{bmatrix}\boldsymbol{K}-\begin{bmatrix}-3\\-3\\11\end{bmatrix}=\boldsymbol{0}$$

法方程的解为

$$\boldsymbol{K}=\boldsymbol{N}_{aa}^{-1}\boldsymbol{f}=\frac{1}{7}\begin{bmatrix}3&2&2\\2&3&2\\2&2&3\end{bmatrix}\begin{bmatrix}-3\\-3\\11\end{bmatrix}=\begin{bmatrix}1\\1\\3\end{bmatrix}$$

(4)计算观测值改正数 $\boldsymbol{V}$，即

$$\boldsymbol{V}=\boldsymbol{QA}^{\mathrm{T}}\boldsymbol{K}=[1\ \ 1\ \ -3\ \ -4\ \ 0\ \ 4]^{\mathrm{T}}(\mathrm{mm})$$

观测值的平差值 $\hat{\boldsymbol{L}}$ 为

$$\hat{\boldsymbol{L}}=\boldsymbol{L}+\boldsymbol{V}=[0.024\ \ 1.115\ \ 1.139\ \ 0.075\ \ 0.099\ \ 1.214]^{\mathrm{T}}(\mathrm{m})$$

(5)待定点高程平差值为

$$\hat{H}_A=H_C+\hat{h}_4=100.075\ \mathrm{m},\quad \hat{H}_B=H_C+\hat{h}_5=100.099\ \mathrm{m},\quad \hat{H}_D=H_C+\hat{h}_6=101.214\ \mathrm{m}$$

(6)单位权方差估值计算。$\boldsymbol{V}^{\mathrm{T}}\boldsymbol{PV}=[pvv]=27\ \mathrm{mm}^2$，故单位权方差估值为

$$\hat{\sigma}_0^2=\frac{\boldsymbol{V}^{\mathrm{T}}\boldsymbol{PV}}{r}=\frac{27}{3}=9(\mathrm{mm}^2),\quad \hat{\sigma}_0=3\ \mathrm{mm}$$

(7)平差值函数的协方差矩阵计算。先求平差值$\hat{\boldsymbol{L}}$的协方差矩阵,然后计算平差值函数$\hat{\boldsymbol{\varphi}}$的协方差矩阵。

因为 $\boldsymbol{Q}_{\hat{L}}=\boldsymbol{Q}-\boldsymbol{Q}\boldsymbol{A}^{\mathrm{T}}\boldsymbol{N}_{aa}^{-1}\boldsymbol{A}\boldsymbol{Q}=\frac{2}{7}\begin{bmatrix}2&-1&1&-1&1&0\\-1&2&1&0&-1&1\\1&1&2&-1&0&1\\-1&0&-1&3&2&2\\1&-1&0&2&3&2\\0&1&1&2&2&3\end{bmatrix}$,有

$$\boldsymbol{Q}_{\hat{\varphi}}=\boldsymbol{G}_L^{\mathrm{T}}\boldsymbol{Q}_{\hat{L}}\boldsymbol{G}_L=\frac{2}{7}\begin{bmatrix}3&2&2\\2&3&2\\2&2&3\end{bmatrix}$$

所以平差值函数$\hat{\boldsymbol{\varphi}}$的方差矩阵为

$$\boldsymbol{D}_{\hat{\varphi}}=\hat{\sigma}_0^2\boldsymbol{Q}_{\hat{\varphi}}=\frac{18}{7}\begin{bmatrix}3&2&2\\2&3&2\\2&2&3\end{bmatrix}=\begin{bmatrix}7.71&5.14&5.14\\5.14&7.71&5.14\\5.14&5.14&7.71\end{bmatrix}(\mathrm{mm}^2)$$

则待定点高程平差值的中误差为

$$\hat{\sigma}_{\hat{H}_A}=\hat{\sigma}_{\hat{H}_B}=\hat{\sigma}_{\hat{H}_D}=\sqrt{7.71}=2.78(\mathrm{mm})$$

比较例2.4与例2.6,不难看出:

(1)同一个平差问题,无论是采用间接平差还是条件平差,其结果是一致的。

(2)间接平差是以观测方程为函数模型,而条件平差是以条件方程为函数模型。

(3)二者都是通过组建、解法方程来求解的,但两种平差方法的法方程构成不同。

(4)精度评定时,间接平差是求未知数函数的协因数,而条件平差是求观测值的平差值函数的协因数。

(5)为了便于系数矩阵组成,例2.6计算时将已知的权矩阵扩大到2倍,这样,虽然两种方法中同一个向量的协因数矩阵不同,但其方差矩阵是不变的。另外由于权矩阵不同,因此两种方法的单位权估值也不同。

2.4.3 附有未知参数的条件平差

条件平差时,以全部观测值的平差值为未知数,且列立的条件方程个数等于多余观测数。实际中,为了便于问题求解,有时需要另外引入未知参数。这时,建立含有未知参数的条件方程作为函数模型进行平差计算的方法,称为附有未知参数的条件平差法。它也可以认为是一种特殊的条件平差法,不同之处是条件方程中除了含有观测值外,还有所选的未知参数。图2.8所示的是测角大地四边形,A、B为已知点,P_1、P_2为待定点,AP_1边长已知,观测了6个角度。如果按照条件平差,$n=6$,$t=3$,多余观测数为3个,说明需要建立3个条件方程。利用三角形内角和条件容易列立两个条件方程,而第三个条件方程的列立就较为困难。不难看出,第三个条件方程应该是根据已知边长S_{AP_1},利用观测角平差值推算S'_{AB},推算的S'_{AB}与已知坐标反算的边长

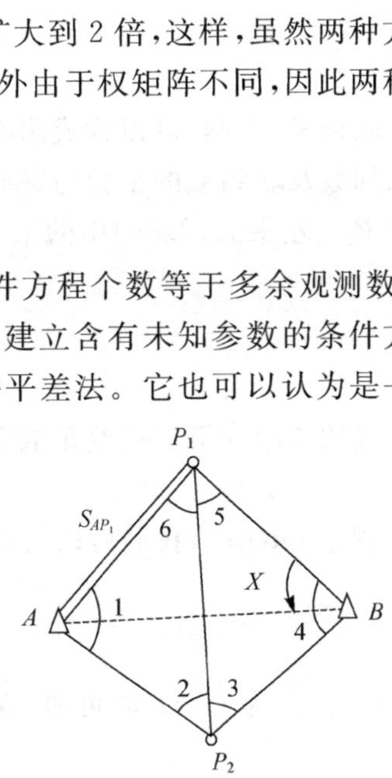

图2.8 测角大地四边形

S_{AB} 相等,称为边长条件。如果选择$\angle P_1BA=\hat{X}$,这个边长条件方程就容易建立了,即

$$\frac{S_{AB}\sin \hat{X}}{S_{AP_1}\sin (\hat{L}_5+\hat{L}_6)}-1=0$$

上述条件方程里就包含了未知数。但因为多选了一个未知数,所以还需增加一个带有未知数的条件方程,这个方程称为极条件(关于极条件的建立将在第 3 章详细讨论)。由于条件中含有未知数,所以不能用条件平差法求解,这就是本节要讨论的附有未知参数的条件平差法。

1. 平差计算公式

2.1.3 小节已给出附有未知参数的条件平差的函数模型为

$$\underset{c\times n}{\boldsymbol{A}}\,\underset{n\times 1}{\boldsymbol{V}}+\underset{c\times u}{\boldsymbol{B}}\,\underset{u\times 1}{\hat{\boldsymbol{x}}}-\underset{c\times 1}{\boldsymbol{f}}=\boldsymbol{0} \tag{2.84}$$

$$-\boldsymbol{f}=\boldsymbol{AL}+\boldsymbol{BX}^0+\boldsymbol{A}_0 \tag{2.85}$$

式中,$R(\boldsymbol{A})=c$,$R(\boldsymbol{B})=u$。

随机模型为

$$\boldsymbol{D}_L=\sigma_0^2\boldsymbol{Q}=\sigma_0^2\boldsymbol{P}^{-1}$$

在最小二乘估计中,要求在满足式(2.84)的条件下,求解 $\boldsymbol{V}^{\mathrm{T}}\boldsymbol{PV}=\min$。对此仍采用条件极值法解决此类问题,构造拉格朗日函数为

$$\boldsymbol{\Phi}=\boldsymbol{V}^{\mathrm{T}}\boldsymbol{PV}-2\boldsymbol{K}^{\mathrm{T}}(\boldsymbol{AV}+\boldsymbol{B}\hat{\boldsymbol{x}}-\boldsymbol{f})$$

并对 $\boldsymbol{V}$、$\hat{\boldsymbol{x}}$ 求一阶偏导,令其等于 $\boldsymbol{0}$,即

$$\left.\begin{aligned}\frac{\partial\boldsymbol{\Phi}}{\partial\boldsymbol{V}}&=2\boldsymbol{V}^{\mathrm{T}}\boldsymbol{P}-2\boldsymbol{K}^{\mathrm{T}}\boldsymbol{A}=\boldsymbol{0}\\ \frac{\partial\boldsymbol{\Phi}}{\partial\hat{\boldsymbol{x}}}&=-2\boldsymbol{K}^{\mathrm{T}}\boldsymbol{B}=\boldsymbol{0}\end{aligned}\right\}$$

整理上式,对两边同时取转置,并顾及 $\boldsymbol{P}^{\mathrm{T}}=\boldsymbol{P}$,得

$$\left.\begin{aligned}&\boldsymbol{PV}-\boldsymbol{A}^{\mathrm{T}}\boldsymbol{K}=\boldsymbol{0}\\ &\boldsymbol{B}^{\mathrm{T}}\boldsymbol{K}=\boldsymbol{0}\end{aligned}\right\} \tag{2.86}$$

再联合式(2.84)可以构成附有未知参数的条件平差法的基础方程。在基础方程中,改正数 $\boldsymbol{V}$、未知数及联系数的个数与基础方程的个数相等,因此对基础方程求解可以获得唯一的一组解。用 $\boldsymbol{P}^{-1}$ 左乘式(2.86)中的第一式,因此基础方程可以重新写为

$$\left.\begin{aligned}&\boldsymbol{AV}+\boldsymbol{B}\hat{\boldsymbol{x}}-\boldsymbol{f}=\boldsymbol{0}\\ &\boldsymbol{V}=\boldsymbol{P}^{-1}\boldsymbol{A}^{\mathrm{T}}\boldsymbol{K}=\boldsymbol{QA}^{\mathrm{T}}\boldsymbol{K}\\ &\boldsymbol{B}^{\mathrm{T}}\boldsymbol{K}=\boldsymbol{0}\end{aligned}\right\} \tag{2.87}$$

将式(2.87)的第二式改正数方程代入第一式中得

$$\boldsymbol{AQA}^{\mathrm{T}}\boldsymbol{K}+\boldsymbol{B}\hat{\boldsymbol{x}}-\boldsymbol{f}=\boldsymbol{0}$$

令 $\boldsymbol{N}_{aa}=\boldsymbol{AQA}^{\mathrm{T}}$,我们可以得到法方程

$$\left.\begin{aligned}&\boldsymbol{N}_{aa}\boldsymbol{K}+\boldsymbol{B}\hat{\boldsymbol{x}}-\boldsymbol{f}=\boldsymbol{0}\\ &\boldsymbol{B}^{\mathrm{T}}\boldsymbol{K}=\boldsymbol{0}\end{aligned}\right\} \tag{2.88}$$

式中,$\boldsymbol{N}_{aa}$ 为一个 c 阶可逆、满秩、对称方阵,因此由式(2.88)的第一式可得

$$\boldsymbol{K}=-\boldsymbol{N}_{aa}^{-1}(\boldsymbol{B}\hat{\boldsymbol{x}}-\boldsymbol{f}) \tag{2.89}$$

用 $\boldsymbol{B}^{\mathrm{T}}\boldsymbol{N}_{aa}^{-1}$ 左乘式(2.88)的第一式,并减去第二式,得

$$\boldsymbol{B}^{\mathrm{T}}\boldsymbol{N}_{aa}^{-1}\boldsymbol{B}\hat{\boldsymbol{x}}-\boldsymbol{B}^{\mathrm{T}}\boldsymbol{N}_{aa}^{-1}\boldsymbol{f}=\boldsymbol{0}$$

令 $\boldsymbol{B}^{\mathrm{T}}\boldsymbol{N}_{aa}^{-1}\boldsymbol{B}=\boldsymbol{N}_{bb}$，又因为 $\boldsymbol{N}_{bb}$ 是可逆的，因此可以解得

$$\hat{\boldsymbol{x}}=\boldsymbol{N}_{bb}^{-1}\boldsymbol{B}^{\mathrm{T}}\boldsymbol{N}_{aa}^{-1}\boldsymbol{f} \tag{2.90}$$

特别说明：此处 $\boldsymbol{N}_{bb}$ 与间接平差中 $\boldsymbol{N}_{bb}$ 稍有不同。将式(2.90)计算的参数改正数 $\hat{\boldsymbol{x}}$ 代入式(2.89)得联系数向量 $\boldsymbol{K}$，再将所获得的联系数向量 $\boldsymbol{K}$ 代入式(2.87)中的第二式便可得观测值的改正数 $\boldsymbol{V}$。最后计算观测值的平差值及参数的平差值

$$\left.\begin{aligned}\hat{\boldsymbol{L}}&=\boldsymbol{L}+\boldsymbol{V}\\ \hat{\boldsymbol{X}}&=\boldsymbol{X}^{0}+\hat{\boldsymbol{x}}\end{aligned}\right\} \tag{2.91}$$

也可以将法方程改写为 $\begin{bmatrix}\boldsymbol{N}_{aa} & \boldsymbol{B}\\ \boldsymbol{B}^{\mathrm{T}} & \boldsymbol{0}\end{bmatrix}\begin{bmatrix}\boldsymbol{K}\\ \hat{\boldsymbol{x}}\end{bmatrix}-\begin{bmatrix}\boldsymbol{f}\\ \boldsymbol{0}\end{bmatrix}=\boldsymbol{0}$，解之得 $\begin{bmatrix}\boldsymbol{K}\\ \hat{\boldsymbol{x}}\end{bmatrix}=\begin{bmatrix}\boldsymbol{N}_{aa} & \boldsymbol{B}\\ \boldsymbol{B}^{\mathrm{T}} & \boldsymbol{0}\end{bmatrix}^{-1}\begin{bmatrix}\boldsymbol{f}\\ \boldsymbol{0}\end{bmatrix}$，然后将求出的 $\boldsymbol{K}$ 代入式(2.87)就可求出改正数 $\boldsymbol{V}$，进而计算观测值的平差值。

2.精度评定

(1)验后单位权方差的估值计算公式仍为

$$\hat{\sigma}_{0}^{2}=\frac{\boldsymbol{V}^{\mathrm{T}}\boldsymbol{P}\boldsymbol{V}}{r}=\frac{\boldsymbol{V}^{\mathrm{T}}\boldsymbol{P}\boldsymbol{V}}{c-u} \tag{2.92}$$

(2)协因数矩阵的计算。下面推导一些有关向量的协因数矩阵及互协因数矩阵的公式：

——由 $-\boldsymbol{f}=\boldsymbol{A}\boldsymbol{L}+\boldsymbol{B}\boldsymbol{X}^{0}+\boldsymbol{A}_{0}$，按照协因数传播律得 $\boldsymbol{Q}_{f}=\boldsymbol{A}\boldsymbol{Q}\boldsymbol{A}^{\mathrm{T}}=\boldsymbol{N}_{aa}$。

——由 $\hat{\boldsymbol{x}}=\boldsymbol{N}_{bb}^{-1}\boldsymbol{B}^{\mathrm{T}}\boldsymbol{N}_{aa}^{-1}\boldsymbol{f}$，可知 $\boldsymbol{Q}_{\hat{x}}=\boldsymbol{N}_{bb}^{-1}\boldsymbol{B}^{\mathrm{T}}\boldsymbol{N}_{aa}^{-1}\boldsymbol{Q}_{ff}\boldsymbol{N}_{aa}^{-1}\boldsymbol{B}\boldsymbol{N}_{bb}^{-1}=\boldsymbol{N}_{bb}^{-1}\boldsymbol{B}^{\mathrm{T}}\boldsymbol{N}_{aa}^{-1}\boldsymbol{B}\boldsymbol{N}_{bb}^{-1}=\boldsymbol{N}_{bb}^{-1}$。

——由 $-\boldsymbol{f}=\boldsymbol{A}\boldsymbol{L}+\boldsymbol{B}\boldsymbol{X}^{0}+\boldsymbol{A}_{0}$，可知 $\boldsymbol{Q}_{Lf}=\boldsymbol{Q}(-\boldsymbol{A})=-\boldsymbol{Q}\boldsymbol{A}$。

——由 $\hat{\boldsymbol{x}}=\boldsymbol{N}_{bb}^{-1}\boldsymbol{B}^{\mathrm{T}}\boldsymbol{N}_{aa}^{-1}\boldsymbol{f}=-\boldsymbol{N}_{bb}^{-1}\boldsymbol{B}^{\mathrm{T}}\boldsymbol{N}_{aa}^{-1}(\boldsymbol{A}\boldsymbol{L}+\boldsymbol{B}\boldsymbol{X}^{0}+\boldsymbol{A}_{0})$，$\boldsymbol{Q}_{L}=\boldsymbol{L}$ 得

$$\boldsymbol{Q}_{\hat{x}L}=-\boldsymbol{N}_{bb}^{-1}\boldsymbol{B}^{\mathrm{T}}\boldsymbol{N}_{aa}^{-1}\boldsymbol{A}\boldsymbol{Q}=-\boldsymbol{Q}_{\hat{x}}\boldsymbol{B}^{\mathrm{T}}\boldsymbol{N}_{aa}^{-1}\boldsymbol{A}\boldsymbol{Q}$$

以上介绍了部分协因数矩阵的推导过程，其余的以此类推，具体的结果见表 2.5，以便查用。其中，函数模型为 $\boldsymbol{A}\boldsymbol{V}+\boldsymbol{B}\hat{\boldsymbol{x}}-\boldsymbol{f}=\boldsymbol{0}$，$\boldsymbol{N}_{aa}=\boldsymbol{A}\boldsymbol{Q}\boldsymbol{A}^{\mathrm{T}}$，$\boldsymbol{N}_{bb}=\boldsymbol{B}^{\mathrm{T}}\boldsymbol{N}_{aa}^{-1}\boldsymbol{B}$。

(3)计算平差值函数的协因数。在附有未知参数的条件平差中，任意量的平差值均可用观测量的平差值及未知数的平差值表示。这一点与条件平差或间接平差有所不同，但我们仍然称为平差值函数。

设平差值函数的一般形式为

$$\hat{\boldsymbol{\varphi}}=\Phi(\hat{\boldsymbol{L}},\hat{\boldsymbol{X}}) \tag{2.93}$$

对其全微分，化成线性形式，得权函数式为

$$\mathrm{d}\hat{\boldsymbol{\varphi}}=\left(\frac{\partial\Phi}{\partial\hat{\boldsymbol{L}}}\right)_{0}\mathrm{d}\hat{\boldsymbol{L}}+\left(\frac{\partial\Phi}{\partial\hat{\boldsymbol{X}}}\right)_{0}\mathrm{d}\hat{\boldsymbol{X}}=\boldsymbol{G}_{L}^{\mathrm{T}}\mathrm{d}\hat{\boldsymbol{L}}+\boldsymbol{G}_{X}^{\mathrm{T}}\mathrm{d}\hat{\boldsymbol{X}} \tag{2.94}$$

式中，$\boldsymbol{G}_{L}^{\mathrm{T}}=\begin{bmatrix}\dfrac{\partial\Phi}{\partial\hat{L}_{1}} & \dfrac{\partial\Phi}{\partial\hat{L}_{2}} & \cdots & \dfrac{\partial\Phi}{\partial\hat{L}_{n}}\end{bmatrix}_{L,X^{0}}$，$\boldsymbol{G}_{X}^{\mathrm{T}}=\begin{bmatrix}\dfrac{\partial\Phi}{\partial\hat{X}_{1}} & \dfrac{\partial\Phi}{\partial\hat{X}_{2}} & \cdots & \dfrac{\partial\Phi}{\partial\hat{X}_{u}}\end{bmatrix}_{L,X^{0}}$。

式(2.94)中微分值可以利用观测值和未知数近似值代入算出。由协因数传播律可得平差值函数 $\hat{\boldsymbol{\varphi}}$ 的协因数为

$$\boldsymbol{Q}_{\hat{\varphi}}=\boldsymbol{G}_{L}^{\mathrm{T}}\boldsymbol{Q}_{\hat{L}}\boldsymbol{G}_{L}+\boldsymbol{G}_{L}^{\mathrm{T}}\boldsymbol{Q}_{\hat{L}\hat{X}}\boldsymbol{G}_{X}+\boldsymbol{G}_{X}^{\mathrm{T}}\boldsymbol{Q}_{\hat{X}\hat{L}}\boldsymbol{G}_{L}+\boldsymbol{G}_{X}^{\mathrm{T}}\boldsymbol{Q}_{\hat{X}}\boldsymbol{G}_{X} \tag{2.95}$$

式(2.95)中的 $\boldsymbol{Q}_{\hat{L}}$、$\boldsymbol{Q}_{\hat{L}\hat{X}}$、$\boldsymbol{Q}_{\hat{X}}$ 均可查表 2.5 得到。其中，函数模型为 $\boldsymbol{A}\boldsymbol{V}+\boldsymbol{B}\hat{\boldsymbol{x}}-\boldsymbol{f}=\boldsymbol{0}$，$\boldsymbol{N}_{aa}=\boldsymbol{A}\boldsymbol{Q}\boldsymbol{A}^{\mathrm{T}}$，$\boldsymbol{N}_{bb}=\boldsymbol{B}^{\mathrm{T}}\boldsymbol{N}_{aa}^{-1}\boldsymbol{B}$。平差值函数的方差估值为 $\hat{\sigma}_{\hat{\varphi}}^{2}=\hat{\sigma}_{0}^{2}\boldsymbol{Q}_{\hat{\varphi}}$。

表 2.5 附有未知参数的条件平差的协因数矩阵

向量	$\hat{x}$	$\hat{L}$	V	f	K
$\hat{x}$	N_{bb}^{-1}	$-Q_{\hat{x}}B^{T}N_{bb}^{-1}AQ$	0	$Q_{\hat{x}}B^{T}$	0
$\hat{L}$	$-QA^{T}N_{bb}^{-1}BQ_{\hat{x}}$	$Q-Q_{V}$	0	$-QA^{T}N_{aa}^{-1}BQ_{\hat{x}}B^{T}$	0
V	0	0	$QA^{T}N_{aa}^{-1}(I-BQ_{\hat{x}}B^{T}N_{aa}^{-1})AQ$	$QA^{T}(I-N_{aa}^{-1}BQ_{\hat{x}}B^{T})$	$QA^{T}N_{aa}^{-1}(I-BQ_{\hat{x}}B^{T}N_{aa}^{-1})$
f	$BQ_{\hat{x}}$	$-BQ_{\hat{x}}B^{T}N_{aa}^{-1}AQ$	$(I-BQ_{\hat{x}}B^{T}N_{aa}^{-1})AQ$	N_{aa}	$I-BQ_{\hat{x}}B^{T}N_{aa}^{-1}$
K	0	0	$(I-N_{aa}^{-1}BQ_{\hat{x}}B^{T})N_{aa}^{-1}AQ$	$I-N_{aa}^{-1}BQ_{\hat{x}}B^{T}$	$N_{aa}^{-1}(I-BQ_{\hat{x}}B^{T}N_{aa}^{-1})$

3.附有未知参数的条件平差计算步骤及示例

为了便于理解和应用，将上述平差计算步骤归纳如下：

(1)根据平差问题(网形)的具体情况，确定观测总数 n、必要观测数 t 及自由度 r，选取 u $(0<u<t)$ 个独立未知数。

(2)建立 $c=r+u$ 个形如式(2.84)的附有未知参数的条件方程。

(3)根据条件方程及观测值的权矩阵按照式(2.89)、式(2.87)和式(2.90)计算观测值和未知参数的改正数，进而求得观测值及未知参数的平差值。

(4)根据式(2.92)计算单位权方差估值。

(5)由表 2.5 所列公式计算 $\boldsymbol{Q}_{\hat{L}}$、$\boldsymbol{Q}_{\hat{L}\hat{X}}$、$\boldsymbol{Q}_{\hat{X}}$。

(6)列立平差值函数式[式(2.94)]，顾及步骤(5)，根据式(2.95)计算平差值函数的协因数。

(7)由 $\hat{\sigma}_{\hat{\varphi}}^2=\hat{\sigma}_0^2\boldsymbol{Q}_{\hat{\varphi}}$ 计算平差值函数的方差估值。

例 2.7　在图 2.9 中，已知角度独立观测值及其中误差为 $L_1=53°19'40''$、$L_2=68°25'20''$、$L_3=301°45'40''$、$\sigma_1=10''$、$\sigma_2=20''$、$\sigma_3=10''$，选 $\angle BCA=\hat{X}$。试按照附有未知参数的条件平差法求观测值的平差值并进行精度评定。

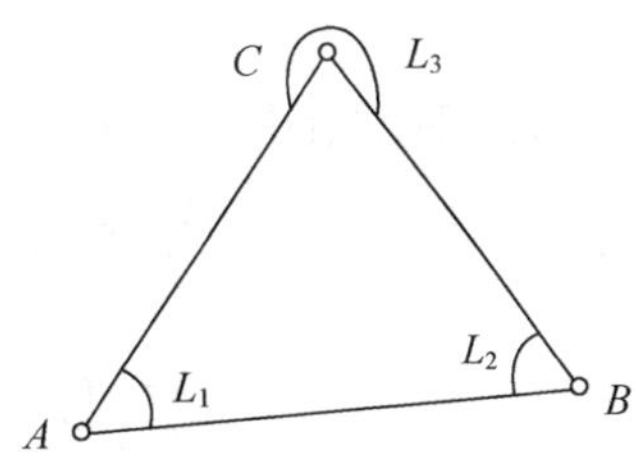

图 2.9　测角三角形

解：由题意知观测总数 $n=3$，必要观测数 $t=2$，则多余观测数 $r=1$。而 $u=1$，则条件方程总数 $c=2$。

(1)列立平差值方程，即

$$\left.\begin{aligned}&\hat{L}_1+\hat{L}_2+360°-\hat{L}_3-180°=0\\&\hat{L}_3+\hat{X}-360°=0\end{aligned}\right\}$$

(2)设参数近似值为 $X^0=360°-L_3=58°14'20''$，则条件方程为

$$\left.\begin{aligned}&v_1+v_2-v_3-40''=0\\&v_3+\hat{x}=0\end{aligned}\right\}$$

即

$$\begin{bmatrix}1&1&-1\\0&0&1\end{bmatrix}\boldsymbol{V}+\begin{bmatrix}0\\1\end{bmatrix}\hat{\boldsymbol{x}}-\begin{bmatrix}40\\0\end{bmatrix}=\boldsymbol{0}$$

(3)组成法方程。令单位权误差 $\sigma_0=\sigma_1=10''$，则得 $P_1=P_3=1$，$P_2=0.25$，即 $\boldsymbol{P}=\mathrm{diag}(1,0.25,1)$。按照式(2.88)得法方程为

$$\begin{bmatrix}6&-1&0\\-1&1&1\\0&1&0\end{bmatrix}\begin{bmatrix}k_a\\k_b\\\hat{x}\end{bmatrix}-\begin{bmatrix}40\\0\\0\end{bmatrix}=\boldsymbol{0}$$

(4)解法方程得 $\hat{x}=\dfrac{20}{3}('')$，根据 $\boldsymbol{V}=\boldsymbol{QA}^{\mathrm{T}}\boldsymbol{K}$ 可得

$$\boldsymbol{V}=\begin{bmatrix}\dfrac{20}{3}&\dfrac{80}{3}&-\dfrac{20}{3}\end{bmatrix}^{\mathrm{T}}('')$$

(5)计算观测值的平差值及参数的平差值，即

$\hat{L}_1=L_1+v_1=53°19'47''$，　$\hat{L}_2=L_2+v_2=68°25'46''$，　$\hat{L}_3=L_3+v_3=301°45'33''$，

$$\hat{X}=X^0+\hat{x}=58°14'27''$$

(6)精度评定。

计算单位权中误差估值为

$$\hat{\sigma}_0^2=\frac{\boldsymbol{V}^{\mathrm{T}}\boldsymbol{PV}}{r}=266.7('')^2,\quad \hat{\sigma}_0=16.3''$$

未知参数的协因数矩阵为

$$\boldsymbol{Q}_{\hat{X}}=\boldsymbol{B}^{\mathrm{T}}(\boldsymbol{AQA}^{\mathrm{T}})^{-1}\boldsymbol{B}=0.8333$$

未知参数的平差值中误差为

$$\hat{\sigma}_{\hat{X}}=\hat{\sigma}_0\sqrt{\boldsymbol{Q}_{\hat{X}}}=14.9''$$

观测平差值的协因数矩阵为

$$\boldsymbol{Q}_{\hat{L}}=\begin{bmatrix}0.8333 & -0.6667 & 0.1667\\ -0.6667 & 1.3333 & 0.6667\\ 0.1667 & 0.6667 & 0.8333\end{bmatrix}$$

观测值的平差值中误差为

$$\hat{\sigma}_{\hat{L}_1}=\hat{\sigma}_{\hat{L}_3}=\hat{\sigma}_0\sqrt{Q_{\hat{L}_1}}=14.9'',\quad \hat{\sigma}_{\hat{L}_2}=\hat{\sigma}_0\sqrt{Q_{\hat{L}_2}}=18.8''$$

2.5 附有限制条件的条件平差法

附有限制条件的条件平差的数学模型为

$$\left.\begin{aligned}\underset{c\times n}{\boldsymbol{A}}\,\underset{n\times 1}{\boldsymbol{\Delta}}+\underset{c\times u}{\boldsymbol{B}}\,\underset{u\times 1}{\tilde{\boldsymbol{x}}}-\underset{c\times 1}{\boldsymbol{f}}=\boldsymbol{0}\\ \underset{s\times u}{\boldsymbol{C}}\,\underset{u\times 1}{\tilde{\boldsymbol{x}}}-\underset{s\times 1}{\boldsymbol{f}_x}=\boldsymbol{0}\end{aligned}\right\}\tag{2.96}$$

式中,$-\boldsymbol{f}=\boldsymbol{AL}+\boldsymbol{BX}^0+\boldsymbol{A}^0$,$-\boldsymbol{f}_x=\boldsymbol{CX}^0+\boldsymbol{C}^0$,$c+s=r+u$,$u<c$,$s<u$,$R(\boldsymbol{A})=c$,$R(\boldsymbol{C})=s$,$R(\boldsymbol{B})=u$,$E(\boldsymbol{\Delta})=0$,$\boldsymbol{D}_L=\boldsymbol{D}_{\Delta}=\sigma_0^2\boldsymbol{Q}=\sigma_0^2\boldsymbol{P}^{-1}$。

对于式(2.96)表示的函数模型的平差计算,一般采用以下两种途径:一是将两组方程作为整体进行最小二乘估计(平差计算);另一种是从 $c+s$ 个条件中消去未知数,转换为其他的函数模型,再进行最小二乘估计(平差计算)。例如,消去 s 个不独立的未知数,转换为附有未知参数的条件平差;如消去 u 个未知数,转换为条件平差;又如保留 t 个独立的未知数,则转换为间接平差。无论是整体最小二乘平差,还是消去未知数后再进行最小二乘平差,其结果均相同。

2.5.1 平差计算公式

式(2.96)以改正数形式表示为

$$\left.\begin{aligned}\boldsymbol{AV}+\boldsymbol{B}\hat{\boldsymbol{x}}-\boldsymbol{f}=\boldsymbol{0}\\ \boldsymbol{C}\hat{\boldsymbol{x}}-\boldsymbol{f}_x=\boldsymbol{0}\end{aligned}\right\}\tag{2.97}$$

最小二乘估计时,构成极值函数为

$$\Phi=\boldsymbol{V}^{\mathrm{T}}\boldsymbol{PV}-2\boldsymbol{K}^{\mathrm{T}}(\boldsymbol{AV}+\boldsymbol{B}\hat{\boldsymbol{x}}-\boldsymbol{f})-2\boldsymbol{K}_S^{\mathrm{T}}(\boldsymbol{C}\hat{\boldsymbol{x}}-\boldsymbol{f}_x)=\min$$

对 $\boldsymbol{V}$ 和 $\hat{\boldsymbol{x}}$ 求偏导并令其等于 $\boldsymbol{0}$,因此有

$$\left.\begin{aligned}\frac{\partial \Phi}{\partial \boldsymbol{V}}&=2\boldsymbol{V}^{\mathrm{T}}\boldsymbol{P}-2\boldsymbol{K}^{\mathrm{T}}\boldsymbol{A}=\boldsymbol{0}\\ \frac{\partial \Phi}{\partial \hat{\boldsymbol{x}}}&=-2\boldsymbol{K}^{\mathrm{T}}\boldsymbol{B}-2\boldsymbol{K}_S^{\mathrm{T}}\boldsymbol{C}=\boldsymbol{0}\end{aligned}\right\}$$

将以上两式转置，再与式(2.97)联合构成总法方程式，称为基础方程，即

$$\left.\begin{aligned}\underset{c\times n}{\boldsymbol{A}}\underset{n\times 1}{\boldsymbol{V}}+\underset{c\times u}{\boldsymbol{B}}\underset{u\times 1}{\hat{\boldsymbol{x}}}-\underset{c\times 1}{\boldsymbol{f}}&=\boldsymbol{0}\\ \underset{s\times u}{\boldsymbol{C}}\underset{u\times 1}{\hat{\boldsymbol{x}}}-\underset{s\times 1}{\boldsymbol{f}_x}&=\boldsymbol{0}\\ \underset{n\times n}{\boldsymbol{P}}\underset{n\times 1}{\boldsymbol{V}}-\underset{n\times c}{\boldsymbol{A}^{\mathrm{T}}}\underset{c\times 1}{\boldsymbol{K}}&=\boldsymbol{0}\\ \underset{u\times c}{\boldsymbol{B}^{\mathrm{T}}}\underset{c\times 1}{\boldsymbol{K}}+\underset{u\times s}{\boldsymbol{C}^{\mathrm{T}}}\underset{s\times 1}{\boldsymbol{K}_S}&=\boldsymbol{0}\end{aligned}\right\}\tag{2.98}$$

将式(2.98)重新排列一下，可表示为

$$\begin{bmatrix}-\boldsymbol{P} & \boldsymbol{A}^{\mathrm{T}} & \boldsymbol{0} & \boldsymbol{0}\\ \boldsymbol{A} & \boldsymbol{0} & \boldsymbol{B} & \boldsymbol{0}\\ \boldsymbol{0} & \boldsymbol{B}^{\mathrm{T}} & \boldsymbol{0} & \boldsymbol{C}^{\mathrm{T}}\\ \boldsymbol{0} & \boldsymbol{0} & \boldsymbol{C} & \boldsymbol{0}\end{bmatrix}\begin{bmatrix}\boldsymbol{V}\\ \boldsymbol{K}\\ \hat{\boldsymbol{x}}\\ \boldsymbol{K}_S\end{bmatrix}-\begin{bmatrix}\boldsymbol{0}\\ \boldsymbol{f}\\ \boldsymbol{0}\\ \boldsymbol{f}_x\end{bmatrix}=\boldsymbol{0}\tag{2.99}$$

显然，它是一个线性对称方程组，方程总数与未知数 $\boldsymbol{V}$、$\hat{\boldsymbol{x}}$、$\boldsymbol{K}$、$\boldsymbol{K}_S$ 的个数相符，可唯一求解。由于总法方程式的阶数很高，通常不从它直接求解，而是采取分块求解的办法。

由式(2.98)第三式，顾及 $\boldsymbol{P}$ 为正定对称矩阵，有 $\boldsymbol{V}=\boldsymbol{P}^{-1}\boldsymbol{A}^{\mathrm{T}}\boldsymbol{K}=\boldsymbol{Q}\boldsymbol{A}^{\mathrm{T}}\boldsymbol{K}$，将它代入式(2.98)的第一式，得

$$\boldsymbol{A}\boldsymbol{Q}\boldsymbol{A}^{\mathrm{T}}\boldsymbol{K}+\boldsymbol{B}\hat{\boldsymbol{x}}-\boldsymbol{f}=\boldsymbol{0}$$

令 $\boldsymbol{N}_{aa}=\boldsymbol{A}\boldsymbol{Q}\boldsymbol{A}^{\mathrm{T}}$，则有 $\boldsymbol{N}_{aa}\boldsymbol{K}+\boldsymbol{B}\hat{\boldsymbol{x}}-\boldsymbol{f}=\boldsymbol{0}$，也就是说，从总法方程中消去 $\boldsymbol{V}$ 后，可构成新的法方程式为

$$\begin{bmatrix}\boldsymbol{N}_{aa} & \boldsymbol{B} & \boldsymbol{0}\\ \boldsymbol{B}^{\mathrm{T}} & \boldsymbol{0} & \boldsymbol{C}^{\mathrm{T}}\\ \boldsymbol{0} & \boldsymbol{C} & \boldsymbol{0}\end{bmatrix}\begin{bmatrix}\boldsymbol{K}\\ \hat{\boldsymbol{x}}\\ \boldsymbol{K}_S\end{bmatrix}-\begin{bmatrix}\boldsymbol{f}\\ \boldsymbol{0}\\ \boldsymbol{f}_x\end{bmatrix}=\boldsymbol{0}\tag{2.100}$$

由于 $R(\boldsymbol{N}_{aa})=c$ 为满秩矩阵，所以由 $\boldsymbol{N}_{aa}\boldsymbol{K}+\boldsymbol{B}\hat{\boldsymbol{x}}-\boldsymbol{f}=\boldsymbol{0}$，有 $\boldsymbol{K}=\boldsymbol{N}_{aa}^{-1}(\boldsymbol{f}-\boldsymbol{B}\hat{\boldsymbol{x}})$，将它代入式(2.98)第四式，得

$$-\boldsymbol{B}^{\mathrm{T}}\boldsymbol{N}_{aa}^{-1}\boldsymbol{B}\hat{\boldsymbol{x}}+\boldsymbol{B}^{\mathrm{T}}\boldsymbol{N}_{aa}^{-1}\boldsymbol{f}+\boldsymbol{C}^{\mathrm{T}}\boldsymbol{K}_S=\boldsymbol{0}\tag{2.101}$$

令 $\boldsymbol{N}_{bb}=\boldsymbol{B}^{\mathrm{T}}\boldsymbol{N}_{aa}^{-1}\boldsymbol{B}$，$\boldsymbol{B}^{\mathrm{T}}\boldsymbol{N}_{aa}^{-1}\boldsymbol{f}=\boldsymbol{f}_e$，且 $R(\boldsymbol{N}_{bb})=u$ 也是满秩对称方阵，因此式(2.101)有解，即

$$\hat{\boldsymbol{x}}=\boldsymbol{N}_{bb}^{-1}(\boldsymbol{f}_e+\boldsymbol{C}^{\mathrm{T}}\boldsymbol{K}_S)\tag{2.102}$$

注意：此处的 $\boldsymbol{N}_{bb}$、$\boldsymbol{f}_e$ 与间接平差中的有区别。将式(2.102)代入式(2.98)第二式，有

$$\boldsymbol{C}\boldsymbol{N}_{bb}^{-1}\boldsymbol{C}^{\mathrm{T}}\boldsymbol{K}_S+\boldsymbol{C}\boldsymbol{N}_{bb}^{-1}\boldsymbol{f}_e-\boldsymbol{f}_x=\boldsymbol{0}$$

令 $\boldsymbol{N}_{cc}=\boldsymbol{C}\boldsymbol{N}_{bb}^{-1}\boldsymbol{C}^{\mathrm{T}}$，且 $R(\boldsymbol{N}_{cc})=s$，有 $\boldsymbol{N}_{cc}\boldsymbol{K}_S+\boldsymbol{C}\boldsymbol{N}_{bb}^{-1}\boldsymbol{f}_e-\boldsymbol{f}_x=\boldsymbol{0}$，因此，可以得到解为

$$\boldsymbol{K}_S=\boldsymbol{N}_{cc}^{-1}(\boldsymbol{f}_x-\boldsymbol{C}\boldsymbol{N}_{bb}^{-1}\boldsymbol{f}_e)\tag{2.103}$$

将式(2.103)代入式(2.102)，并整理，得参数改正数的计算式为

$$\hat{\boldsymbol{x}}=\boldsymbol{N}_{bb}^{-1}(\boldsymbol{I}-\boldsymbol{C}^{\mathrm{T}}\boldsymbol{N}_{cc}^{-1}\boldsymbol{C}\boldsymbol{N}_{bb}^{-1})\boldsymbol{f}_e+\boldsymbol{N}_{bb}^{-1}\boldsymbol{C}^{\mathrm{T}}\boldsymbol{N}_{cc}^{-1}\boldsymbol{f}_x\tag{2.104}$$

由前面可知 $\boldsymbol{K}=\boldsymbol{N}_{aa}^{-1}(\boldsymbol{f}-\boldsymbol{B}\hat{\boldsymbol{x}})$，代入 $\boldsymbol{V}=\boldsymbol{Q}\boldsymbol{A}^{\mathrm{T}}\boldsymbol{K}$，得

$$\boldsymbol{V}=\boldsymbol{Q}\boldsymbol{A}^{\mathrm{T}}\boldsymbol{N}_{aa}^{-1}(\boldsymbol{f}-\boldsymbol{B}\hat{\boldsymbol{x}}) \tag{2.105}$$

式(2.104)和式(2.105)是附有限制条件的条件平差计算的显式公式，只要根据条件方程(2.97)中的系数矩阵 $\boldsymbol{A}$、$\boldsymbol{B}$、$\boldsymbol{C}$ 和常数矩阵 $\boldsymbol{f}$、$\boldsymbol{f}_x$，就可以计算 $\boldsymbol{N}_{aa}^{-1}$、$\boldsymbol{N}_{bb}^{-1}$、$\boldsymbol{N}_{cc}^{-1}$ 和 $\boldsymbol{f}_e$，从而求得 $\hat{\boldsymbol{x}}$ 和 $\boldsymbol{V}$，然后按

$$\left.\begin{aligned}\hat{\boldsymbol{L}}&=\boldsymbol{L}+\boldsymbol{V}\\ \hat{\boldsymbol{X}}&=\boldsymbol{X}^0+\hat{\boldsymbol{x}}\end{aligned}\right\} \tag{2.106}$$

求得平差结果。

2.5.2 精度评定公式

1. 验后单位权方差的估值公式

验后单位权方差的估值计算公式仍为

$$\hat{\sigma}_0^2=\frac{\boldsymbol{V}^{\mathrm{T}}\boldsymbol{P}\boldsymbol{V}}{r}=\frac{\boldsymbol{V}^{\mathrm{T}}\boldsymbol{P}\boldsymbol{V}}{c-u+s}$$

$\boldsymbol{V}^{\mathrm{T}}\boldsymbol{P}\boldsymbol{V}$ 的计算方法有：

(1)直接计算法。先根据式(2.105)得到 $\boldsymbol{V}$，再计算 $\boldsymbol{V}^{\mathrm{T}}\boldsymbol{P}\boldsymbol{V}$。

(2)公式计算法。因 $\boldsymbol{V}^{\mathrm{T}}\boldsymbol{P}\boldsymbol{V}=(\boldsymbol{A}\boldsymbol{V})^{\mathrm{T}}\boldsymbol{K}$，顾及式(2.98)，有

$$\boldsymbol{V}^{\mathrm{T}}\boldsymbol{P}\boldsymbol{V}=(\boldsymbol{f}-\boldsymbol{B}\hat{\boldsymbol{x}})^{\mathrm{T}}\boldsymbol{K}=\boldsymbol{f}^{\mathrm{T}}\boldsymbol{K}-\hat{\boldsymbol{x}}^{\mathrm{T}}\boldsymbol{B}^{\mathrm{T}}\boldsymbol{K}=\boldsymbol{f}^{\mathrm{T}}\boldsymbol{K}+\hat{\boldsymbol{x}}^{\mathrm{T}}\boldsymbol{C}^{\mathrm{T}}\boldsymbol{K}_S=\boldsymbol{f}^{\mathrm{T}}\boldsymbol{K}+\boldsymbol{f}_x^{\mathrm{T}}\boldsymbol{K}_S \tag{2.107}$$

将 $\boldsymbol{K}=\boldsymbol{N}_{aa}^{-1}(\boldsymbol{f}-\boldsymbol{B}\hat{\boldsymbol{x}})$ 代入式(2.107)，得

$$\boldsymbol{V}^{\mathrm{T}}\boldsymbol{P}\boldsymbol{V}=\boldsymbol{f}^{\mathrm{T}}\boldsymbol{N}_{aa}^{-1}\boldsymbol{f}-\boldsymbol{f}_e^{\mathrm{T}}\hat{\boldsymbol{x}}+\boldsymbol{f}_x^{\mathrm{T}}\boldsymbol{K}_S \tag{2.108}$$

式中，$\boldsymbol{f}_e=\boldsymbol{B}^{\mathrm{T}}\boldsymbol{N}_{aa}^{-1}\boldsymbol{f}$。式(2.107)和式(2.108)为计算 $\boldsymbol{V}^{\mathrm{T}}\boldsymbol{P}\boldsymbol{V}$ 的公式。

2. 协因数矩阵的计算

根据基本向量间的关系，按照协因数传播律可以推导有关向量的协因数矩阵。

(1)因 $\boldsymbol{f}=-(\boldsymbol{A}\boldsymbol{L}+\boldsymbol{B}\boldsymbol{X}^0+\boldsymbol{A}^0)$，其中 $\boldsymbol{B}\boldsymbol{X}^0$、$\boldsymbol{A}^0$ 为与观测向量无关的项，故

$$\boldsymbol{Q}_f=\boldsymbol{A}\boldsymbol{Q}\boldsymbol{A}^{\mathrm{T}}=\boldsymbol{N}_{aa}$$

(2)因 $\boldsymbol{f}_e=\boldsymbol{B}^{\mathrm{T}}\boldsymbol{N}_{aa}^{-1}\boldsymbol{f}$，有

$$\boldsymbol{Q}_{f_e}=\boldsymbol{B}^{\mathrm{T}}\boldsymbol{N}_{aa}^{-1}\boldsymbol{Q}_f\boldsymbol{N}_{aa}^{-1}\boldsymbol{B}=\boldsymbol{B}^{\mathrm{T}}\boldsymbol{N}_{aa}^{-1}\boldsymbol{B}=\boldsymbol{N}_{bb}$$

(3)因 $\hat{\boldsymbol{x}}=\boldsymbol{X}^0+\boldsymbol{N}_{bb}^{-1}(\boldsymbol{I}-\boldsymbol{C}^{\mathrm{T}}\boldsymbol{N}_{cc}^{-1}\boldsymbol{C}\boldsymbol{N}_{bb}^{-1})\boldsymbol{f}_e+\boldsymbol{N}_{bb}^{-1}\boldsymbol{C}^{\mathrm{T}}\boldsymbol{N}_{cc}^{-1}\boldsymbol{f}_x$，而 $\boldsymbol{f}_x=-\boldsymbol{C}\boldsymbol{X}^0-\boldsymbol{C}^0$ 与观测误差无关，所以

$$\boldsymbol{Q}_{\hat{x}}=(\boldsymbol{N}_{bb}^{-1}(\boldsymbol{I}-\boldsymbol{C}^{\mathrm{T}}\boldsymbol{N}_{cc}^{-1}\boldsymbol{C}\boldsymbol{N}_{bb}^{-1}))\boldsymbol{Q}_{f_e}(\boldsymbol{N}_{bb}^{-1}(\boldsymbol{I}-\boldsymbol{C}^{\mathrm{T}}\boldsymbol{N}_{cc}^{-1}\boldsymbol{C}\boldsymbol{N}_{bb}^{-1}))^{\mathrm{T}}=\boldsymbol{N}_{bb}^{-1}(\boldsymbol{I}-\boldsymbol{C}^{\mathrm{T}}\boldsymbol{N}_{cc}^{-1}\boldsymbol{C}\boldsymbol{N}_{bb}^{-1})$$

(4)因 $\boldsymbol{V}=\boldsymbol{Q}\boldsymbol{A}^{\mathrm{T}}\boldsymbol{N}_{aa}^{-1}(\boldsymbol{f}-\boldsymbol{B}\hat{\boldsymbol{x}})$，所以

$$\boldsymbol{Q}_V=\boldsymbol{Q}\boldsymbol{A}^{\mathrm{T}}\boldsymbol{N}_{aa}^{-1}(\boldsymbol{Q}_f+\boldsymbol{B}\boldsymbol{Q}_{\hat{x}}\boldsymbol{B}^{\mathrm{T}}-\boldsymbol{Q}_{f\hat{x}}\boldsymbol{B}^{\mathrm{T}}-\boldsymbol{B}\boldsymbol{Q}_{\hat{x}f})\boldsymbol{N}_{aa}^{-1}\boldsymbol{A}\boldsymbol{Q}$$

(5)因 $\boldsymbol{f}_e=\boldsymbol{B}^{\mathrm{T}}\boldsymbol{N}_{aa}^{-1}\boldsymbol{f}$、$\boldsymbol{f}=\boldsymbol{f}$，故

$$\boldsymbol{Q}_{f_ef}=\boldsymbol{B}^{\mathrm{T}}\boldsymbol{N}_{aa}^{-1}\boldsymbol{Q}_f=\boldsymbol{B}^{\mathrm{T}}\boldsymbol{N}_{aa}^{-1}\boldsymbol{N}_{aa}=\boldsymbol{B}^{\mathrm{T}}$$

(6)由 $\hat{\boldsymbol{x}}=\boldsymbol{N}_{bb}^{-1}(\boldsymbol{I}-\boldsymbol{C}^{\mathrm{T}}\boldsymbol{N}_{cc}^{-1}\boldsymbol{C}\boldsymbol{N}_{bb}^{-1})\boldsymbol{f}_e+\boldsymbol{N}_{bb}^{-1}\boldsymbol{C}^{\mathrm{T}}\boldsymbol{N}_{cc}^{-1}\boldsymbol{f}_x$，$\boldsymbol{f}_e=\boldsymbol{B}^{\mathrm{T}}\boldsymbol{N}_{aa}^{-1}\boldsymbol{f}$，得

$$\boldsymbol{Q}_{\hat{x}f}=\boldsymbol{N}_{bb}^{-1}(\boldsymbol{I}-\boldsymbol{C}^{\mathrm{T}}\boldsymbol{N}_{cc}^{-1}\boldsymbol{C}\boldsymbol{N}_{bb}^{-1})\boldsymbol{B}^{\mathrm{T}}=\boldsymbol{Q}_{\hat{x}}\boldsymbol{B}^{\mathrm{T}}=\boldsymbol{Q}_{f\hat{x}}$$

将 $\boldsymbol{Q}_f$、$\boldsymbol{Q}_{\hat{x}}$、$\boldsymbol{Q}_{f\hat{x}}$ 的表达式代入 $\boldsymbol{Q}_V$，得

$$\boldsymbol{Q}_V=\boldsymbol{Q}\boldsymbol{A}^{\mathrm{T}}\boldsymbol{N}_{aa}^{-1}\boldsymbol{A}\boldsymbol{Q}-\boldsymbol{Q}\boldsymbol{A}^{\mathrm{T}}\boldsymbol{N}_{aa}^{-1}\boldsymbol{B}\boldsymbol{Q}_{\hat{x}}\boldsymbol{B}^{\mathrm{T}}\boldsymbol{N}_{aa}^{-1}\boldsymbol{A}\boldsymbol{Q}$$

(7)由 $\hat{\boldsymbol{L}}=\boldsymbol{L}+\boldsymbol{V}$，有

$$Q_{\hat{L}}=Q+Q_V+Q_{LV}+Q_{VL}$$

(8)由 $V=\begin{bmatrix}-QA^{T}N_{aa}^{-1}A & -QA^{T}N_{aa}^{-1}B\end{bmatrix}\begin{bmatrix}L\\ \hat{x}\end{bmatrix}-QA^{T}N_{aa}^{-1}(BX^{0}+A^{0}),L=\begin{bmatrix}I & 0\end{bmatrix}\begin{bmatrix}L\\ \hat{x}\end{bmatrix}$得

$$\begin{aligned}Q_{VL}&=\begin{bmatrix}-QA^{T}N_{aa}^{-1}A & -QA^{T}N_{aa}^{-1}B\end{bmatrix}\begin{bmatrix}Q & Q_{L\hat{x}}\\ Q_{\hat{x}L} & Q_{\hat{x}}\end{bmatrix}\begin{bmatrix}I\\ 0\end{bmatrix}\\&=-QA^{T}N_{aa}^{-1}AQ-QA^{T}N_{aa}^{-1}BQ_{\hat{x}L}=-QA^{T}N_{aa}^{-1}(AQ-BQ_{\hat{x}L})\end{aligned}$$

(9)由 $\hat{x}=N_{bb}^{-1}(I-C^{T}N_{cc}^{-1}CN_{bb}^{-1})B^{T}N_{aa}^{-1}(-AL-BX^{0}-A^{0})+N_{bb}^{-1}C^{T}N_{cc}^{-1}f_x$ 得

$$Q_{\hat{x}L}=-N_{bb}^{-1}(I-C^{T}N_{cc}^{-1}CN_{bb}^{-1})B^{T}N_{aa}^{-1}AQ=-Q_{\hat{x}}BN_{aa}^{-1}AQ$$

将上式代入 Q_{VL}，有

$$Q_{VL}=-QA^{T}N_{aa}^{-1}(AQ+BQ_{\hat{x}}B^{T}N_{aa}^{-1}AQ)=-QA^{T}N_{aa}^{-1}(I+BQ_{\hat{x}}B^{T}N_{aa}^{-1})AQ=-Q_V$$

2.5.3　平差值函数协因数

与附有未知参数的条件平差相同，在附有限制条件的条件平差中，平差问题的任何量的平差值均可由观测值的平差值及未知数的平差值表达，因此也称为平差值函数。下面介绍平差值函数协因数的计算方法。

(1)设有平差值函数为$\hat{\varphi}=\Phi(\hat{L},\hat{X})$，其全微分形式为

$$\mathrm{d}\hat{\varphi}=\left(\frac{\partial\Phi}{\partial\hat{L}}\right)_0\mathrm{d}\hat{L}+\left(\frac{\partial\Phi}{\partial\hat{X}}\right)_0=G_L^{T}\mathrm{d}\hat{L}+G_X^{T}\mathrm{d}\hat{X}=\begin{bmatrix}G_L^{T} & G_X^{T}\end{bmatrix}\begin{bmatrix}\mathrm{d}\hat{L}\\ \mathrm{d}\hat{X}\end{bmatrix}\tag{2.109}$$

(2)计算 $Q_{\hat{L}}$、$Q_{\hat{X}}$、$Q_{\hat{L}\hat{X}}$。

(3)对式(2.109)应用协因数传播律，得平差值函数协因数为

$$Q_{\hat{\varphi}}=\begin{bmatrix}G_L^{T} & G_X^{T}\end{bmatrix}\begin{bmatrix}Q_{\hat{L}} & Q_{\hat{L}\hat{X}}\\ Q_{\hat{X}\hat{L}} & Q_{\hat{X}}\end{bmatrix}\begin{bmatrix}G_L\\ G_X\end{bmatrix}=G_L^{T}Q_{\hat{L}}G_L+G_L^{T}Q_{\hat{L}\hat{X}}G_X+G_X^{T}Q_{\hat{X}\hat{L}}G_L+G_X^{T}Q_{\hat{X}}G_X$$

求得平差值函数的协因数后，根据验后单位权方差估计就可计算平差值函数的方差为$\hat{\sigma}_{\hat{\varphi}}^2=\hat{\sigma}_0^2Q_{\hat{\varphi}}$。再把上式与 $Q_{\hat{L}}$ 结合，有

$$Q_{\hat{L}}=Q+Q_V-Q_V-Q_V=Q-Q_V$$

以上列举了若干协因数矩阵的推导过程，其余不再一一推导，具体计算公式详见表 2.6。其中，函数模型为 $AV+B\hat{x}-f=0,C\hat{x}-f_x=0,N_{aa}=AQA^{T},N_{bb}=B^{T}N_{aa}^{-1}B,N_{cc}=CN_{bb}^{-1}C^{T}$。

根据表 2.6 中的协因数矩阵，可计算任意量平差后的协方差矩阵，即验后方差矩阵。其方法仍是由验后单位权方差估值乘以相应的协因数矩阵得到，如 $D_{\hat{x}}=\hat{\sigma}_0^2Q_{\hat{x}}$，其中 $D_{\hat{x}}$ 为向量 $\hat{x}$ 的验后方差矩阵。

例 2.8　设有工程施工放样水准网如图 2.10 所示，已知 $H_A=125.850\ \mathrm{m}$，P_1、P_2 两点间的高差为 $-80.00\ \mathrm{m}$，观测高差值为 $L=[-5.860\ \ -35.531\ \ -44.470\ \ 50.783\ \ 35.083]^{T}$(m)，观测值的方差矩阵为 $D_L=\mathrm{diag}(4,6,6,8,8)$。试按照附有限制条件的条件平差法求：

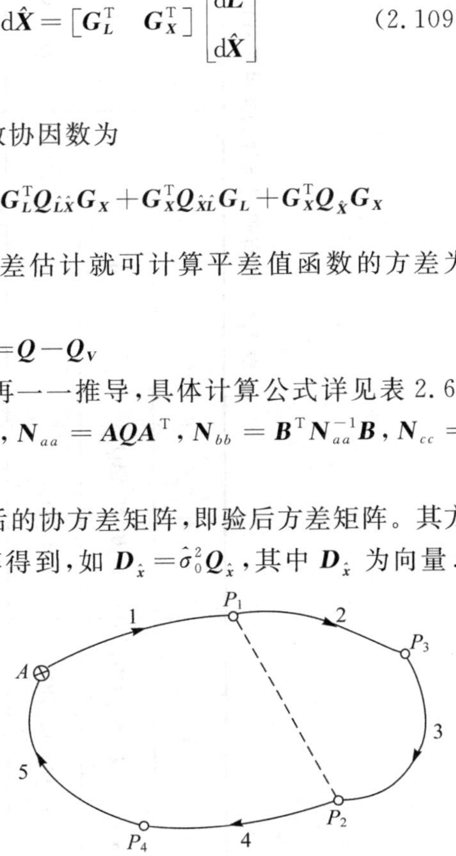

图 2.10　水准网观测示意

(1)观测值改正数 V 和平差值 $\hat{L}$。

表 2.6　附有限制条件的条件平差的协因数矩阵

向量	$\hat{x}$	$\hat{L}$	V	f	K	K_S
$\hat{x}$	$N_{bb}^{-1}(I-C^{T}N_{cc}^{-1}CN_{bb}^{-1})$	$-Q_{\hat{x}}B^{T}N_{aa}^{-1}AQ$	0	$Q_{\hat{x}}B^{T}$	0	0
$\hat{L}$	$-QA^{T}N_{aa}^{-1}BQ_{\hat{x}}$	$Q-Q_{V}$	0	$-QA^{T}N_{aa}^{-1}BQ_{\hat{x}}B^{T}$	0	0
V	0	0	$QA^{T}N_{aa}^{-1}(I-BQ_{\hat{x}}B^{T}N_{aa}^{-1})AQ$	$QA^{T}(I-N_{aa}^{-1}BQ_{\hat{x}}B^{T})$	$QA^{T}N_{aa}^{-1}(I-BQ_{\hat{x}}B^{T}N_{aa}^{-1})$	$-QA^{T}N_{aa}^{-1}BN_{bb}^{-1}C^{T}N_{cc}^{-1}$
f	$BQ_{\hat{x}}$	$-BQ_{\hat{x}}B^{T}N_{aa}^{-1}AQ$	$(I-BQ_{\hat{x}}B^{T}N_{aa}^{-1})AQ$	N_{aa}	$I-BQ_{\hat{x}}B^{T}N_{aa}^{-1}$	$-BN_{bb}^{-1}C^{T}N_{cc}^{-1}$
K	0	0	$(I-N_{aa}^{-1}BQ_{\hat{x}}B^{T})N_{aa}^{-1}AQ$	$I-N_{aa}^{-1}BQ_{\hat{x}}B^{T}$	$N_{aa}^{-1}(I-BQ_{\hat{x}}B^{T}N_{aa}^{-1})$	$-N_{aa}^{-1}BN_{bb}^{-1}C^{T}N_{cc}^{-1}$
K_S	0	0	$-N_{cc}^{-1}CN_{bb}^{-1}B^{T}N_{aa}^{-1}AQ$	$-N_{cc}^{-1}CN_{bb}^{-1}B^{T}$	$-N_{cc}^{-1}CN_{bb}^{-1}B^{T}N_{aa}^{-1}$	N_{cc}^{-1}

(2)P_1、P_2 点的高程平差值。

(3)P_3 点高程平差值的方差。

解:(1)列条件方程。由图 2.10 可知,$n=5$,$t=3$,$r=n-t=2$。选 P_1、P_2 点的高程为未知参数,即

$$\hat{\boldsymbol{X}}=\begin{bmatrix}\hat{H}_{P_1} & \hat{H}_{P_2}\end{bmatrix}^{\mathrm{T}}=[\hat{X}_1 \quad \hat{X}_2]^{\mathrm{T}}=[X_1^0+\hat{x}_1 \quad X_2^0+\hat{x}_2]^{\mathrm{T}}$$

则条件方程总数为 $c+s=r+u=4$,取未知数近似值为

$$X_1^0=H_A+L_1=119.990\ \mathrm{m},\quad X_2^0=H_A-L_4-L_5=39.984\ \mathrm{m}$$

则条件方程为

$$\begin{bmatrix}1 & 1 & 1 & 1 & 1\\ 1 & 0 & 0 & 0 & 0\\ 0 & 0 & 0 & -1 & -1\end{bmatrix}\boldsymbol{V}+\begin{bmatrix}0 & 0\\ -1 & 0\\ 0 & 1\end{bmatrix}\hat{\boldsymbol{x}}-\begin{bmatrix}-5\\ 0\\ 0\end{bmatrix}=\boldsymbol{0}$$

$$[1 \quad -1]\hat{\boldsymbol{x}}+6=0$$

式中,常数项的单位为 mm。显然,$\boldsymbol{A}=\begin{bmatrix}1 & 1 & 1 & 1 & 1\\ 1 & 0 & 0 & 0 & 0\\ 0 & 0 & 0 & -1 & -1\end{bmatrix}$,$\boldsymbol{B}=\begin{bmatrix}0 & 0\\ -1 & 0\\ 0 & 1\end{bmatrix}$,$\boldsymbol{C}=[1 \quad -1]$,

$\boldsymbol{f}=\begin{bmatrix}-5\\ 0\\ 0\end{bmatrix}$,$\boldsymbol{f}_x=-6$ 。

(2)列平差值函数式。平差值函数式为

$$\hat{\varphi}=H_A+\hat{L}_1+\hat{L}_2$$

则有

$$\boldsymbol{G}_{\boldsymbol{L}}^{\mathrm{T}}=[1 \quad 1 \quad 0 \quad 0 \quad 0],\quad \boldsymbol{G}_{\boldsymbol{X}}^{\mathrm{T}}=[0 \quad 0]$$

(3)组成法方程式。取 $\sigma_0^2=4.0$,则观测值的协因数矩阵为

$$\boldsymbol{Q}=\mathrm{diag}(1,\ 1.5,\ 1.5,\ 2,\ 2)$$

法方程式为

$$\begin{bmatrix}\boldsymbol{N}_{aa} & \boldsymbol{B} & \boldsymbol{0}\\ \boldsymbol{B}^{\mathrm{T}} & \boldsymbol{0} & \boldsymbol{C}^{\mathrm{T}}\\ \boldsymbol{0} & \boldsymbol{C} & \boldsymbol{0}\end{bmatrix}\begin{bmatrix}\boldsymbol{K}\\ \hat{\boldsymbol{x}}\\ \boldsymbol{K}_S\end{bmatrix}-\begin{bmatrix}\boldsymbol{f}\\ \boldsymbol{0}\\ \boldsymbol{f}_x\end{bmatrix}=\boldsymbol{0}$$

计算得

$$\begin{bmatrix}8 & 1 & -4 & 0 & 0 & 0\\ 1 & 1 & 0 & -1 & 0 & 0\\ -4 & 0 & 4 & 0 & -1 & 0\\ 0 & -1 & 0 & 0 & 0 & 1\\ 0 & 0 & -1 & 0 & 0 & -1\\ 0 & 0 & 0 & 1 & -1 & 0\end{bmatrix}\begin{bmatrix}k_1\\ k_2\\ k_3\\ \hat{x}_1\\ \hat{x}_2\\ k_s\end{bmatrix}-\begin{bmatrix}-5\\ 0\\ 0\\ 0\\ 0\\ -6\end{bmatrix}=\boldsymbol{0}$$

解算法方程得

$$\boldsymbol{K}=[0.333\quad -1.543\quad 1.533]^{\mathrm{T}}$$

$$\hat{\boldsymbol{x}}=[-1.20\quad 4.80]^{\mathrm{T}}(\mathrm{mm})$$

$$\boldsymbol{V}=[-1.20\quad 0.50\quad 0.50\quad -2.40\quad -2.40]^{\mathrm{T}}(\mathrm{mm})$$

(4)平差值计算。

$$\hat{\boldsymbol{X}}=\boldsymbol{X}^0+\hat{\boldsymbol{x}}=[119.9888\quad 39.9888]^{\mathrm{T}}(\mathrm{m})$$

$$\hat{\boldsymbol{L}}=\boldsymbol{L}+\boldsymbol{V}=[-5.8612\quad -35.5305\quad -44.4695\quad 50.7806\quad 35.0806]^{\mathrm{T}}(\mathrm{m})$$

(5)精度评定。

单位权方差估值为

$$\hat{\sigma}_0^2=\frac{\boldsymbol{V}^{\mathrm{T}}\boldsymbol{PV}}{c-u+s}=\frac{7.527}{2}=3.76\ (\mathrm{mm}^2),\quad \hat{\sigma}_0=1.94\ \mathrm{mm}$$

观测值平差值的协因数(表 2.6 的公式)为

$$\boldsymbol{Q}_{\hat{L}}=\boldsymbol{Q}-\boldsymbol{Q}_V$$

平差值函数 $\hat{\boldsymbol{\varphi}}$ 的协因数为

$$\boldsymbol{Q}_{\hat{\varphi}}=\boldsymbol{G}_L^{\mathrm{T}}\boldsymbol{Q}_{\hat{L}}\boldsymbol{G}_L$$

求得

$$\boldsymbol{Q}_{\hat{\varphi}}=1.550$$

则 P_3 点高程平差值的方差为

$$\hat{\sigma}_{\hat{H}_3}^2=\hat{\sigma}_0^2\boldsymbol{Q}_{\hat{\varphi}}=5.83\ \mathrm{mm}^2$$

2.6 测量平差公式汇编

从以上几节内容不难看出,各种平差计算公式推导过程都是从各自的平差函数模型出发,按最小二乘准则,求 $\boldsymbol{V}^{\mathrm{T}}\boldsymbol{PV}$ 的自由极值或条件极值,即先组成拉格朗日极值函数 Φ,对它求偏导,令其一阶偏导数等于 $\boldsymbol{0}$($\partial\Phi/\partial\boldsymbol{V}=\boldsymbol{0},\partial\Phi/\partial\hat{\boldsymbol{X}}=\boldsymbol{0}$),求出极值解,并整理出一整套的平差计算公式。所介绍的五种平差方法都有其各自的特点与优势,在实际应用中,可根据具体问题来选择对应的平差方法。使用较为广泛的是间接平差法和附有限制条件的间接平差法,因为其函数模型中的误差方程形式统一,规律性强,便于编程;其次,间接平差中所选参数一般就是我们所要求的待定点的坐标,那么法方程的解就是所求的待定点坐标平差值,不需要再去重新求解观测值的平差值;另外,间接平差中,未知数的协因数矩阵等于法方程系数矩阵的逆矩阵,即解算法方程的同时也得到了未知数的协因数矩阵,便于精度评定。

我们在介绍平差函数模型时,说到概括函数模型可以概括其他各种平差的函数模型,或者说各种平差的函数模型都是概括函数模型的特例,这也正是提出概括函数的意义所在。因此,根据概括函数模型导出的附有限制条件的条件平差公式,可在各种特例情况下,转换为其他各种平差方法的平差公式。例如,当 $\boldsymbol{B}=\boldsymbol{0},\boldsymbol{C}=\boldsymbol{0}$ 时,附有限制条件的条件平差公式转换为条件平差公式;当 $\boldsymbol{A}=-\boldsymbol{I},\boldsymbol{C}=\boldsymbol{0}$ 时,转换为间接平差公式;当 $\boldsymbol{C}=\boldsymbol{0}$ 时,转换为附有未知参数的条件平差公式;当 $\boldsymbol{A}=-\boldsymbol{I}$ 时,则转换为附有限制条件的间接平差公式。可见,研究概括函数模型对我们加深其他四种平差方法的理解有较大的帮助。为了清晰地理解和对照各种平差方法的共性和特点,将各种平差公式汇编,见表 2.7。

表 2.7　测量平差公式汇编

类型	附有限制条件的条件平差	附有限制条件的间接平差	间接平差	附有未知参数的条件平差	条件平差
模型	$AV+B\hat{x}-f=0$ $C\hat{x}-f_x=0$	$V=B\hat{x}-f$ $C\hat{x}-f_x=0$ $A=-I$	$V=B\hat{x}-f$ $A=-I$ $C=0$	$AV+B\hat{x}-f=0$ $C=0$	$AV-f=0$ $B=0$ $C=0$
法方程	$N_{aa}K+B\hat{x}-f=0$ $B^{T}K+C^{T}K_S=0$ $C\hat{x}-f_x=0$	$QK+B\hat{x}-f=0$ $B^{T}K+C^{T}K_S=0$ $C\hat{x}-f_x=0$	$N_{bb}\hat{x}-f_x=0$	$N_{aa}K+B\hat{x}-f=0$ $B^{T}K=0$	$N_{aa}K-f=0$
符号	$N_{aa}=AQA^{T}$ $N_{bb}=B^{T}N_{aa}^{-1}B$ $N_{cc}=CN_{bb}^{-1}C^{T}$ $f_e=B^{T}N_{aa}^{-1}f$	$N_{bb}=B^{T}PB$ $N_{cc}=CN_{bb}^{-1}C^{T}$ $f_e=B^{T}Pf$	$N_{bb}=B^{T}PB$ $f_e=B^{T}Pf$	$N_{aa}=AQA^{T}$ $N_{bb}=B^{T}N_{aa}^{-1}B$ $f_e=B^{T}N_{aa}^{-1}f$	$N_{aa}=AQA^{T}$
解向量	$K=N_{aa}^{-1}(f-B\hat{x})$ $K_S=N_{cc}^{-1}(f_x-CN_{bb}^{-1}f_e)$ $\hat{x}=N_{bb}^{-1}(f_e+C^{T}K_S)$ $=N_{bb}^{-1}(I-C^{T}N_{cc}^{-1}CN_{bb}^{-1})f_e+$ $N_{bb}^{-1}C^{T}N_{cc}^{-1}f_x$ $V=QA^{T}K=QA^{T}N_{aa}^{-1}(f-B\hat{x})$	$K_S=N_{cc}^{-1}(CN_{bb}^{-1}f_e-f_x)$ $\hat{x}=N_{bb}^{-1}(f_e-C^{T}K_S)$ $=N_{bb}^{-1}(I-C^{T}N_{cc}^{-1}CN_{bb}^{-1})f_e+$ $N_{bb}^{-1}C^{T}N_{cc}^{-1}f_x$ $V=B\hat{x}-f$	$\hat{x}=N_{bb}^{-1}f_e$ $V=B\hat{x}-f$	$K=N_{aa}^{-1}(f-B\hat{x})$ $\hat{x}=N_{bb}^{-1}f_e$ $V=QA^{T}K=QA^{T}N_{aa}^{-1}(f-B\hat{x})$	$K=N_{aa}^{-1}f$ $V=QA^{T}K$
单位权方差	$\hat{\sigma}_0^2=V^{T}PV/(c-u+s)$ $V^{T}PV=f^{T}K+f_x^{T}K_S$ $=f^{T}N_{aa}^{-1}f-f_e^{T}\hat{x}+f_x^{T}K_S$	$\hat{\sigma}_0^2=V^{T}PV/(n-u+s)$ $V^{T}PV=f^{T}Pf-f_e^{T}\hat{x}$	$\hat{\sigma}_0^2=V^{T}PV/(n-t)$ $V^{T}PV=f^{T}Pf-f_e^{T}\hat{x}$	$\hat{\sigma}_0^2=V^{T}PV/(c-u)$ $V^{T}PV=f^{T}K=f^{T}N_{aa}^{-1}f-f_e^{T}\hat{x}$	$\hat{\sigma}_0^2=V^{T}PV/r$ $V^{T}PV=f^{T}K=f^{T}N_{aa}^{-1}f$
协因数	$\hat{\varphi}=\Phi(\hat{L},\hat{X})$ $d\hat{\varphi}=G_L^{T}d\hat{L}+G_X^{T}d\hat{X}$ $Q_{\hat{\varphi}}=G_L^{T}Q_{\hat{L}}G_L+G_X^{T}Q_{\hat{X}}G_X+$ $G_L^{T}Q_{\hat{L}\hat{X}}G_X+G_X^{T}Q_{\hat{X}\hat{L}}G_L$	$\hat{\varphi}=\Phi(\hat{X})$ $d\hat{\varphi}=G^{T}d\hat{X}$ $Q_{\hat{\varphi}}=G^{T}Q_{\hat{X}}G$	$\hat{\varphi}=\Phi(\hat{X})$ $d\hat{\varphi}=G_X^{T}d\hat{X}$ $Q_{\hat{\varphi}}=G_X^{T}Q_{\hat{X}}G_X$	$\hat{\varphi}=\Phi(\hat{L},\hat{X})$ $d\hat{\varphi}=G_L^{T}d\hat{L}+G_X^{T}d\hat{X}$ $Q_{\hat{\varphi}}=G_L^{T}Q_{\hat{L}}G_L+G_L^{T}Q_{\hat{L}\hat{X}}G_X+$ $G_X^{T}Q_{\hat{X}\hat{L}}G_L+G_X^{T}Q_{\hat{X}}G_X$	$\hat{\varphi}=\Phi(\hat{L})$ $d\hat{\varphi}=G_L^{T}d\hat{L}$ $Q_{\hat{\varphi}}=G_L^{T}Q_{\hat{L}}G_L$

2.7 最小二乘估计的统计性质

测量平差的基本准则是最小二乘准则,我们认为依最小二乘准则估计的结果(平差的结果)是最优的。

2.7.1 评定估计质量的标准

统计学中,常用的评定估计量质量的标准有三个,即无偏性、有效性和一致性。

1. 无偏性

设某个估计量 $\hat{\theta}$ 的真值为 θ。如果估计量 $\hat{\theta}$ 的数学期望等于它的真值 θ,其数学表达式为

$$E(\hat{\theta})=\theta \tag{2.110}$$

则称估计量 $\hat{\theta}$ 为 θ 的无偏估计量。如果估计量不满足式(2.110),则说明不具有无偏性。无偏估计量往往不是唯一的。

2. 有效性

对于按不同估计方法求得的多个无偏估计量,其中方差最小的估计量为最优,即满足

$$D(\hat{\theta})=\min \tag{2.111}$$

的估计量称为有效估计量。例如,有两个无偏估计量 $\hat{\theta}_1$ 和 $\hat{\theta}_2$,若 $D(\hat{\theta}_1)>D(\hat{\theta}_2)$,则称 $\hat{\theta}_2$ 比 $\hat{\theta}_1$ 有效。

3. 一致性

随着子样容量 n 的无限增大,估计量 $\hat{\theta}$ 与待估参数 θ 接近的概率趋近于 1,即对于任意小的正数 ε,满足

$$\lim_{n\to\infty} P(|\hat{\theta}-\theta|<\varepsilon)=1 \tag{2.112}$$

则称 $\hat{\theta}$ 是 θ 的一致估计。

具有无偏性、有效性的估计量一定是一致估计量。测量平差中参数的最佳估值要求必须是最优无偏估计量。

2.7.2 最小二乘估计的性质

有了以上评定估计量质量的标准,就可以讨论最小二乘估计的性质问题了。因为所有的平差方法都是附有限制条件的条件平差的特例,所以本节将从一般的情形出发,讨论按最小二乘准则平差计算所得结果的统计性质,其结论适用于所有的平差方法。为了证明方便起见,现将有关公式汇集如下

$$\left.\begin{aligned} &\boldsymbol{A\Delta}+\boldsymbol{B\tilde{x}}-\boldsymbol{f}=\boldsymbol{0} \\ &\boldsymbol{C\tilde{x}}-\boldsymbol{f}_x=\boldsymbol{0} \\ &\boldsymbol{\Delta}=\boldsymbol{\tilde{L}}-\boldsymbol{L} \end{aligned}\right\} \tag{2.113}$$

$$\left.\begin{aligned} &\boldsymbol{K}=\boldsymbol{N}_{aa}^{-1}(\boldsymbol{f}-\boldsymbol{B\hat{x}}) \\ &\boldsymbol{V}=\boldsymbol{QA}^{\mathrm{T}}\boldsymbol{K}=\boldsymbol{QA}^{\mathrm{T}}\boldsymbol{N}_{aa}^{-1}(\boldsymbol{f}-\boldsymbol{B\hat{x}}) \end{aligned}\right\} \tag{2.114}$$

$$\boldsymbol{\hat{x}}=\boldsymbol{N}_{bb}^{-1}(\boldsymbol{I}-\boldsymbol{C}^{\mathrm{T}}\boldsymbol{N}_{cc}^{-1}\boldsymbol{CN}_{bb}^{-1})\boldsymbol{f}_e+\boldsymbol{N}_{bb}^{-1}\boldsymbol{C}^{\mathrm{T}}\boldsymbol{N}_{cc}^{-1}\boldsymbol{f}_x=\boldsymbol{Q}_{\hat{x}}\boldsymbol{B}^{\mathrm{T}}\boldsymbol{N}_{aa}^{-1}\boldsymbol{f}+\boldsymbol{N}_{bb}^{-1}\boldsymbol{C}^{\mathrm{T}}\boldsymbol{N}_{cc}^{-1}\boldsymbol{f}_x \tag{2.115}$$

$$\left.\begin{aligned}\hat{\boldsymbol{L}}&=\boldsymbol{L}+\boldsymbol{V}\\ \boldsymbol{Q}_{\hat{x}}&=\boldsymbol{N}_{bb}^{-1}(\boldsymbol{I}-\boldsymbol{C}^{\mathrm{T}}\boldsymbol{N}_{cc}^{-1}\boldsymbol{C}\boldsymbol{N}_{bb}^{-1})\end{aligned}\right\}\tag{2.116}$$

1. 估计量 $\hat{\boldsymbol{L}}$ 和 $\hat{\boldsymbol{x}}$ 为无偏估计量

对式(2.113)取数学期望，有

$$E(\boldsymbol{f})=\boldsymbol{B}\tilde{\boldsymbol{x}},\quad E(\boldsymbol{f}_x)=\boldsymbol{C}\tilde{\boldsymbol{x}}$$

再对式(2.115)取数学期望，有

$$\begin{aligned}E(\hat{\boldsymbol{x}})&=(\boldsymbol{N}_{bb}^{-1}-\boldsymbol{N}_{bb}^{-1}\boldsymbol{C}^{\mathrm{T}}\boldsymbol{N}_{cc}^{-1}\boldsymbol{C}\boldsymbol{N}_{bb}^{-1})\boldsymbol{B}^{\mathrm{T}}\boldsymbol{N}_{aa}^{-1}E(\boldsymbol{f})+\boldsymbol{N}_{bb}^{-1}\boldsymbol{C}^{\mathrm{T}}\boldsymbol{N}_{cc}^{-1}E(\boldsymbol{f}_x)\\&=(\boldsymbol{N}_{bb}^{-1}-\boldsymbol{N}_{bb}^{-1}\boldsymbol{C}^{\mathrm{T}}\boldsymbol{N}_{cc}^{-1}\boldsymbol{C}\boldsymbol{N}_{bb}^{-1})\boldsymbol{B}^{\mathrm{T}}\boldsymbol{N}_{aa}^{-1}\boldsymbol{B}\tilde{\boldsymbol{x}}+\boldsymbol{N}_{bb}^{-1}\boldsymbol{C}^{\mathrm{T}}\boldsymbol{N}_{cc}^{-1}\boldsymbol{C}\tilde{\boldsymbol{x}}\\&=\tilde{\boldsymbol{x}}\end{aligned}$$

又由式(2.114)对 $\boldsymbol{V}$ 取期望，并顾及 $E(\boldsymbol{f})=\boldsymbol{B}\tilde{\boldsymbol{x}}$、$E(\hat{\boldsymbol{x}})=\tilde{\boldsymbol{x}}$，得

$$E(\boldsymbol{V})=\boldsymbol{Q}\boldsymbol{A}^{\mathrm{T}}\boldsymbol{N}_{aa}^{-1}(E(\boldsymbol{f})-\boldsymbol{B}E(\hat{\boldsymbol{x}}))=\boldsymbol{0}$$

即改正数向量的数学期望等于 $\boldsymbol{0}$，于是有

$$E(\hat{\boldsymbol{L}})=E(\boldsymbol{L})+E(\boldsymbol{V})=\tilde{\boldsymbol{L}}$$

可见，由最小二乘估计求得的参数 $\hat{\boldsymbol{x}}$ 或 $\hat{\boldsymbol{X}}$ 及观测量平差值 $\hat{\boldsymbol{L}}$ 均为无偏估计量。

2. 估计量 $\hat{\boldsymbol{x}}$ 具有最小方差

未知参数的估计量 $\hat{\boldsymbol{x}}$，其方差矩阵为 $\boldsymbol{D}_{\hat{x}}=\sigma_0^2\boldsymbol{Q}_{\hat{x}}$。其中，$\boldsymbol{D}_{\hat{x}}$ 是 u 阶对称方阵，其主对角线上的元素即为相应各参数的方差。要证明参数估计量 $\hat{\boldsymbol{x}}$ 的方差最小，也就是要证明所有参数的方差和最小，根据矩阵的迹的定义可知，也就是要证明 $\mathrm{tr}(\boldsymbol{D}_{\hat{x}})=\min$，或 $\mathrm{tr}(\boldsymbol{Q}_{\hat{x}})=\min$，由式(2.115)可知，$\hat{\boldsymbol{x}}$ 是 $\boldsymbol{f}$、$\boldsymbol{f}_x$ 的线性函数。现假设有参数估计量 $\hat{\boldsymbol{x}}'$ 为

$$\hat{\boldsymbol{x}}'=\boldsymbol{H}_1\boldsymbol{f}+\boldsymbol{H}_2\boldsymbol{f}_x\tag{2.117}$$

式中，$\boldsymbol{H}_1$、$\boldsymbol{H}_2$ 为待定系数矩阵。现研究采用什么样的矩阵 $\boldsymbol{H}_1$、$\boldsymbol{H}_2$ 才可保证 $\hat{\boldsymbol{x}}'$ 是 $\tilde{\boldsymbol{x}}$ 的无偏估计量，而又能使 $\mathrm{tr}(\boldsymbol{D}_{\hat{x}'})=\min$。首先，如果 $\hat{\boldsymbol{x}}'$ 是无偏的，则须使

$$E(\hat{\boldsymbol{x}}')=\boldsymbol{H}_1E(\boldsymbol{f})+\boldsymbol{H}_2E(\boldsymbol{f}_x)=\boldsymbol{H}_1\boldsymbol{B}\tilde{\boldsymbol{x}}+\boldsymbol{H}_2\boldsymbol{C}\tilde{\boldsymbol{x}}=(\boldsymbol{H}_1\boldsymbol{B}+\boldsymbol{H}_2\boldsymbol{C})\tilde{\boldsymbol{x}}=\tilde{\boldsymbol{x}}$$

即只有当 $\boldsymbol{H}_1\boldsymbol{B}+\boldsymbol{H}_2\boldsymbol{C}=\boldsymbol{I}$ 时，$\hat{\boldsymbol{x}}'$ 才是 $\tilde{\boldsymbol{x}}$ 的无偏估计。

其次，对式(2.117)求 $\boldsymbol{Q}_{\hat{x}'}$，考虑到 $\boldsymbol{f}_x=-\boldsymbol{C}\boldsymbol{X}^0$ 不是随机变量，故得 $\boldsymbol{Q}_{\hat{x}'}=\boldsymbol{H}_1\boldsymbol{Q}_f\boldsymbol{H}_1^{\mathrm{T}}$。现在需要寻找满足 $\boldsymbol{H}_1\boldsymbol{B}+\boldsymbol{H}_2\boldsymbol{C}=\boldsymbol{I}$ 并使 $\boldsymbol{Q}_{\hat{x}'}$ 的迹达到最小的 $\boldsymbol{H}_1$、$\boldsymbol{H}_2$ 矩阵。为此，仍用条件极值法，并用迹的符号写条件极值函数为

$$\Phi=\mathrm{tr}(\boldsymbol{H}_1\boldsymbol{Q}_f\boldsymbol{H}_1^{\mathrm{T}})+\mathrm{tr}(2(\boldsymbol{H}_1\boldsymbol{B}+\boldsymbol{H}_2\boldsymbol{C}-\boldsymbol{I})\boldsymbol{K}^{\mathrm{T}})=\min\tag{2.118}$$

式中，$\boldsymbol{K}$ 为联系数向量。为求极小值，对 $\boldsymbol{H}_1$、$\boldsymbol{H}_2$ 求偏导数并令其等于零，得

$$\left.\begin{aligned}\frac{\partial\Phi}{\partial\boldsymbol{H}_1}&=2\boldsymbol{H}_1\boldsymbol{Q}_f+2\boldsymbol{K}\boldsymbol{B}^{\mathrm{T}}=\boldsymbol{0}\\ \frac{\partial\Phi}{\partial\boldsymbol{H}_2}&=2\boldsymbol{K}\boldsymbol{C}^{\mathrm{T}}=\boldsymbol{0}\end{aligned}\right\}\tag{2.119}$$

由式(2.119)，顾及 $\boldsymbol{Q}_f=\boldsymbol{N}_{aa}$，得

$$\boldsymbol{H}_1=-\boldsymbol{K}\boldsymbol{B}^{\mathrm{T}}\boldsymbol{Q}_f^{-1}=-\boldsymbol{K}\boldsymbol{B}^{\mathrm{T}}\boldsymbol{N}_{aa}^{-1}$$

代入 $\boldsymbol{H}_1\boldsymbol{B}+\boldsymbol{H}_2\boldsymbol{C}=\boldsymbol{I}$，得

$$-\boldsymbol{K}\boldsymbol{B}^{\mathrm{T}}\boldsymbol{N}_{aa}^{-1}\boldsymbol{B}+\boldsymbol{H}_2\boldsymbol{C}=\boldsymbol{I}$$

式中,$\boldsymbol{B}^{\mathrm{T}}\boldsymbol{N}_{aa}^{-1}\boldsymbol{B}=\boldsymbol{N}_{bb}$,故有

$$\boldsymbol{K}=(\boldsymbol{H}_2\boldsymbol{C}-\boldsymbol{I})\boldsymbol{N}_{bb}^{-1}$$

将其代入式(2.119)的第二式,得

$$(\boldsymbol{H}_2\boldsymbol{C}-\boldsymbol{I})\boldsymbol{N}_{bb}^{-1}\boldsymbol{C}^{\mathrm{T}}=\boldsymbol{0}$$

顾及 $\boldsymbol{C}\boldsymbol{N}_{bb}^{-1}\boldsymbol{C}^{\mathrm{T}}=\boldsymbol{N}_{cc}$,得

$$\boldsymbol{H}_2=\boldsymbol{N}_{bb}^{-1}\boldsymbol{C}^{\mathrm{T}}\boldsymbol{N}_{cc}^{-1}$$

代入 $\boldsymbol{K}$ 解析式,有

$$\boldsymbol{K}=\boldsymbol{N}_{bb}^{-1}\boldsymbol{C}^{\mathrm{T}}\boldsymbol{N}_{cc}^{-1}\boldsymbol{C}\boldsymbol{N}_{bb}^{-1}-\boldsymbol{N}_{bb}^{-1}$$

再结合 $\boldsymbol{H}_1$ 解析式,得

$$\boldsymbol{H}_1=-(\boldsymbol{N}_{bb}^{-1}\boldsymbol{C}^{\mathrm{T}}\boldsymbol{N}_{cc}^{-1}\boldsymbol{C}\boldsymbol{N}_{bb}^{-1}-\boldsymbol{N}_{bb}^{-1})\boldsymbol{B}^{\mathrm{T}}\boldsymbol{N}_{aa}^{-1}$$

将 $\boldsymbol{H}_1$ 和 $\boldsymbol{H}_2$ 代入式(2.117),则有

$$\hat{\boldsymbol{x}}'=(\boldsymbol{N}_{bb}^{-1}-\boldsymbol{N}_{bb}^{-1}\boldsymbol{C}^{\mathrm{T}}\boldsymbol{N}_{cc}^{-1}\boldsymbol{C}\boldsymbol{N}_{bb}^{-1})\boldsymbol{B}^{\mathrm{T}}\boldsymbol{N}_{aa}^{-1}\boldsymbol{f}+\boldsymbol{N}_{bb}^{-1}\boldsymbol{C}^{\mathrm{T}}\boldsymbol{N}_{cc}^{-1}\boldsymbol{f}_x=\boldsymbol{Q}_{\hat{x}}\boldsymbol{B}^{\mathrm{T}}\boldsymbol{N}_{aa}^{-1}\boldsymbol{f}+\boldsymbol{N}_{bb}^{-1}\boldsymbol{C}^{\mathrm{T}}\boldsymbol{N}_{cc}^{-1}\boldsymbol{f}_x=\hat{\boldsymbol{x}}$$

上式是在无偏和方差最小的条件下导出的,与式(2.118)对照,$\hat{\boldsymbol{x}}'$即为最小二乘估计量 $\hat{\boldsymbol{x}}$,所以证明了 $\hat{\boldsymbol{x}}$ 是 $\tilde{\boldsymbol{x}}$ 的无偏最小方差估计量。

3. 估计量$\hat{\boldsymbol{L}}$ 具有最小方差

要证明$\hat{\boldsymbol{L}}$ 具有最小方差,即证明 $\mathrm{tr}(\boldsymbol{D}_{\hat{L}})=\min$,或 $\mathrm{tr}(\boldsymbol{Q}_{\hat{L}})=\min$。已知最小二乘估计所得的平差值为

$$\hat{\boldsymbol{L}}=\boldsymbol{L}+\boldsymbol{V}=\boldsymbol{L}+\boldsymbol{Q}\boldsymbol{A}^{\mathrm{T}}\boldsymbol{N}_{aa}^{-1}(\boldsymbol{f}-\boldsymbol{B}\hat{\boldsymbol{x}})\tag{2.120}$$

将式(2.115)代入式(2.120),并整理得

$$\hat{\boldsymbol{L}}=\boldsymbol{L}+\boldsymbol{Q}\boldsymbol{A}^{\mathrm{T}}\boldsymbol{N}_{aa}^{-1}((\boldsymbol{I}-\boldsymbol{B}\boldsymbol{Q}_{\hat{x}}\boldsymbol{B}^{\mathrm{T}}\boldsymbol{N}_{aa}^{-1})\boldsymbol{f}-\boldsymbol{B}\boldsymbol{N}_{bb}^{-1}\boldsymbol{C}^{\mathrm{T}}\boldsymbol{N}_{cc}^{-1}\boldsymbol{f}_x)\tag{2.121}$$

即$\hat{\boldsymbol{L}}$ 是 $\boldsymbol{L}$、$\boldsymbol{f}$ 和 $\boldsymbol{f}_x$ 的线性函数。现有线性函数

$$\hat{\boldsymbol{L}}'=\boldsymbol{L}+\boldsymbol{G}_1\boldsymbol{f}+\boldsymbol{G}_2\boldsymbol{f}_x$$

顾及 $E(\boldsymbol{f})=\boldsymbol{B}\tilde{\boldsymbol{x}}$,$E(\boldsymbol{f}_x)=\boldsymbol{C}\tilde{\boldsymbol{x}}$,可得其数学期望为

$$E(\hat{\boldsymbol{L}}')=E(\boldsymbol{L})+\boldsymbol{G}_1E(\boldsymbol{f})+\boldsymbol{G}_2E(\boldsymbol{f}_x)=\tilde{\boldsymbol{L}}+(\boldsymbol{G}_1\boldsymbol{B}+\boldsymbol{G}_2\boldsymbol{C})\tilde{\boldsymbol{x}}$$

为了满足无偏要求,则

$$\boldsymbol{G}_1\boldsymbol{B}+\boldsymbol{G}_2\boldsymbol{C}=\boldsymbol{0}$$

式中,$\boldsymbol{G}_1$、$\boldsymbol{G}_2$ 为待定系数矩阵。

对 $\hat{\boldsymbol{L}}'=\boldsymbol{L}+\boldsymbol{G}_1\boldsymbol{f}+\boldsymbol{G}_2\boldsymbol{f}_x$ 应用协因数传播律,顾及 $\boldsymbol{f}_x$ 不是随机变量,则有

$$\boldsymbol{Q}_{\hat{L}'}=\boldsymbol{Q}+\boldsymbol{Q}_{Lf}\boldsymbol{G}_1+\boldsymbol{G}_1\boldsymbol{Q}_{fL}+\boldsymbol{G}_1\boldsymbol{Q}_f\boldsymbol{G}_1^{\mathrm{T}}\tag{2.122}$$

若方差要求最小,则须在满足 $\boldsymbol{G}_1\boldsymbol{B}+\boldsymbol{G}_2\boldsymbol{C}=\boldsymbol{0}$ 的条件下,寻求 $\mathrm{tr}(\boldsymbol{Q}_{\hat{L}'})=\min$ 的解,为此,写出拉格朗日函数为

$$\Phi=\mathrm{tr}(\boldsymbol{Q}_{\hat{L}'})+\mathrm{tr}(2(\boldsymbol{G}_1\boldsymbol{B}+\boldsymbol{G}_2\boldsymbol{C})\boldsymbol{K}^{\mathrm{T}})=\min\tag{2.123}$$

为使 Φ 取极小值,现分别对 $\boldsymbol{G}_1$、$\boldsymbol{G}_2$ 求偏导,并令其等于 $\boldsymbol{0}$。顾及式(2.122)可得

$$\left.\begin{aligned}\frac{\partial\Phi}{\partial\boldsymbol{G}_1}&=2\boldsymbol{Q}_{Lf}+2\boldsymbol{G}_1\boldsymbol{Q}_f+2\boldsymbol{K}\boldsymbol{B}^{\mathrm{T}}=\boldsymbol{0}\\\frac{\partial\Phi}{\partial\boldsymbol{G}_2}&=2\boldsymbol{K}\boldsymbol{C}^{\mathrm{T}}=\boldsymbol{0}\end{aligned}\right\}\tag{2.124}$$

式中，$\boldsymbol{Q}_f=\boldsymbol{N}_{aa}$，$\boldsymbol{Q}_{Lf}=-\boldsymbol{QA}^{\mathrm{T}}$。由式(2.124)的第一式得

$$\boldsymbol{G}_1=(\boldsymbol{QA}^{\mathrm{T}}-\boldsymbol{KB}^{\mathrm{T}})\boldsymbol{N}_{aa}^{-1}$$

代入 $\boldsymbol{G}_1\boldsymbol{B}+\boldsymbol{G}_2\boldsymbol{C}=\boldsymbol{0}$，得

$$\boldsymbol{QA}^{\mathrm{T}}\boldsymbol{N}_{aa}^{-1}\boldsymbol{B}-\boldsymbol{KB}^{\mathrm{T}}\boldsymbol{N}_{aa}^{-1}\boldsymbol{B}+\boldsymbol{G}_2\boldsymbol{C}=\boldsymbol{0}$$

顾及 $\boldsymbol{B}^{\mathrm{T}}\boldsymbol{N}_{aa}^{-1}\boldsymbol{B}=\boldsymbol{N}_{bb}$，得

$$\boldsymbol{K}=\boldsymbol{QA}^{\mathrm{T}}\boldsymbol{N}_{aa}^{-1}\boldsymbol{BN}_{bb}^{-1}+\boldsymbol{G}_2\boldsymbol{CN}_{bb}^{-1} \tag{2.125}$$

将式(2.125)代入式(2.124)第二式，得

$$\boldsymbol{QA}^{\mathrm{T}}\boldsymbol{N}_{aa}^{-1}\boldsymbol{BN}_{bb}^{-1}\boldsymbol{C}^{\mathrm{T}}+\boldsymbol{G}_2\boldsymbol{CN}_{bb}^{-1}\boldsymbol{C}^{\mathrm{T}}=\boldsymbol{0}$$

顾及 $\boldsymbol{CN}_{bb}^{-1}\boldsymbol{C}^{\mathrm{T}}=\boldsymbol{N}_{cc}$，得

$$\boldsymbol{G}_2=-\boldsymbol{QA}^{\mathrm{T}}\boldsymbol{N}_{aa}^{-1}\boldsymbol{BN}_{bb}^{-1}\boldsymbol{C}^{\mathrm{T}}\boldsymbol{N}_{cc}^{-1}$$

将其代入式(2.125)，并整理得

$$\boldsymbol{K}=\boldsymbol{QA}^{\mathrm{T}}\boldsymbol{N}_{aa}^{-1}\boldsymbol{B}(\boldsymbol{N}_{bb}^{-1}-\boldsymbol{N}_{bb}^{-1}\boldsymbol{C}^{\mathrm{T}}\boldsymbol{N}_{cc}^{-1}\boldsymbol{CN}_{bb}^{-1})=\boldsymbol{QA}^{\mathrm{T}}\boldsymbol{N}_{aa}^{-1}\boldsymbol{BQ}_{\hat{x}} \tag{2.126}$$

再将式(2.126)代入 $\boldsymbol{G}_1$ 的解析式，得

$$\boldsymbol{G}_1=\boldsymbol{QA}^{\mathrm{T}}\boldsymbol{N}_{aa}^{-1}(\boldsymbol{I}-\boldsymbol{BQ}_{\hat{x}}\boldsymbol{B}^{\mathrm{T}}\boldsymbol{N}_{aa}^{-1})$$

最后，将得到的 $\boldsymbol{G}_1$、$\boldsymbol{G}_2$ 代入 $\hat{\boldsymbol{L}}'=\boldsymbol{L}+\boldsymbol{G}_1\boldsymbol{f}+\boldsymbol{G}_2\boldsymbol{f}_x$，可得

$$\hat{\boldsymbol{L}}'=\boldsymbol{L}+\boldsymbol{QA}^{\mathrm{T}}\boldsymbol{N}_{aa}^{-1}((\boldsymbol{I}-\boldsymbol{BQ}_{\hat{x}}\boldsymbol{B}^{\mathrm{T}}\boldsymbol{N}_{aa}^{-1})\boldsymbol{f}-\boldsymbol{BN}_{bb}^{-1}\boldsymbol{C}^{\mathrm{T}}\boldsymbol{N}_{cc}^{-1}\boldsymbol{f}_x)=\hat{\boldsymbol{L}}$$

式中，$\hat{\boldsymbol{L}}'$是在无偏和方差最小的条件下推导的。将其与式(2.121)比较，两者相等。可见，最小二乘估计量$\hat{\boldsymbol{L}}$ 也是$\tilde{\boldsymbol{L}}$ 的无偏最小方差估计量。

4. 单位权方差估计量 $\hat{\sigma}_0^2$ 是 σ_0^2 的无偏估计量

单位权方差的估计公式为 $\hat{\sigma}_0^2=\boldsymbol{V}^{\mathrm{T}}\boldsymbol{PV}/r$，现证明 $\hat{\sigma}_0^2$ 具有无偏估计的性质，即 $E(\hat{\sigma}_0^2)=\sigma_0^2$。由数理统计可知，若有服从任一分布的 q 维随机向量 $\underset{q\times 1}{\boldsymbol{Y}}$，已知其数学期望为 $\underset{q\times 1}{\boldsymbol{\eta}}$，方差矩阵为 $\underset{q\times q}{\boldsymbol{\Sigma}}$，则 $\boldsymbol{Y}$ 向量的任一二次型的数学期望为 $E(\boldsymbol{Y}^{\mathrm{T}}\boldsymbol{BY})=\mathrm{tr}(\boldsymbol{B\Sigma})+\boldsymbol{\eta}^{\mathrm{T}}\boldsymbol{B\eta}$。式中，$\boldsymbol{B}$ 为 q 阶对称可逆矩阵。因此，对于 $\boldsymbol{V}^{\mathrm{T}}\boldsymbol{PV}$ 有

$$E(\boldsymbol{V}^{\mathrm{T}}\boldsymbol{PV})=\mathrm{tr}(\boldsymbol{PD}_{\boldsymbol{V}})+(E(\boldsymbol{V}))^{\mathrm{T}}\boldsymbol{P}E(\boldsymbol{V}) \tag{2.127}$$

前面已经证得 $E(\boldsymbol{V})=\boldsymbol{0}$，而 $\boldsymbol{D}_{\boldsymbol{V}}=\sigma_0^2\boldsymbol{Q}_{\boldsymbol{V}}$，所以式(2.127)可变为 $E(\boldsymbol{V}^{\mathrm{T}}\boldsymbol{PV})=\sigma_0^2\mathrm{tr}(\boldsymbol{PQ}_{\boldsymbol{V}})$，按照附有限制条件的条件平差法中计算 $\boldsymbol{Q}_{\boldsymbol{V}}$ 的方法，可得

$$\boldsymbol{Q}_{\boldsymbol{V}}=\boldsymbol{QA}^{\mathrm{T}}\boldsymbol{N}_{aa}^{-1}\boldsymbol{AQ}-\boldsymbol{QA}^{\mathrm{T}}\boldsymbol{N}_{aa}^{-1}\boldsymbol{BQ}_{\hat{x}}\boldsymbol{B}^{\mathrm{T}}\boldsymbol{N}_{aa}^{-1}\boldsymbol{AQ}$$

顾及 $\boldsymbol{PQ}=\boldsymbol{I}$，$\boldsymbol{AQA}^{\mathrm{T}}=\boldsymbol{N}_{aa}$，$\boldsymbol{B}^{\mathrm{T}}\boldsymbol{N}_{aa}^{-1}\boldsymbol{B}=\boldsymbol{N}_{bb}$，则

$$\begin{aligned}E(\boldsymbol{V}^{\mathrm{T}}\boldsymbol{PV})&=\sigma_0^2\mathrm{tr}(\boldsymbol{PQA}^{\mathrm{T}}\boldsymbol{N}_{aa}^{-1}(\boldsymbol{I}-\boldsymbol{BQ}_{\hat{x}}\boldsymbol{B}^{\mathrm{T}}\boldsymbol{N}_{aa}^{-1})\boldsymbol{AQ})=\sigma_0^2\mathrm{tr}(\boldsymbol{AQA}^{\mathrm{T}}\boldsymbol{N}_{aa}^{-1}(\boldsymbol{I}-\boldsymbol{BQ}_{\hat{x}}\boldsymbol{B}^{\mathrm{T}}\boldsymbol{N}_{aa}^{-1}))\\&=\sigma_0^2\mathrm{tr}(\underset{c\times c}{\boldsymbol{I}}-\boldsymbol{BQ}_{\hat{x}}\boldsymbol{B}^{\mathrm{T}}\boldsymbol{N}_{aa}^{-1})=\sigma_0^2\mathrm{tr}(\underset{c\times c}{\boldsymbol{I}}-\boldsymbol{Q}_{\hat{x}}\boldsymbol{B}^{\mathrm{T}}\boldsymbol{N}_{aa}^{-1}\boldsymbol{B})\\&=\sigma_0^2\mathrm{tr}(\underset{c\times c}{\boldsymbol{I}}-\boldsymbol{Q}_{\hat{x}}\boldsymbol{N}_{bb})=\sigma_0^2(c-\mathrm{tr}(\boldsymbol{Q}_{\hat{x}}\boldsymbol{N}_{bb}))\end{aligned}$$

由式(2.116)，顾及 $\boldsymbol{CN}_{bb}^{-1}\boldsymbol{C}^{\mathrm{T}}=\boldsymbol{N}_{cc}$，得

$$\mathrm{tr}(\boldsymbol{Q}_{\hat{x}}\boldsymbol{N}_{bb})=\mathrm{tr}(\boldsymbol{N}_{bb}^{-1}\boldsymbol{N}_{bb})-\mathrm{tr}(\boldsymbol{N}_{bb}^{-1}\boldsymbol{C}^{\mathrm{T}}\boldsymbol{N}_{cc}^{-1}\boldsymbol{CN}_{bb}^{-1}\boldsymbol{N}_{bb})=\mathrm{tr}(\underset{u\times u}{\boldsymbol{I}})-\mathrm{tr}(\underset{s\times s}{\boldsymbol{I}})=u-s$$

所以 $E(\boldsymbol{V}^{\mathrm{T}}\boldsymbol{PV})=\sigma_0^2(c-u+s)$或 $E\left(\dfrac{\boldsymbol{V}^{\mathrm{T}}\boldsymbol{PV}}{c-u+s}\right)=\sigma_0^2$，由前面的附有限制条件的条件平差的单位权方差估计公式 $\hat{\sigma}_0^2=\dfrac{\boldsymbol{V}^{\mathrm{T}}\boldsymbol{PV}}{c-u+s}$可得

$$E(\hat{\sigma}_0^2)=\sigma_0^2$$

通过以上讨论,说明了最小二乘估计量是无偏的最小方差估计,具有良好的统计性质。

习　题

1. 在图2.11所示三角形中,等精度观测三角形三内角得 $L_1=39°23'40''$,$L_2=88°33'06''$,$L_3=52°03'17''$。试按照间接平差法求观测值的平差值。

2. 在图2.12所示水准网中,已知水准点 A、B、C 的高程分别为 $H_A=11.000\ \text{m}$,$H_B=11.500\ \text{m}$,$H_C=12.008\ \text{m}$,为求待定点 P_1、P_2 的高程,进行了水准测量,高差观测值及水准路线长度见表2.8。试按照间接平差法求解待定点 P_1、P_2 高程的平差值,以及 P_1、P_2 点间高差的中误差。

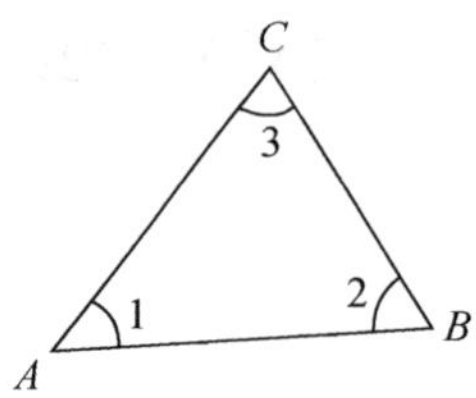

图2.11　三角形

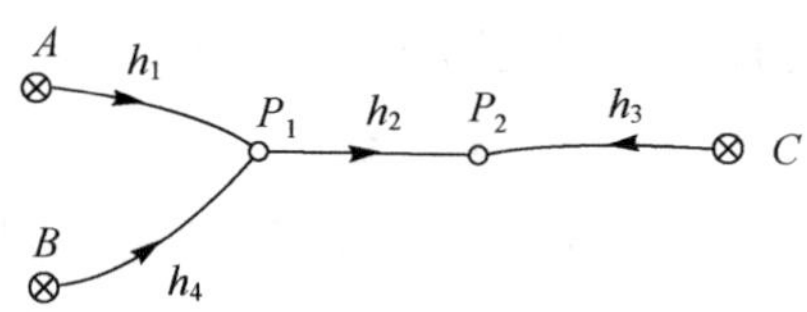

图2.12　水准网

表2.8　高差观测值及水准路线长度

水准路线	1	2	3	4
高差观测值/m	1.003	0.501	0.503	0.505
路线长度/km	1	2	2	1

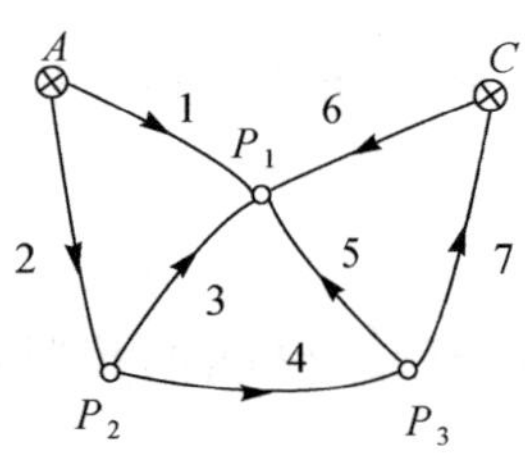

图2.13　水准网

3. 在图2.13所示水准网中,已知水准点 A、C 高程分别为 $H_A=5.000\ \text{m}$,$H_C=6.008\ \text{m}$,P_1、P_2、P_3 为三个待定点,高差观测值及水准路线长度见表2.9。

试按照条件平差法求:

(1)各待定点高程的平差值。

(2)各待定点高程平差值的中误差。

(3)P_2、P_3 点间高差平差值的中误差。

表2.9　高差观测值及水准路线长度

水准路线	1	2	3	4	5	6	7
高差观测值/m	1.010	1.003	0.005	0.501	−0.500	0.004	−0.502
路线长度/km	2	2	1	1	1	1	1

4. 在图2.14所示三角网中,已知 A、B 点坐标和 BD 边边长,起算数据列于表2.10中。等精度观测了6个角度,见表2.11。

试按照附有限制条件的间接平差法求:

(1)各观测值的平差值。

(2)平差后 C 点的点位中误差。

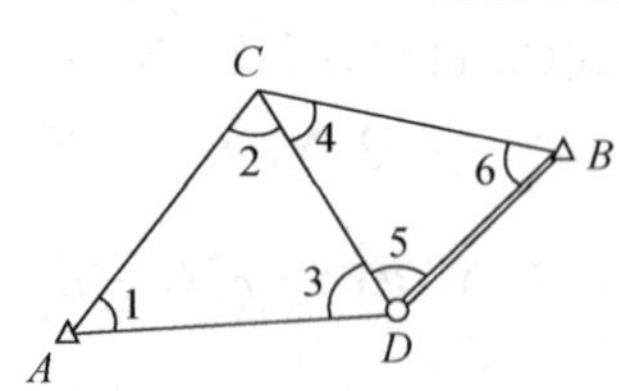

图2.14　测角三角网

表 2.10　起算数据

点名	坐标/m		边长/m
	X	Y	
A	1 000.00	0.00	S_{BD}=1 000.00
B	1 000.00	1 732.00	

表 2.11　角度观测值

编号	角度观测值/(° ′ ″)	编号	角度观测值/(° ′ ″)	编号	角度观测值/(° ′ ″)
L_1	60 00 03	L_3	60 00 04	L_5	59 59 56
L_2	60 00 03	L_4	59 59 57	L_6	59 59 59

5. 指出条件平差和间接平差的异同之处。

6. 试推导条件平差时观测值平差值与改正数的互协因数矩阵。

7. 在图 2.15 所示水准网中，各段水准路线等长，按条件平差法：

(1)列出基础方程并组成法方程。

(2)列出求 P_2 点高程的平差值函数。

8. 在附有未知参数的条件平差模型里，所选参数有什么限制？能否多于必要观测数？

9. 在图 2.16 所示闭合水准路线中，A 为已知点，H_A=30.000 m，P_1、P_2 为待定点，高差观测值和水准路线长度见图中标注。设 P_1 点高程平差值为参数，试完成：

(1)P_1、P_2 点高程平差值。

(2)P_1、P_2 点高程平差值的中误差。

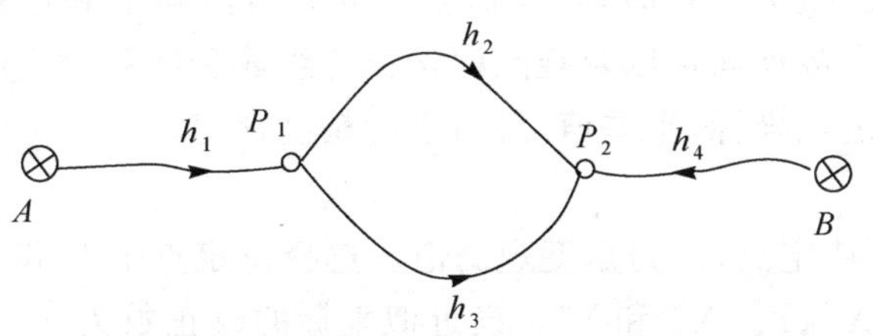

图 2.15　水准网

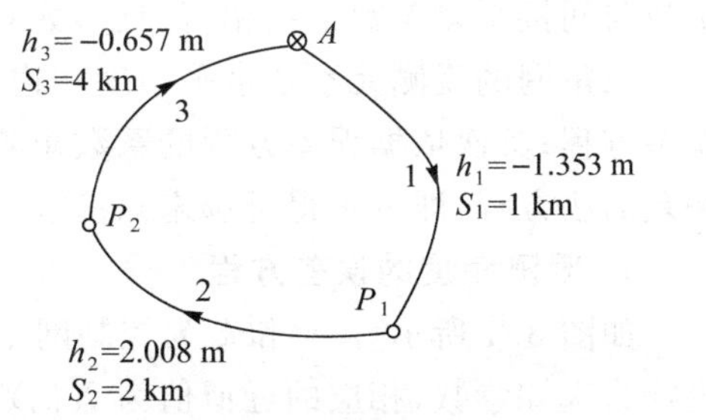

图 2.16　闭合水准路线

10. 在解决实际平差问题时，为何较少采用附有限制条件的条件平差法？该法的最大特点是什么？

11. 在条件平差中，试证明估计量 $\hat{\boldsymbol{L}}$ 具有无偏性。

12. 在间接平差中，试证明估计量 $\hat{\boldsymbol{X}}=(\boldsymbol{B}^{\mathrm{T}}\boldsymbol{P}\boldsymbol{B})^{-1}\boldsymbol{B}^{\mathrm{T}}\boldsymbol{P}\boldsymbol{f}$ 具有方差最小性。

第 3 章　测量平差应用

本章介绍测量平差在测量工作中的具体应用，包括三角网平差、导线网平差、GNSS 网平差、回归模型平差、坐标转换平差、数字化数据平差等。

3.1　三角网平差

按照起算数据的多少，测量控制网又分为自由网、附合网以及秩亏自由网。当控制网仅含有必要起算数据时称为自由网，当控制网中起算数据多于必要起算数据时称为附合网，当控制网中没有起算数据，或少于必要起算数据时称为秩亏自由网。三角网观测的对象主要是角度和边长。因此，本节将以测角三角网、测边三角网、边角三角网为例，来讨论三角网间接平差和三角网条件平差的数学模型（即函数模型和随机模型）建立的方法。当平差问题的数学模型建立后，即可按照对应的平差计算方法求平差值，并进行精度评定。

3.1.1　三角网间接平差

三角网间接平差时，通常以三角网中待定点坐标作为未知参数来建立观测方程，通过平差直接求得待定点的坐标平差值，这种平差方法也称为坐标平差法。坐标平差法选待定点坐标为未知参数的原因在于，三角网中待定点坐标往往是平差问题需要计算的量，待定点坐标参数个数与间接平差参数个数相符，且参数间是函数独立的。

三角网的观测元素是水平角度和边长。坐标平差时，首先需要建立各观测角度和边长的误差方程；其次依据误差方程的系数矩阵、常数项向量以及观测向量权阵组成和解算对应间接平差的法方程，即可求得所选未知参数（待定点坐标）平差值，最后进行精度评定。

1. 观测角度的误差方程

如图 3.1 所示，j、h 和 k 为控制网中的待定点，L 为角度观测值。选择待定点 j、h 和 k 的坐标为未知参数，相应的近似值为 X_j^0、Y_j^0、X_h^0、Y_h^0、X_k^0 和 Y_k^0。设近似坐标的改正数为 $\hat{x}_j$、$\hat{y}_j$、$\hat{x}_h$、$\hat{y}_h$、$\hat{x}_k$ 和 $\hat{y}_k$，则有

$$\left.\begin{aligned}\hat{X}_j&=X_j^0+\hat{x}_j\\\hat{Y}_j&=Y_j^0+\hat{y}_j\\\hat{X}_h&=X_h^0+\hat{x}_h\\\hat{Y}_h&=Y_h^0+\hat{y}_h\\\hat{X}_k&=X_k^0+\hat{x}_k\\\hat{Y}_k&=Y_k^0+\hat{y}_k\end{aligned}\right\}\tag{3.1}$$

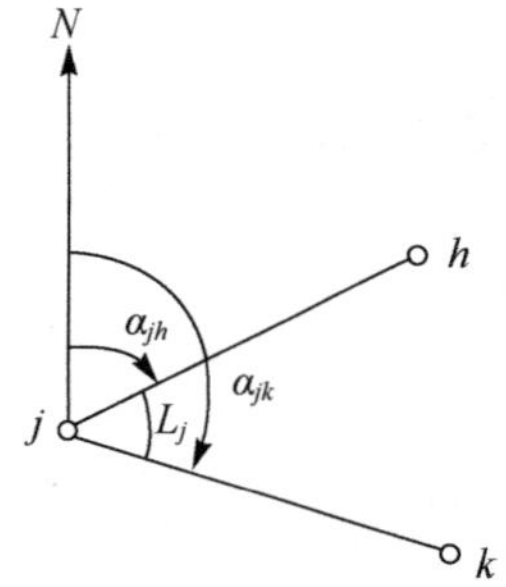

图 3.1　角度观测示意

观测角度的误差方程就是列立观测角度与坐标参数之间的函数关系。由图 3.1 可得

$$\hat{L}_j=\hat{\alpha}_{jk}-\hat{\alpha}_{jh}\tag{3.2}$$

式中，$\hat{\alpha}_{jk}$、$\hat{\alpha}_{jh}$ 分别为 jk 和 jh 方向的坐标方位角。坐标方位角又可表示为

$$\hat{\alpha}_{jk}=\arctan\frac{\hat{Y}_k-\hat{Y}_j}{\hat{X}_k-\hat{X}_j}=\arctan\frac{(Y_k^0+\hat{y}_k)-(Y_j^0+\hat{y}_j)}{(X_k^0+\hat{x}_k)-(X_j^0+\hat{x}_j)} \tag{3.3}$$

将式(3.3)按泰勒级数在参数的近似值处展开，取至一次项，略去二次及以上项，得线性化后的形式为

$$\hat{\alpha}_{jk}=\arctan\frac{Y_k^0-Y_j^0}{X_k^0-X_j^0}+\left(\frac{\partial\hat{\alpha}_{jk}}{\partial\hat{X}_j}\right)_0\hat{x}_j+\left(\frac{\partial\hat{\alpha}_{jk}}{\partial\hat{Y}_j}\right)_0\hat{y}_j+\left(\frac{\partial\hat{\alpha}_{jk}}{\partial\hat{X}_k}\right)_0\hat{x}_k+\left(\frac{\partial\hat{\alpha}_{jk}}{\partial\hat{Y}_k}\right)_0\hat{y}_k \tag{3.4}$$

或

$$\hat{\alpha}_{jk}-\arctan\frac{Y_k^0-Y_j^0}{X_k^0-X_j^0}=\left(\frac{\partial\hat{\alpha}_{jk}}{\partial\hat{X}_j}\right)_0\hat{x}_j+\left(\frac{\partial\hat{\alpha}_{jk}}{\partial\hat{Y}_j}\right)_0\hat{y}_j+\left(\frac{\partial\hat{\alpha}_{jk}}{\partial\hat{X}_k}\right)_0\hat{x}_k+\left(\frac{\partial\hat{\alpha}_{jk}}{\partial Y_k}\right)_0\hat{y}_k$$

上式左边为方位角的改正数，设为 $\delta_{\alpha_{jk}}$，则有

$$\delta_{\alpha_{jk}}=\left(\frac{\partial\hat{\alpha}_{jk}}{\partial\hat{X}_j}\right)_0\hat{x}_j+\left(\frac{\partial\hat{\alpha}_{jk}}{\partial\hat{Y}_j}\right)_0\hat{y}_j+\left(\frac{\partial\hat{\alpha}_{jk}}{\partial\hat{X}_k}\right)_0\hat{x}_k+\left(\frac{\partial\hat{\alpha}_{jk}}{\partial\hat{Y}_k}\right)_0\hat{y}_k \tag{3.5}$$

对式(3.3)求导，可得

$$\left(\frac{\partial\hat{\alpha}_{jk}}{\partial\hat{X}_j}\right)_0=\frac{\dfrac{Y_k^0-Y_j^0}{(X_k^0-X_j^0)^2}}{1+\left(\dfrac{Y_k^0-Y_j^0}{X_k^0-X_j^0}\right)^2}=\frac{\Delta Y_{jk}^0}{(S_{jk}^0)^2} \tag{3.6}$$

$$\left(\frac{\partial\hat{\alpha}_{jk}}{\partial\hat{Y}_j}\right)_0=\frac{-\dfrac{1}{X_k^0-X_j^0}}{1+\left(\dfrac{Y_k^0-Y_j^0}{X_k^0-X_j^0}\right)^2}=-\frac{\Delta X_{jk}^0}{(S_{jk}^0)^2} \tag{3.7}$$

同理，可得

$$\left(\frac{\partial\hat{\alpha}_{jk}}{\partial\hat{X}_k}\right)_0=-\frac{\Delta Y_{jk}^0}{(S_{jk}^0)^2} \tag{3.8}$$

$$\left(\frac{\partial\hat{\alpha}_{jk}}{\partial\hat{Y}_k}\right)_0=\frac{\Delta X_{jk}^0}{(S_{jk}^0)^2} \tag{3.9}$$

将式(3.6)至式(3.9)代入式(3.5)，得

$$\delta_{\alpha_{jk}}=\frac{\Delta Y_{jk}^0}{(S_{jk}^0)^2}\hat{x}_j-\frac{\Delta X_{jk}^0}{(S_{jk}^0)^2}\hat{y}_j-\frac{\Delta Y_{jk}^0}{(S_{jk}^0)^2}\hat{x}_k+\frac{\Delta X_{jk}^0}{(S_{jk}^0)^2}\hat{y}_k \tag{3.10}$$

式(3.10)称为方位角改正数方程。

实际计算时，一般取方位角改正数单位为(″)，坐标改正数单位为 cm，坐标增量和边长近似值以 m 为单位，这时式(3.10)应为

$$\delta_{\alpha_{jk}}=\frac{\rho\Delta Y_{jk}^0}{(S_{jk}^0)^2\times100}\hat{x}_j-\frac{\rho\Delta X_{jk}^0}{(S_{jk}^0)^2\times100}\hat{y}_j-\frac{\rho\Delta Y_{jk}^0}{(S_{jk}^0)^2\times100}\hat{x}_k+\frac{\rho\Delta X_{jk}^0}{(S_{jk}^0)^2\times100}\hat{y}_k \tag{3.11}$$

进一步设方向系数为

$$a_{jk}=\frac{\rho\Delta Y_{jk}^0}{(S_{jk}^0)^2\times100}=\frac{\rho\sin\alpha_{jk}^0}{S_{jk}^0\times100},\quad b_{jk}=-\frac{\rho\Delta X_{jk}^0}{(S_{jk}^0)^2\times100}=-\frac{\rho\cos\alpha_{jk}^0}{S_{jk}^0\times100}$$

则 jk 方向的方位角改正数方程为

$$\delta_{\alpha_{jk}}=a_{jk}\hat{x}_j+b_{jk}\hat{y}_j-a_{jk}\hat{x}_k-b_{jk}\hat{y}_k \tag{3.12}$$

由式(3.2)可知

$$L_j+v_j=(\alpha_{jk}^0+\delta_{\alpha_{jk}})-(\alpha_{jh}^0+\delta_{\alpha_{jh}})$$

经整理,得观测角度的误差方程为

$$v_j=\delta_{\alpha_{jk}}-\delta_{\alpha_{jh}}-f_j \tag{3.13}$$

式中,$-f_j=(\alpha_{jk}^0-\alpha_{jh}^0)-L_j$。将按照式(3.11)得到的两个方向的方位角改正数代入式(3.13)中并进行整理,即得观测角度的误差方程的具体形式为

$$\begin{aligned}v_j&=(a_{jk}-a_{jh})\hat{x}_j+(b_{jk}-b_{jh})\hat{y}_j-a_{jk}\hat{x}_k-b_{jk}\hat{y}_k+a_{jh}\hat{x}_h+b_{jh}\hat{y}_h-f_j\\&=\left(\frac{\rho\Delta Y_{jk}^0}{(S_{jk}^0)^2\times100}-\frac{\rho\Delta Y_{jh}^0}{(S_{jh}^0)^2\times100}\right)\hat{x}_j-\left(\frac{\rho\Delta X_{jk}^0}{(S_{jk}^0)^2\times100}-\frac{\rho\Delta X_{jh}^0}{(S_{jh}^0)^2\times100}\right)\hat{y}_j-\\&\quad\frac{\rho\Delta Y_{jk}^0}{(S_{jk}^0)^2\times100}\hat{x}_k+\frac{\rho\Delta X_{jk}^0}{(S_{jk}^0)^2\times100}\hat{y}_k+\frac{\rho\Delta Y_{jh}^0}{(S_{jh}^0)^2\times100}\hat{x}_h-\frac{\rho\Delta X_{jh}^0}{(S_{jh}^0)^2\times100}\hat{y}_h-f_j\end{aligned} \tag{3.14}$$

可见,列立角度误差方程的关键是建立角度所对应的两个方向的方位角改正数方程。关于方位角改正数方程给出以下几点说明:

(1)方位角改正数方程由该方向的起、终点坐标改正数乘以方向系数 a 和 b 组成,且本站的坐标改正数前方向系数为"+",对站的坐标改正数前方向系数为"−",见式(3.12)。

(2)当方向的起、终点均为待定点时,坐标改正数 $\hat{x}_j$、$\hat{x}_k$ 和 $\hat{y}_j$、$\hat{y}_k$ 的系数大小相等而符号相反。

(3)若某点坐标为已知,则对应坐标改正数为零,如 j 点为已知点,则 $\hat{x}_j=\hat{y}_j=0$,这时坐标方位角改正数方程为 $\delta_{\alpha_{jk}}=-a_{jk}\hat{x}_k-b_{jk}\hat{y}_k$;若 jk 方向的两个端点均为已知,则坐标方位角改正数方程为 $\delta_{\alpha_{jk}}=0$。

(4)同一边的正反坐标方位角改正数方程相等。

综上所述,归纳三角网坐标平差时角度误差方程列立的步骤为:

(1)根据已知点坐标及角度观测值推算各个待定点的近似坐标。

(2)根据已知点坐标和待定点近似坐标推算各边的近似边长、近似方位角。

(3)计算误差方程系数 a_{jk}、b_{jk},以及常数项 f_j。

(4)写出以待定点坐标为未知参数的误差方程式(3.14)。

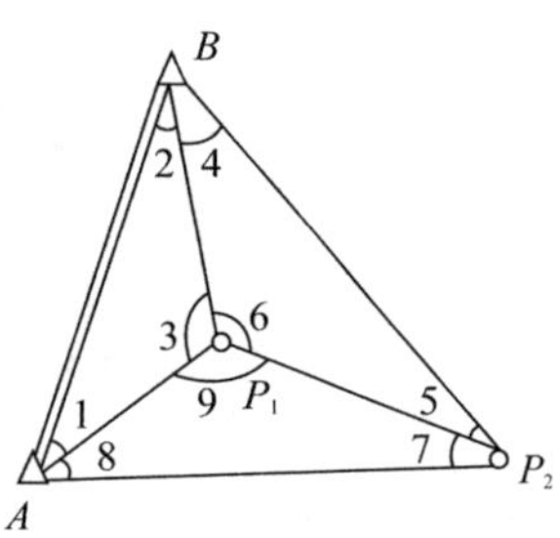

图 3.2 测角三角网

例 3.1 如图 3.2 所示,在高级点 A、B 下加密新点 P_1、P_2,起算数据列于表 3.1 中。网中等精度独立观测了 9 个角度值 $L_1,L_2,\cdots,L_9$,观测数据列于表 3.2 中。试以点 P_1、P_2 坐标平差值为未知参数,按照间接平差法求:

(1)点 P_1、P_2 的坐标平差值。

(2)点 P_1、P_2 的点位中误差。

表 3.1 起算数据

点名	坐标/m		坐标方位角/(° ′ ″)	边长/m
	X	Y		
A	6 613.389	63 471.447	12 47 17.30	8 376.206
B	14 781.825	65 325.492		

表 3.2　观测数据

编号	角度观测值 /(°　′　″)	编号	角度观测值 /(°　′　″)	编号	角度观测值 /(°　′　″)
L_1	23　45　13.4	L_4	30　52　42.5	L_7	33　40　52.6
L_2	28　26　05.6	L_5	42　16　38.9	L_8	20　58　22.7
L_3	127　48　39.0	L_6	106　50　41.2	L_9	125　20　39.8

解：根据题意，观测数 $n=9$，必要观测数 $t=2\times2=4$，选择两个待定点坐标为未知参数，即 $\hat{X}_1$、$\hat{Y}_1$、$\hat{X}_2$、$\hat{Y}_2$。

(1)根据已知点坐标及角度观测值计算待定点 P_1 和 P_2 的近似坐标。利用前方交会公式计算，结果见表 3.3。

表 3.3　近似坐标

点名	X/m	Y/m	点名	X/m	Y/m
P_1	10 669.394	66 477.321	P_2	10 601.272	69 734.761

(2)计算待定边的近似边长 S^0、近似坐标方位角 α^0、误差方程的系数 a、b，结果见表 3.4。

表 3.4　方向系数计算

方向	ΔX^0/m	ΔY^0/m	S^0/m	α^0	a/((″)/cm)	b/((″)/cm)
P_1—A	−4 056.005	−3 005.874	5 048.411	216°32′30.69″	−0.243 3	0.328 3
P_1—B	4 112.431	−1 151.829	4270.691	344°21′11.71″	−0.130 3	−0.465 1
P_1—P_2	−68.122	3 257.440	3 258.152	91°11′52.93″	0.632 9	0.013 2
P_2—A	−3 987.883	−6 263.314	7 245.114	237°30′53.61″	−0.234 3	0.149 2
P_2—B	4 180.553	−4 409.269	6 076.074	313°28′29.21″	−0.246 3	−0.233 6

(3)按式(3.13)计算误差方程常数项$-f$，根据误差方程系数 a、b(表 3.4)，按式(3.14)计算误差方程各系数项即可组成误差方程，结果见表 3.5。

表 3.5　误差方程组成

角号	$a/\hat{x}_1$	$b/\hat{y}_1$	$c/\hat{x}_2$	$d/\hat{y}_2$	$-f$/(″)
1	−0.243 3	0.328 3	0	0	−0.01
2	0.130 3	0.465 1	0	0	−0.01
3	0.113	−0.793 4	0	0	2.02
4	−0.130 3	−0.465 1	0.246 3	+0.233 6	0.00
5	−0.632 9	−0.013 2	0.386 6	−0.220 4	−2.62
6	0.763 2	0.478 3	−0.632 9	−0.013 2	0.02
7	0.632 9	0.013 2	−0.398 6	−0.162 4	6.72
8	0.243 3	−0.328 3	−0.234 3	0.149 2	0.22
9	−0.876 2	0.315 1	0.632 9	0.013 2	−2.04

表 3.5 中的第 2～10 行代表 9 个观测角度的误差方程系数；第 2、3、4、5 列分别表示误差方程 $\hat{x}_1$、$\hat{y}_1$、$\hat{x}_2$、$\hat{y}_2$ 的系数；第 6 列是误差方程的常数项。如第 2 行表示第 1 个角度的误差方程式为

$$v_1=-0.2433\hat{x}_1+0.3283\hat{y}_1+0\hat{x}_2+0\hat{y}_2-0.01=-0.2433\hat{x}_1+0.3283\hat{y}_1-0.01$$

(4)组成和解算法方程。因为是等精度独立观测,故可设观测值权矩阵为单位矩阵,即$\boldsymbol{P}=\boldsymbol{I}$。法方程形式为

$$\boldsymbol{B}^{\mathrm{T}}\boldsymbol{P}\boldsymbol{B}\hat{\boldsymbol{x}}-\boldsymbol{B}^{\mathrm{T}}\boldsymbol{P}\boldsymbol{f}=\boldsymbol{0}$$

系数矩阵为

$$\boldsymbol{B}^{\mathrm{T}}\boldsymbol{P}\boldsymbol{B}=\begin{bmatrix} 2.3164 & -0.0225 & -1.6236 & 0.0209 \\ -0.0225 & 1.6061 & -0.1513 & -0.1590 \\ -1.6236 & -0.1513 & 1.2250 & 0.0188 \\ 0.0209 & -0.1590 & 0.0188 & 0.1521 \end{bmatrix}$$

常数项为

$$\boldsymbol{B}^{\mathrm{T}}\boldsymbol{P}\boldsymbol{f}=[-7.9969 \quad 2.1928 \quad 5.0468 \quad 0.5082]^{\mathrm{T}}$$

法方程解为

$$\hat{\boldsymbol{x}}=[-8.0324 \quad 1.2969 \quad -6.4675 \quad 6.6015]^{\mathrm{T}}(\mathrm{cm})$$

将法方程解代入误差方程得观测值改正数为

$$\boldsymbol{V}=[2.37 \quad -0.45 \quad 0.08 \quad 0.39 \quad -1.51 \quad -1.48 \quad 3.16 \quad 0.34 \quad 1.40]^{\mathrm{T}}('')$$

(5)计算待定点坐标的平差值。按照 $\hat{X}_i=\hat{X}_i^0+\hat{x}_i/100$,计算 P_1 和 P_2 点的坐标平差值,结果列于表 3.6 中。

表 3.6 坐标平差值

点名	$\hat{X}_1$/m	$\hat{Y}_1$/m	点名	$\hat{X}_2$/m	$\hat{Y}_2$/m
P_1	10 669.313	66 477.334	P_2	10 601.207	69 734.827

(6)计算单位权中误差估值为

$$\hat{\sigma}_0=\sqrt{\frac{\boldsymbol{V}^{\mathrm{T}}\boldsymbol{P}\boldsymbol{V}}{r}}=2.12''$$

(7)未知参数平差值的协因数矩阵为

$$\boldsymbol{Q}_{\hat{X}}=(\boldsymbol{B}^{\mathrm{T}}\boldsymbol{P}\boldsymbol{B})^{-1}=\begin{bmatrix} 7.7518 & 0.9555 & 10.4129 & -1.3555 \\ 0.9555 & 0.8192 & 1.3590 & 0.5568 \\ 10.4129 & 1.3590 & 14.8136 & -1.8440 \\ -1.3555 & 0.5568 & -1.8440 & 7.5699 \end{bmatrix}$$

可知

$$Q_{\hat{X}_1}=7.7518,\quad Q_{\hat{Y}_1}=0.8192,\quad Q_{\hat{X}_2}=14.8136,\quad Q_{\hat{Y}_2}=7.5699$$

(8)待定点坐标平差值的中误差为

$$\sigma_{\hat{X}_1}=\hat{\sigma}_0\sqrt{Q_{\hat{X}_1}}=5.9\ \mathrm{cm},\quad \sigma_{\hat{Y}_1}=\hat{\sigma}_0\sqrt{Q_{\hat{Y}_1}}=1.9\ \mathrm{cm}$$

$$\sigma_{\hat{X}_2}=\hat{\sigma}_0\sqrt{Q_{\hat{X}_2}}=8.2\ \mathrm{cm},\quad \sigma_{\hat{Y}_2}=\hat{\sigma}_0\sqrt{Q_{\hat{Y}_2}}=5.8\ \mathrm{cm}$$

(9)点位中误差为

$$\hat{\sigma}_{P_1}=\sqrt{\sigma_{\hat{X}_1}^2+\sigma_{\hat{Y}_1}^2}=6.2\ \mathrm{cm},\quad \hat{\sigma}_{P_2}=\sqrt{\sigma_{\hat{X}_2}^2+\sigma_{\hat{Y}_2}^2}=10.0\ \mathrm{cm}$$

2.观测边长的误差方程

对于测边三角网,如果选定待定点坐标为未知参数,则需要建立观测边长与未知参数之间的函数关系,即观测边长的误差方程。

如图 3.3 所示，j、k 为控制网中的待定点，测得待定点间的边长为 L_i，设待定点坐标平差值 $\hat{X}_j$、$\hat{Y}_j$、$\hat{X}_k$、$\hat{Y}_k$ 为未知数，且有

$$\left.\begin{aligned}\hat{X}_j=X_j^0+\hat{x}_j\\ \hat{Y}_j=Y_j^0+\hat{y}_j\end{aligned}\right\},\quad \left.\begin{aligned}\hat{X}_k=X_k^0+\hat{x}_k\\ \hat{Y}_k=Y_k^0+\hat{y}_k\end{aligned}\right\}$$

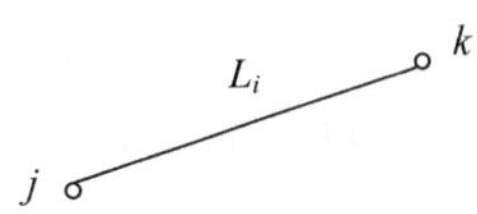

图 3.3　边长观测示意

式中，X^0、Y^0 为坐标近似值，$\hat{x}$、$\hat{y}$ 为坐标近似值的改正数。观测边长的平差值可表示为

$$\hat{L}_i=L_i+v_i=\sqrt{(\hat{X}_k-\hat{X}_j)^2+(\hat{Y}_k-\hat{Y}_j)^2} \tag{3.15}$$

将式(3.15)按照泰勒级数展开，取零次项和一次项，得线性化后的误差方程为

$$\hat{L}_i=L_i+v_i=S_{jk}^0+\left(\frac{\partial\hat{\boldsymbol{L}}}{\partial\hat{X}_j}\right)_0\hat{x}_j+\left(\frac{\partial\hat{\boldsymbol{L}}}{\partial\hat{Y}_j}\right)_0\hat{y}_j+\left(\frac{\partial\hat{\boldsymbol{L}}}{\partial\hat{X}_k}\right)_0\hat{x}_k+\left(\frac{\partial\hat{\boldsymbol{L}}}{\partial\hat{Y}_k}\right)_0\hat{y}_k \tag{3.16}$$

式中，$\left(\frac{\partial\hat{\boldsymbol{L}}}{\partial\hat{X}_j}\right)_0=-\frac{\Delta X_{jk}^0}{S_{jk}^0}$，$\left(\frac{\partial\hat{\boldsymbol{L}}}{\partial\hat{Y}_j}\right)_0=-\frac{\Delta Y_{jk}^0}{S_{jk}^0}$，$\left(\frac{\partial\hat{\boldsymbol{L}}}{\partial\hat{X}_k}\right)_0=\frac{\Delta X_{jk}^0}{S_{jk}^0}$，$\left(\frac{\partial\hat{\boldsymbol{L}}}{\partial\hat{Y}_k}\right)_0=\frac{\Delta Y_{jk}^0}{S_{jk}^0}$，$S_{jk}^0=\sqrt{(X_k^0-X_j^0)^2+(Y_k^0-Y_j^0)^2}$，代入式(3.16)，并整理，得观测边长的误差方程为

$$v_i=-\frac{\Delta X_{jk}^0}{S_{jk}^0}\hat{x}_j-\frac{\Delta Y_{jk}^0}{S_{jk}^0}\hat{y}_j+\frac{\Delta X_{jk}^0}{S_{jk}^0}\hat{x}_k+\frac{\Delta Y_{jk}^0}{S_{jk}^0}\hat{y}_k-f_i \tag{3.17}$$

式中，$-f_i=S_{jk}^0-L_i$。

实际计算时，v_i、$\hat{x}_j$、$\hat{y}_j$、$\hat{x}_k$、$\hat{y}_k$ 和 f_i 是同量纲的，即当 f_i 以 cm 为单位时，则坐标近似值也以 cm 为单位。式(3.17)是测边坐标平差时误差方程的一般形式，即假定两端都是待定点的情形。显然，两个端点的同类坐标改正数系数大小相等、符号相反。如果有一个端点如 j 为已知点，则对应坐标改正数为 0，即 $\hat{x}_j=\hat{y}_j=0$，误差方程为

$$v_i=\frac{\Delta X_{jk}^0}{S_{jk}^0}\hat{x}_k+\frac{\Delta Y_{jk}^0}{S_{jk}^0}\hat{y}_k-f_i$$

如果两端点均为已知点，则该边不存在误差方程。

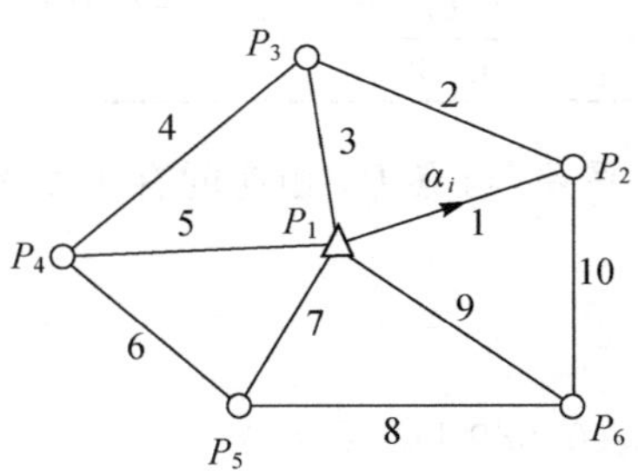

图 3.4　测边三角网

例 3.2　在图 3.4 所示测边三角网中，点 P_1 坐标为(48 580.285 m，60 500.496 m)，P_1P_2 坐标方位角为 96°21′04.62″，边长观测值(视为等精度)列于表 3.7 中，试按坐标平差法求各待定点坐标的平差值及其点位精度。

表 3.7　边长观测值

边号	边长观测值/m	边号	边长观测值/m
1	5 760.706	6	5 731.788
2	7 804.566	7	5 438.382
3	5 187.342	8	7 493.323
4	7 838.880	9	8 884.587
5	5 483.158	10	7 228.367

解：依据题意，$t=9$，若设全部待定点坐标为未知参数，即 $\hat{X}_i$、$\hat{Y}_i$($i=2,3,4,5,6$)，则参数之间不独立，或者说存在限制条件，所以是一个附有限制条件的间接平差问题。

(1)推算待定点的近似坐标。先计算点 P_2 的近似坐标

$$X_2^0=48\,580.285+5\,760.706\cos 96°21'04.62''=47\,943.013(\mathrm{m})$$

$$Y_2^0=60\,500.496+5\,760.706\sin 96°21'04.62''=66\,225.845(\mathrm{m})$$

然后逐点推算其余各点的近似坐标,全部近似坐标值见表 3.8。

表 3.8 近似坐标

点名	P_2	P_3	P_4	P_5	P_6
X^0/m	47 943.013	53 743.151	48 681.398	43 767.234	40 843.239
Y^0/m	66 225.845	61 003.810	55 018.270	57 968.590	64 867.876

(2)计算观测边长的误差方程系数。由点 P_1 的已知坐标及表 3.8 的近似坐标,计算观测边长的误差方程系数,其结果见表 3.9。

表 3.9 误差方程系数

边号	端点	ΔX^0/m	ΔY^0/m	ΔS^0/m	$\frac{-\Delta X^0}{S^0}$	$\frac{-\Delta Y^0}{S^0}$
1	P_1-P_2	−637.272	5 725.349	5 760.706 27	0.110 6	−0.993 9
2	P_2-P_3	5 800.138	−5 222.035	7 804.565 99	−0.743 2	0.669 1
3	P_1-P_3	5 162.866	503.314	5 187.341 35	−0.995 3	−0.097 0
4	P_3-P_4	−5 061.753	−5 985.540	7 838.879 55	0.645 7	0.763 6
5	P_1-P_4	101.113	−5 482.226	5 483.158 37	−0.018 4	0.999 8
6	P_4-P_5	−4 914.164	2 950.320	5 731.788 20	0.857 4	−0.514 7
7	P_1-P_5	−4 813.051	−2 531.906	5 438.382 84	0.885 0	0.465 6
8	P_5-P_6	−2 923.995	6 899.286	7 493.323 30	0.390 2	−0.920 7
9	P_1-P_6	−7 737.046	4 767.380	8 884.587 13	0.870 8	−0.491 6
10	P_6-P_2	7 099.774	1 357.969	7 228.476 37	−0.982 2	−0.187 9

(3)组成误差方程。这里采用消去不独立未知数的解法平差,与点 P_2 相连的有 1、2 及 10 号边,由表 3.9 中的系数先列出三边的误差方程,即

$$\left.\begin{aligned}v_1&=-0.110\,6\hat{x}_2+0.993\,9\hat{y}_2-f_1\\ v_2&=-0.743\,2\hat{x}_2+0.669\,1\hat{y}_2+0.743\,2\hat{x}_3-0.669\,1\hat{y}_3-f_2\\ v_{10}&=0.982\,2\hat{x}_2+0.187\,9\hat{y}_2-0.982\,2\hat{x}_6-0.187\,9\hat{y}_6-f_{10}\end{aligned}\right\}$$

将限制条件方程 $\hat{\alpha}_{12}=\arctan\dfrac{\hat{Y}_2-\hat{Y}_1}{\hat{X}_2-\hat{X}_1}=\alpha_{12}$ 线性化,并代入已知数据,得

$$\hat{x}_2=-\frac{0.039\,6}{0.359\,9}\hat{y}_2=-0.111\,3\hat{y}_2$$

将上式代入误差方程并消去未知数 $\hat{x}_2$,得

$$\left.\begin{aligned}v_1&=1.006\,2\hat{y}_2-f_1\\ v_2&=0.751\,8\hat{y}_2+0.743\,2\hat{x}_3-0.669\,1\hat{y}_3-f_2\\ v_{10}&=0.078\,6\hat{y}_2-0.982\,2\hat{x}_6-0.187\,9\hat{y}_6-f_{10}\end{aligned}\right\}$$

由此，可写出全部误差方程，其结果见表 3.10。这时我们将附有限制条件的间接平差转换为间接平差计算。

表 3.10　误差方程

边号	端点	$\hat{y}_2$	$\hat{x}_3$	$\hat{y}_3$	$\hat{x}_4$	$\hat{y}_4$	$\hat{x}_5$	$\hat{y}_5$	$\hat{x}_6$	$\hat{y}_6$	$-f$/cm
1	$P_1—P_2$	1.006 2	0	0	0	0	0	0	0	0	0.027
2	$P_2—P_3$	0.751 8	0.743 2	−0.669 1	0	0	0	0	0	0	−0.001
3	$P_1—P_3$	0	0.995 3	0.097 0	0	0	0	0	0	0	−0.065
4	$P_3—P_4$	0	0.645 7	0.763 6	−0.645 7	−0.763 6	0	0	0	0	−0.045
5	$P_1—P_4$	0	0	0	0.018 4	−0.999 8	0	0	0	0	0.037
6	$P_4—P_5$	0	0	0	0.857 4	−0.514 7	−0.857 4	0.514 7	0	0	0.020
7	$P_1—P_5$	0	0	0	0	0	−0.885 0	−0.465 6	0	0	0.084
8	$P_5—P_6$	0	0	0	0	0	0.390 2	−0.920 7	−0.390 2	0.920 7	0.030
9	$P_1—P_6$	0	0	0	0	0	0	0	−0.870 8	0.491 6	0.015
10	$P_6—P_2$	0.078 6	0	0	0	0	0	0	−0.982 2	−0.187 9	10.937

(4)组成和解算法方程，并计算法方程系数矩阵的逆矩阵。法方程系数矩阵、常数项为

$$\boldsymbol{N}_{bb}=\boldsymbol{B}^{\mathrm{T}}\boldsymbol{P}\boldsymbol{B}$$

$$=\begin{bmatrix} 1.5838 & 0.5587 & -0.5030 & 0 & 0 & 0 & 0 & -0.0772 & -0.0148 \\ 0.5587 & 1.9599 & 1.0869 & -0.4169 & -0.4931 & 0 & 0 & 0 & 0 \\ -0.5030 & 1.0869 & 1.0402 & -0.4931 & -0.5831 & 0 & 0 & 0 & 0 \\ 0 & -0.4169 & -0.4931 & 1.1524 & 0.0334 & -0.7351 & 0.4413 & 0 & 0 \\ 0 & -0.4931 & -0.5831 & 0.0334 & 1.8476 & 0.4413 & -0.2649 & 0 & 0 \\ 0 & 0 & 0 & -0.7351 & 0.4413 & 1.6706 & -0.3885 & -0.1523 & 0.3593 \\ 0 & 0 & 0 & 0.4413 & -0.2649 & -0.3885 & 1.3294 & 0.3593 & -0.8477 \\ -0.0772 & 0 & 0 & 0 & 0 & -0.1523 & 0.3593 & 1.8753 & -0.6028 \\ -0.0148 & 0 & 0 & 0 & 0 & 0.3593 & -0.8477 & -0.6028 & 1.1247 \end{bmatrix}$$

$$\boldsymbol{f}_e=\boldsymbol{B}^{\mathrm{T}}\boldsymbol{P}\boldsymbol{f}$$

$$=[-0.8861\quad 0.0945\quad 0.0413\quad -0.0469\quad 0.0129\quad 0.0798\quad 0.0564\quad 10.7671\quad 2.0201]^{\mathrm{T}}$$

解法方程，得未知数的改正数为

$$\hat{\boldsymbol{x}}=\boldsymbol{N}_{bb}^{-1}\boldsymbol{f}_e=[-0.6437\quad -0.7845\quad -2.7569\quad 6.4234\quad 0.8760\quad -3.3052\quad 7.2741\quad 8.1303\quad 12.6837]^{\mathrm{T}}(\mathrm{cm})$$

$$\boldsymbol{V}=\boldsymbol{B}\hat{\boldsymbol{x}}-\boldsymbol{f}=[0.6207\ \ 0.7767\ \ -1.1132\ \ 0.8220\ \ -0.9570\ \ 0.6395\ \ -0.3777\ \ 0.5486\ \ -0.8295\ \ 0.5175]^{\mathrm{T}}(\mathrm{cm})$$

(5)计算未知数的平差值。将解得的 $\hat{y}_2$ 代入 $\hat{x}_2=-0.1113\hat{y}_2$ 中，得 $\hat{x}_2=0.0717$ cm。

计算各待定点的坐标平差值，结果见表 3.11。

表 3.11　坐标平差值

点名	P_2	P_3	P_4	P_5	P_6
$\hat{X}$/m	47 943.114	53 743.143	48 681.334	43 767.201	40 843.320
$\hat{Y}$/m	66 225.839	61 003.782	55 018.279	57 968.663	64 868.003

(6)计算点位中误差。$\hat{\sigma}_0=\sqrt{\dfrac{\boldsymbol{V}^{\mathrm{T}}\boldsymbol{P}\boldsymbol{V}}{r}}=2.37$。法方程系数矩阵的逆（未知参数的协因数矩阵）为

$$\boldsymbol{N}_{bb}^{-1}=(\boldsymbol{B}^{\mathrm{T}}\boldsymbol{P}\boldsymbol{B})^{-1}$$

$$=\begin{bmatrix} 0.9201 & -0.1903 & 0.6951 & 0.3603 & 0.1116 & 0.1237 & -0.1463 & 0.0383 & -0.1172 \\ -0.1903 & 0.7216 & 0.2167 & 0.6031 & 0.1550 & 0.2200 & -0.2963 & -0.0343 & -0.3145 \\ 0.6951 & 0.2167 & 2.4610 & 1.8920 & 0.5100 & 0.6806 & -0.8910 & -0.0341 & -0.8981 \\ 0.3603 & 0.6031 & 1.8920 & 3.7344 & 0.0020 & 1.6058 & -2.1274 & -0.1522 & -2.1933 \\ 0.1116 & 0.1550 & 0.5100 & 0.0020 & 0.8364 & -0.2155 & 0.2887 & 0.0294 & 0.3037 \\ 0.1237 & 0.2200 & 0.6806 & 1.6058 & -0.2155 & 1.3978 & -0.8802 & -0.0834 & -1.1530 \\ -0.1463 & -0.2963 & -0.8910 & -2.1274 & 0.2887 & -0.8802 & 2.7919 & 0.1858 & 2.4832 \\ 0.0383 & -0.0343 & -0.0341 & -0.1522 & 0.0294 & -0.0834 & 0.1858 & 0.6599 & 0.5209 \\ -0.1172 & -0.3145 & -0.8981 & -2.1933 & 0.3037 & -1.1530 & 2.4832 & 0.5209 & 3.4068 \end{bmatrix}$$

待定点坐标中误差计算公式为 $\hat{\sigma}_{X_i}=\hat{\sigma}_0\sqrt{Q_{X_i}}$，$\hat{\sigma}_{Y_i}=\hat{\sigma}_0\sqrt{Q_{Y_i}}$，点位中误差的计算公式为 $\hat{\sigma}_{P_i}=\sqrt{\hat{\sigma}_{X_i}^2+\hat{\sigma}_{Y_i}^2}$，计算各点的纵坐标、横坐标平差值中误差及点位中误差结果，见表 3.12。

表 3.12　点位精度

编号	2	3	4	5	6
$\hat{\sigma}_{X_i}$/cm	0.25	2.01	4.58	2.80	1.93
$\hat{\sigma}_{Y_i}$/cm	2.28	3.72	2.17	3.96	4.38
$\hat{\sigma}_{P_i}$/cm	2.29	4.23	5.07	4.85	4.78

3.1.2　三角网条件平差

条件方程的建立是条件平差的关键，条件方程正确与否关系到整个平差结果。平差问题不同，其对应的条件方程个数、条件方程类型也不同。同一个平差问题，选择不同的平差方法，其函数模型不同，但随机模型不会改变。

三角网在进行条件平差时所列立的各类条件方程，其作用都是为了保证平差后三角网的几何形状完全闭合。三角网条件方程可以分为两大类：一类是几何条件方程，即观测值经过平差，其值应该满足几何理论上的要求；另一类是附合条件方程，就是观测值平差后，其值不仅要满足几何条件，还要和有关的已知数据相符合。由于观测对象不同，测角网、测边网和边角网中可能产生的条件方程类型也不相同。但无论三角网多复杂，一般都是由三角形、大地四边形和中点多边形等基本图形组合而成的。因此，下面以构成三角网的三种基本图形——三角形、大地四边形和中点多边形为例，来讨论条件方程的类型及其组成。

1. 几何条件方程

三角网都是由基本图形相互邻接或相互重叠而成的。如果熟悉了这些基本图形的条件方程，就能够确定任何三角网的条件方程。

1)测角网的条件方程

测角网的基本条件方程有三种：图形条件、圆周条件和极条件(或称边长条件)。

(1)图形条件。在一个闭合的平面多边形中，如果对各顶点的角度都进行了观测，就会产生图形条件，即各个内角平差值之和应等于 $180°\times(n-2)$，其中 n 为多边形的边数。

对于图 3.5(a)所示的三角形，应有

$$\hat{\beta}_1+\hat{\beta}_2+\hat{\beta}_3-180°=0 \tag{3.18}$$

将 $\hat{\beta}_i=\beta_i+v_i$ 代入式(3.18)，得

$$v_1+v_2+v_3-(180°-\beta_1-\beta_2-\beta_3)=0 \tag{3.19}$$

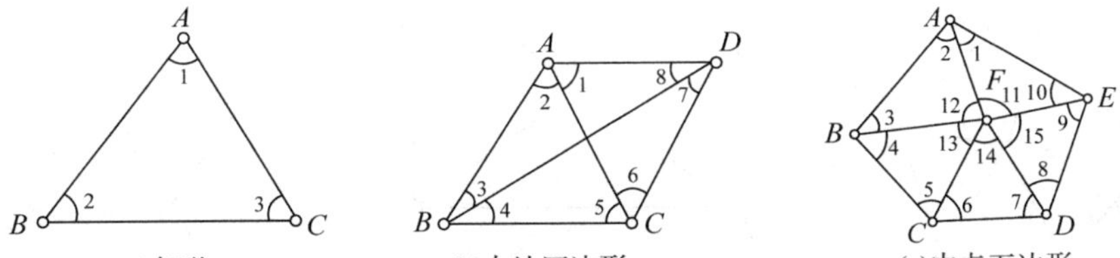

(a)三角形　(b)大地四边形　(c)中点五边形

图 3.5　三角网的基本图形

用 f 表示$\triangle ABC$ 的闭合差，即

$$f=180°-\beta_1-\beta_2-\beta_3 \tag{3.20}$$

则式(3.19)可写成

$$v_1+v_2+v_3-f=0 \tag{3.21}$$

式(3.21)就是用角度改正数表示三角形图形条件的一般形式。

对于图 3.5(b)所示的大地四边形，可以列出$\triangle ABC$、$\triangle BCD$、$\triangle CDA$ 和$\triangle DAB$ 的图形条件，还可以列出大地四边形中 8 个内角平差值之和等于 360°的图形条件。但条件平差中的条件方程必须是彼此独立的，而在列出的 5 个图形条件方程中，只有 3 个是彼此独立的。例如，$\triangle ABC+\triangle CDA$ 两个图形条件方程的和即为四边形内角和的条件方程，而$\triangle ABC+\triangle CDA-\triangle BCD$ 的图形条件方程等于$\triangle DAB$ 的图形条件方程。因此，在大地四边形中产生 3 个独立图形条件方程。为列立简便，一般都是按三角形列出。图 3.5(b)中的 3 个图形条件方程为

$$\left.\begin{aligned}v_1+v_2+v_3+v_8-f_1=0\\v_2+v_3+v_4+v_5-f_2=0\\v_4+v_5+v_6+v_7-f_3=0\end{aligned}\right\} \tag{3.22}$$

同样，对于图 3.5(c)所示的中点五边形，将产生 5 个独立的图形条件方程，按照 5 个三角形一一列出。

(2)圆周条件。圆周条件只有在中点多边形的中点上观测了周围所有的角度时才产生。例如，图 3.5(c)中的中点五边形，仅满足 5 个图形条件，还可能呈现图 3.6 所示的情况。为了使多边形闭合，必须加入一个能保证中心点周围各角的平差值之和等于 360°的条件，称为圆周条件，即

$$v_{11}+v_{12}+v_{13}+v_{14}+v_{15}-f=0 \tag{3.23}$$

式中

$$f=360°-\beta_{11}-\beta_{12}-\beta_{13}-\beta_{14}-\beta_{15} \tag{3.24}$$

(3)极条件。在大地四边形和中点多边形中，任何一边的边长都可以通过两条不同路线去求得。仅满足图形条件和圆周条件，仍可能呈现图 3.7 所示的情况，即不能使几何图形完全闭合。

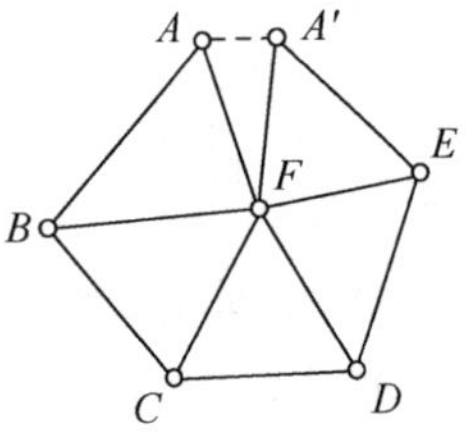

图 3.6　中点五边形

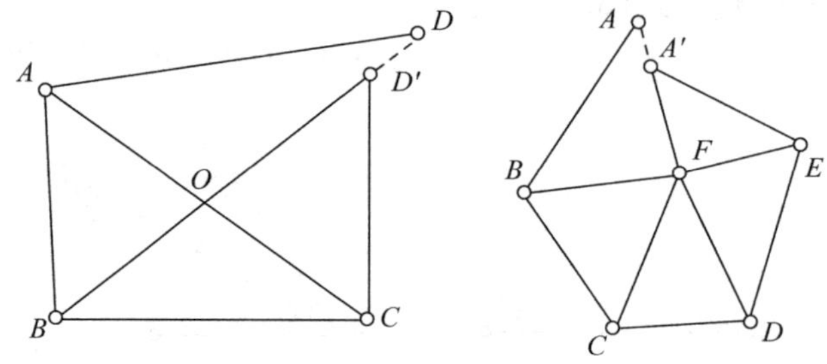

(a)大地四边形　　(b)中点五边形

图 3.7　大地四边形和中点五边形不能完全闭合的情况

为了保证平差后图形完全闭合,必须建立由两条不同路线推求同一边长时所得结果相等的条件,此条件称为边长条件。由于边长条件可用如下所述的极点辐射边之比来表示,因此又称为极条件。在图 3.5(b)所示的大地四边形中,列立极条件时可选顶点 A、B、C、D 的任一点为极点。例如,选 A 为极点时,从 AB 出发,经过不同的三角形逐个推算边长 AC、AD,返回到出发边 AB 时,其推算值 AB' 应等于原有值 AB。要满足这一条件,边长比应满足如下条件,即

$$\frac{S_{AB}}{S_{AC}}\cdot\frac{S_{AC}}{S_{AD}}\cdot\frac{S_{AD}}{S_{AB}}=1 \tag{3.25}$$

代入角度的正弦比,则有

$$\frac{\sin\hat{\beta}_5\sin(\hat{\beta}_7+\hat{\beta}_8)\sin\hat{\beta}_3}{\sin(\hat{\beta}_3+\hat{\beta}_4)\sin\hat{\beta}_6\sin\hat{\beta}_8}-1=0 \tag{3.26}$$

除此之外,还可选对角线的虚拟交点 O 为极点,有

$$\frac{S_{OA}}{S_{OB}}\cdot\frac{S_{OB}}{S_{OC}}\cdot\frac{S_{OC}}{S_{OD}}\cdot\frac{S_{OD}}{S_{OA}}-1=0 \tag{3.27}$$

其角度正弦比的关系式为

$$\frac{\sin\hat{\beta}_1\sin\hat{\beta}_3\sin\hat{\beta}_5\sin\hat{\beta}_7}{\sin\hat{\beta}_2\sin\hat{\beta}_4\sin\hat{\beta}_6\sin\hat{\beta}_8}-1=0 \tag{3.28}$$

式(3.28)为非线性条件方程,平差计算时需将其转换为线性形式。方法仍然是用泰勒级数展开并取至一次项,可得线性化后的条件方程为

$$\cot\beta_1 v_1-\cot\beta_2 v_2+\cot\beta_3 v_3-\cot\beta_4 v_4+\cot\beta_5 v_5-\cot\beta_6 v_6+\cot\beta_7 v_7-\cot\beta_8 v_8-f=0 \tag{3.29}$$

式中

$$-f=\rho\left(1-\frac{\sin\beta_2\sin\beta_4\sin\beta_6\sin\beta_8}{\sin\beta_1\sin\beta_3\sin\beta_5\sin\beta_7}\right)$$

根据以上讨论,在测角网的基本图形中,若观测了网中所有的内角,则条件方程类型及个数归纳如下:单三角形中,产生一个图形条件;大地四边形有 3 个图形条件和一个极条件;中点 n 边形,有 n 个图形条件、一个圆周条件和一个极条件。

2)边角网的条件方程

边角网中的观测元素是边长和角度。因此,对边角网进行条件平差时,其条件方程的形式包括:由角度引起的类似测角网中的图形条件、圆周条件和极条件,由观测边引起的类似测边

网中的测边网图形条件，由观测角和观测边构成的正弦条件和余弦条件。

测角网和测边网中的条件方程已经介绍过了，不再重复。下面只介绍正弦条件方程和余弦条件方程的列立方法。

(1)正弦条件方程。在图 3.8 所示的边角三角网中，如果观测了一条边和三个内角，则此边长可作为三角形的起算边长。平差时，只产生三个内角平差值之和等于 180°的条件。在此基础上如果每增加一条观测边长，就会增加一个条件。这种条件方程通常是按正弦定理列立的，故称为正弦条件方程。若观测了三个内角和三条边长，则将产生 1 个测角网的图形条件方程和 2 个正弦条件方程，即

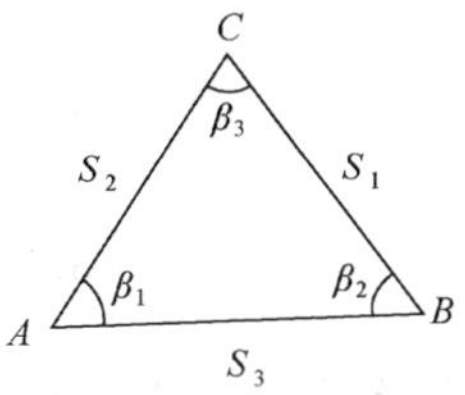

图 3.8　边角三角网

$$\left.\begin{aligned}&\hat{\beta}_1+\hat{\beta}_2+\hat{\beta}_3-180^\circ=0\\&\frac{\hat{S}_1}{\sin\hat{\beta}_1}=\frac{\hat{S}_2}{\sin\hat{\beta}_2}\\&\frac{\hat{S}_2}{\sin\hat{\beta}_2}=\frac{\hat{S}_3}{\sin\hat{\beta}_3}\end{aligned}\right\} \tag{3.30}$$

正弦条件方程是非线性方程，需要线性化。式(3.30)中的第二项可写为

$$\hat{S}_1\sin\hat{\beta}_2-\hat{S}_2\sin\hat{\beta}_1=0 \tag{3.31}$$

将式(3.31)线性化，并将角度改正数以(″)为单位表示，可得

$$\sin\beta_2 v_{S_1}-\sin\beta_1 v_{S_2}-S_2\cos\beta_1 v_{\beta_1}/\rho+S_1\cos\beta_2 v_{\beta_2}/\rho-f=0 \tag{3.32}$$

式中

$$-f=S_1\sin\beta_2-S_2\sin\beta_1 \tag{3.33}$$

计算时，边长改正数以 cm 为单位，角度改正数以(″)为单位，边长以 km 为单位，此时，ρ 取值为 2.062，将由式(3.33)求得的不符值 $-f$ 结果扩大到原来的 10^5 倍，即将 $-f$ 化算为以 cm 为单位。

(2)余弦条件方程。当在独立三角网一个三角形中观测了三条边长和一个内角(如图 3.8 中观测了角 β_1，而角 β_2、β_3 未观测)时，就有了一个多余观测，将产生一个条件。在这种情况下，可列立一个余弦条件方程，即用三条观测边长的平差值按余弦定理求得的内角值应该与观测内角的平差值相等，即

$$\beta_1'+v_1'=\beta_1+v_1 \tag{3.34}$$

式中，$\beta_1'=\arccos\dfrac{S_2^2+S_3^2-S_1^2}{2S_2S_3}$，$\beta_1'$ 为由观测边长计算的内角值，v_1' 为其改正数，β_1 为该内角的观测值，v_1 为其改正数。v_1' 是由平差边长的改正数引起的，可由下式计算得到

$$v_1'=\frac{\rho}{h_1}(v_{S_1}-\cos C' v_{S_2}-\cos B' v_{S_3}) \tag{3.35}$$

将式(3.35)代入式(3.34)中，得到余弦条件方程的最后形式为

$$\frac{\rho}{h_1}v_{S_1}-\frac{\rho}{h_1}\cos C' v_{S_2}-\frac{\rho}{h_1}\cos B' v_{S_3}-v_1-f=0 \tag{3.36}$$

式中，$-f=\beta_1'-\beta_1$。式(3.36)中的系数 $\cos B'$ 和 $\cos C'$ 是用观测边长直接按余弦定理求得的。计算时，v_1 和 $-f$ 以(″)为单位，v_{S_1}、v_{S_2} 和 v_{S_3} 以 cm 为单位，h_1 以 km 为单位，则 $\rho=2.062$。

上面讨论了测角网、测边网和边角网各种基本图形中可能产生的条件方程的形式及其列立方法。各种复杂的三角网都是由这些基本图形组成的，只有正确了解上述各基本图形中各类条件方程的形式，并熟练掌握列立方法，才能在平差时正确地列出三角网中产生的各类条件方程。

2. 附合条件方程

附合条件方程是由多出的已知数据产生的。一个三角网中，几何条件是经常存在的，但附合条件则不一定会有。自由网和独立网中只有几何条件，而附合网中既有几何条件又有附合条件。如图 3.9(a)所示，总条件数为 5，其中除了 3 个图形条件(几何条件)外，还应该列出 2 个附合条件，即

$$\hat{\beta}_3+\hat{\beta}_6+\hat{\beta}_9-(\alpha_{OB}-\alpha_{OA})=0 \tag{3.37}$$

$$S_{OA}\frac{\sin\hat{\beta}_1\sin\hat{\beta}_4\sin\hat{\beta}_7}{\sin\hat{\beta}_2\sin\hat{\beta}_5\sin\hat{\beta}_8}-S_{OB}=0 \tag{3.38}$$

式中，α_{OB}、α_{OA}、S_{OA}、S_{OB} 分别为 OB、OA 边的已知坐标方位角和边长。式(3.37)称为方位角条件或固定角条件，式(3.38)称为边长条件或基线条件。在图 3.9(b)中，若已知点 A、B 为必要起算数据，则 C、D 就为多余起算数据，故总条件数为 8，除了列立 4 个图形条件(几何条件)外，还需列立 4 个附合条件，即 1 个方位角条件、1 个边长条件及纵坐标、横坐标条件各 1 个。方位角条件和边长条件类似式(3.37)和式(3.38)，关于纵坐标、横坐标条件方程的列立方法，我们将在 3.3 节中介绍。

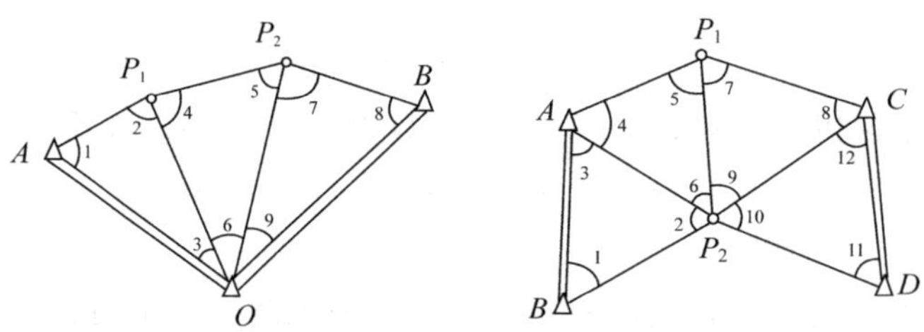

(a)总条件数为5　　(b)总条件数为8

图 3.9　附合三角网

不难看出，坐标方位角或固定角条件方程个数等于已知坐标方位角的个数减 1；固定边或基线边条件方程个数等于已知边长的边数减 1；纵坐标、横坐标条件方程个数均为已知点组的组数减 1。两个或两个以上已知点被直接的观测方向连成一体，便构成一个已知点组，图 3.9(a)中就是 1 个已知点组，而图 3.9(b)则为两个已知点组。如果一个已知点没有直接的观测方向与其他已知点相连，则自成一个已知点组。

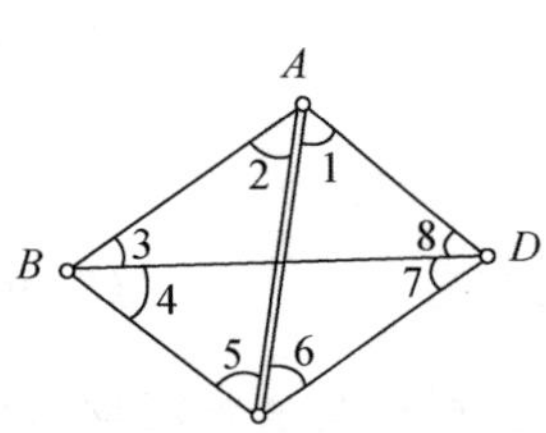

图 3.10　大地四边形

例 3.3　设有大地四边形如图 3.10 所示，等精度观测值列于表 3.13 中，试用条件平差法求：

(1)角度观测值的平差值 $\hat{L}$。

(2)由 AC 边推算平差后 AD 边的相对中误差。

解：本题 $n=8$，$t=2\times(4-2)=4$，$r=8-4=4$，即建立 4 个条件方程，其中包括 3 个图形条件和 1 个极条件。

(1)列立条件方程。

图形条件为

$$\left.\begin{aligned}v_2+v_3+v_4+v_5-f_a=0\\ v_1+v_2+v_3+v_8-f_b=0\\ v_1+v_6+v_7+v_8-f_c=0\end{aligned}\right\}$$

线性化后的极条件为

$$\cot L_1v_1-\cot L_2v_2+\cot L_3v_3-\cot L_4v_4+\cot L_5v_5-\cot L_6v_6+$$
$$\cot L_7v_7-\cot L_8v_8-f_d=0$$

式中，闭合差为

$$\left.\begin{aligned}-f_a&=(L_2+L_3+L_4+L_5)-180^\circ\\ -f_b&=(L_1+L_2+L_3+L_8)-180^\circ\\ -f_c&=(L_1+L_6+L_7+L_8)-180^\circ\\ -f_d&=\rho\left(1-\frac{\sin L_2\sin L_4\sin L_6\sin L_8}{\sin L_1\sin L_3\sin L_5\sin L_7}\right)\end{aligned}\right\}$$

表 3.13　观测数据、平差值

编号	观测值 /(°　′　″)	改正数 /(″)	平差值 /(°　′　″)
L_1	65　52　35.03	+0.23	65　52　35.26
L_2	63　14　25.02	+0.27	63　14　25.29
L_3	23　28　50.06	+1.15	23　28　51.21
L_4	23　31　29.31	−0.69	23　31　28.62
L_5	69　45　14.74	+0.15	69　45　14.89
L_6	61　40　57.38	−0.48	61　40　56.90
L_7	25　02　19.23	+0.37	25　02　19.60
L_8	27　24　08.77	−0.52	27　24　08.25

(2)平差后 AD 边长的平差值函数式为

$$F=\hat{S}_{AD}=S_{AC}\frac{\sin\hat{L}_5\sin\hat{L}_3}{\sin(\hat{L}_3+\hat{L}_4)\sin\hat{L}_8}$$

线性化后得到权函数式为

$$\mathrm{d}F=\frac{\mathrm{d}\hat{S}_{AD}}{S_{AD}}\rho=(\cot L_3-\cot(L_3+L_4))\mathrm{d}\hat{L}_3-\cot(L_3+L_4)\mathrm{d}\hat{L}_4+\cot L_5\mathrm{d}\hat{L}_5-\cot L_8\mathrm{d}\hat{L}_8$$

代入观测数据，可得到权函数系数为

$$\boldsymbol{G}_L^{\mathrm{T}}=[0\quad 0\quad 1.37\quad -0.93\quad 0.37\quad 0\quad 0\quad -1.93]$$

(3)条件方程系数矩阵、闭合差为

$$\boldsymbol{A}=\begin{bmatrix}0&1&1&1&1&0&0&0\\1&1&1&0&0&0&0&1\\1&0&0&0&0&1&1&1\\0.45&-0.50&2.30&-2.30&0.37&-0.54&2.14&-1.93\end{bmatrix}$$

$$-\boldsymbol{f}=[-0.87\quad -1.12\quad 0.41\quad -6.31]^{\mathrm{T}}(″)$$

(4)已知 $\boldsymbol{Q}_L=\boldsymbol{I}$，组成和解算法方程，得

$$N_{aa}=AQA^{\mathrm{T}}=\begin{bmatrix}4.00 & 2.00 & 0 & -0.13\\ 2.00 & 4.00 & 2.00 & 0.32\\ 0 & 2.00 & 4.00 & 0.12\\ -0.13 & 0.32 & 0.12 & 19.77\end{bmatrix}$$

$$K=N_{aa}^{-1}f=[0.0308 \quad 0.3938 \quad -0.3089 \quad 0.3149]^{\mathrm{T}}$$

计算改正数 $\boldsymbol{V}$,即

$$V=QA^{\mathrm{T}}K=[0.23 \quad 0.27 \quad 1.15 \quad -0.69 \quad 0.15 \quad -0.48 \quad 0.37 \quad -0.52]^{\mathrm{T}}('')$$

(5)计算平差值 $\hat{L}$,见表 3.13。将得到的 $\hat{L}$ 重新列条件方程进行检核,即

$$\left.\begin{array}{l}\hat{L}=L+V\\ \hat{L}_2+\hat{L}_3+\hat{L}_4+\hat{L}_5-180^{\circ}=0.01''\\ \hat{L}_1+\hat{L}_2+\hat{L}_3+\hat{L}_8-180^{\circ}=0.01''\\ \hat{L}_1+\hat{L}_6+\hat{L}_7+\hat{L}_8-180^{\circ}=0.01''\\ \dfrac{\sin\hat{L}_1\sin\hat{L}_3\sin\hat{L}_5\sin\hat{L}_7}{\sin\hat{L}_2\sin\hat{L}_4\sin\hat{L}_6\sin\hat{L}_8}-1=0\end{array}\right\}$$

(6)单位权中误差为

$$\hat{\sigma}_0=\sqrt{\frac{V^{\mathrm{T}}PV}{r}}=0.80''$$

(7)平差值 $\hat{L}$ 的协因数矩阵为

$$Q_{\hat{L}}=Q-QAN_{aa}^{-1}AQ$$

$$=\begin{bmatrix}0.6192 & -0.1156 & -0.1637 & 0.1626 & 0.1167 & -0.1166 & -0.1627 & -0.3399\\ -0.1156 & 0.6097 & -0.3123 & -0.1859 & -0.1115 & 0.1114 & 0.1860 & -0.1818\\ -0.1637 & -0.3123 & 0.3678 & 0.1248 & -0.1803 & 0.1808 & -0.1253 & 0.1082\\ 0.1626 & -0.1859 & 0.1248 & 0.3824 & -0.3213 & -0.1792 & 0.1181 & -0.1015\\ 0.1167 & -0.1115 & -0.1803 & -0.3213 & 0.6131 & -0.1130 & -0.1788 & 0.1751\\ -0.1166 & 0.1114 & 0.1808 & -0.1792 & -0.1130 & 0.6129 & -0.3206 & -0.1756\\ -0.1627 & 0.1860 & -0.1253 & 0.1181 & -0.1788 & -0.3206 & 0.3813 & 0.1020\\ -0.3399 & -0.1818 & 0.1082 & -0.1015 & 0.1751 & -0.1756 & 0.1020 & 0.4315\end{bmatrix}$$

(8)计算平差值函数的协因数,即

$$Q_F=G_L^{\mathrm{T}}Q_{\hat{L}}G_L=1.1793$$

(9)平差后边长 AD 的相对中误差为

$$\hat{\sigma}_F=\frac{\hat{\sigma}_{\hat{S}_{AD}}}{S_{AD}}\rho=\hat{\sigma}_0\sqrt{Q_F}=0.8688''$$

$$\frac{\hat{\sigma}_{\hat{S}_{AD}}}{S_{AD}}=\frac{\hat{\sigma}_F}{\rho}=\frac{0.8688}{206265}=\frac{1}{237000}$$

3.2 导线网平差

导线网的观测元素是角度和边长,所以导线网也是一种边角网。因其具有布设灵活、要求通视方向少等优点,加之全站仪的日益普及,其应用越来越广泛。导线分为单一导线和导线网

两种。单一导线分为单一附合导线和单一闭合导线，而导线网均是由单一附合导线和单一闭合导线组成的。图 3.11 所示的导线网就是由附合导线及闭合导线构成的网状形式。

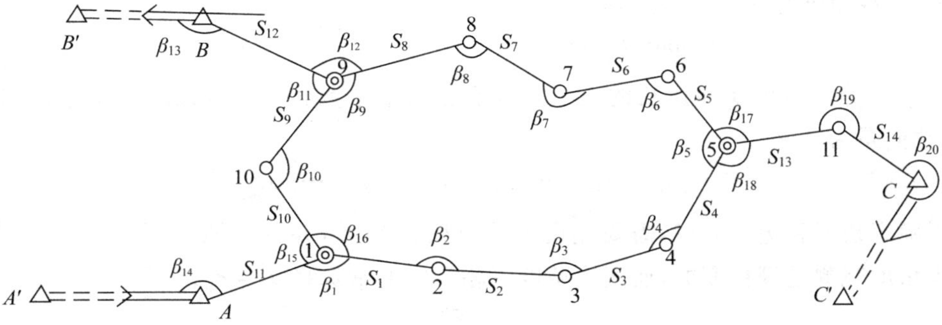

图 3.11　导线网

3.2.1　导线网间接平差

导线网的误差方程分为两大类，即角度观测值的误差方程和边长观测值的误差方程。设待定点坐标为参数，列立误差方程就是建立坐标和角度及坐标和边长的函数关系，与边角三角网坐标平差时的误差方程相类似。

1. 函数模型

在图 3.11 所示的导线网中，点 A、B、C 为带有固定方向的已知点，点 1～11 均为待定点。设以网中全部待定点坐标为参数，则可按照式(3.14)和式(3.17)得到观测角度 β_i 和观测边长 S_i 的误差方程。下面以 β_1、β_8 和 S_7、S_{11} 为例写出误差方程的具体形式。

角度观测值 β_1、β_8 的误差方程式为

$$\left.\begin{aligned}
&v_{\beta_1}=(a_{1A}-a_{12})\hat{x}_1+(b_{1A}-b_{12})\hat{y}_1+a_{12}\hat{x}_2+b_{12}\hat{y}_2-f_{\beta_1}\\
&-f_{\beta_1}=\beta_1^0-\beta_1\\
&v_{\beta_8}=a_{87}\hat{x}_7+b_{87}\hat{y}_7+(a_{89}-a_{87})\hat{x}_8+(b_{89}-b_{87})\hat{y}_8-a_{89}\hat{x}_9-b_{89}\hat{y}_9-f_{\beta_8}\\
&-f_{\beta_8}=\beta_8^0-\beta_8
\end{aligned}\right\}\tag{3.39}$$

式中，a_{jk}、b_{jk} 为方向系数，即

$$a_{jk}=\frac{\rho\Delta Y_{jk}^0}{(S_{jk}^0)^2\times 100},\quad b_{jk}=-\frac{\rho\Delta X_{jk}^0}{(S_{jk}^0)^2\times 100}$$

已知点坐标改正数为 0(如 $\hat{x}_A=\hat{y}_A=0$)，边长观测值的误差方程式为

$$\left.\begin{aligned}
&v_{S_7}=\frac{\Delta X_{87}^0}{S_7^0}\hat{x}_7+\frac{\Delta Y_{87}^0}{S_7^0}\hat{y}_7-\frac{\Delta X_{87}^0}{S_7^0}\hat{x}_8-\frac{\Delta Y_{87}^0}{S_7^0}\hat{y}_8-f_{S_7}\\
&-f_{S_7}=S_7^0-S_7\\
&v_{S_{11}}=-\frac{\Delta X_{1A}^0}{S_{11}^0}\hat{x}_1-\frac{\Delta Y_{1A}^0}{S_{11}^0}\hat{y}_1-f_{S_{11}}\\
&-f_{S_{11}}=S_{11}^0-S_{11}
\end{aligned}\right\}\tag{3.40}$$

式中，β_i、S_i 是观测值，β_i^0、S_i^0 是由观测值计算的近似值。

2. 随机模型

导线测量的随机模型是由角度和边长的方差矩阵构成的，且各角度和边长观测值相互间是独立的，其权矩阵是一个对角矩阵，即

$$\underset{n\times n}{\boldsymbol{P}}=\mathrm{diag}(p_{\beta_1},p_{\beta_2},\cdots,p_{\beta_{n_1}},p_{S_1},p_{S_2},\cdots,p_{S_{n_2}}) \tag{3.41}$$

式中，p_{β_i}、p_{S_i} 分别为角度和边长的权，n_1 为角度测量个数，n_2 为边长测量个数。误差方程中，改正数向量为

$$\boldsymbol{V}=[v_{\beta_1}\quad v_{\beta_2}\quad\cdots\quad v_{\beta_{n_1}}\quad v_{S_1}\quad v_{S_2}\quad\cdots\quad v_{S_{n_2}}]^{\mathrm{T}}$$

为了确定角度和边长的权，需要先设定单位权方差 σ_0^2，并且已知 σ_β^2 和 σ_S^2。在边角网中，一般认为角度观测是等精度的，而测边精度不相等。通常选择 $\sigma_0^2=\sigma_\beta^2$，于是

$$\left.\begin{aligned}p_{\beta_i}&=\frac{\sigma_0^2}{\sigma_{\beta_i}^2}\\p_{S_i}&=\frac{\sigma_0^2}{\sigma_{S_i}^2}\end{aligned}\right\} \tag{3.42}$$

则导线网观测值的权矩阵为

$$\boldsymbol{P}=\mathrm{diag}(1,\ 1,\ \cdots,\ 1,\ p_{S_1},\ p_{S_2},\ \cdots,\ p_{S_n})$$

角度和边长的中误差按标称精度或者经验值得到。严格地讲，以上定权方法属于近似的方法，严密的方法是方差分量估计法。

精度评定的方法与间接平差相同。其中，单位权方差估值 $\hat{\sigma}_0=\sqrt{([P_\beta v_\beta v_\beta]+[P_S v_S v_S])/r}$。下面以一个算例说明导线网间接平差的具体步骤。

例 3.4 在图 3.12 所示的单一附合导线中，已知数据和观测值列于表 3.14 和表 3.15 中，并已知测角中误差 $\sigma_\beta=2''$，距离观测中误差根据测距标称精度取 $\sigma_{S_i}=0.5\sqrt{S_i}$ (mm)，S_i 以 m 为单位。试按间接平差法求：

(1)待定点坐标的平差值。

(2)待定点的点位精度。

(3)平差后 S_2 边的边长相对中误差。

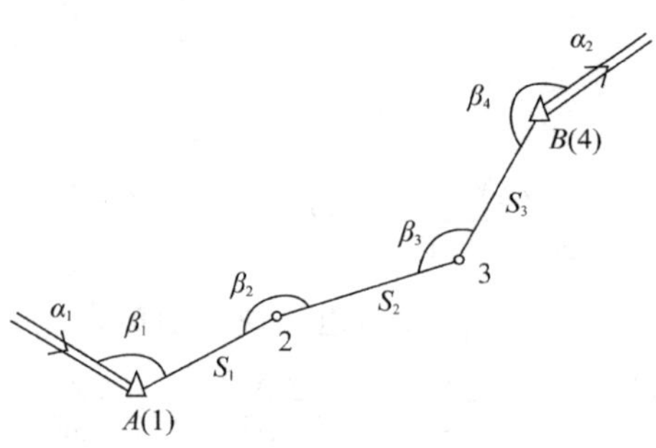

图 3.12 单一附合导线示意

表 3.14 已知数据

点号	坐标/m		坐标方位角
	X	Y	
A	7 877.561	1 502.328	$\alpha_1=103°56'24''$
B	8 628.206	2 002.184	$\alpha_2=60°20'06''$

表 3.15　观测值

角号	水平角观测值/(°　′　″)	边号	距离观测值/m
1	120　41　24	1	258.903
2	192　57　14	2	300.509
3	131　25　50	3	410.365
4	231　19　08		

解:依据题意,$n=7$,必要观测数 $t=4$。选取 4 个待定点坐标平差值为参数,即 $\hat{\boldsymbol{X}}=[\hat{X}_2\quad \hat{Y}_2\quad \hat{X}_3\quad \hat{Y}_3]^{\mathrm{T}}$,建立 7 个误差方程,其中有 4 个角度误差方程、3 个边长误差方程。

(1)计算近似值。各边坐标方位角近似值、待定点近似坐标见表 3.16。

表 3.16　方向系数计算

编号	观测角 β_i/(°　′　″)	坐标方位角 α^0/(°　′　″)	观测边长 S/m	近似坐标 X^0/m	近似坐标 Y^0/m	近似边长 S^0/m	$\cos\alpha^0$	$\sin\alpha^0$	S^0-S/mm	a/((″)/mm)	b/((″)/mm)
A'		103 56 24									
A(1)	120 41 24			7 877.561	1 502.328						
		44 37 48	258.903			258.903	0.711 7	0.702 5	0	0.559 7	−0.567 0
2	192 57 14			8 061.811	1 684.214						
		57 35 02	300.509			300.509	0.536 1	0.844 2	0	0.579 4	−0.368 0
3	131 25 50			8 222.903	1 937.897						
		9 00 46	410.365			410.370	0.987 7	0.156 7	5	0.078 8	−0.496 5
B(4)	231 19 08	60 20 06		8 628.206	2 002.184						
B'											

注:$a_{jk}=\dfrac{\rho\Delta Y_{jk}^0}{(S_{jk}^0)^2}=\dfrac{\rho\sin\alpha_{jk}^0}{S_{jk}^0},b_{jk}=-\dfrac{\rho\Delta X_{jk}^0}{(S_{jk}^0)^2}=-\dfrac{\rho\cos\alpha_{jk}^0}{S_{jk}^0}$。

(2)确定观测角度和边长的权。设单位权中误差 $\sigma_0=2''$,则角度观测值的权为 $P_{\beta_i}=\sigma_0^2/\sigma_\beta^2=1$,各导线边长的权为 $P_{S_i}=\sigma_0^2/\sigma_{S_i}^2=16/S_i(('')/\mathrm{mm})^2$,各个观测值的权见表 3.17,即

$$\boldsymbol{P}=\mathrm{diag}(1,\ 1,\ 1,\ 1,\ 0.062,\ 0.053,\ 0.039)$$

表 3.17　误差方程、观测值的权及改正数

类型	编号	$\hat{x}_2$	$\hat{y}_2$	$\hat{x}_3$	$\hat{y}_3$	$-f$	$\boldsymbol{P}$	$\boldsymbol{V}$/(″)
角度	1	−0.559 7	0.567 0	0	0	0	1	−1.4
	2	1.139 1	−0.935 0	−0.579 4	0.368 0	0	1	0.3
	3	−0.579 4	0.368 0	0.658 2	−0.864 5	−6	1	2.2
	4	0	0	−0.078 8	0.496 5	12	1	4.9
边长	1	0.711 7	0.702 5	0	0	0	0.062	−5.0
	2	−0.536 1	−0.844 2	0.536 1	0.844 2	0	0.053	−11.7
	3	0	0	−0.987 7	−0.156 7	5	0.039	14.5
$\hat{\boldsymbol{x}}$/mm		−2.3	−4.8	−7.2	−15.5			
$\boldsymbol{X}^0$/m		8 061.811	1 684.214	8 222.903	1 937.897			

(3)按照式(3.39)、式(3.40)计算方向系数,并建立误差方程,见表 3.17,即

$$V=\begin{bmatrix}-0.5597 & 0.5670 & 0 & 0\\ 1.1391 & -0.9350 & -0.5794 & 0.3680\\ -0.5794 & 0.3680 & 0.6582 & -0.8645\\ 0 & 0 & -0.0788 & 0.4965\\ 0.7117 & 0.7025 & 0 & 0\\ -0.5361 & -0.8442 & 0.5361 & 0.8442\\ 0 & 0 & -0.9877 & -0.1567\end{bmatrix}\begin{bmatrix}\hat{x}_2\\ \hat{y}_2\\ \hat{x}_3\\ \hat{y}_3\end{bmatrix}-\begin{bmatrix}0\\ 0\\ 6\\ -12\\ 0\\ 0\\ -5\end{bmatrix}$$

$$P=\mathrm{diag}(1,\ 1,\ 1,\ 1,\ 0.062,\ 0.053,\ 0.039)$$

(4)法方程的组成和解算。组成法方程 $N_{bb}\hat{x}-B^{\mathrm{T}}Pf=0$,得

$$\begin{bmatrix}1.9932 & -1.5406 & -1.0566 & 0.8961\\ -1.5406 & 1.3995 & 0.7600 & -0.7000\\ -1.0566 & 0.7600 & 0.8284 & -0.7913\\ 0.8961 & -0.7000 & -0.7913 & 1.1680\end{bmatrix}\begin{bmatrix}\hat{x}_2\\ \hat{y}_2\\ \hat{x}_3\\ \hat{y}_3\end{bmatrix}-\begin{bmatrix}-3.4764\\ 2.2080\\ 5.0874\\ -11.1144\end{bmatrix}=0$$

系数矩阵 $N_{bb}=B^{\mathrm{T}}PB$ 的逆矩阵为

$$Q_{\hat{X}}=N_{bb}^{-1}=\begin{bmatrix}6.2451 & 5.0288 & 4.6878 & 1.3985\\ 5.0288 & 5.4765 & 2.3797 & 1.0362\\ 4.6878 & 2.3797 & 8.3039 & 3.4555\\ 1.3985 & 1.0362 & 3.4555 & 2.7454\end{bmatrix}$$

解法方程得 $\hat{x}=N_{bb}^{-1}B^{\mathrm{T}}Pf$,结果见表 3.17 的 $\hat{x}$ 行。

(5)平差值计算。计算坐标平差值时,将表 3.17 中的坐标改正数 $\hat{x}$ 加上近似值 X^0,即得平差值 $\hat{X}$,结果见表 3.18。计算观测值的平差值时,将算得的坐标改正数 $\hat{x}$ 回代误差方程,得角度和边长改正数 V,见表 3.17,再将改正数 V 与观测值相加,即得观测值的平差值,结果见表 3.18。

表 3.18　观测值的平差值、待定点坐标平差值

角号	水平角平差值 /(° ′ ″)	点号	$\hat{X}$/m	$\hat{Y}$/m	边号	$\hat{S}$/m
1	120 41 22	1	7 877.561	1 502.328	1	258.898
2	192 57 14	2	8 061.809	1 684.209	2	300.497
3	131 25 52	3	8 222.896	1 937.882	3	410.380
4	231 19 13	4	8 628.206	2 002.184		

(6)精度评定。单位权中误差为

$$\hat{\sigma}_0=\sqrt{\frac{V^{\mathrm{T}}PV}{n-t}}=\sqrt{\frac{[p_\beta v_\beta v_\beta]+[p_S v_S v_S]}{r}}=4.0''$$

由 N_{bb}^{-1} 可得到未知数的协因数[单位为 $\mathrm{mm}^2/('')^2$]为

$$Q_{\hat{X}_2}=6.2451,\quad Q_{\hat{Y}_2}=5.4765,\quad Q_{\hat{X}_3}=8.3039,\quad Q_{\hat{Y}_3}=2.7454$$

各点的点位中误差为

$$\hat{\sigma}_2=\hat{\sigma}_0\sqrt{Q_{\hat{X}_2}+Q_{\hat{Y}_2}}=13.7\ \mathrm{mm},\quad \hat{\sigma}_3=\hat{\sigma}_0\sqrt{Q_{\hat{X}_3}+Q_{\hat{Y}_3}}=13.3\ \mathrm{mm}$$

(7)计算 S_2 边的相对中误差,由表3.17可以得到参数函数的系数矩阵为

$$\boldsymbol{G}^{\mathrm{T}}=[-0.5361 \quad -0.8442 \quad 0.5361 \quad 0.8442]$$

则根据协因数传播律得参数的协因数为 $Q_{\hat{S}_2}=\boldsymbol{G}^{\mathrm{T}}\boldsymbol{Q}_{\hat{X}}\boldsymbol{G}=10.1291$,则 S_2 的中误差为

$$\hat{\sigma}_{S_2}=\hat{\sigma}_0\sqrt{Q_{\hat{S}_2}}=12.7\ \mathrm{mm}$$

S_2 的相对中误差为

$$\frac{\hat{\sigma}_{S_2}}{S_2}=\frac{12.7}{300497}=\frac{1}{23600}$$

3.2.2　导线网的三维联合间接平差

随着全站仪的普及应用及外业数据采集的边角一体化,传统的对平面和高程分开进行平差处理的做法在实际工作中已显得麻烦。在导线测量中可以将水平角、斜距、高度角放在一起考虑,进行三维导线平差。下面以间接平差为例,讨论三维导线网间接平差的有关理论和方法。

1.三维导线测量原理

如图3.13所示,将全站仪安置于测站点 j,则目标点 k 的坐标可由下式求得,即

$$\left.\begin{aligned}X_k&=X_j+S\sin Z\cos\alpha_{jk}\\Y_k&=Y_j+S\sin Z\sin\alpha_{jk}\\H_k&=H_j+S\cos Z+i-f\end{aligned}\right\}\tag{3.43}$$

式中,S 为仪器至反射棱镜之间的斜距,Z 为天顶距,α 为方位角,i 为仪器高,f 为目标高。

2.平差原理

三维导线的观测元素有水平角、斜距、天顶距或高度角。下面分别叙述这几类观测值的误差方程列立方法。

1)水平角误差方程

如图3.14所示,j、k、h 为三个待定控制点,设它们的三维坐标平差值为$(\hat{X}_j,\hat{Y}_j,\hat{H}_j)$、$(\hat{X}_k,\hat{Y}_k,\hat{H}_k)$、$(\hat{X}_h,\hat{Y}_h,\hat{H}_h)$,它们的近似坐标为$(X_j^0,Y_j^0,H_j^0)$、$(X_k^0,Y_k^0,H_k^0)$、$(X_h^0,Y_h^0,H_h^0)$,对应近似坐标的改正数为 $\hat{x}_j$、$\hat{y}_j$、$\hat{h}_j$、$\hat{x}_k$、$\hat{y}_k$、$\hat{h}_k$、$\hat{x}_h$、$\hat{y}_h$、$\hat{h}_h$,且有下列关系式成立,即

$$\left.\begin{aligned}\hat{X}_i&=X_i^0+\hat{x}_i\\\hat{Y}_i&=Y_i^0+\hat{y}_i\\\hat{H}_i&=H_i^0+\hat{h}_i\end{aligned}\right\}\tag{3.44}$$

式中,$i=j,k,h$。若以某点坐标或高程为已知的起算点,则相应的改正数为0。设 $\hat{\alpha}_{jh}$、$\hat{\alpha}_{jk}$ 分别为 $j'h'$ 和 $j'k'$ 方向的方位角平差值,α_{jh}^0、α_{jk}^0 分别为其近似值,根据图3.14可以写出

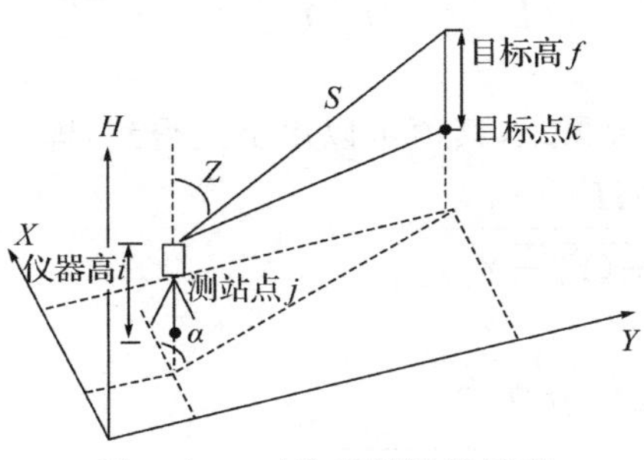

图3.13　三维坐标测量示意

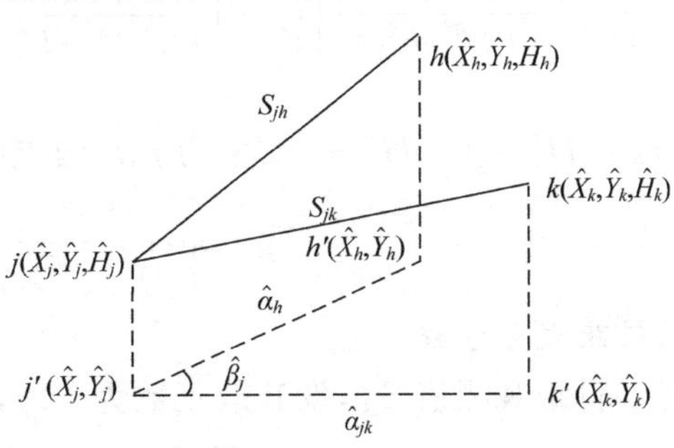

图3.14　待定点示意

$$\left.\begin{aligned}
\hat{\alpha}_{jh}&=\arctan\frac{\hat{Y}_h-\hat{Y}_j}{\hat{X}_h-\hat{X}_j}\\
\hat{\alpha}_{jk}&=\arctan\frac{\hat{Y}_k-\hat{Y}_j}{\hat{X}_k-\hat{X}_j}\\
\hat{\alpha}_{jh}^0&=\arctan\frac{\Delta Y_{jh}^0}{\Delta X_{jh}^0}=\arctan\frac{Y_h^0-Y_j^0}{X_h^0-X_j^0}\\
\hat{\alpha}_{jk}^0&=\arctan\frac{\Delta Y_{jk}^0}{\Delta X_{jk}^0}=\arctan\frac{Y_k^0-Y_j^0}{X_k^0-X_j^0}
\end{aligned}\right\}\tag{3.45}$$

将式(3.45)代入式(3.43),将等式右端按泰勒级数展开并保留零次项和一次项,经整理得线性化公式为

$$\left.\begin{aligned}
\hat{\alpha}_{jh}&=\hat{\alpha}_{jh}^0+\frac{\rho\Delta Y_{jh}^0}{(L_{jh}^0)^2}\hat{x}_j-\frac{\rho\Delta X_{jh}^0}{(L_{jh}^0)^2}\hat{y}_j-\frac{\rho\Delta Y_{jh}^0}{(L_{jh}^0)^2}\hat{x}_h+\frac{\rho\Delta X_{jh}^0}{(L_{jh}^0)^2}\hat{y}_h\\
\hat{\alpha}_{jk}&=\hat{\alpha}_{jk}^0+\frac{\rho\Delta Y_{jk}^0}{(L_{jk}^0)^2}\hat{x}_j-\frac{\rho\Delta X_{jk}^0}{(L_{jk}^0)^2}\hat{y}_j-\frac{\rho\Delta Y_{jk}^0}{(L_{jk}^0)^2}\hat{x}_k+\frac{\rho\Delta X_{jk}^0}{(L_{jk}^0)^2}\hat{y}_k
\end{aligned}\right\}\tag{3.46}$$

对于水平角观测值 β_j 来说,设其改正数为 v_{β_j},则其平差值方程为

$$\beta_j+v_{\beta_j}=\hat{\alpha}_{jk}-\hat{\alpha}_{jh}\tag{3.47}$$

将式(3.46)代入式(3.47),经整理可得水平角误差方程为

$$\begin{aligned}
v_{\beta_j}=&\left(\frac{\rho\Delta Y_{jk}^0}{(L_{jk}^0)^2}-\frac{\rho\Delta Y_{jh}^0}{(L_{jh}^0)^2}\right)\hat{x}_j-\left(\frac{\rho\Delta X_{jk}^0}{(L_{jk}^0)^2}-\frac{\rho\Delta X_{jh}^0}{(L_{jh}^0)^2}\right)\hat{y}_j-\frac{\rho\Delta Y_{jk}^0}{(L_{jk}^0)^2}\hat{x}_k+\\
&\frac{\rho\Delta X_{jk}^0}{(L_{jk}^0)^2}\hat{y}_k+\frac{\rho\Delta Y_{jh}^0}{(L_{jh}^0)^2}\hat{x}_h-\frac{\rho\Delta X_{jh}^0}{(L_{jh}^0)^2}\hat{y}_h-(-\hat{\alpha}_{jk}^0+\hat{\alpha}_{jh}^0+\beta_j)
\end{aligned}\tag{3.48}$$

式中,ΔX_{jk}^0、ΔY_{jk}^0 为 j、k 两点的近似平面坐标差,L_{jk}^0 为 j、k 两点的近似平距,并有

$$L_{jk}^0=\sqrt{(X_k^0-X_j^0)^2+(Y_k^0-Y_j^0)^2}\tag{3.49}$$

2)天顶距误差方程

对于天顶距观测值 Z_{jk},设其改正数为 $v_{Z_{jk}}$,则其平差值方程为

$$Z_{jk}+v_{Z_{jk}}=\operatorname{arccot}\frac{\hat{H}_k+f-\hat{H}_j-i}{\sqrt{(\hat{X}_k-\hat{X}_j)^2+(\hat{Y}_k-\hat{Y}_j)^2}}\tag{3.50}$$

同理,按照泰勒级数展开并保留线性项,经整理得天顶距误差方程为

$$\begin{aligned}
v_{Z_{jk}}=&-\left[\frac{\rho h_{jk}^0\Delta X_{jk}^0}{(L_{jk}^0)^3+L_{jk}^0(h_{jk}^0)^2}\right]\hat{x}_j-\left[\frac{\rho h_{jk}^0\Delta Y_{jk}^0}{(L_{jk}^0)^3+L_{jk}^0(h_{jk}^0)^2}\right]\hat{y}_j+\left[\frac{\rho L_{jk}^0}{(L_{jk}^0)^2+(h_{jk}^0)^2}\right]\hat{h}_j+\\
&\left[\frac{\rho h_{jk}^0\Delta X_{jk}^0}{(L_{jk}^0)^3+L_{jk}^0(h_{jk}^0)^2}\right]\hat{x}_k+\left[\frac{\rho h_{jk}^0\Delta Y_{jk}^0}{(L_{jk}^0)^3+L_{jk}^0(h_{jk}^0)^2}\right]\hat{y}_k-\left[\frac{\rho L_{jk}^0}{(L_{jk}^0)^2+(h_{jk}^0)^2}\right]\hat{h}_k-(-Z_{jk}^0+Z_{jk})
\end{aligned}\tag{3.51}$$

式中,$h_{jk}^0=H_k^0+f-H_j^0-i$,Z_{jk}^0 为 j、k 两点间的近似天顶距,其值可以由下式得到,即

$$Z_{jk}^0=\operatorname{arccot}\frac{H_k^0+f-H_j^0-i}{\sqrt{(X_k^0-X_j^0)^2+(Y_k^0-Y_j^0)^2}}\tag{3.52}$$

3)斜距误差方程

对于斜距观测值 S_{jk},设其改正数为 $v_{S_{jk}}$,则其平差值方程为

$$S_{jk}+v_{S_{jk}}=\sqrt{(\hat{X}_k-\hat{X}_j)^2+(\hat{Y}_k-\hat{Y}_j)^2+(\hat{H}_k+f-\hat{H}_j-i)^2}\tag{3.53}$$

将式(3.53)按照泰勒级数展开并保留线性项，经整理可得斜距误差方程为

$$v_{S_{jk}}=-\frac{\Delta X_{jk}^0}{S_{jk}^0}\hat{x}_j-\frac{\Delta Y_{jk}^0}{S_{jk}^0}\hat{y}_j-\frac{\Delta H_{jk}^0}{S_{jk}^0}\hat{h}_j+\frac{\Delta X_{jk}^0}{S_{jk}^0}\hat{x}_k+\frac{\Delta Y_{jk}^0}{S_{jk}^0}\hat{y}_k+\frac{\Delta H_{jk}^0}{S_{jk}^0}\hat{h}_k-(-S_{jk}^0+S_{jk}) \tag{3.54}$$

式中，S_{jk}^0 为 j、k 两点间的近似斜距，可以由下式得到，即

$$S_{jk}^0=\sqrt{(X_k^0-X_j^0)^2+(Y_k^0-Y_j^0)^2+(H_k^0+f-H_j^0-i)^2} \tag{3.55}$$

3. 观测值权的确定

在三维导线网中，由于边和角(水平角和高度角)观测精度不等，因此要合理地确定各个观测值的权。假设导线网中各边长观测、角度观测相互之间都是独立的，可以由下式分别确定各个观测值的权，即

$$\left.\begin{aligned}P_{\beta_i}&=\sigma_0^2/\sigma_{\beta_i}^2\\P_{Z_i}&=\sigma_0^2/\sigma_{Z_i}^2\\P_{S_i}&=\sigma_0^2/\sigma_{S_i}^2\end{aligned}\right\} \tag{3.56}$$

单位权中误差 σ_0^2 唯一，但可以任意选取。通过 3.3 节可知，在边角网中，权比是有量纲的，如以测角中误差为导线网平差中的单位权观测值中误差，角度观测值的权为无量纲量，而观测边长的权的单位是$('')^2/\mathrm{m}^2$，天顶距观测值的权与角度观测值的权的单位相同，即也是无量纲的。

例 3.5　在图 3.12 所示的单一附合导线中，A、B 两点的三维坐标及已知方位角为 A(7 877.561，1 502.328，100.153)、B(8 628.206，2 002.184，143.892)、$\alpha_1=103°56'24''$、$\alpha_2=60°20'06''$。为了确定待定点的三维坐标，进行了如下观测，观测数据列于表 3.19 中。已知水平角观测中误差 $\sigma_\beta=2''$，垂直角观测中误差 $\sigma_Z=3.4''$，距离观测中误差根据测距标称精度取 $\sigma_S=2$ mm。试对该导线网进行三维联合间接平差，并进行精度评定。

表 3.19　观测数据

角号	水平角观测值 /(° ′ ″)	测站点—目标点	测站高/m	目标高/m	天顶距观测值 /(° ′ ″)	边号	斜距观测值/m
1	120 41 24	1—2	1.414	1.430	86 46 45	1	259.313
2	192 57 14	2—3	1.523	1.430	92 27 34	2	300.786
3	131 25 50	3—4	1.478	1.430	84 10 03	3	412.500
4	231 19 08						

解：依据题意有 $n=10$，即有 10 个误差方程，其中有 4 个水平角误差方程、3 个天顶距误差方程和 3 个斜距误差方程。必要观测数 $t=3\times2=6$。现选取待定点坐标平差值为参数，即

$$\hat{\boldsymbol{X}}=\begin{bmatrix}\hat{X}_2 & \hat{Y}_2 & \hat{H}_2 & \hat{X}_3 & \hat{Y}_3 & \hat{H}_3\end{bmatrix}^{\mathrm{T}}$$

(1)计算待定点近似坐标。通过已知点 A(1)的三维坐标、已知方位角，并利用观测获得的水平角、边长、天顶距等依次推算 2、3 号点的三维近似坐标。其结果为

$$X_2^0=8\,061.811\,7\text{ m},\quad Y_2^0=1\,684.214\,3\text{ m},\quad H_2^0=114.706\,4\text{ m}$$

$$X_3^0=8\,222.903\,8\text{ m},\quad Y_3^0=1\,937.897\,1\text{ m},\quad H_3^0=101.892\,0\text{ m}$$

(2)建立误差方程。计算各水平角观测值、天顶距观测值、斜边观测值误差方程的系数和常数项，即系数矩阵 $\boldsymbol{B}$ 和常数项矩阵 $-\boldsymbol{f}$。误差方程为

$$
\boldsymbol{V}=\begin{bmatrix}
-559.7 & 566.9 & 0 & 0 & 0 & 0\\
1\,139 & -934.9 & 0 & -579.4 & 367.9 & 0\\
-579.4 & 367.9 & 0 & 658.17 & -864.4 & 0\\
0 & 0 & 0 & -78.74 & 496.4 & 0\\
31.81 & 31.39 & -794.2 & 0 & 0 & 0\\
15.78 & 24.84 & 685.1 & -15.78 & -24.84 & -685.1\\
0 & 0 & 0 & -50.23 & -7.966 & 497.4\\
0.711 & 0.701 & 0.056\,2 & 0 & 0 & 0\\
-0.535\,6 & -0.843\,4 & 0.042\,9 & 0.535\,6 & 0.843\,4 & -0.042\,9\\
0 & 0 & 0 & -0.982\,5 & -0.155\,8 & -0.101\,7
\end{bmatrix}
\begin{bmatrix}\hat{x}_2\\ \hat{y}_2\\ \hat{h}_2\\ \hat{x}_3\\ \hat{y}_3\\ \hat{h}_3\end{bmatrix}
-\begin{bmatrix}0\\0\\5.66\\-11.66\\0\\0\\16.45\\0\\0\\-0.007\,7\end{bmatrix}
$$

(3)确定观测值的权。取水平角观测中误差为单位权中误差,即 $\sigma_0=2''$,则水平角观测值、天顶距观测值、斜距观测值的权为 $P_{\beta_i}=\dfrac{\sigma_0^2}{\sigma_{\beta_i}^2}=1$,$P_{Z_i}=\dfrac{\sigma_0^2}{\sigma_{Z_i}^2}=0.346\,0$,$P_{S_i}=\dfrac{\sigma_0^2}{\sigma_{S_i}^2}=10^6('')^2/\text{m}^2$。

(4)法方程的组成和解算。列出法方程 $\boldsymbol{N}_{bb}\hat{\boldsymbol{x}}-\boldsymbol{B}^{\mathrm{T}}\boldsymbol{P}\boldsymbol{f}=\boldsymbol{0}$,即

$$
\begin{bmatrix}
2\,738\,732 & -644\,953 & 11\,938 & -1\,328\,331 & 468\,147 & 19\,242.8\\
-644\,952.7 & 2\,534\,768 & 478 & 332\,055.9 & -1\,373\,579 & 30\,303\\
11\,938.3 & 478 & 385\,656 & 19\,242.8 & 30\,303 & -164\,260.7\\
-1\,328\,331 & 332\,055.9 & 19\,242.8 & 2\,028\,295 & -216\,099 & 72\,035.8\\
468\,146.7 & -1\,373\,579 & 30\,303 & -216\,099.5 & 1\,864\,813 & -15\,824.9\\
19\,242.8 & 30\,303 & -164\,260.7 & 72\,035.8 & -15\,824.9 & 260\,223
\end{bmatrix}
\begin{bmatrix}\hat{x}_2\\ \hat{y}_2\\ \hat{h}_2\\ \hat{x}_3\\ \hat{y}_3\\ \hat{h}_3\end{bmatrix}
-\begin{bmatrix}-3\,279.4\\2\,082.5\\0\\11\,958\\-9\,520\\3\,617.9\end{bmatrix}=\boldsymbol{0}
$$

系数矩阵 $\boldsymbol{N}_{bb}=\boldsymbol{B}^{\mathrm{T}}\boldsymbol{P}\boldsymbol{B}$ 的逆矩阵为

$$
\boldsymbol{N}_{bb}^{-1}=10^{-6}\times\begin{bmatrix}
0.570\,58 & 0.075\,82 & -0.134\,85 & 0.366\,30 & -0.044\,79 & -0.240\,27\\
0.075\,82 & 0.674\,75 & -0.086\,62 & -0.005\,23 & 0.477\,85 & -0.108\,35\\
-0.134\,85 & -0.086\,60 & 3.616\,99 & -0.201\,85 & -0.092\,14 & 2.353\,48\\
0.366\,30 & -0.005\,23 & -0.201\,85 & 0.747\,57 & -0.008\,97 & -0.361\,38\\
-0.044\,79 & 0.477\,85 & -0.092\,14 & -0.008\,97 & 0.899\,47 & -0.053\,32\\
-0.240\,27 & -0.108\,35 & 2.353\,48 & -0.361\,38 & -0.053\,32 & 5.455\,62
\end{bmatrix}
$$

根据 $\hat{\boldsymbol{x}}=(\boldsymbol{N}_{bb})^{-1}\boldsymbol{B}^{\mathrm{T}}\boldsymbol{P}\boldsymbol{f}$,解得

$$\hat{\boldsymbol{x}}=[0.002\,22\quad -0.003\,84\quad 0.007\,24\quad 0.006\,50\quad -0.007\,72\quad 0.016\,5]^{\mathrm{T}}(\text{m})$$

$$\boldsymbol{V}=[-3.43\quad -0.48\quad 2.59\quad 7.31\quad -5.80\quad -6.31\quad -8.51\quad -0.000\,7\quad -0.001\,4\quad 0.000\,9]^{\mathrm{T}}$$

(5)平差值计算。计算坐标平差值时,将坐标改正数 $\hat{\boldsymbol{x}}$ 加上近似值 $\boldsymbol{X}^0$,即得平差值 $\hat{\boldsymbol{X}}$,结果见表 3.20。计算观测值的平差值时,将观测值改正数 $\boldsymbol{V}$ 与观测值相加,即得观测量的平差值,结果见表 3.20。

表 3.20 平差值结果

角号	水平角平差值/(° ′ ″)	测站点—目标点	天顶距平差值/(° ′ ″)	边号	斜距平差值/m	点号	X/m	Y/m	H/m
1	120 41 20.6	1—2	86 46 39.2	1	259.312	1	7 877.561 0	1 502.328 0	100.153 0
2	192 57 13.5	2—3	92 27 27.7	2	300.785	2	8 061.814 0	1 684.211 5	114.714 6
3	131 25 52.6	3—4	84 09 54.5	3	412.501	3	8 222.910 0	1 937.889 4	101.909 5
4	231 19 15.3					4	8 628.206 0	2 002.184 0	143.892 0

(6)精度评定。单位权中误差为

$$\hat{\sigma}_0=\sqrt{\frac{\boldsymbol{V}^{\mathrm{T}}\boldsymbol{PV}}{r}}=\sqrt{\frac{125.8}{4}}=5.6('')$$

有 $\hat{\sigma}_{\hat{X}_i}=\hat{\sigma}_0\sqrt{Q_{\hat{X}_i}}$，$\hat{\sigma}_{\hat{Y}_i}=\hat{\sigma}_0\sqrt{Q_{\hat{Y}_i}}$，$\hat{\sigma}_{\hat{H}_i}=\hat{\sigma}_0\sqrt{Q_{\hat{H}_i}}$，其中 $Q_{\hat{X}_i}$、$Q_{\hat{Y}_i}$、$Q_{\hat{H}_i}$ 可由法方程系数矩阵的逆矩阵计算，即

$$\hat{\sigma}_{\hat{X}_2}=0.0042\text{ m},\quad \hat{\sigma}_{\hat{Y}_2}=0.0046\text{ m},\quad \hat{\sigma}_{\hat{H}_2}=0.0107\text{ m}$$

$$\hat{\sigma}_{\hat{X}_3}=0.0048\text{ m},\quad \hat{\sigma}_{\hat{Y}_3}=0.0053\text{ m},\quad \hat{\sigma}_{\hat{H}_3}=0.0131\text{ m}$$

3.2.3　导线网条件平差

同三角网一样，导线网也可按照条件平差法求解，且结果与间接平差法一致，即以角度和边长为观测量建立条件方程。条件平差原理在第 2 章已详细介绍了，本节重点介绍导线网条件平差时条件方程建立的方法。

1. 单一导线的条件方程

导线测量的观测元素不仅有角度，还有边长。以单一附合导线为例，讨论其条件方程的列立方法。

图 3.15 所示是一条单一附合导线。点 A、B、C、D 是已知点，点 1、2、3 为待定点。设观测角为 $\beta_i(i=1,2,3,4,5)$，测角中误差为 σ_β，观测边长为 $S_i(i=1,2,3,4)$，测边中误差为 $\sigma_{S_i}(i=1,2,3,4)$。此导线共有 9 个观测值，3 个待定点，必要观测数为 6 个，则多余观测数为 3 个，应列立 3 个条件方程。一个导线网的必要起算数据与测边网一样是 3 个，即一个点的已知坐标和一条边的已知方位角，而该导线起算数据多于 3 个，所以这 3 个条件方程应为附合条件方程，即 1 个方位角条件方程，以及纵坐标、横坐标条件方程各 1 个。

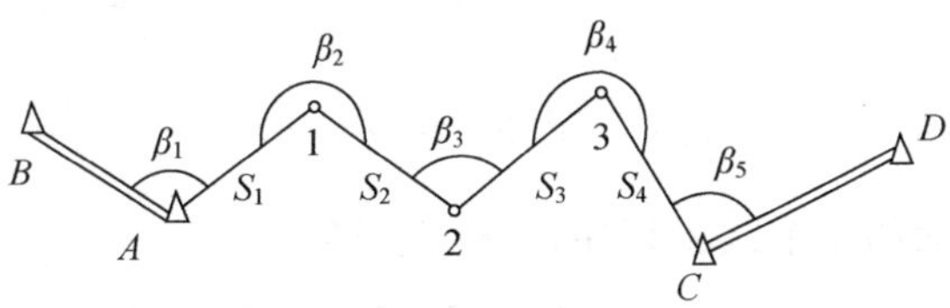

图 3.15　单一附合导线

1)方位角条件方程

方位角条件方程的列立与三角网完全相同，可直接写出

$$\alpha_{BA}+\hat{\beta}_1+\hat{\beta}_2+\hat{\beta}_3+\hat{\beta}_4+\hat{\beta}_5-\alpha_{CD}-5\times180^\circ=0 \tag{3.57}$$

或

$$\sum_{i=1}^{5}v_{\beta_i}-f_\alpha=0 \tag{3.58}$$

式中，$-f_\alpha=\alpha_{BA}-\alpha_{CD}+\sum_{i=1}^{5}\beta_i-5\times180^\circ$。

2)纵坐标、横坐标条件方程

设以 $\Delta\hat{x}_i$、$\Delta\hat{y}_i$ 分别表示图中各导线边的纵坐标、横坐标增量平差值，由图 3.15 可以写出以坐标增量平差值表示的纵坐标、横坐标条件方程为

$$\left.\begin{aligned}x_C&=x_A+\sum_{i=1}^{4}\Delta\hat{x}_i=x_A+\sum_{i=1}^{4}\Delta x_i+\sum_{i=1}^{4}v_{\Delta x_i}\\y_C&=y_A+\sum_{i=1}^{4}\Delta\hat{y}_i=y_A+\sum_{i=1}^{4}\Delta y_i+\sum_{i=1}^{4}v_{\Delta y_i}\end{aligned}\right\}$$

令 $-f_x=\sum_{i=1}^{4}\Delta x_i-(x_C-x_A)$，$-f_y=\sum_{i=1}^{4}\Delta y_i-(y_C-y_A)$，则 $\sum_{i=1}^{4}v_{\Delta x_i}-f_x=0$，$\sum_{i=1}^{4}v_{\Delta y_i}-f_y=0$，以微分量代替改正数，得

$$\sum_{i=1}^{4}v_{\Delta x_i}=\mathrm{d}\Delta x_1+\mathrm{d}\Delta x_2+\mathrm{d}\Delta x_3+\mathrm{d}\Delta x_4$$

而

$$\mathrm{d}\Delta x_1=\mathrm{d}(S_1\cos\alpha_1)=\cos\alpha_1\mathrm{d}S_1-S_1\sin\alpha_1\frac{\mathrm{d}\alpha_1}{\rho}$$

因 $\alpha_1=\alpha_{BA}+\beta_1$，故 $\mathrm{d}\alpha_1=\mathrm{d}\beta_1$，则

$$\mathrm{d}\Delta x_1=\mathrm{d}(S_1\cos\alpha_1)=\cos\alpha_1\mathrm{d}S_1-(y_1-y_A)\frac{\mathrm{d}\beta_1}{\rho}$$

同理可得

$$\mathrm{d}\Delta x_2=\mathrm{d}(S_2\cos\alpha_2)=\cos\alpha_2\mathrm{d}S_2-(y_2-y_1)\left(\frac{\mathrm{d}\beta_1+\mathrm{d}\beta_2}{\rho}\right)$$

$$\mathrm{d}\Delta x_3=\mathrm{d}(S_3\cos\alpha_3)=\cos\alpha_3\mathrm{d}S_3-(y_3-y_2)\left(\frac{\mathrm{d}\beta_1+\mathrm{d}\beta_2+\mathrm{d}\beta_3}{\rho}\right)$$

$$\mathrm{d}\Delta x_4=\mathrm{d}(S_4\cos\alpha_4)=\cos\alpha_4\mathrm{d}S_4-(y'_C-y_3)\left(\frac{\mathrm{d}\beta_1+\mathrm{d}\beta_2+\mathrm{d}\beta_3+\mathrm{d}\beta_4}{\rho}\right)$$

上面的 4 个式子相加，经整理，得

$$\begin{aligned}&\cos\alpha_1v_{S_1}+\cos\alpha_2v_{S_2}+\cos\alpha_3v_{S_3}+\cos\alpha_4v_{S_4}-\\&\frac{y'_C-y_A}{\rho}v_{\beta_1}-\frac{y'_C-y_1}{\rho}v_{\beta_2}-\frac{y'_C-y_2}{\rho}v_{\beta_3}-\frac{y'_C-y_3}{\rho}v_{\beta_4}-f_x=0\end{aligned}\tag{3.59}$$

同理，可以导出横坐标改正数条件方程为

$$\begin{aligned}&\sin\alpha_1v_{S_1}+\sin\alpha_2v_{S_2}+\sin\alpha_3v_{S_3}+\sin\alpha_4v_{S_4}+\\&\frac{x'_C-x_A}{\rho}v_{\beta_1}+\frac{x'_C-x_1}{\rho}v_{\beta_2}+\frac{x'_C-x_2}{\rho}v_{\beta_3}+\frac{x'_C-x_3}{\rho}v_{\beta_4}-f_y=0\end{aligned}\tag{3.60}$$

以上是对 3 个待定点的附合导线推导的条件方程，其中 x'_C、y'_C 是由观测数据计算所得的C点近似坐标。仿照上式推导，可以将导线的纵坐标、横坐标条件方程扩展为一般形式。

图 3.16 所示的单一附合导线，纵坐标、横坐标条件方程的一般形式为

$$\left.\begin{aligned}&\sum_{i=1}^{n}\cos\alpha_iv_{S_i}-\frac{1}{\rho}\sum_{i=1}^{n}(y'_C-y_i)v_{\beta_i}-f_x=0\\&\sum_{i=1}^{n}\sin\alpha_iv_{S_i}+\frac{1}{\rho}\sum_{i=1}^{n}(x'_C-x_i)v_{\beta_i}-f_y=0\end{aligned}\right\}\tag{3.61}$$

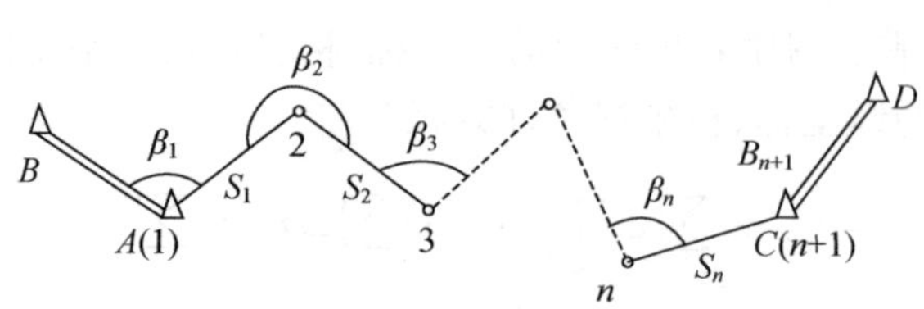

图 3.16 单一附合导线一般形式

条件方程的常数项为

$$\left.\begin{aligned}-f_x=x_A+\sum_{i=1}^{n}\Delta x_i-x_C=x'_C-x_C\\-f_y=y_A+\sum_{i=1}^{n}\Delta y_i-y_C=y'_C-y_C\end{aligned}\right\}\tag{3.62}$$

式中，x_i、y_i 是由观测值计算的各导线点的近似坐标。

为了统一单位，计算时 v_{β_i} 以(″)为单位，v_{S_i} 和 f_x、f_y 以 cm 为单位。如果 x、y 以 m 为单位，则 ρ 取值为 2 062.65。

若单一附合导线 A 和 C 点重合，则形成闭合导线。条件方程仍然为 3 个，其中方位角条件方程实际就成为图形条件方程，纵坐标、横坐标条件方程就是从任意一点出发，沿导线回到原出发点，其计算坐标值和原坐标值相等，或者称为纵坐标、横坐标增量条件方程。按上述规律，只需将起点、终点坐标值转换一致，即可直接写出闭合导线的条件方程。随机模型的建立同导线网的间接平差，这里不再赘述。函数模型和随机模型建立后，即可按照条件平差的计算公式求解平差值，并进行精度评定。

例 3.6　在图 3.17 所示的单一闭合导线中，A、B 为已知点，起算数据和观测数据列于表 3.21 和表 3.22 中。已知测角中误差为 3″，测边中误差为 $\sigma_{S_i}=0.3\sqrt{S_i}$，其中，$S_i$ 以 m 为单位，σ_{S_i} 以 cm 为单位。试按条件平差法求各待定点坐标的平差值及平差后 S_3 边的边长相对中误差。

表 3.21　起算数据

点号	已知坐标/m	
	X	Y
A	3 785 237.159	38 391 947.554
B	3 784 836.009	38 390 827.159

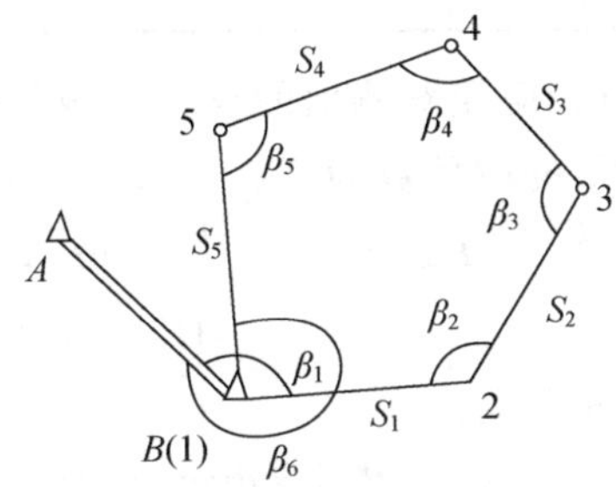

图 3.17　单一闭合导线

表 3.22　观测数据

角号	水平角观测值 /(°　′　″)	边号	距离观测值/m
β_1	195　23　06	S_1	201.608
β_2	108　26　36	S_2	263.236
β_3	84　10　34	S_3	240.601
β_4	135　49　03	S_4	200.410
β_5	90　06　02	S_5	231.305
β_6	286　05　00		

解：(1)计算近似值。根据起算数据、观测数据计算近似方位角、近似坐标，结果见表 3.23 和表 3.24。

表 3.23　近似方位角、边长

点号	角度观测值 /(°　′　″)	方位角近似值 /(°　′　″)	观测边长/m	cos α	sin α
A		250　18　02			
B(1)	195　23　06	265　41　08	201.608	−0.075 2	−0.997 2

续表

点号	角度观测值 /(° ′ ″)	方位角近似值 /(° ′ ″)	观测边长/m	cos α	sin α
2	108 26 36	194 07 44	263.236	−0.969 7	−0.244 1
3	84 10 34	98 18 18	240.601	−0.144 4	0.989 5
4	135 49 03	54 07 21	200.410	0.586 1	0.810 3
5	90 06 02	324 13 23	231.305	0.811 3	−0.584 6
B(1)	286 05 00				

表 3.24 近似坐标

点号	Δx^0/m	Δy^0/m	x^0/m	y^0/m
A				
B(1)	−15.167	−201.037	3 784 836.009	38 390 827.159
2	−255.273	−64.257	3 784 820.842	38 390 626.122
3	−34.753	238.078	3 784 565.569	38 390 561.865
4	117.451	162.387	3 784 530.816	38 390 799.943
5	187.657	−135.228	3 784 648.267	38 390 962.330
B(1)			3 784 835.924	3 839 0827.102

(2)确定观测值的权。令测角中误差为单位权中误差,则按照权的定义可得 $P_\beta=1$,边长观测值的权倒数为 $P_{S_i}^{-1}=\sigma_{S_i}^2/\sigma_\beta^2=0.01S_i\,('')^2/\text{cm}^2$,即

$$P_{S_1}^{-1}=2.01\ ('')^2/\text{cm}^2,\quad P_{S_2}^{-1}=2.01\ ('')^2/\text{cm}^2,\quad P_{S_3}^{-1}=2.40\ ('')^2/\text{cm}^2,$$
$$P_{S_4}^{-1}=2.00\ ('')^2/\text{cm}^2,\quad P_{S_5}^{-1}=2.31\ ('')^2/\text{cm}^2$$

权逆矩阵为

$$\boldsymbol{P}^{-1}=\text{diag}(2.01,\ 2.63,\ 2.40,\ 2.00,\ 2.31,\ 1,\ 1,\ 1,\ 1,\ 1,\ 1)$$

(3)按照题意,共有 3 个条件方程,即需建立 1 个方位角条件方程,以及纵坐标、横坐标条件方程各 1 个。分别按照式(3.57)和式(3.61)建立对应条件方程。先计算条件方程的系数,见表 3.25。条件方程为

$$\boldsymbol{A}=\begin{bmatrix}0 & 0 & 0 & 0 & 0 & 1 & 1 & 1 & 1 & 1 & 1\\ -0.075 & -0.970 & -0.144 & 0.586 & 0.811 & 0 & -0.097 & -0.129 & -0.013 & 0.066 & 0\\ -0.997 & -0.244 & 0.990 & 0.810 & -0.585 & 0 & 0.007 & 0.131 & 0.148 & 0.091 & 0\end{bmatrix}$$

$$\boldsymbol{V}=\begin{bmatrix}v_{S_1} & v_{S_2} & v_{S_3} & v_{S_4} & v_{S_5} & v_{\beta_1} & v_{\beta_2} & v_{\beta_3} & v_{\beta_4} & v_{\beta_5} & v_{\beta_6}\end{bmatrix}$$

$$-\boldsymbol{f}=\begin{bmatrix}-21 & 8.5 & 5.7\end{bmatrix}^{\text{T}}$$

(4)组成和解算法方程。法方程为 $\boldsymbol{AP}^{-1}\boldsymbol{A}^{\text{T}}\boldsymbol{K}-\boldsymbol{f}=\boldsymbol{0}$,则

$$\boldsymbol{N}_{aa}=\boldsymbol{AQA}^{\text{T}}=\begin{bmatrix}-5.000 & -0.076 & 0.368\\ -0.076 & 4.772 & 0.270\\ 0.368 & 0.270 & 6.656\end{bmatrix}$$

求解得

$$\boldsymbol{K}=\boldsymbol{N}_{aa}^{-1}\boldsymbol{f}=\begin{bmatrix}-4.250 & 1.655 & 1.024\end{bmatrix}^{\text{T}}$$

(5)计算平差值,结果见表 3.25。按照 $\boldsymbol{V}=\boldsymbol{P}^{-1}\boldsymbol{A}^{\text{T}}\boldsymbol{K}$ 计算观测值改正数为

$$\boldsymbol{V}=\begin{bmatrix}-2.2274 & -4.7091 & 1.7998 & 3.4774 & 1.6548 & -3.5161 & -3.6644 & -3.5916 & -3.3906 & -3.3212 & -3.5161\end{bmatrix}^{\text{T}}$$

由 $\hat{\boldsymbol{L}}=\boldsymbol{L}+\boldsymbol{V}$ 计算观测值的平差值,结果见表 3.25。

表 3.25　条件方程系数、平差值

编号	序号	a	b	c	$\boldsymbol{P}^{-1}$	$\boldsymbol{V}$	平差值
角号	1	1	0.000 028	0.000 040	1	−4	195°23′02″
	2	1	−0.097 437	0.007 312	1	0	108°26′36″
	3	1	−0.128 590	0.131 072	1	−5	84°10′30″
	4	1	−0.013 167	0.147 920	1	−4	135°48′58″
	5	1	0.065 560	0.090 979	1	−4	90°05′58″
	6	1	0	0	1	−4	286°04′56″
边号	1	0	−0.075 230	−0.997 166	2.01	−2.3	201.585 m
	2	0	−0.969 749	−0.244 104	2.63	−4.8	263.188 m
	3	0	−0.144 443	0.989 513	2.40	1.7	240.618 m
	4	0	0.586 054	0.810 272	2.00	3.6	200.446 m
	5	0	0.811 299	−0.584 631	2.31	1.7	231.322 m
	f	21	−8.5	−5.7			

注：表中 a 列表示的是方位角条件方程的系数和常数项；b、c 列分别是纵坐标、横坐标条件方程的系数和常数项。

(6)利用各角度、边长的平差值及已知坐标推算待定点坐标，结果见表 3.26。

表 3.26　坐标平差值

点号	$\hat{\boldsymbol{X}}$/m	$\hat{\boldsymbol{Y}}$/m
1	3 784 820.840	38 390 626.145
2	3 784 820.840	38 390 626.146
3	3 784 565.612	38 390 561.906
4	3 784 530.866	38 390 800.002
5	3 784 648.348	38 390 962.411

(7)计算单位权中误差估值为

$$\hat{\sigma}_0=\sqrt{\boldsymbol{V}^{\mathrm{T}}\boldsymbol{PV}/r}=6.03$$

(8)计算观测值平差值的协因数，结果见表 3.27。计算公式为 $\boldsymbol{Q}_{\hat{L}}=\boldsymbol{Q}-\boldsymbol{Q}_V=\boldsymbol{Q}-\boldsymbol{QA}^{\mathrm{T}}\boldsymbol{N}_{aa}^{-1}\boldsymbol{AQ}$。

表 3.27　观测值平差值的协因数

编号	$\hat{S}_1$	$\hat{S}_2$	$\hat{S}_3$	$\hat{S}_4$	$\hat{S}_5$	$\hat{\beta}_1$	$\hat{\beta}_2$	$\hat{\beta}_3$	$\hat{\beta}_4$	$\hat{\beta}_5$	$\hat{\beta}_6$
$\hat{S}_1$	1.403	−0.230	0.712	0.505	−0.381	−0.022	0.001	0.016	0.022	0.006	−0.022
$\hat{S}_2$	−0.230	1.230	−0.006	0.743	0.892	0.003	−0.051	−0.056	0.007	0.044	0.003
$\hat{S}_3$	0.712	−0.006	1.507	−0.477	0.665	0.028	−0.012	−0.031	−0.026	0.002	0.028
$\hat{S}_4$	0.505	0.743	−0.477	1.348	−0.118	0.014	0.021	0.013	−0.018	−0.023	0.014
$\hat{S}_5$	−0.381	0.892	0.665	−0.118	1.252	−0.022	0.041	0.059	0.015	−0.029	−0.022
$\hat{\beta}_1$	−0.022	0.003	0.028	0.014	−0.022	0.799	0.000	−0.199	−0.199	−0.200	−0.201
$\hat{\beta}_2$	0.001	−0.051	−0.012	0.021	0.041	0.000	0.998	−0.002	0.000	0.002	0.000
$\hat{\beta}_3$	0.016	−0.056	−0.031	0.013	0.059	−0.199	−0.002	0.797	−0.201	−0.198	−0.199
$\hat{\beta}_4$	0.022	0.007	−0.026	−0.018	0.015	−0.199	0.000	−0.201	0.799	−0.200	−0.199
$\hat{\beta}_5$	0.006	0.044	0.002	−0.023	−0.029	−0.200	0.002	−0.198	−0.200	0.799	−0.200
$\hat{\beta}_6$	−0.022	0.003	0.028	0.014	−0.022	−0.201	0.000	−0.199	−0.199	−0.200	0.799

(9)计算 $\hat{S}_3$ 边长的相对中误差。$\hat{S}_3$ 的协因数可以由表 3.27 得到，为

$$Q_{\hat{S}_3\hat{S}_3}=1.507$$

故 $\hat{S}_3$ 的中误差为

$$\sigma_{\hat{S}_3}=\hat{\sigma}_0\sqrt{Q_{\hat{S}_3\hat{S}_3}}=1.23(\text{cm})$$

则 $\hat{S}_3$ 的相对中误差为

$$\frac{\sigma_{\hat{S}_3}}{\hat{S}_3}=\frac{1}{3\ 900}$$

2.导线网的条件方程

导线网是由若干条单一附合(或闭合)导线组合而成的，所以导线网的条件方程除了具有与单一导线相同的条件方程，如方位角条件方程(或图形条件方程)及纵坐标、横坐标条件方程(纵坐标、横坐标增量条件方程)外，还会有圆周条件方程。在图 3.11 所示的导线网中，观测总数 $n=34$，必要观测数 $t=2\times11=22$，多余观测数 $r=34-22=12$，即需要列立 12 个条件方程。由图 3.11 不难看出，各类条件方程个数为：

(1)方位角条件方程 3 个，即

$$\left.\begin{aligned}&v_{\beta_2}+v_{\beta_3}+v_{\beta_4}+v_{\beta_5}+v_{\beta_6}+v_{\beta_7}+v_{\beta_8}+v_{\beta_9}+v_{\beta_{10}}+v_{\beta_{16}}-f_1=0\\&-v_{\beta_{10}}+v_{\beta_{11}}+v_{\beta_{13}}+v_{\beta_{15}}+v_{\beta_{14}}-f_2=0\\&-v_{\beta_1}+v_{\beta_2}+v_{\beta_3}+v_{\beta_4}+v_{\beta_{14}}-v_{\beta_{18}}+v_{\beta_{19}}+v_{\beta_{20}}-f_3=0\end{aligned}\right\}$$

式中

$$\left.\begin{aligned}&-f_1=\beta_2+\beta_3+\beta_4+\beta_5+\beta_6+\beta_7+\beta_8+\beta_9+\beta_{10}+\beta_{16}-(10-2)\times180^\circ\\&-f_2=\alpha_{A'A}-\alpha_{BB'}-\beta_{10}+\beta_{11}+\beta_{13}+\beta_{15}+\beta_{14}-3\times180^\circ\\&-f_3=\alpha_{A'A}-\alpha_{CC'}-\beta_1+\beta_2+\beta_3+\beta_4+\beta_{14}-\beta_{18}+\beta_{19}+\beta_{20}-4\times180^\circ\end{aligned}\right\}$$

(2)纵坐标、横坐标条件方程 3 对(1 对纵坐标、横坐标增量条件方程，2 对纵坐标、横坐标条件方程)，即

$$\left.\begin{aligned}&\sum_{i=1}^{10}\cos\alpha_i v_{S_i}-\frac{1}{\rho}\sum_{i=2}^{10}(y'_1-y_i)v_{\beta_i}-\frac{1}{\rho}(y'_1-y_1)v_{\beta_{16}}-f_4=0\\&\sum_{i=1}^{10}\sin\alpha_i v_{S_i}+\frac{1}{\rho}\sum_{i=2}^{10}(x'_1-x_i)v_{\beta_i}+\frac{1}{\rho}(x'_1-x_1)v_{\beta_{16}}-f_5=0\end{aligned}\right\}$$

$$\left.\begin{aligned}&\sum_{i=9}^{12}\cos\alpha_i v_{S_i}-\frac{1}{\rho}(y'_B-y_{10})v_{\beta_{10}}+\frac{1}{\rho}(y'_B-y_9)v_{\beta_{11}}+\frac{1}{\rho}(y'_B-y_A)v_{\beta_{14}}+\\&\quad\frac{1}{\rho}(y'_B-y_1)v_{\beta_{15}}-f_6=0\\&\sum_{i=9}^{12}\sin\alpha_i v_{S_i}+\frac{1}{\rho}(x'_B-x_{10})v_{\beta_{10}}+\frac{1}{\rho}(x'_B-x_9)v_{\beta_{11}}-\frac{1}{\rho}(x'_B-x_A)v_{\beta_{14}}+\\&\quad\frac{1}{\rho}(x'_B-x_1)v_{\beta_{15}}-f_7=0\end{aligned}\right\}$$

$$
\left.\begin{aligned}
&\sum_{i=1}^{4}\cos\alpha_i v_{S_i}+\cos\alpha_{11}v_{S_{11}}+\cos\alpha_{13}v_{S_{13}}+\cos\alpha_{14}v_{S_{14}}+\frac{1}{\rho}(y'_C-y_1)v_{\beta_1}-\frac{1}{\rho}(y'_C-y_2)v_{\beta_2}-\\
&\quad\frac{1}{\rho}(y'_C-y_3)v_{\beta_3}-\frac{1}{\rho}(y'_C-y_4)v_{\beta_4}-\frac{1}{\rho}(y'_C-y_A)v_{\beta_{14}}+\frac{1}{\rho}(y'_C-y_5)v_{\beta_{18}}-\\
&\quad\frac{1}{\rho}(y'_C-y_{11})v_{\beta_{19}}-f_8=0\\
&\sum_{i=1}^{4}\sin\alpha_i v_{S_i}+\sin\alpha_{11}v_{S_{11}}+\sin\alpha_{13}v_{S_{13}}+\sin\alpha_{14}v_{S_{14}}+\frac{1}{\rho}(x'_C-x_1)v_{\beta_1}-\frac{1}{\rho}(x'_C-x_2)v_{\beta_2}-\\
&\quad\frac{1}{\rho}(x'_C-x_3)v_{\beta_3}-\frac{1}{\rho}(x'_C-x_4)v_{\beta_4}-\frac{1}{\rho}(x'_C-x_A)v_{\beta_{14}}+\frac{1}{\rho}(x'_C-x_5)v_{\beta_{18}}-\\
&\quad\frac{1}{\rho}(x'_C-x_{11})v_{\beta_{19}}-f_9=0
\end{aligned}\right\}
$$

式中

$$
\left.\begin{aligned}
-f_4&=\sum_{i=1}^{10}\Delta x_i\\
-f_5&=\sum_{i=1}^{10}\Delta y_i
\end{aligned}\right\}
$$

$$
\left.\begin{aligned}
-f_6&=x_A+\sum\Delta x-x_B\\
-f_7&=y_A+\sum\Delta y-y_B
\end{aligned}\right\}
$$

$$
\left.\begin{aligned}
-f_8&=x_A+\sum\Delta x'-x_C\\
-f_9&=y_A+\sum\Delta y'-y_C
\end{aligned}\right\}
$$

(3)圆周条件方程 3 个,即

$$
\left.\begin{aligned}
v_{\beta_9}+v_{\beta_{11}}+v_{\beta_{12}}-f_{10}&=0\\
v_{\beta_1}+v_{\beta_{15}}+v_{\beta_{16}}-f_{11}&=0\\
v_{\beta_5}+v_{\beta_{17}}+v_{\beta_{18}}-f_{12}&=0
\end{aligned}\right\}
$$

式中

$$
\left.\begin{aligned}
-f_{10}&=\beta_9+\beta_{11}+\beta_{12}-360^\circ\\
-f_{11}&=\beta_1+\beta_{15}+\beta_{16}-360^\circ\\
-f_{12}&=\beta_5+\beta_{17}+\beta_{18}-360^\circ
\end{aligned}\right\}
$$

全部条件方程列出后,就可按照条件平差的计算公式求解并进行精度评定,计算步骤与单一导线类同。

3.3　GNSS 网平差

GNSS 不仅具有精度高、速度快、通用性强、便于操作、全天候、无须通视等优点,还可同时提供平面和高程三维位置信息。GNSS 网平差时,不是传统的边长和角度,而是两点间三维坐标差,即解算出两点间三维坐标差后,就可将其作为观测值进行平差计算。两点间三维坐标差可以构成一个向量,称为 GNSS 基线向量。因此 GNSS 控制网可以看作由 GNSS 基线构成的测量控制网。在图 3.18 所示的 GNSS 网中,1 号点为

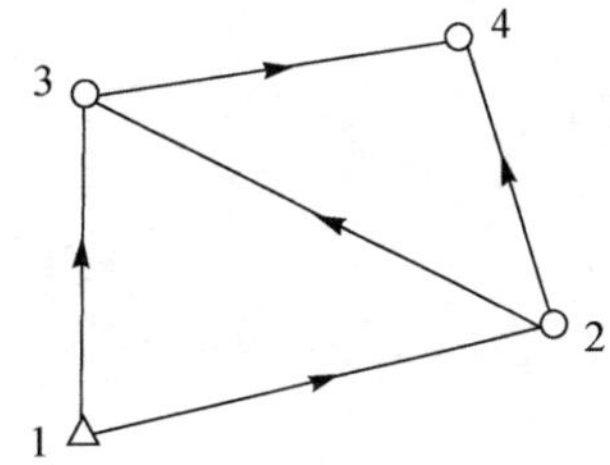

图 3.18　GNSS 网示意

已知点,2、3、4 号点为待定点,现用 GNSS 接收机观测了 5 条边,基线向量观测值为(ΔX_{ij},ΔY_{ij},ΔZ_{ij}),共 15 个观测量。下面我们分别按照间接平差法和条件平差法来介绍 GNSS 网数学模型的建立方法。

3.3.1 按间接平差时的函数模型

设 GNSS 网中 2 号、3 号和 4 号待定点的空间直角坐标平差值为参数,且设

$$\begin{bmatrix}\hat{X}_i\\\hat{Y}_i\\\hat{Z}_i\end{bmatrix}=\begin{bmatrix}X_i^0\\Y_i^0\\Z_i^0\end{bmatrix}+\begin{bmatrix}\hat{x}_i\\\hat{y}_i\\\hat{z}_i\end{bmatrix}\tag{3.63}$$

式中,(X_i^0,Y_i^0,Z_i^0)为坐标近似值,($\hat{x}_i$,$\hat{y}_i$,$\hat{z}_i$)为参数改正数,$i=2,3,4$。可得到 ij 基线向量观测值与参数间的关系,即观测方程为

$$\begin{bmatrix}\Delta\hat{X}_{ij}\\\Delta\hat{Y}_{ij}\\\Delta\hat{Z}_{ij}\end{bmatrix}=\begin{bmatrix}\hat{X}_j\\\hat{Y}_j\\\hat{Z}_j\end{bmatrix}-\begin{bmatrix}\hat{X}_i\\\hat{Y}_i\\\hat{Z}_i\end{bmatrix}=\begin{bmatrix}\Delta X_{ij}+v_{X_{ij}}\\\Delta Y_{ij}+v_{Y_{ij}}\\\Delta Z_{ij}+v_{Z_{ij}}\end{bmatrix}\tag{3.64}$$

式中,($v_{x_{ij}}$,$v_{y_{ij}}$,$v_{z_{ij}}$)为 ij 基线向量观测值的改正数,由此可写出误差方程为

$$\begin{bmatrix}v_{X_{ij}}\\v_{Y_{ij}}\\v_{Z_{ij}}\end{bmatrix}=\begin{bmatrix}\hat{x}_j\\\hat{y}_j\\\hat{z}_j\end{bmatrix}-\begin{bmatrix}\hat{x}_i\\\hat{y}_i\\\hat{z}_i\end{bmatrix}+\begin{bmatrix}X_j^0-X_i^0-\Delta X_{ij}\\Y_j^0-Y_i^0-\Delta Y_{ij}\\Z_j^0-Z_i^0-\Delta Z_{ij}\end{bmatrix}\text{或}\begin{bmatrix}v_{X_{ij}}\\v_{Y_{ij}}\\v_{Z_{ij}}\end{bmatrix}=\begin{bmatrix}\hat{x}_j\\\hat{y}_j\\\hat{z}_j\end{bmatrix}-\begin{bmatrix}\hat{x}_i\\\hat{y}_i\\\hat{z}_i\end{bmatrix}-\begin{bmatrix}\Delta X_{ij}-\Delta X_{ij}^0\\\Delta Y_{ij}-\Delta Y_{ij}^0\\\Delta Z_{ij}-\Delta Z_{ij}^0\end{bmatrix}\tag{3.65}$$

令 $\boldsymbol{V}_{ij}=[V_{X_{ij}}\ \ V_{Y_{ij}}\ \ V_{Z_{ij}}]^{\mathrm{T}}$,$\boldsymbol{X}_i^0=[X_i^0\ \ Y_i^0\ \ Z_i^0]^{\mathrm{T}}$,$\hat{\boldsymbol{x}}_j=[\hat{x}_j\ \ \hat{y}_j\ \ \hat{z}_j]^{\mathrm{T}}$,$\hat{\boldsymbol{x}}_i=[\hat{x}_i\ \ \hat{y}_i\ \ \hat{z}_i]^{\mathrm{T}}$,$\Delta\boldsymbol{X}_{ij}=[\Delta X_{ij}\ \ \Delta Y_{ij}\ \ \Delta Z_{ij}]^{\mathrm{T}}$,则式(3.65)表示的基线向量误差方程可简写为

$$\underset{3\times1}{\boldsymbol{V}_k}=\underset{3\times1}{\hat{\boldsymbol{x}}_j}-\underset{3\times1}{\hat{\boldsymbol{x}}_i}-\underset{3\times1}{\boldsymbol{f}_k}\tag{3.66}$$

式中,$-\boldsymbol{f}_k=(\boldsymbol{X}_j^0-\boldsymbol{X}_i^0)-\Delta\boldsymbol{X}_{ij}$,下标 k 表示第 k 条基线向量观测值。若控制网中有 m 个待定点和 n 条基线向量观测值,则 GNSS 网的误差方程为

$$\underset{3n\times1}{\boldsymbol{V}}=\underset{3n\times3m}{\boldsymbol{B}}\ \underset{3m\times1}{\hat{\boldsymbol{X}}}-\underset{3n\times1}{\boldsymbol{f}}\tag{3.67}$$

3.3.2 按条件平差时的函数模型

根据题意,$n=15$,$t=3\times3=9$,则 $r=6$,即条件平差时,应列立 6 个线性无关的条件方程。由图 3.18 可得

$$\left.\begin{aligned}\Delta\hat{X}_{12}+\Delta\hat{X}_{23}-\Delta\hat{X}_{13}=0\\\Delta\hat{Y}_{12}+\Delta\hat{Y}_{23}-\Delta\hat{Y}_{13}=0\\\Delta\hat{Z}_{12}+\Delta\hat{Z}_{23}-\Delta\hat{Z}_{13}=0\\\Delta\hat{X}_{23}+\Delta\hat{X}_{34}-\Delta\hat{X}_{24}=0\\\Delta\hat{Y}_{23}+\Delta\hat{Y}_{34}-\Delta\hat{Y}_{24}=0\\\Delta\hat{Z}_{23}+\Delta\hat{Z}_{34}-\Delta\hat{Z}_{24}=0\end{aligned}\right\}$$

用改正数表示为

$$\boldsymbol{AV}-\boldsymbol{f}=\boldsymbol{0} \tag{3.68}$$

式中

$$\boldsymbol{A}=\begin{bmatrix}1&0&0&-1&0&0&1&0&0&0&0&0&0&0&0\\0&1&0&0&-1&0&0&1&0&0&0&0&0&0&0\\0&0&1&0&0&-1&0&0&1&0&0&0&0&0&0\\0&0&0&0&0&0&1&0&0&-1&0&0&1&0&0\\0&0&0&0&0&0&0&1&0&0&-1&0&0&1&0\\0&0&0&0&0&0&0&0&1&0&0&-1&0&0&1\end{bmatrix}$$

$$\boldsymbol{V}=\begin{bmatrix}v_{\Delta x_{12}} & v_{\Delta y_{12}} & v_{\Delta z_{12}} & v_{\Delta x_{13}} & v_{\Delta y_{13}} & v_{\Delta z_{13}} & v_{\Delta x_{23}} & v_{\Delta y_{23}} & v_{\Delta z_{23}} & v_{\Delta x_{24}} & v_{\Delta y_{24}} & v_{\Delta z_{24}} & v_{\Delta x_{34}} & v_{\Delta y_{34}} & v_{\Delta z_{34}}\end{bmatrix}^{\mathrm{T}}$$

$$-\boldsymbol{f}=\begin{bmatrix}f_1 & f_2 & f_3 & f_4 & f_5 & f_6\end{bmatrix}^{\mathrm{T}}$$

其中

$$f_1=\Delta X_{12}+\Delta X_{23}-\Delta X_{13},\quad f_2=\Delta Y_{12}+\Delta Y_{23}-\Delta Y_{13},\quad f_3=\Delta Z_{12}+\Delta Z_{23}-\Delta Z_{13}$$

$$f_4=\Delta X_{23}+\Delta X_{34}-\Delta X_{24},\quad f_5=\Delta Y_{23}+\Delta Y_{34}-\Delta Y_{24},\quad f_6=\Delta Z_{23}+\Delta Z_{34}-\Delta Z_{24}$$

3.3.3　随机模型

随机模型一般形式仍为 $\boldsymbol{D}=\sigma_0^2\boldsymbol{Q}=\sigma_0^2\boldsymbol{P}^{-1}$，现以两台 GNSS 接收机测得的结果为例，说明 GNSS 平差随机模型的组成。用 GNSS 接收机进行观测时，同一条基线向量观测值（ΔX_{ij}，ΔY_{ij}，ΔZ_{ij}）中的 3 个观测分量是相关的，但不同基线向量之间是不相关的，基线向量观测值的协方差矩阵可由基线解算软件直接给出。设第 k 条基线向量观测值（ΔX_{ij}，ΔY_{ij}，ΔZ_{ij}）的协方差矩阵为 $\boldsymbol{D}_k$，则有

$$\boldsymbol{D}_k=\begin{bmatrix}\sigma^2_{\Delta X_{ij}} & \sigma_{\Delta X_{ij}\Delta Y_{ij}} & \sigma_{\Delta X_{ij}\Delta Z_{ij}}\\ \sigma_{\Delta X_{ij}\Delta Y_{ij}} & \sigma^2_{\Delta Y_{ij}} & \sigma_{\Delta Y_{ij}\Delta Z_{ij}}\\ \sigma_{\Delta X_{ij}\Delta Z_{ij}} & \sigma_{\Delta Y_{ij}\Delta Z_{ij}} & \sigma^2_{\Delta Z_{ij}}\end{bmatrix}$$

若全网中有 g 条基线向量观测值，则基线向量观测值的协方差矩阵 $\boldsymbol{D}$ 为

$$\boldsymbol{D}=\begin{bmatrix}\underset{3\times3}{\boldsymbol{D}_1} & & & \\ & \underset{3\times3}{\boldsymbol{D}_2} & & \\ & & \ddots & \\ & & & \underset{3\times3}{\boldsymbol{D}_g}\end{bmatrix}$$

式中，$\boldsymbol{D}_1$，$\boldsymbol{D}_2$，…，$\boldsymbol{D}_g$ 分别为各基线向量观测值的协方差矩阵。

根据协方差矩阵可得权矩阵为 $\boldsymbol{P}=(\boldsymbol{D}/\sigma_0^2)^{-1}$，其中，$\sigma_0$ 为验前单位权中误差，可任意选定。不难看出权矩阵也是一个对角矩阵。

例 3.7　在图 3.19 所示的 GNSS 基线向量网中，用两台 GNSS 接收机进行观测，数据处理后得 5 条基线向

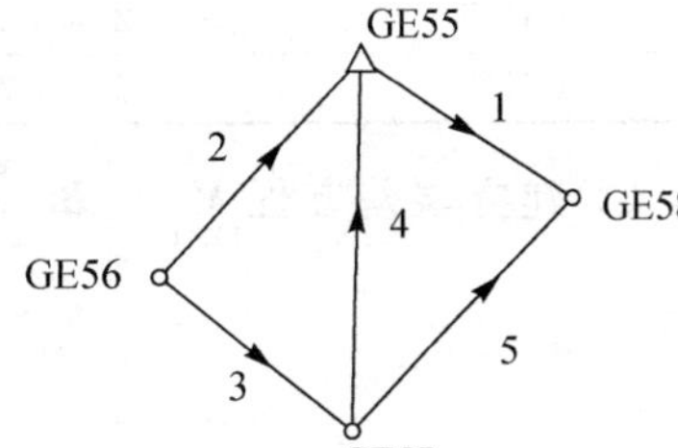

图 3.19　GNSS 基线向量网

量，观测值列于表3.28中。已知GE55点坐标，坐标值列于表3.29中。试求网中各待定点坐标的平差值及其中误差。

表3.28 观测基线信息

编号	起点	终点	ΔX/m	ΔY/m	ΔZ/m	基线方差矩阵(对称矩阵)
1	GE55	GE58	−4 044.372 9	−867.275 5	−1 859.193 6	$\begin{bmatrix} 3.381\,418\times10^{-7} & -4.308\,778\times10^{-7} & -2.060\,202\times10^{-7} \\ & 1.186\,015\times10^{-6} & 7.195\,078\times10^{-7} \\ & & 8.036\,424\times10^{-7} \end{bmatrix}$
2	GE56	GE55	−4 588.644 0	−3 101.371 5	2 490.683 7	$\begin{bmatrix} 3.419\,861\times10^{-7} & -4.883\,911\times10^{-7} & -2.121\,839\times10^{-7} \\ & 1.484\,999\times10^{-6} & 5.223\,426\times10^{-7} \\ & & 3.785\,333\times10^{-7} \end{bmatrix}$
3	GE56	GE57	−3 257.483 1	−610.428 1	−1 686.270 8	$\begin{bmatrix} 3.071\,235\times10^{-7} & -4.356\,147\times10^{-7} & -1.884\,644\times10^{-7} \\ & 1.333\,201\times10^{-6} & 4.651\,066\times10^{-7} \\ & & 3.393\,764\times10^{-7} \end{bmatrix}$
4	GE57	GE55	−1 331.160 8	−2 490.943 9	4 176.954 8	$\begin{bmatrix} 2.898\,777\times10^{-7} & -4.139\,749\times10^{-7} & -1.798\,534\times10^{-7} \\ & 1.258\,729\times10^{-6} & 4.427\,533\times10^{-7} \\ & & 3.208\,561\times10^{-7} \end{bmatrix}$
5	GE57	GE58	−5 375.528 4	−3 358.215 8	2 317.760 2	$\begin{bmatrix} 8.568\,348\times10^{-7} & -1.091\,824\times10^{-6} & -5.220\,451\times10^{-7} \\ & 3.005\,304\times10^{-6} & 1.823\,197\times10^{-6} \\ & & 2.036\,390\times10^{-6} \end{bmatrix}$

表3.29 已知点坐标

	X/m	Y/m	Z/m
GE55	−2 307 717.013 6	5 404 479.012 5	2 470 977.381 0

解:(1)选择待定参数。设GE56、GE57、GE58点的三维坐标平差值为参数，即

$$\hat{\boldsymbol{X}}=\begin{bmatrix}\hat{X}_2 & \hat{Y}_2 & \hat{Z}_2 & \hat{X}_3 & \hat{Y}_3 & \hat{Z}_3 & \hat{X}_4 & \hat{Y}_4 & \hat{Z}_4\end{bmatrix}^{\mathrm{T}}$$

根据已知点坐标及观测值，计算待定点近似坐标，列于表3.30。

表3.30 待定点近似坐标

编号	X^0/m	Y^0/m	Z^0/m
GE56	−2 303 128.369 6	5 407 580.384 0	2 468 486.697 3
GE57	−2 306 385.852 8	5 406 969.956 4	2 466 800.426 2
GE58	−2 311 761.386 5	5 403 611.737 0	2 469 118.187 4

(2)建立误差方程 $\underset{15\times1}{\boldsymbol{V}}=\underset{15\times9}{\boldsymbol{B}}\ \underset{9\times1}{\hat{\boldsymbol{x}}}-\underset{15\times1}{\boldsymbol{f}}$，即

$$
\begin{bmatrix} v_1 \\ v_2 \\ v_3 \\ v_4 \\ v_5 \\ v_6 \\ v_7 \\ v_8 \\ v_9 \\ v_{10} \\ v_{11} \\ v_{12} \\ v_{13} \\ v_{14} \\ v_{15} \end{bmatrix} = \begin{bmatrix}
0 & 0 & 0 & 0 & 0 & 0 & 1 & 0 & 0 \\
0 & 0 & 0 & 0 & 0 & 0 & 0 & 1 & 0 \\
0 & 0 & 0 & 0 & 0 & 0 & 0 & 0 & 1 \\
-1 & 0 & 0 & 0 & 0 & 0 & 0 & 0 & 0 \\
0 & -1 & 0 & 0 & 0 & 0 & 0 & 0 & 0 \\
0 & 0 & -1 & 0 & 0 & 0 & 0 & 0 & 0 \\
-1 & 0 & 0 & 1 & 0 & 0 & 0 & 0 & 0 \\
0 & -1 & 0 & 0 & 1 & 0 & 0 & 0 & 0 \\
0 & 0 & -1 & 0 & 0 & 1 & 0 & 0 & 0 \\
0 & 0 & 0 & -1 & 0 & 0 & 0 & 0 & 0 \\
0 & 0 & 0 & 0 & -1 & 0 & 0 & 0 & 0 \\
0 & 0 & 0 & 0 & 0 & -1 & 0 & 0 & 0 \\
0 & 0 & 0 & -1 & 0 & 0 & 1 & 0 & 0 \\
0 & 0 & 0 & 0 & -1 & 0 & 0 & 1 & 0 \\
0 & 0 & 0 & 0 & 0 & -1 & 0 & 0 & 1
\end{bmatrix} \begin{bmatrix} \hat{x}_2 \\ \hat{y}_2 \\ \hat{z}_2 \\ \hat{x}_3 \\ \hat{y}_3 \\ \hat{z}_3 \\ \hat{x}_4 \\ \hat{y}_4 \\ \hat{z}_4 \end{bmatrix} - \begin{bmatrix} 0 \\ 0 \\ 0 \\ 0 \\ 0 \\ 0 \\ 0.000\,1 \\ -0.000\,5 \\ 0.000\,3 \\ 0 \\ 0 \\ 0 \\ 0.005\,3 \\ 0.003\,6 \\ -0.001\,0 \end{bmatrix}
$$

(3)建立随机模型。取先验单位权中误差 $\sigma_0=0.006\,2$，其权矩阵 $\boldsymbol{P}=(\boldsymbol{D}/\sigma_0^2)^{-1}$ 为

$$
\boldsymbol{P}=\begin{bmatrix}
221.87 & 100.91 & -33.46 & 0 & 0 & 0 & 0 & 0 & 0 & 0 & 0 & 0 & 0 & 0 & 0 \\
100.91 & 116.84 & 78.74 & 0 & 0 & 0 & 0 & 0 & 0 & 0 & 0 & 0 & 0 & 0 & 0 \\
-33.46 & 78.74 & 109.75 & 0 & 0 & 0 & 0 & 0 & 0 & 0 & 0 & 0 & 0 & 0 & 0 \\
0 & 0 & 0 & 222.21 & 56.87 & 46.08 & 0 & 0 & 0 & 0 & 0 & 0 & 0 & 0 & 0 \\
0 & 0 & 0 & 56.87 & 64.86 & -57.62 & 0 & 0 & 0 & 0 & 0 & 0 & 0 & 0 & 0 \\
0 & 0 & 0 & 46.08 & -57.62 & 206.88 & 0 & 0 & 0 & 0 & 0 & 0 & 0 & 0 & 0 \\
0 & 0 & 0 & 0 & 0 & 0 & 244.42 & 62.29 & 50.36 & 0 & 0 & 0 & 0 & 0 & 0 \\
0 & 0 & 0 & 0 & 0 & 0 & 62.29 & 71.12 & -62.88 & 0 & 0 & 0 & 0 & 0 & 0 \\
0 & 0 & 0 & 0 & 0 & 0 & 50.36 & -62.88 & 227.41 & 0 & 0 & 0 & 0 & 0 & 0 \\
0 & 0 & 0 & 0 & 0 & 0 & 0 & 0 & 0 & 262.16 & 67.10 & 54.36 & 0 & 0 & 0 \\
0 & 0 & 0 & 0 & 0 & 0 & 0 & 0 & 0 & 67.10 & 76.52 & -67.97 & 0 & 0 & 0 \\
0 & 0 & 0 & 0 & 0 & 0 & 0 & 0 & 0 & 54.36 & -67.97 & 244.07 & 0 & 0 & 0 \\
0 & 0 & 0 & 0 & 0 & 0 & 0 & 0 & 0 & 0 & 0 & 0 & 87.56 & 39.82 & -13.21 \\
0 & 0 & 0 & 0 & 0 & 0 & 0 & 0 & 0 & 0 & 0 & 0 & 39.82 & 46.11 & -31.07 \\
0 & 0 & 0 & 0 & 0 & 0 & 0 & 0 & 0 & 0 & 0 & 0 & -13.21 & -31.07 & 43.31
\end{bmatrix}
$$

(4)建立法方程，法方程形式为 $\boldsymbol{B}^{\mathrm{T}}\boldsymbol{PB}\hat{\boldsymbol{x}}-\boldsymbol{B}^{\mathrm{T}}\boldsymbol{Pf}=\boldsymbol{0}$，即

$$
\begin{bmatrix}
466.634\,7 & 119.168\,0 & 96.439\,9 & -244.420\,5 & -62.293\,5 & -50.361\,3 & 0 & 0 & 0 \\
119.168\,0 & 135.980\,2 & -120.495\,6 & -62.293\,5 & -71.123\,3 & 62.879\,4 & 0 & 0 & 0 \\
96.439\,9 & -120.495\,6 & 434.292\,2 & -50.361\,3 & 62.879\,4 & -227.408\,1 & 0 & 0 & 0 \\
-244.420\,5 & -62.293\,5 & -50.361\,3 & 594.140\,1 & 169.214\,4 & 91.516\,2 & -87.560\,3 & -39.822\,5 & 13.206\,6 \\
-62.293\,5 & -71.123\,3 & 62.879\,4 & 169.214\,4 & 193.747\,7 & -161.925\,6 & -39.822\,5 & -46.108\,8 & 31.072\,8 \\
-50.361\,3 & 62.879\,4 & -227.408\,1 & 91.516\,2 & -161.925\,6 & 514.792\,6 & 13.206\,6 & 31.072\,8 & -43.310\,6 \\
0 & 0 & 0 & -87.560\,3 & -39.822\,5 & 13.206\,6 & 309.433\,5 & 140.730\,5 & -46.671\,4 \\
0 & 0 & 0 & -39.822\,5 & -46.108\,8 & 31.072\,8 & 140.730\,5 & 162.946\,1 & -109.809\,6 \\
0 & 0 & 0 & 13.206\,6 & 31.072\,8 & -43.310\,6 & -46.671\,4 & -109.809\,6 & 153.057\,6
\end{bmatrix} \begin{bmatrix} \hat{x}_2 \\ \hat{y}_2 \\ \hat{z}_2 \\ \hat{x}_3 \\ \hat{y}_3 \\ \hat{z}_3 \\ \hat{x}_4 \\ \hat{y}_4 \\ \hat{z}_4 \end{bmatrix} = \begin{bmatrix} -0.008\,4 \\ 0.048\,2 \\ -0.104\,7 \\ -0.612\,2 \\ -0.456\,3 \\ 0.329\,9 \\ 0.620\,6 \\ 0.408\,1 \\ -0.225\,2 \end{bmatrix}
$$

(5)计算法方程系数矩阵的逆,即

$$
\boldsymbol{N}_{bb}^{-1}=\begin{bmatrix}
0.005\,4 & -0.007\,7 & -0.003\,3 & 0.002\,3 & -0.003\,3 & -0.001\,5 & 0.000\,7 & -0.000\,9 & -0.000\,4\\
-0.007\,7 & 0.023\,3 & 0.008\,3 & -0.003\,3 & 0.009\,5 & 0.003\,6 & -0.000\,9 & 0.002\,7 & 0.001\,0\\
-0.003\,4 & 0.008\,3 & 0.006\,1 & 0.001\,5 & 0.003\,6 & 0.002\,8 & -0.000\,4 & 0.001\,0 & 0.000\,8\\
0.002\,3 & -0.003\,3 & -0.001\,5 & 0.004\,5 & -0.006\,2 & -0.002\,7 & 0.001\,3 & -0.001\,8 & -0.000\,8\\
-0.003\,3 & 0.009\,5 & 0.003\,6 & -0.006\,2 & 0.018\,1 & 0.006\,8 & -0.001\,8 & 0.005\,1 & 0.001\,9\\
-0.001\,5 & 0.003\,6 & 0.002\,8 & -0.002\,7 & 0.006\,8 & 0.005\,2 & -0.000\,8 & 0.001\,9 & 0.001\,5\\
0.000\,7 & -0.000\,9 & -0.000\,4 & 0.001\,3 & -0.001\,8 & -0.000\,8 & 0.006\,7 & -0.008\,5 & -0.004\,1\\
-0.000\,9 & 0.002\,7 & 0.001\,0 & -0.001\,8 & 0.005\,1 & 0.001\,9 & -0.008\,5 & 0.023\,6 & 0.014\,0\\
-0.000\,4 & 0.001\,0 & 0.000\,8 & -0.000\,8 & 0.001\,9 & 0.001\,5 & -0.004\,1 & 0.014\,0 & 0.015\,4
\end{bmatrix}
$$

(6)解算法方程,得坐标改正数为

$$
[\hat{x}_2\quad \hat{y}_2\quad \hat{z}_2\quad \hat{x}_3\quad \hat{y}_3\quad \hat{z}_3\quad \hat{x}_4\quad \hat{y}_4\quad \hat{z}_4]=
$$

$$
[-0.000\,4\quad -0.000\,5\quad -0.000\,1\quad -0.000\,6\quad -0.001\,5\quad 0.000\,2\quad 0.001\,3\quad 0.000\,6\quad -0.000\,2]^T(\text{m})
$$

(7)计算单位权中误差估值及坐标平差值的中误差,即

$$
\hat{\sigma}_0=\sqrt{\boldsymbol{V}^{\mathrm{T}}\boldsymbol{PV}/(15-9)}=0.021\,7\ \text{m}
$$

由 $\hat{\sigma}_{\hat{x}_i}=\hat{\sigma}_0\sqrt{Q_{\hat{x}_i}}$,$\hat{\sigma}_{\hat{y}_i}=\hat{\sigma}_0\sqrt{Q_{\hat{y}_i}}$,$\hat{\sigma}_{\hat{z}_i}=\hat{\sigma}_0\sqrt{Q_{\hat{z}_i}}$ 得

$$
\hat{\sigma}_{\hat{x}_2}=0.001\,6\ \text{m},\quad \hat{\sigma}_{\hat{y}_2}=0.003\,3\ \text{m},\quad \hat{\sigma}_{\hat{z}_2}=0.001\,7\ \text{m}
$$

$$
\hat{\sigma}_{\hat{x}_3}=0.001\,4\ \text{m},\quad \hat{\sigma}_{\hat{y}_3}=0.002\,9\ \text{m},\quad \hat{\sigma}_{\hat{z}_3}=0.001\,6\ \text{m}
$$

$$
\hat{\sigma}_{\hat{x}_4}=0.001\,8\ \text{m},\quad \hat{\sigma}_{\hat{y}_4}=0.003\,3\ \text{m},\quad \hat{\sigma}_{\hat{z}_4}=0.002\,7\ \text{m}
$$

(8)待定点坐标平差值结果见表 3.31。

表 3.31　坐标平差值

编号	$\hat{X}$/m	$\hat{Y}$/m	$\hat{Z}$/m
GE56	−2 303 128.370 0	5 407 580.383 5	2 468 486.697 2
GE57	−2 306 385.853 4	5 406 969.954 9	2 466 800.426 4
GE58	−2 311 761.385 2	5 403 611.737 6	2 469 118.187 2

3.4　回归模型平差

在生产和科学试验中,测量与数据处理并不仅仅是为了求观测量的估值,还有些是为了寻求两个或多个变量之间的内在联系。变量间的关系一般分为两种情况:一种是有确定的函数关系,即函数相关;另一种是有非确定性的依赖关系,即相关关系,或称统计相关。例如,坐标与方位角、边长之间的关系就属于函数相关,水库的蓄水水位量与大坝坝基沉陷量是相互联系的,但这种联系又不是确定性的,因为水位量除了与坝基沉陷量有关,还可能受到其他一些不确定因子(如温度等)的影响。回归分析就是应用数理统计的方法,找出这种变量之间相关关系的数学表达式,也称为回归模型。值得注意的是,回归模型平差的目的是求出回归模型,而前述的测量平差是求函数模型中的参数估值。

回归分析方法在数据处理领域中有着广泛的应用,如大坝变形监测、建筑物沉降监测、滑

坡监测及各种形变分析等。

3.4.1　一元线性回归模型最小二乘估计

一元回归模型是研究两个变量之间的关系的，如果两个变量之间的关系是线性的就称为一元线性回归，也就是工程中常遇到的直线拟合问题。

设自变量取 $x_i(i=1,2,\cdots,n)$，测得因变量为 y_i，已知 x_i 和 y_i 大致呈线性关系，则一元线性回归方程的数学模型为

$$y_i=b_0+bx_i+\varepsilon_i \tag{3.69}$$

$$D(\boldsymbol{Y})=D(\boldsymbol{\varepsilon})=\sigma^2\boldsymbol{I} \tag{3.70}$$

式中，b_0、b 为待估参数；ε_i 为误差项，服从正态分布，数学期望为 $E(\boldsymbol{\varepsilon})=0$，方差为 σ^2；$\boldsymbol{I}$ 为单位矩阵。

回归分析中，一般假定自变量 x_i 为非随机变量，且没有测量误差，令

$$\boldsymbol{Y}=[y_1\quad y_2\quad\cdots\quad y_n]^{\mathrm{T}},\quad \boldsymbol{X}=\begin{bmatrix}1 & x_1\\1 & x_2\\\vdots & \vdots\\1 & x_n\end{bmatrix},\quad \boldsymbol{B}=\begin{bmatrix}b_0\\b\end{bmatrix},\quad \boldsymbol{\varepsilon}=[\varepsilon_1\quad\varepsilon_2\quad\cdots\quad\varepsilon_n]^{\mathrm{T}}$$

则式(3.69)的 n 个方程写成矩阵形式为

$$\underset{n\times1}{\boldsymbol{Y}}=\underset{n\times2}{\boldsymbol{X}}\ \underset{2\times1}{\boldsymbol{B}}+\underset{n\times1}{\boldsymbol{\varepsilon}} \tag{3.71}$$

显然式(3.71)与式(2.42)相比，二者的最小二乘估计模型形式一致，或者说线性回归模型的参数估计可以看作一种等权观测的间接平差问题。

令 $\boldsymbol{V}$ 为随机误差 $\boldsymbol{\varepsilon}$ 的改正数，$\hat{\boldsymbol{B}}$ 为回归参数 $\boldsymbol{B}$ 的估值，则式(3.71)可表示为

$$\boldsymbol{V}=\boldsymbol{X}\hat{\boldsymbol{B}}-\boldsymbol{Y} \tag{3.72}$$

式(3.72)与间接平差的误差方程形式一致，依最小二乘准则 $\boldsymbol{V}^{\mathrm{T}}\boldsymbol{V}=\min$ 求自由极值，得

$$\frac{\partial\boldsymbol{V}^{\mathrm{T}}\boldsymbol{V}}{\partial\hat{\boldsymbol{B}}}=2\boldsymbol{V}^{\mathrm{T}}\frac{\partial\boldsymbol{V}}{\partial\hat{\boldsymbol{B}}}=2\boldsymbol{V}^{\mathrm{T}}\boldsymbol{X}=\boldsymbol{0}$$

转置得 $\boldsymbol{X}^{\mathrm{T}}\boldsymbol{V}=\boldsymbol{0}$，代入式(3.72)可得法方程为

$$\boldsymbol{X}^{\mathrm{T}}\boldsymbol{X}\hat{\boldsymbol{B}}-\boldsymbol{X}^{\mathrm{T}}\boldsymbol{Y}=\boldsymbol{0} \tag{3.73}$$

解得参数的最小二乘估值为 $\hat{\boldsymbol{B}}=(\boldsymbol{X}^{\mathrm{T}}\boldsymbol{X})^{-1}\boldsymbol{X}^{\mathrm{T}}\boldsymbol{Y}$。参数估值 $\hat{\boldsymbol{B}}=[\hat{b}_0\quad\hat{b}]^{\mathrm{T}}$ 求得后，就可得到一元回归方程 $\hat{\boldsymbol{Y}}=\hat{b}_0+\hat{b}\boldsymbol{X}$。回代式(3.72)求回归误差为

$$\boldsymbol{V}=\boldsymbol{X}\hat{\boldsymbol{B}}-\boldsymbol{Y}=\hat{\boldsymbol{Y}}-\boldsymbol{Y}$$

单位权方差估值为

$$\hat{\sigma}_0^2=\frac{\boldsymbol{V}^{\mathrm{T}}\boldsymbol{V}}{n-2} \tag{3.74}$$

同间接平差一样，参数估值 $\hat{\boldsymbol{B}}$ 的协因数矩阵为

$$\boldsymbol{Q}_{\hat{\boldsymbol{B}}}=(\boldsymbol{X}^{\mathrm{T}}\boldsymbol{X})^{-1} \tag{3.75}$$

例 3.8　为确定某直线方程 $y=b_0+bx$，观测了 10 组数据，列于表 3.32 中，其中 y_i 为互相独立的等精度观测值。试求该直线方程，并求参数估值 $\hat{b}_0$、$\hat{b}$ 的中误差。

表 3.32 观测数据

序号	x_i/cm	y_i/cm	序号	x_i/cm	y_i/cm
1	208	21.6	6	238	32.4
2	152	15.5	7	178	19.0
3	113	10.4	8	104	10.4
4	227	31.0	9	191	19.0
5	137	13.0	10	130	11.8

解:(1)建立误差方程

$$v_i=(\hat{b}_0+\hat{b}x_i)-y_i$$

式中,$i=1,2,\cdots,10$。上式写成矩阵形式为

$$\boldsymbol{V}=\boldsymbol{X}\hat{\boldsymbol{B}}-\boldsymbol{Y}$$

式中

$$\boldsymbol{V}=\begin{bmatrix}v_1 & v_2 & \cdots & v_{10}\end{bmatrix}^{\mathrm{T}},\quad \hat{\boldsymbol{B}}=\begin{bmatrix}\hat{b}_0 & \hat{b}\end{bmatrix}^{\mathrm{T}}$$

$$\boldsymbol{X}=\begin{bmatrix}1 & 1 & \cdots & 1\\ x_1 & x_2 & \cdots & x_{10}\end{bmatrix}^{\mathrm{T}},\quad \boldsymbol{Y}=\begin{bmatrix}y_1 & y_2 & \cdots & y_{10}\end{bmatrix}^{\mathrm{T}}$$

(2)组成并解算法方程。法方程为 $\boldsymbol{X}^{\mathrm{T}}\boldsymbol{X}\hat{\boldsymbol{B}}-\boldsymbol{X}^{\mathrm{T}}\boldsymbol{Y}=\boldsymbol{0}$,代入观测数据得

$$\boldsymbol{X}^{\mathrm{T}}\boldsymbol{X}=\begin{bmatrix}10 & 1\,678\\ 1\,678 & 301\,960\end{bmatrix},\quad \boldsymbol{X}^{\mathrm{T}}\boldsymbol{Y}=\begin{bmatrix}184.1\\ 34\,179.8\end{bmatrix}$$

解得

$$\hat{\boldsymbol{B}}=(\boldsymbol{X}^{\mathrm{T}}\boldsymbol{X})^{-1}\boldsymbol{X}^{\mathrm{T}}\boldsymbol{Y}=\begin{bmatrix}-8.645\,1\\ 0.161\,2\end{bmatrix}$$

(3)直线方程为

$$y=-8.645\,1+0.161\,2x$$

(4)计算单位权方差。改正数为

$$\begin{aligned}\boldsymbol{V}&=\boldsymbol{X}\hat{\boldsymbol{B}}-\boldsymbol{Y}\\ &=\begin{bmatrix}3.284\,5 & 0.357\,3 & -0.829\,5 & -3.052\,7 & 0.439\,3 & -2.679\,5 & 1.048\,5 & -2.280\,3 & 3.144\,1 & 0.510\,9\end{bmatrix}^{\mathrm{T}}\end{aligned}$$

单位权方差为

$$\hat{\sigma}_0^2=\frac{\boldsymbol{V}^{\mathrm{T}}\boldsymbol{V}}{10-2}=5.592\,6$$

(5)计算参数估值的中误差。参数估值的协因数矩阵为

$$\boldsymbol{Q}_{\hat{\boldsymbol{B}}}=(\boldsymbol{X}^{\mathrm{T}}\boldsymbol{X})^{-1}=\begin{bmatrix}1.480\,8 & -0.008\,2\\ -0.008\,2 & 0.000\,1\end{bmatrix}$$

参数估值的中误差为

$$\hat{\sigma}_{b_0}=\hat{\sigma}_0\sqrt{Q_{\hat{b}_0}}=2.877\,8\ \text{cm},\quad \hat{\sigma}_b=\hat{\sigma}_0\sqrt{Q_{\hat{b}}}=0.016\,6\ \text{cm}$$

3.4.2 多元线性回归模型最小二乘估计

一元回归模型只有一个因变量,但在实际问题中,有时影响因变量的因素有两个及以上,即包含多个自变量。例如,影响大坝位移的因素包括坝体温度、水位压力等多个自变量,这就

属于多元回归问题。这里只讨论多元线性回归，其方法与一元线性回归类同。

设因变量和多个自变量间的函数关系式为

$$y_i=b_0+b_1x_{1i}+b_2x_{2i}+\cdots+b_mx_{mi}+\varepsilon_i \tag{3.76}$$

式中，$b_0,b_1,\cdots,b_m$ 是待估参数；$x_{1i},x_{2i},\cdots,x_{mi}$ 为可测量的非随机量，$i=1,2,\cdots,n$ 且 $n>3$；ε_i 为随机误差。假设 $E(\boldsymbol{\varepsilon})=0,D(\boldsymbol{\varepsilon})=\sigma^2$。若记

$$\boldsymbol{Y}=[y_1\quad y_2\quad\cdots\quad y_n]^{\mathrm{T}},\quad \boldsymbol{B}=[b_0\quad b_1\quad b_2\quad\cdots\quad b_m]^{\mathrm{T}}$$

$$\boldsymbol{\varepsilon}=[\varepsilon_1\quad\varepsilon_2\quad\cdots\quad\varepsilon_n]^{\mathrm{T}},\quad \boldsymbol{X}=\begin{bmatrix}1 & x_{11} & x_{21} & \cdots & x_{m1}\\ 1 & x_{12} & x_{22} & \cdots & x_{m2}\\ \vdots & \vdots & \vdots & & \vdots\\ 1 & x_{1n} & x_{2n} & \cdots & x_{mn}\end{bmatrix}$$

则可得多元回归模型的矩阵形式为

$$\boldsymbol{Y}=\boldsymbol{XB}+\boldsymbol{\varepsilon} \tag{3.77}$$

设参数估值为 $\hat{\boldsymbol{B}}$，由式(3.77)可得如下误差方程，即

$$\boldsymbol{V}=\boldsymbol{X}\hat{\boldsymbol{B}}-\boldsymbol{Y} \tag{3.78}$$

依最小二乘准则 $\boldsymbol{V}^{\mathrm{T}}\boldsymbol{V}=\min$，得法方程 $\boldsymbol{X}^{\mathrm{T}}\boldsymbol{X}\hat{\boldsymbol{B}}-\boldsymbol{X}^{\mathrm{T}}\boldsymbol{Y}=\boldsymbol{0}$，解得

$$\hat{\boldsymbol{B}}=(\boldsymbol{X}^{\mathrm{T}}\boldsymbol{X})^{-1}\boldsymbol{X}^{\mathrm{T}}\boldsymbol{Y} \tag{3.79}$$

得到参数估值后，就可得到多元回归方程为

$$\hat{\boldsymbol{Y}}=\hat{b}_0+\hat{b}_1\boldsymbol{x}_1+\hat{b}_2\boldsymbol{x}_2+\cdots+\hat{b}_m\boldsymbol{x}_m \tag{3.80}$$

根据参数估值回代式(3.78)，得回归误差方程为

$$\boldsymbol{V}=\boldsymbol{X}\hat{\boldsymbol{B}}-\boldsymbol{Y}=\hat{\boldsymbol{Y}}-\boldsymbol{Y}$$

单位权方差估值为

$$\hat{\sigma}_0^2=\frac{\boldsymbol{V}^{\mathrm{T}}\boldsymbol{V}}{n-(m+1)} \tag{3.81}$$

参数估值 $\hat{\boldsymbol{B}}$ 的协因数矩阵为

$$\boldsymbol{Q}_{\hat{\boldsymbol{B}}}=(\boldsymbol{X}^{\mathrm{T}}\boldsymbol{X})^{-1} \tag{3.82}$$

例 3.9　对某大坝进行变形监测，选取坝体温度和水位压力作为自变量 x_1 和 x_2，大坝的水平位移为观测量 y，以 20 次观测资料为样本，观测数据列于表 3.33 中，试确定回归方程，并求当坝体温度 $x_1=15.56$ 和水位压力 $x_2=1.50$ 时，大坝水平位移的预报值。

表 3.33　观测数据

序号	温度 x_1	压力 x_2	y	序号	温度 x_1	压力 x_2	y
1	15.58	1.95	1.35	11	11.73	1.33	1.53
2	10.68	1.37	1.27	12	14.84	1.09	1.25
3	15.62	2.39	1.56	13	13.73	1.27	2.47
4	15.78	1.14	1.48	14	15.12	1.78	1.83
5	13.22	1.85	1.40	15	17.88	2.52	2.41
6	16.44	1.32	1.82	16	13.38	1.43	1.69
7	11.40	2.05	0.85	17	14.21	2.27	1.59
8	16.17	1.11	1.40	18	16.80	1.41	1.19
9	14.03	1.47	1.15	19	16.38	1.78	2.44
10	15.67	1.38	1.89	20	10.81	1.32	1.35

解:(1)建立误差方程,并写成矩阵形式。误差方程为

$$v_i=(\hat{b}_0+\hat{b}_1x_{1i}+\hat{b}_2x_{2i})-y_i$$

式中,$i=1,2,\cdots,20$。上式写成矩阵形式为

$$\boldsymbol{V}=\boldsymbol{X}\hat{\boldsymbol{B}}-\boldsymbol{Y}$$

式中

$$\boldsymbol{V}=\begin{bmatrix}v_1 & v_2 & \cdots & v_{20}\end{bmatrix}^{\mathrm{T}},\quad \boldsymbol{B}=\begin{bmatrix}\hat{b}_0 & \hat{b}_1 & \hat{b}_2\end{bmatrix}^{\mathrm{T}}$$

$$\boldsymbol{X}=\begin{bmatrix}1 & 1 & \cdots & 1\\ x_{11} & x_{12} & \cdots & x_{120}\\ x_{21} & x_{22} & \cdots & x_{220}\end{bmatrix}^{\mathrm{T}},\quad \boldsymbol{Y}=\begin{bmatrix}y_1 & y_2 & \cdots & y_{20}\end{bmatrix}^{\mathrm{T}}$$

(2)组成并解算法方程。法方程为 $\boldsymbol{X}^{\mathrm{T}}\boldsymbol{X}\hat{\boldsymbol{B}}-\boldsymbol{X}^{\mathrm{T}}\boldsymbol{Y}=\boldsymbol{0}$,即

$$\begin{bmatrix}20 & 289.4700 & 32.2300\\ 289.4700 & 4\,271.6415 & 469.7473\\ 32.2300 & 469.7473 & 55.5413\end{bmatrix}\begin{bmatrix}\hat{b}_0\\ \hat{b}_1\\ \hat{b}_2\end{bmatrix}-\begin{bmatrix}31.9200\\ 469.7550\\ 52.0696\end{bmatrix}=\boldsymbol{0}$$

解得

$$\hat{\boldsymbol{B}}=\begin{bmatrix}0.1303 & 0.0910 & 0.0925\end{bmatrix}^{\mathrm{T}}$$

(3)求回归方程。回归方程为

$$y=0.1303+0.0910x_1+0.0925x_2$$

(4)计算方差估值并评定参数估值的精度。单位权方差估值为

$$\hat{\sigma}_0^2=\frac{\boldsymbol{V}^{\mathrm{T}}\boldsymbol{V}}{n-(m+1)}=0.1728$$

参数估值的协因数矩阵为

$$\boldsymbol{Q}_{\hat{\boldsymbol{B}}}=(\boldsymbol{X}^{\mathrm{T}}\boldsymbol{X})^{-1}=\begin{bmatrix}2.9132 & -0.1646 & -0.2980\\ -0.1646 & 0.0127 & -0.0115\\ -0.2980 & -0.0115 & 0.2880\end{bmatrix}$$

(5)当 $x_1=15.56$、$x_2=1.50$ 时,预报值为 $y=1.6845$。

以上介绍了一元和多元线性回归模型,实际工作中还有圆曲线、抛物线及多项式等拟合模型。虽然建立的模型形式有所不同,但都是利用一个函数式去逼近所给定的一组数据,即利用最小二乘准则求最佳估值。因此方法原理类同。

3.5　GNSS 高程拟合

GNSS 测量得到的是大地高,实际测量工作中还需要确定正常高。大地高和正常高之间存在高程异常,所以将大地高转换为正常高时需要有大地水准面差距或高程异常数据(图 3.20)。将 GNSS 测得的大地高转换为正常高的基本方法是 GNSS 高程拟合法。GNSS 高程拟合法较多,本节介绍最基本、最简单的两种拟合法,即平面高程拟合法和多项式高程拟合法中的二次多项式高程拟合法。

3.5.1　平面高程拟合法

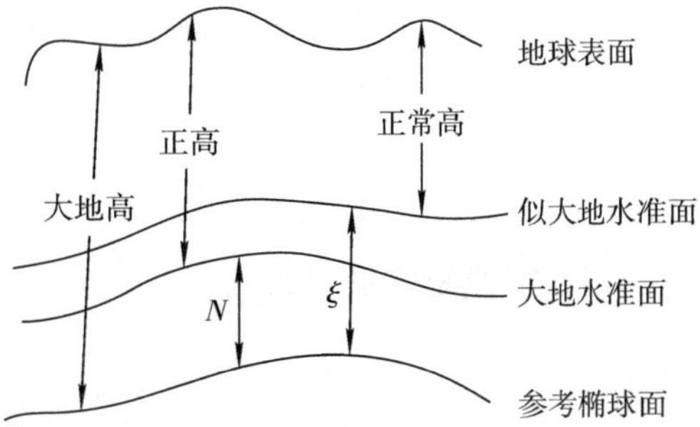

图 3.20　高程系统起算面

当 GNSS 测高区域面积较小或为平原地区时，可以认为水准面趋于平面，一般采用平面高程拟合法。设地面点高程异常为 ξ_i(高程异常＝大地高－正常高)，平面坐标为(x_i，y_i)，则高程异常表示为

$$\xi_i = a_0 + a_1 x_i + a_2 y_i \tag{3.83}$$

利用公共点上 GNSS 测得的大地高和水准测量测得的正常高，计算出该点的高程异常 ξ_i。存在一个公共点，即可列出一个方程

$$\xi_i + v_i = \hat{a}_0 + \hat{a}_1 x_i + \hat{a}_2 y_i \tag{3.84}$$

若存在 n 个公共点，则列出 n 个方程

$$\left.\begin{aligned} \xi_1 + v_1 &= \hat{a}_0 + \hat{a}_1 x_1 + \hat{a}_2 y_1 \\ \xi_2 + v_2 &= \hat{a}_0 + \hat{a}_1 x_2 + \hat{a}_2 y_2 \\ &\vdots \\ \xi_n + v_n &= \hat{a}_0 + \hat{a}_1 x_n + \hat{a}_2 y_n \end{aligned}\right\} \tag{3.85}$$

将式(3.85)写为矩阵形式，有

$$\boldsymbol{V} = \boldsymbol{B}\hat{\boldsymbol{X}} - \boldsymbol{L} \tag{3.86}$$

式中

$$\boldsymbol{B} = \begin{bmatrix} 1 & x_1 & y_1 \\ 1 & x_2 & y_2 \\ \vdots & \vdots & \vdots \\ 1 & x_n & y_n \end{bmatrix}$$

$$\hat{\boldsymbol{X}} = [\hat{a}_0 \quad \hat{a}_1 \quad \hat{a}_2]^{\mathrm{T}}$$

$$\boldsymbol{L} = [\xi_1 \quad \xi_2 \quad \cdots \quad \xi_n]^{\mathrm{T}}$$

于是，式(3.86)按照最小二乘法解得参数为

$$\hat{\boldsymbol{X}} = (\boldsymbol{B}^{\mathrm{T}}\boldsymbol{P}\boldsymbol{B})^{-1}(\boldsymbol{B}^{\mathrm{T}}\boldsymbol{P}\boldsymbol{L}) \tag{3.87}$$

式中，$\boldsymbol{P}$ 为权矩阵，可以根据水准测量测得的正常高和 GNSS 测得的大地高的精度，按照误差传播确定高程异常的精度并加以定权。

将解算的参数即拟合模型的系数代入式(3.83)，可得到该区域高程异常的拟合面。进一步若已知待求点的平面坐标(x_i，y_i)，则可求出对应点的高程异常，进而获得正常高。

3.5.2　二次多项式高程拟合法

二次多项式高程拟合与平面高程拟合类似，通常将高程异常表示为如下二次多项式的形式

$$\xi_i = a_0 + a_1 x_i + a_2 y_i + a_3 x_i^2 + a_4 y_i^2 + a_5 x_i y_i \tag{3.88}$$

利用基于公共点计算的高程异常建立以下方程

$$\xi_i + v_i = \hat{a}_0 + \hat{a}_1 x_i + \hat{a}_2 y_i + \hat{a}_3 x_i^2 + \hat{a}_4 y_i^2 + \hat{a}_5 x_i y_i \tag{3.89}$$

若存在 n 个公共点，则可列出 n 个方程

$$
\begin{aligned}
\xi_1 + v_1 &= \hat{a}_0 + \hat{a}_1 x_1 + \hat{a}_2 y_1 + \hat{a}_3 x_1^2 + \hat{a}_4 y_1^2 + \hat{a}_5 x_1 y_1 \\
\xi_2 + v_2 &= \hat{a}_0 + \hat{a}_1 x_2 + \hat{a}_2 y_2 + \hat{a}_3 x_2^2 + \hat{a}_4 y_2^2 + \hat{a}_5 x_2 y_2 \\
&\vdots \\
\xi_n + v_n &= \hat{a}_0 + \hat{a}_1 x_n + \hat{a}_2 y_n + \hat{a}_3 x_n^2 + \hat{a}_4 y_n^2 + \hat{a}_5 x_n y_n
\end{aligned} \tag{3.90}
$$

式(3.90)写成矩阵形式为

$$\boldsymbol{V} = \boldsymbol{B}\hat{\boldsymbol{X}} - \boldsymbol{L}$$

式中

$$\boldsymbol{B} = \begin{bmatrix} 1 & x_1 & y_1 & x_1^2 & y_1^2 & x_1 y_1 \\ 1 & x_2 & y_2 & x_2^2 & y_2^2 & x_2 y_2 \\ \vdots & \vdots & \vdots & \vdots & \vdots & \vdots \\ 1 & x_n & y_n & x_n^2 & y_n^2 & x_n y_n \end{bmatrix}$$

$$\hat{\boldsymbol{X}} = \begin{bmatrix} \hat{a}_0 & \hat{a}_1 & \hat{a}_2 & \hat{a}_3 & \hat{a}_4 & \hat{a}_5 \end{bmatrix}^{\mathrm{T}}$$

$$\boldsymbol{L} = \begin{bmatrix} \xi_1 & \xi_2 & \cdots & \xi_n \end{bmatrix}^{\mathrm{T}}$$

最小二乘解即二次多项式的系数为

$$\hat{\boldsymbol{X}} = (\boldsymbol{B}^{\mathrm{T}}\boldsymbol{P}\boldsymbol{B})^{-1}(\boldsymbol{B}^{\mathrm{T}}\boldsymbol{P}\boldsymbol{L})$$

3.5.3 精度评定

设大地高和正常高的差值为 $\hat{\xi}_1,\hat{\xi}_2,\cdots,\hat{\xi}_n$，高程异常拟合值为 $\xi_1,\xi_2,\cdots,\xi_n$，高程异常真误差为 $\Delta_1,\Delta_2,\cdots,\Delta_n$，则有

$$\Delta_i = \hat{\xi}_i - \xi_i \tag{3.91}$$

式中，$i=1,2,\cdots,n$。

设各观测为等精度独立观测，则高程异常拟合值的中误差为

$$\hat{\sigma} = \sqrt{\frac{[\Delta\Delta]}{n}} \tag{3.92}$$

例 3.10 某测区对 12 个控制点分别进行了 GNSS 高程测量和水准高程测量，各控制点的平面坐标和高程异常数据见表 3.34。求该测区高程异常拟合面。

表 3.34 观测数据

编号	X 坐标/m	Y 坐标/m	高程异常/m
1	97.405	22.838	5.764 6
2	98.414	45.022	9.854 0
3	84.297	47.038	8.268 0
4	88.330	60.146	10.939 8
5	33.881	86.363	9.532 7
6	55.056	78.296	10.273 9
7	65.139	53.088	6.768 2
8	47.997	53.086	4.538 6
9	39.931	58.130	4.611 2
10	15.731	72.246	4.882 5
11	5.648	69.221	3.313 7
12	21.810	93.421	9.605 6

解:(1)按照二次多项式高程拟合法,列立方程为

$$v_i = \hat{a}_0 + \hat{a}_1 x_i + \hat{a}_2 y_i + \hat{a}_3 x_i^2 + \hat{a}_4 y_i^2 + \hat{a}_5 x_i y_i - \xi_i$$

式中,$i = 1, 2, \cdots, n$。

矩阵形式为

$$\boldsymbol{V} = \boldsymbol{B}\hat{\boldsymbol{X}} - \boldsymbol{L}$$

式中

$$\boldsymbol{B} = \begin{bmatrix} 1 & 97.405 & 22.838 & 97.405^2 & 22.838^2 & 97.405 \times 22.838 \\ 1 & 98.414 & 45.022 & 98.414^2 & 45.022^2 & 98.414 \times 45.022 \\ 1 & 84.297 & 47.038 & 84.297^2 & 47.038^2 & 84.297 \times 47.038 \\ 1 & 88.330 & 60.146 & 88.330^2 & 60.146^2 & 88.330 \times 60.146 \\ 1 & 33.881 & 86.363 & 33.881^2 & 86.363^2 & 33.881 \times 86.363 \\ 1 & 55.056 & 78.296 & 55.056^2 & 78.296^2 & 55.056 \times 78.296 \\ 1 & 65.139 & 53.088 & 65.139^2 & 53.088^2 & 65.139 \times 53.088 \\ 1 & 47.997 & 53.086 & 47.997^2 & 53.086^2 & 47.997 \times 53.086 \\ 1 & 39.931 & 58.130 & 39.931^2 & 58.130^2 & 39.931 \times 58.130 \\ 1 & 15.731 & 72.246 & 15.731^2 & 72.246^2 & 15.731 \times 72.246 \\ 1 & 5.648 & 69.221 & 5.648^2 & 69.221^2 & 5.648 \times 69.221 \\ 1 & 21.810 & 93.421 & 21.810^2 & 93.421^2 & 21.810 \times 93.421 \end{bmatrix}$$

$$\boldsymbol{L} = [5.7646 \quad 9.8540 \quad 8.2680 \quad 10.9398 \quad 9.5327 \quad 10.2739 \quad 6.7682 \quad 4.5386 \quad 4.6112 \quad 4.8825 \quad 3.3137 \quad 9.6056]^{\mathrm{T}}$$

$$\hat{\boldsymbol{X}} = [\hat{a}_0 \quad \hat{a}_1 \quad \hat{a}_2 \quad \hat{a}_3 \quad \hat{a}_4 \quad \hat{a}_5]^{\mathrm{T}}$$

(2)组成并解算法方程为

$$\begin{aligned} \hat{\boldsymbol{X}} &= (\boldsymbol{B}^{\mathrm{T}}\boldsymbol{B})^{-1}(\boldsymbol{B}^{\mathrm{T}}\boldsymbol{L}) \\ &= [-13.6792 \quad 0.1382 \quad 0.2555 \quad 0.0002 \quad -0.0003 \quad -0.0006]^{\mathrm{T}} \end{aligned}$$

(3)拟合方程为

$$\xi_i = -13.6729 + 0.1382 x_i + 0.2555 y_i + 0.0002 x_i^2 - 0.0003 y_i^2 - 0.0006 x_i y_i$$

(4)高程异常的精度为

$$\Delta_i = \hat{\xi}_i - \xi_i$$

$$\Delta = [0.2653 \quad 0.2475 \quad 0.1055 \quad 0.2494 \quad -0.2194 \quad -0.1527 \quad 0.0534 \quad 0.0717 \quad -0.001 \quad -0.1208 \quad -0.1813 \quad -0.1409]^{\mathrm{T}}$$

$$\hat{\sigma} = \sqrt{\frac{[\Delta\Delta]}{n}} = 0.1712 \text{ m}$$

3.6　坐标转换平差

GNSS网平差不仅是为了消除误差,同时还需确定GNSS网中点在指定参照系下的坐标以及其他所需的参数估值。GNSS测量定位结果的坐标属于GNSS参考系统。如果为取得对工程测量有实际应用价值的GNSS控制成果,一般需要将GNSS网平差后得到的WGS-84坐标系中的坐标,通过坐标换算转换到城市独立坐标系、2000国家大地坐标系等;或将现有的基于1954北京坐标系、1980西安坐标系、城市独立坐标系的成果转换到2000

国家大地坐标系。基准转换方法较多,本节介绍常用的空间基准转换模型中的布尔莎模型以及平面坐标转换模型中的平面相似变换模型。

3.6.1 布尔莎模型

布尔莎模型又称为七参数转换模型,因为在该模型中共采用了7个参数,分别是3个平移参数 ΔX_0、ΔY_0、ΔZ_0,3个旋转参数 ε_X、ε_Y、ε_Z 和1个尺度参数 m。

1.欧拉角与旋转矩阵

两个直角坐标系进行相互变换的旋转角称为欧拉角。对于图3.21所示的三维空间直角坐标系 $O\text{-}X_1Y_1Z_1$ 和 $O\text{-}X_2Y_2Z_2$,通过三次旋转,可实现从 $O\text{-}X_1Y_1Z_1$ 到 $O\text{-}X_2Y_2Z_2$ 的变换。

(1)绕 OZ_1 轴旋转 ε_Z 角,将 OX_1、OY_1 旋转至 OX_0、OY_0。

(2)绕 OY_0 轴旋转 ε_Y 角,将 OX_0、OZ_1 旋转至 OX_2、OZ_0。

(3)绕 OX_2 轴旋转 ε_X 角,将 OY_0、OZ_0 旋转至 OY_2、OZ_2。

其中 ε_X、ε_Y、ε_Z 为三维空间直角坐标变换的三个旋转参数,即欧拉角,与它们对应的旋转矩阵为

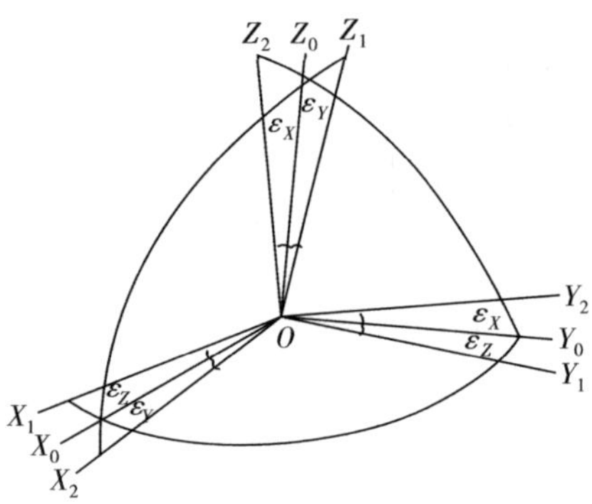

图3.21 三维空间直角坐标系

$$\left.\begin{aligned}\boldsymbol{R}_1(\varepsilon_X) &= \begin{bmatrix}1 & 0 & 0\\ 0 & \cos\varepsilon_X & \sin\varepsilon_X\\ 0 & -\sin\varepsilon_X & \cos\varepsilon_X\end{bmatrix}\\ \boldsymbol{R}_2(\varepsilon_Y) &= \begin{bmatrix}\cos\varepsilon_Y & 0 & -\sin\varepsilon_Y\\ 0 & 1 & 0\\ \sin\varepsilon_Y & 0 & \cos\varepsilon_Y\end{bmatrix}\\ \boldsymbol{R}_3(\varepsilon_Z) &= \begin{bmatrix}\cos\varepsilon_Z & \sin\varepsilon_Z & 0\\ -\sin\varepsilon_Z & \cos\varepsilon_Z & 0\\ 0 & 0 & 1\end{bmatrix}\end{aligned}\right\} \tag{3.93}$$

令 $\boldsymbol{R}_0=\boldsymbol{R}_1(\varepsilon_X)\boldsymbol{R}_2(\varepsilon_Y)\boldsymbol{R}_3(\varepsilon_Z)$,则有

$$\begin{bmatrix}X_2\\ Y_2\\ Z_2\end{bmatrix}=\boldsymbol{R}_1(\varepsilon_X)\boldsymbol{R}_2(\varepsilon_Y)\boldsymbol{R}_3(\varepsilon_Z)\begin{bmatrix}X_1\\ Y_1\\ Z_1\end{bmatrix}=\boldsymbol{R}_0\begin{bmatrix}X_1\\ Y_1\\ Z_1\end{bmatrix} \tag{3.94}$$

一般 ε_X、ε_Y、ε_Z 均为小角度,将 $\cos\varepsilon$ 和 $\sin\varepsilon$ 分别按照泰勒级数展开,并只保留一次项,可取 $\cos\varepsilon\approx 1$、$\sin\varepsilon\approx\varepsilon$,则有

$$\boldsymbol{R}_0=\begin{bmatrix}1 & \varepsilon_Z & -\varepsilon_Y\\ -\varepsilon_Z & 1 & \varepsilon_X\\ \varepsilon_Y & -\varepsilon_X & 1\end{bmatrix} \tag{3.95}$$

式(3.95)称为微分旋转矩阵。

2.不同空间直角坐标系转换

布尔莎模型可对既有旋转、缩放,又有平移的两个空间直角坐标系进行坐标换算,如图3.22所示。相应的坐标变换公式为

$$\begin{bmatrix} X_2 \\ Y_2 \\ Z_2 \end{bmatrix} = \begin{bmatrix} \Delta X_0 \\ \Delta Y_0 \\ \Delta Z_0 \end{bmatrix} + (1+m)\boldsymbol{R}_0 \begin{bmatrix} X_1 \\ Y_1 \\ Z_1 \end{bmatrix} \tag{3.96}$$

即

$$\begin{bmatrix} X_2 \\ Y_2 \\ Z_2 \end{bmatrix} = \begin{bmatrix} \Delta X_0 \\ \Delta Y_0 \\ \Delta Z_0 \end{bmatrix} + (1+m)\begin{bmatrix} 1 & \varepsilon_Z & -\varepsilon_Y \\ -\varepsilon_Z & 1 & \varepsilon_X \\ \varepsilon_Y & -\varepsilon_X & 1 \end{bmatrix} \begin{bmatrix} X_1 \\ Y_1 \\ Z_1 \end{bmatrix} \tag{3.97}$$

进一步将式(3.97)写为

$$\begin{bmatrix} X_2 \\ Y_2 \\ Z_2 \end{bmatrix} = \begin{bmatrix} X_1 \\ Y_1 \\ Z_1 \end{bmatrix} + \begin{bmatrix} 1 & 0 & 0 & 0 & -Z_1 & Y_1 & X_1 \\ 0 & 1 & 0 & Z_1 & 0 & -X_1 & Y_1 \\ 0 & 0 & 1 & -Y_1 & X_1 & 0 & Z_1 \end{bmatrix} \begin{bmatrix} \Delta X_0 \\ \Delta Y_0 \\ \Delta Z_0 \\ \varepsilon_X \\ \varepsilon_Y \\ \varepsilon_Z \\ m \end{bmatrix} \tag{3.98}$$

式(3.98)为两个空间直角坐标系的转换模型，有 7 个参数，即平移参数 ΔX_0、ΔY_0、ΔZ_0，旋转参数 ε_X、ε_Y、ε_Z 和尺度参数 m。为了求得这 7 个参数，至少需要 3 个公共点，当多于 3 个公共点时，可以按照最小二乘平差求得 7 个参数的平差值。

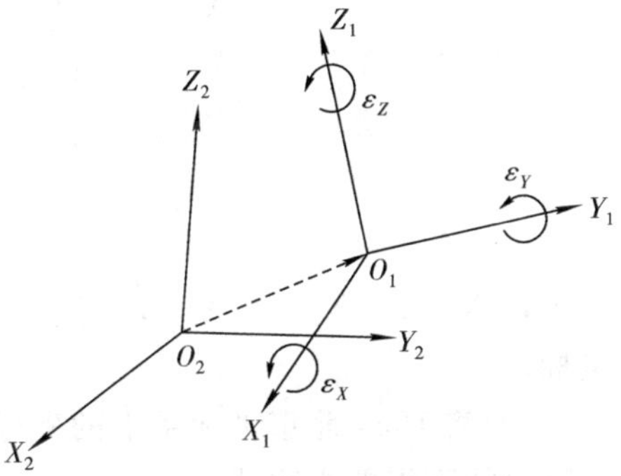

图 3.22　空间直角坐标系的关系

取

$$\begin{bmatrix} V_{X_2} \\ V_{Y_2} \\ V_{Z_2} \end{bmatrix} = \begin{bmatrix} \hat{X}_2 \\ \hat{Y}_2 \\ \hat{Z}_2 \end{bmatrix} - \begin{bmatrix} X_2 \\ Y_2 \\ Z_2 \end{bmatrix} \tag{3.99}$$

则可写出如下误差方程

$$\begin{bmatrix} V_{X_2} \\ V_{Y_2} \\ V_{Z_2} \end{bmatrix} = \begin{bmatrix} 1 & 0 & 0 & 0 & -Z_1 & Y_1 & X_1 \\ 0 & 1 & 0 & Z_1 & 0 & -X_1 & Y_1 \\ 0 & 0 & 1 & -Y_1 & X_1 & 0 & Z_1 \end{bmatrix} \begin{bmatrix} \Delta X_0 \\ \Delta Y_0 \\ \Delta Z_0 \\ \varepsilon_X \\ \varepsilon_Y \\ \varepsilon_Z \\ m \end{bmatrix} + \begin{bmatrix} X_1 \\ Y_1 \\ Z_1 \end{bmatrix} - \begin{bmatrix} X_2 \\ Y_2 \\ Z_2 \end{bmatrix} \tag{3.100}$$

当有 n 个公共点时，可以按照式(3.100)列出误差方程，并改写为矩阵形式为

$$\boldsymbol{V} = \boldsymbol{B}\hat{\boldsymbol{X}} - \boldsymbol{f} \tag{3.101}$$

各点坐标视为等精度独立观测，故 $\boldsymbol{P} = \boldsymbol{I}$。依据最小二乘准则，可组成法方程

$$\boldsymbol{B}^{\mathrm{T}}\boldsymbol{B}\hat{\boldsymbol{X}} - \boldsymbol{B}^{\mathrm{T}}\boldsymbol{f} = \boldsymbol{0} \tag{3.102}$$

法方程解为

$$\hat{\boldsymbol{X}}=(\boldsymbol{B}^{\mathrm{T}}\boldsymbol{B})^{-1}\boldsymbol{B}^{\mathrm{T}}\boldsymbol{f} \tag{3.103}$$

这里的解即为转换模型中的平移、旋转和尺度参数的估值。

例 3.11　已知 5 个点在 WGS-84 坐标系和 1954 北京坐标系下的坐标值(见表 3.35)。试根据布尔莎模型求解从 WGS-84 坐标系到 1954 北京坐标系的转换参数。

表 3.35　两套坐标系的坐标值

点号	WGS-84 坐标系			1954 北京坐标系		
	X	Y	Z	X	Y	Z
1	−1 142 966.454 1	5 015 869.190 7	3 760 776.424 3	−1 142 863.616 4	5 015 902.616 4	3 760 766.867 7
2	−1 138 458.412 3	5 015 068.278 5	3 764 662.593 4	−1 138 255.353 1	5 015 101.640 7	3 764 652.995 5
3	−1 147 233.430 5	5 015 848.693 6	3 759 387.246 6	−1 147 130.351 7	5 015 882.188 4	3 759 377.711 2
4	−1 143 593.329 7	5 013 498.369 4	379 298.439 5	−1 143 490.306 9	5 013 531.812 2	3 759 288.898 8
5	−1 143 984.208 5	5 014 984.309 4	3 705 939.498 5	−1 143 881.474 0	5 015 017.619 1	3 705 930.184 3

解:(1)根据式(3.98)可以写出 WGS-84 坐标系与 1954 北京坐标系之间的转换模型。转换模型为

$$\begin{bmatrix}X\\Y\\Z\end{bmatrix}_{54}=\begin{bmatrix}X\\Y\\Z\end{bmatrix}_{84}+\begin{bmatrix}1&0&0&0&-Z_{84}&Y_{84}&X_{84}\\0&1&0&Z_{84}&0&-X_{84}&Y_{84}\\0&0&1&-Y_{84}&X_{84}&0&Z_{84}\end{bmatrix}\begin{bmatrix}\Delta X_0\\\Delta Y_0\\\Delta Z_0\\\varepsilon_X\\\varepsilon_Y\\\varepsilon_Z\\m\end{bmatrix}$$

式中,$[X\quad Y\quad Z]_{54}^{\mathrm{T}}$、$[X\quad Y\quad Z]_{84}^{\mathrm{T}}$ 分别为点在 1954 北京坐标系和 WGS-84 坐标系下的坐标。

(2)将 1954 北京坐标系下的坐标视为观测值,并设 WGS-84 坐标系下的坐标无误差,则可以列出如下误差方程式

$$\begin{bmatrix}v_{x_1}\\v_{y_1}\\v_{z_1}\\\vdots\\v_{x_5}\\v_{y_5}\\v_{z_5}\end{bmatrix}=\begin{bmatrix}1&0&0&0&-Z_1&Y_1&X_1\\0&1&0&Z_1&0&-X_1&Y_1\\0&0&1&-Y_1&X_1&0&Z_1\\\vdots&\vdots&\vdots&\vdots&\vdots&\vdots&\vdots\\1&0&0&0&-Z_5&Y_5&X_5\\0&1&0&Z_5&0&-X_5&Y_5\\0&0&1&-Y_5&X_5&0&Z_5\end{bmatrix}\begin{bmatrix}\Delta X_0\\\Delta Y_0\\\Delta Z_0\\\varepsilon_X\\\varepsilon_Y\\\varepsilon_Z\\m\end{bmatrix}-\left(\begin{bmatrix}X_1\\Y_1\\Z_1\\\vdots\\X_5\\Y_5\\Z_5\end{bmatrix}_{54}-\begin{bmatrix}X_1\\Y_1\\Z_1\\\vdots\\X_5\\Y_5\\Z_5\end{bmatrix}_{84}\right)$$

写成矩阵形式为

$$\boldsymbol{V}=\boldsymbol{B}\hat{\boldsymbol{X}}-\boldsymbol{f}$$

(3)将各点坐标视为等精度独立观测值,于是有

$$\boldsymbol{P}=\boldsymbol{I}$$

(4)组成和解算法方程。法方程为

$$\hat{\boldsymbol{X}}=(\boldsymbol{B}^{\mathrm{T}}\boldsymbol{B})^{-1}\boldsymbol{B}^{\mathrm{T}}\boldsymbol{f}$$

代入相应坐标值,求得

$$\begin{bmatrix}\Delta X_0\\ \Delta Y_0\\ \Delta Z_0\\ \varepsilon_X\\ \varepsilon_Y\\ \varepsilon_Z\\ m\end{bmatrix}=\begin{bmatrix}-9.3086\ \text{m}\\ 26.0143\ \text{m}\\ 12.2976\ \text{m}\\ 0.51576''\\ -1.21846''\\ 3.50691''\\ -4.27145\times 10^{-6}\end{bmatrix}$$

(5)精度评定。根据计算改正数 $\boldsymbol{V}$，求得单位权中误差估值为

$$\hat{\sigma}_0=\sqrt{\frac{\boldsymbol{V}^{\mathrm{T}}\boldsymbol{PV}}{n-t}}=\sqrt{\frac{\boldsymbol{V}^{\mathrm{T}}\boldsymbol{PV}}{8}}=0.032\ \text{m}$$

3.6.2　平面相似变换模型

平面坐标系之间的相互转换就是二维直角坐标系转换，如图 3.23 所示。

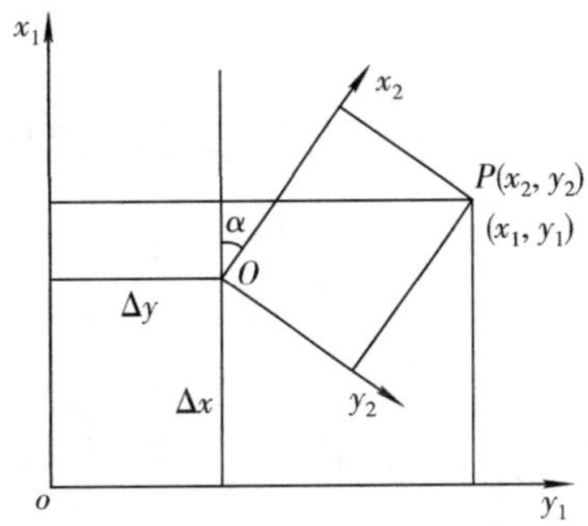

图 3.23　二维直角坐标系转换

两平面坐标系之间的转换一般采用平面相似变换模型。转换模型可以表示为

$$\begin{bmatrix}x_1\\ y_1\end{bmatrix}=m\begin{bmatrix}\cos\alpha & -\sin\alpha\\ \sin\alpha & \cos\alpha\end{bmatrix}\begin{bmatrix}x_2\\ y_2\end{bmatrix}+\begin{bmatrix}\Delta x\\ \Delta y\end{bmatrix}\tag{3.104}$$

式中，(x_1,y_1) 为点 P 在第一个坐标系下的直角坐标，即目标坐标系中的平面坐标；(x_2,y_2) 为点 P 在第二个坐标系下的直角坐标，即原坐标系中的平面坐标；$(\Delta x,\Delta y)$ 为第二个坐标系转换到第一个坐标系的平移参数；m 为尺度参数；α 为旋转参数。设 $a_1=m\cos\alpha, a_2=m\sin\alpha$，则式(3.104)可以写为

$$\begin{bmatrix}x_1\\ y_1\end{bmatrix}=\begin{bmatrix}a_1 & -a_2\\ a_2 & a_1\end{bmatrix}\begin{bmatrix}x_2\\ y_2\end{bmatrix}+\begin{bmatrix}\Delta x\\ \Delta y\end{bmatrix}\ \text{或}\ \begin{bmatrix}x_1\\ y_1\end{bmatrix}=\begin{bmatrix}1 & 0 & x_2 & -y_2\\ 0 & 1 & y_2 & x_2\end{bmatrix}\begin{bmatrix}\Delta x\\ \Delta y\\ a_1\\ a_2\end{bmatrix}\tag{3.105}$$

对应的误差方程为

$$\begin{bmatrix}V_{x_1}\\ V_{y_1}\end{bmatrix}=\begin{bmatrix}1 & 0 & x_2 & -y_2\\ 0 & 1 & y_2 & x_2\end{bmatrix}\begin{bmatrix}\Delta x\\ \Delta y\\ a_1\\ a_2\end{bmatrix}-\begin{bmatrix}x_1\\ y_1\end{bmatrix}\tag{3.106}$$

为了求得两个平面坐标系之间转换关系的 4 个参数，至少需要 2 个以上同时有两套平面坐标系成果的公共点。建立误差方程后，可按照最小二乘准则进行解算。

例 3.12　已知 4 个公共点在两个坐标系中的坐标，见表 3.36。试根据平面相似变换模型求解坐标转换参数。

表 3.36 原坐标与目标坐标

点名	原坐标		目标坐标	
	X/m	Y/m	X/m	Y/m
P_1	309.391 6	951.699 4	339.217 8	971.250 5
P_2	−808.560 0	588.176 3	−778.758 0	607.950 2
P_3	−808.673 0	−587.454 0	−778.742 0	−567.548 0
P_4	309.455 9	−950.184 0	339.223 0	−930.773 0

解:(1)设目标坐标为(x_t, y_t),原坐标为(x, y),根据式(3.105)可以写出原坐标系与目标坐标系之间的转换模型为

$$\begin{bmatrix} \hat{x}_t \\ \hat{y}_t \end{bmatrix} = \begin{bmatrix} 1 & 0 & x & -y \\ 0 & 1 & y & x \end{bmatrix} \begin{bmatrix} \Delta\hat{x} \\ \Delta\hat{y} \\ \hat{a}_1 \\ \hat{a}_2 \end{bmatrix}$$

(2)将目标坐标视为观测值,并设原坐标无误差,则可以列出如下误差方程式

$$\begin{bmatrix} v_{x_1} \\ v_{y_1} \\ v_{x_2} \\ v_{y_2} \\ v_{x_3} \\ v_{y_3} \\ v_{x_4} \\ v_{y_4} \end{bmatrix} = \begin{bmatrix} 1 & 0 & 309.391\,6 & -951.699\,4 \\ 0 & 1 & 951.699\,4 & 309.396\,1 \\ 1 & 0 & -808.560\,0 & -588.176\,3 \\ 0 & 1 & 588.176\,3 & -808.560\,0 \\ 1 & 0 & -808.673\,0 & 587.454\,0 \\ 0 & 1 & -587.454\,0 & -808.673\,0 \\ 1 & 0 & 309.455\,9 & 950.184\,0 \\ 0 & 1 & -950.184\,0 & 309.455\,9 \end{bmatrix} \begin{bmatrix} \Delta x \\ \Delta y \\ a_1 \\ a_2 \end{bmatrix} - \begin{bmatrix} 339.217\,8 \\ 971.250\,5 \\ -778.758\,0 \\ 607.950\,2 \\ -778.742\,0 \\ -567.548\,0 \\ 339.223\,0 \\ -930.773\,0 \end{bmatrix}$$

写成矩阵形式为

$$\boldsymbol{V} = \boldsymbol{B}\hat{\boldsymbol{X}} - \boldsymbol{f}$$

式中

$$\boldsymbol{B} = \begin{bmatrix} 1 & 0 & 309.391\,6 & -951.699\,4 \\ 0 & 1 & 951.699\,4 & 309.396\,1 \\ 1 & 0 & -808.560\,0 & -588.176\,3 \\ 0 & 1 & 588.176\,3 & -808.560\,0 \\ 1 & 0 & -808.673\,0 & 587.454\,0 \\ 0 & 1 & -587.454\,0 & -808.673\,0 \\ 1 & 0 & 309.455\,9 & 950.184\,0 \\ 0 & 1 & -950.184\,0 & 309.455\,9 \end{bmatrix}, \boldsymbol{f} = \begin{bmatrix} 339.217\,8 \\ 971.250\,5 \\ -778.758\,0 \\ 607.950\,2 \\ -778.742\,0 \\ -567.548\,0 \\ 339.223\,0 \\ -930.773\,0 \end{bmatrix}$$

(3)将各点坐标视为等精度独立观测值,于是有

$$\boldsymbol{P} = \boldsymbol{I}$$

(4)组成和解算法方程,有

$$\hat{\boldsymbol{X}} = (\boldsymbol{B}^{\mathrm{T}}\boldsymbol{B})^{-1}\boldsymbol{B}^{\mathrm{T}}\boldsymbol{f}$$

代入相应坐标值，求得参数解

$$\begin{bmatrix}\Delta x\\ \Delta y\\ a_1\\ a_2\end{bmatrix}=\begin{bmatrix}29.8300\\ 19.6351\\ 1.0000\\ -0.0001\end{bmatrix}$$

(5)单位权中误差估值为

$$\hat{\sigma}_0=\sqrt{\frac{\mathbf{V}^{\mathrm{T}}\mathbf{V}}{n-t}}=\sqrt{\frac{0.1233}{4}}=0.530\ (\mathrm{m})$$

解算得到四参数后，即可对已知两个坐标系下的任意坐标进行坐标转换。例如，已知原坐标系下坐标为 $x_2=300.2916$，$y_2=941.6900$，则利用公式计算转换后的目标坐标为 $x_1=330.2158$，$y_1=961.2950$。

3.7　数字化数据平差模型

通过地形图数字化可以得到地面点的坐标，因此数字化数据也可以认为是一系列观测值。地形图数字化误差会造成地物的几何形变，采用平差方法可以减弱形变，且采用条件平差法较为方便。本节仅介绍基本的数字化数据的平差模型列立方法。

设 $(X_i,Y_i)(i=1,2,\cdots,n)$ 为地面点的数字化坐标观测值，对应的平差值为$(\hat{X}_i,\hat{Y}_i)$，设观测值改正数为$(\hat{x}_i,\hat{y}_i)$，则有

$$\hat{X}_i=X_i+\hat{x}_i$$
$$\hat{Y}_i=Y_i+\hat{y}_i$$

3.7.1　直角和直线条件

在图 3.24 所示的直角房屋中，设 i、j、k 三个点构成一个特定的已知角 β，则三个点的坐标间存在如下条件

$$\hat{\alpha}_{ji}-\hat{\alpha}_{jk}=\beta \tag{3.107}$$

式中，$\hat{\alpha}_{ji}$、$\hat{\alpha}_{jk}$ 为 ji 和 jk 方向的方位角平差值，并有

$$\left.\begin{aligned}\hat{\alpha}_{ji}&=\arctan\frac{\hat{Y}_i-\hat{Y}_j}{\hat{X}_i-\hat{X}_j}\\ \hat{\alpha}_{jk}&=\arctan\frac{\hat{Y}_k-\hat{Y}_j}{\hat{X}_k-\hat{X}_j}\end{aligned}\right\} \tag{3.108}$$

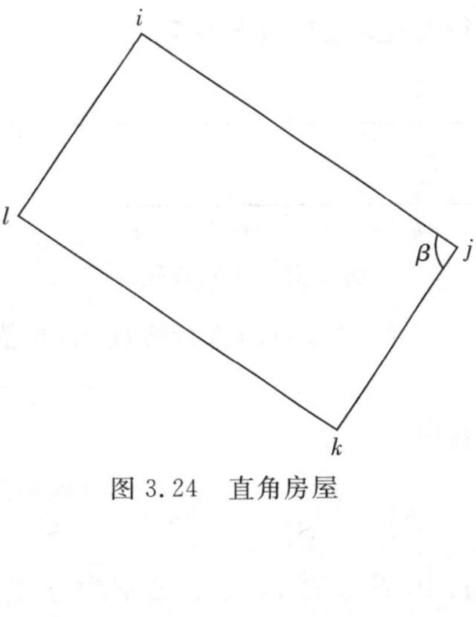

图 3.24　直角房屋

将方位角的坐标表达式代入式(3.107)，并进行线性化，整理得条件方程为

$$-a_{ji}\hat{x}_i-b_{ji}\hat{y}_i+(a_{ji}-a_{jk})\hat{x}_j+(b_{ji}-b_{jk})\hat{y}_j+a_{jk}\hat{x}_k+b_{jk}\hat{y}_k-f_i=0 \tag{3.109}$$

式中

$$a_{ji}=\frac{\rho\sin\alpha_{ji}^0}{S_{ji}^0},\quad b_{ji}=-\frac{\rho\cos\alpha_{ji}^0}{S_{ji}^0},\quad a_{jk}=\frac{\rho\sin\alpha_{jk}^0}{S_{jk}^0},\quad b_{jk}=-\frac{\rho\cos\alpha_{jk}^0}{S_{jk}^0},\quad -f_i=\alpha_{ji}^0-\alpha_{jk}^0-\beta$$

其中，S_{ji}^0、S_{jk}^0、α_{ji}^0、α_{jk}^0 分别为 ji 边和 jk 边的近似边长和近似方位角。

不难理解，当 $\beta=\frac{\pi}{2}$ 或 $\beta=\frac{2\pi}{3}$ 时，式(3.109)就是直角条件方程；当 $\beta=\pi$ 时，式(3.109)就是直线条件方程。

例 3.13　有图 3.24 所示的直角房屋，观测四个房屋角点的坐标，试建立条件平差的条件方程。

解：(1)观测总数 $n=8$，必要观测数 $t=5$，多余观测数 $r=3$。

(2)列立三个直角条件方程为

$$\left.\begin{aligned}
-a_{ji}\hat{x}_i-b_{ji}\hat{y}_i+(a_{ji}-a_{jk})\hat{x}_j+(b_{ji}-b_{jk})\hat{y}_j+a_{jk}\hat{x}_k+b_{jk}\hat{y}_k-f_j=0\\
-a_{kj}\hat{x}_j-b_{kj}\hat{y}_j+(a_{kj}-a_{kl})\hat{x}_k+(b_{kj}-b_{kl})\hat{y}_k+a_{kl}\hat{x}_l+b_{kl}\hat{y}_l-f_k=0\\
-a_{lk}\hat{x}_k-b_{lk}\hat{y}_k+(a_{lk}-a_{li})\hat{x}_l+(b_{lk}-b_{li})\hat{y}_l+a_{li}\hat{x}_i+b_{li}\hat{y}_i-f_l=0
\end{aligned}\right\}$$

式中

$$\left.\begin{aligned}
-f_j=\alpha_{ji}^0-\alpha_{jk}^0-90^\circ\\
-f_k=\alpha_{kj}^0-\alpha_{kl}^0-90^\circ\\
-f_l=\alpha_{lk}^0-\alpha_{li}^0-90^\circ
\end{aligned}\right\}$$

按照角点坐标观测数据计算各边的近似边长、近似方位角，代入系数和常数项计算公式即可得到三个线性无关的条件方程。

一般来说，对于有 N 个顶点的直角房屋，观测数 $n=2N$，必要观测数 $t=N+1$，则多余观测数 $r=N-1$，即条件平差时需要建立 $N-1$ 个条件方程。

3.7.2　平行线条件

对于平行的道路边线、桥梁等，则存在平行线条件。如图 3.25 所示，设 ij 和 kl 为两条平行直线，则有如下关系

$$\hat{\alpha}_{ij}-\hat{\alpha}_{kl}=0 \tag{3.110}$$

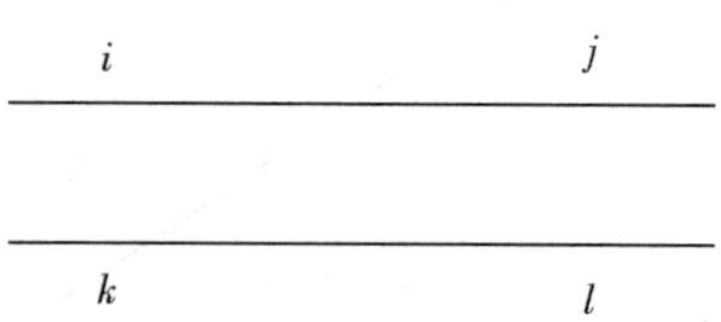

图 3.25　平行直线

式中，α_{ij}、α_{kl} 为方位角。

式(3.110)可写为

$$\arctan\frac{\hat{Y}_j-\hat{Y}_i}{\hat{X}_j-\hat{X}_i}-\arctan\frac{\hat{Y}_l-\hat{Y}_k}{\hat{X}_l-\hat{X}_k}=0 \tag{3.111}$$

对式(3.111)进行线性化，并整理得条件方程为

$$a_{ij}\hat{x}_i+b_{ij}\hat{y}_i-a_{ij}\hat{x}_j-b_{ij}\hat{y}_j-a_{kl}\hat{x}_k-b_{kl}\hat{y}_k+a_{kl}\hat{x}_l+b_{kl}\hat{y}_l-f=0 \tag{3.112}$$

式中

$$a_{ij}=\frac{\rho\sin\alpha_{ij}^0}{S_{ij}^0},\quad b_{ij}=-\frac{\rho\cos\alpha_{ij}^0}{S_{ij}^0},\quad a_{kl}=\frac{\rho\sin\alpha_{kl}^0}{S_{kl}^0},\quad b_{kl}=-\frac{\rho\cos\alpha_{kl}^0}{S_{kl}^0},\quad -f=\alpha_{ij}-\alpha_{kl}$$

其中，S_{ij}^0、S_{kl}^0、α_{ij}^0、α_{kl}^0 分别为 ij 边和 kl 边的近似边长和近似方位角。

如果平行线上有多个观测点，则可列出几个直线条件和一个平行条件。

3.7.3　距离条件

设两点 i 和 j 间的距离为定值 S_{ij}，则坐标间存在如下条件

$$\sqrt{(\hat{X}_i-\hat{X}_j)^2+(\hat{Y}_i-\hat{Y}_j)^2}=S_{ij} \tag{3.113}$$

线性化后得条件方程为

$$-\frac{\Delta X_{ij}^0}{S_{ij}^0}\hat{x}_i-\frac{\Delta Y_{ij}^0}{S_{ij}^0}\hat{y}_i+\frac{\Delta X_{ij}^0}{S_{ij}^0}\hat{x}_j+\frac{\Delta Y_{ij}^0}{S_{ij}^0}\hat{y}_j-f=0 \tag{3.114}$$

式中，$-f=S_{ij}^0-S_{ij}$。其中，S_{ij}^0 为 ij 边的近似边长。

3.7.4　面积条件

设图 3.26 所示的封闭多边形面积为给定值 S，其顶点坐标为$(X_i,Y_i)(i=1,2,\cdots,n)$，则可建立条件方程为

$$\frac{1}{2}\sum_{i=1}^{n}\hat{X}_i(\hat{Y}_{i+1}-\hat{Y}_{i-1})-S=0 \tag{3.115}$$

线性化后得条件方程为

$$\sum_{i=1}^{n}a_i\hat{x}_i+\sum_{i=1}^{n}b_i\hat{y}_i-f=0 \tag{3.116}$$

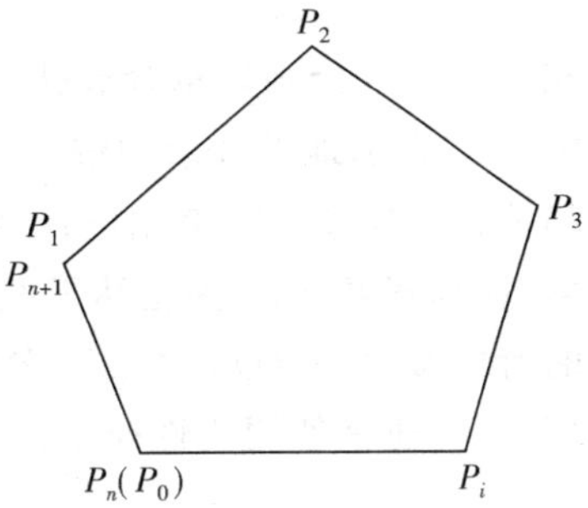

图 3.26　封闭多边形

式中，$a_i=\frac{1}{2}(Y_{i+1}-Y_{i-1}),b_i=\frac{1}{2}(X_{i+1}-X_{i-1}),-f=\frac{1}{2}\sum_{i=1}^{n}X_i(Y_{i+1}-Y_{i-1})-S$。

在实际数字化数据的平差模型中，平差问题可能同时包含直角条件、直线条件、平行条件、距离条件等。

3.8　短基线集合成孔径雷达干涉测量方法中的形变解算与最小二乘法

合成孔径雷达干涉测量(interferometric synthetic aperture radar, InSAR)技术是基于星载合成孔径雷达(synthetic aperture radar, SAR)发展而来的一种空间大地测量技术，通过发射与接收雷达波观测地表变化。其观测相位信息主要受到地表位移、地形起伏、大气延迟及其他噪声源的线性累加影响。因此，可以通过构建观测量与各相位成分的函数模型，用最小二乘法等解算观测模型参数，得到地表形变估计值。短基线集(small baseline subset, SBAS)方法是算法结构最简单、应用最广的时序 InSAR 形变解算方法，其模型参数估计的最常用方法就是最小二乘法。以此为背景，本节介绍最小二乘法在短基线集合成孔径雷达干涉测量形变监测中的应用案例。

3.8.1　短基线集合成孔径雷达干涉测量方法

合成孔径雷达技术通过发射和接收雷达微波信号获取大范围地球表面的影像信息，并且具有全天时、全天候、高分辨率等特点。合成孔径雷达干涉测量技术是基于杨氏双缝干涉原理，对同一地区的两景合成孔径雷达影像进行相干干涉，利用干涉信号中的相位信息实现地形测图以及形变监测等应用。短基线集方法则是以短时空基线为准则，利用多景时序合成孔径雷达影像，两两组合构建干涉对，解决大尺度、多时序地表形变解算的问题。

在短基线集时序分析前，需要对每一景干涉影像预处理，如差分干涉、相位滤波和相位解缠等，得到目标解缠干涉图；通过噪声抑制算法，削弱甚至消除噪声相位对观测值的影响，提升

后续形变解算精度。为方便读者理解,假设观测相位已经过有效的噪声项改正,仅包含地表变形和地形残余分量。因此,在第 i、j 景 SAR 影像构成的干涉影像(其中 i 为从影像,j 为主影像)中,某像素点解缠相位 φ_{ij} 表示为

$$\begin{aligned}\varphi_{ij} &= \varphi_d^{ij} + \varphi_{\Delta h}^{ij} + \varphi_n^{ij} \\ &= \frac{4\pi}{\lambda}(d(t_j) - d(t_i)) + \frac{4\pi}{\lambda}\frac{B_\perp^{ij} \cdot \Delta h}{r \cdot \sin\theta} + \varphi_n^{ij}\end{aligned} \tag{3.117}$$

式中,t_i、t_j 分别表示合成孔径雷达影像成像时刻;φ_d^{ij} 表示两次成像间地表运动产生的形变相位;$\varphi_{\Delta h}^{ij}$ 表示地形残余相位,一般指与数字高程模型不符而产生的残差,与干涉影像垂直基线相关;φ_n^{ij} 为随机噪声相位;λ 为雷达电磁波波长;$B_\perp^{ij}$ 表示两次成像间卫星视线方向的垂直距离,即垂直基线;r 为雷达天线相位中心至地面点的倾斜距离;θ 为雷达入射角。此函数模型中的待估参数为 $d(t)$ 和 Δh,分别表示时刻 t 的地表形变和地形残余。为赋予模型解明确的物理意义,通常使用线性速率模型替代原有形变模型,得到

$$\varphi_d^{ij} = \frac{4\pi}{\lambda}\sum_{k=i+1}^{j}(t_k - t_{k-1})v_k \tag{3.118}$$

式中,$i = 1, 2, \cdots, n-1$;$j = 2, 3, \cdots, n$。

按照传统短基线集方法的解算思路,形变估计分为线性形变求解与非线性形变求解两个步骤。具体地,先使用下列函数模型求解线性形变分量及地形残差

$$\varphi_{ij} = \frac{4\pi}{\lambda}v\Delta t_{ij} + \varphi_{\Delta h}^{ij} + \varphi_{\text{res}}^{ij} \tag{3.119}$$

式中,等号右边第一项为线性形变分量,其中 v 表示线性形变速率,$\Delta t_{ij} = t_j - t_i$ 表示时间基线;第二项 $\varphi_{\Delta h}^{ij}$ 为地形残余相位;第三项 $\varphi_{\text{res}}^{ij}$ 为残余相位,其中包含未建模的非线性形变与随机噪声分量。采用最小二乘法即可求得待估参数 $[\hat{v} \quad \Delta\hat{h}]^{\mathrm{T}}$,并得到残余项。在不考虑其他噪声影响的情况下,残余相位等于非线性形变分量。因此,可以直接使用式(3.118)表达其形变过程,计算其最小二乘解并进行积分得到非线性形变分量。最后,最终形变估计值等于线性形变分量与非线性形变分量之和。

3.8.2 最小二乘法在形变解算中的应用

最小二乘法被广泛应用于采用短基线集方法的形变解算过程中。通过最小二乘法,可以利用上节所述的相位模型对观测相位进行拟合,并估计形变参数。最小二乘法通过最小化残差的平方和来优化参数估计,从而得到更加准确和稳健的形变结果。

短基线集方法以短时空基线为准则,使用 M 景合成孔径雷达影像可以得到 N 景干涉影像,$\frac{M}{2} \leqslant N \leqslant \frac{M(M-1)}{2}$,对应干涉相位可以表示为 $\varphi_k, k = 1, 2, \cdots, n$。这里,假设相位观测值中仅包含形变和地形残余信号,输入观测向量 $\boldsymbol{\varphi} = [\varphi_1 \quad \varphi_2 \quad \cdots \quad \varphi_n]^{\mathrm{T}}$(解缠干涉相位)与待求参数向量 $\boldsymbol{X} = [v \quad \Delta h]^{\mathrm{T}}$ 关系为

$$\boldsymbol{\varphi} = \boldsymbol{BX} \tag{3.120}$$

其中,系数矩阵 $\boldsymbol{B}$ 为

$$B = \frac{4\pi}{\lambda}\begin{bmatrix} \Delta t_1 & B_{\perp,1}K_{\Delta h} \\ \Delta t_2 & B_{\perp,2}K_{\Delta h} \\ \vdots & \vdots \\ \Delta t_k & B_{\perp,k}K_{\Delta h} \\ \vdots & \vdots \\ \Delta t_M & B_{\perp,M}K_{\Delta h} \end{bmatrix} \tag{3.121}$$

式中，$B_{\perp,i}$ 表示第 i 景干涉影像垂直基线，$K_{\Delta h}=\dfrac{1}{r\cdot\sin\theta}$ 是地形残余 Δh 前的比例系数，r 为观测地物到卫星相位中心的斜距，θ 为入射角。基于最小二乘准则求解式(3.120)的未知参数为

$$\hat{X}=(B^{\mathrm{T}}PB)^{-1}B^{\mathrm{T}}P\varphi \tag{3.122}$$

在一般情况下，令权矩阵 $P=I$，由此得到未知参数 —— 该地面点线性形变速率 v 和地形残余 Δh。在不考虑其他噪声相位影响的情况下，残余相位近似由非线性形变相位贡献，将式(3.118)直接作为函数模型并求解其最小二乘估值，在时间域积分即可获得时序非线性形变相位。具体解算流程将在以下示例中体现。

例 3.14　假设有 5 景 L 波段合成孔径雷达影像，入射角为 $\theta=36.2795°$，斜距 $r=7.6816\times10^5$ m，波长 $\lambda=0.2425$ m，共构成 9 对干涉影像，求解某像素点的时序形变。干涉影像时空基线及该点观测相位信息如表 3.37 所示。

表 3.37　干涉影像时空基线及该点观测相位信息

数量	干涉影像对	空间基线 $B_{\perp}$ /m	时间基线 t /d	观测相位 φ /rad
1	20171006—20190308	−468.934 9	518	8.067 1
2	20171006—20200306	−253.139 1	882	12.845 2
3	20190308—20200306	215.795 8	364	4.309 3
4	20190308—20200529	438.761 6	448	4.106 5
5	20200306—20200529	222.965 8	84	0.208 9
6	20200306—20210305	168.851 7	364	2.069 5
7	20200529—20210305	−54.114 1	280	1.420 8
8	20200529—20221223	15.690 7	938	6.089 0
9	20210305—20221223	69.804 8	658	3.612 9

注：1. 影像成像时间 t_i 分别为 20171006、20190308、20200306、20200529、20210305、20221223。
2. 观测相位 φ 已解缠。

解：(1)根据给定影像成像参数得到

$$\alpha_0=\frac{4\pi}{\lambda}=51.8302\ \mathrm{m}^{-1}$$

$$\alpha_1=\frac{\alpha_0}{r\cdot\sin\theta}=1.1403\times10^{-4}\ \mathrm{m}^{-1}$$

指定 2017 年 10 月 6 日(20171006)为参考时间(令 365 天为一年，以年为单位)，得到

$$T=[t_1\quad t_2\quad t_3\quad t_4\quad t_5\quad t_6]^{\mathrm{T}}=[0\quad 518\quad 882\quad 966\quad 1\,246\quad 1\,904]^{\mathrm{T}}/365$$
$$=[0\quad 1.4192\quad 2.4164\quad 2.6466\quad 3.4137\quad 5.2164]^{\mathrm{T}}$$

根据观测信息及参数，由式(3.119)建立相位观测模型为

$$\varphi_k = \alpha_0 \Delta t_{ij} \hat{v} + \alpha_1 B_{\perp,k} \Delta \hat{h} + \hat{\varphi}_{n,k}$$

转化为矩阵形式为

$$\boldsymbol{\varphi}_n = \boldsymbol{B}\hat{\boldsymbol{X}} - \boldsymbol{\varphi}$$

其中,系数矩阵(Δt_{ij} 已转化以年为单位)为

$$\boldsymbol{B} = \begin{bmatrix} 1.4192\alpha_0 & -468.9349\alpha_1 \\ 2.4164\alpha_0 & -253.1391\alpha_1 \\ 0.9973\alpha_0 & 215.7958\alpha_1 \\ 1.2274\alpha_0 & 438.7616\alpha_1 \\ 0.2301\alpha_0 & 222.9658\alpha_1 \\ 0.9973\alpha_0 & 168.8517\alpha_1 \\ 0.7671\alpha_0 & -54.1141\alpha_1 \\ 2.5699\alpha_0 & 15.6907\alpha_1 \\ 1.8027\alpha_0 & 69.8048\alpha_1 \end{bmatrix}$$

观测值为

$$\boldsymbol{\varphi} = [8.0671 \quad 12.8452 \quad 4.3093 \quad 4.1065 \quad 0.2089 \quad 2.0695 \quad 1.4208 \quad 6.0890 \quad 3.6129]^{\mathrm{T}}$$

待估参数为

$$\hat{\boldsymbol{X}} = [\hat{v} \quad \Delta\hat{h}]^{\mathrm{T}}$$

(2)组成并解算法方程

$$\hat{\boldsymbol{X}} = (\boldsymbol{B}^{\mathrm{T}}\boldsymbol{B})^{-1}(\boldsymbol{B}\boldsymbol{\varphi}) = [0.067 \quad 43.3264]^{\mathrm{T}}$$

并得到残余相位

$$\begin{aligned} \hat{\boldsymbol{\varphi}}_{\mathrm{res}} &= \boldsymbol{\varphi} - \boldsymbol{B}\hat{\boldsymbol{X}} \\ &= [0.7931 \quad 3.1537 \quad 1.8919 \quad 1.9869 \quad 0.5066 \quad -0.5798 \quad -1.5262 \quad -2.8102 \quad -2.3393]^{\mathrm{T}} \end{aligned}$$

(3)忽略噪声影响,得到 $\hat{\boldsymbol{\varphi}}_{\mathrm{res}} = \hat{\boldsymbol{\varphi}}_{d,nl}$,并以式(3.118)建立非线性形变函数模型

$$\varphi_{d,nl}^{ij} = \sum_{k=i+1}^{j} (t_k - t_{k-1}) v_k$$

式中,$i = 1,2,\cdots,5$;$j = 2,3,\cdots,6$。同样,转化为矩阵形式得到

$$\boldsymbol{\varphi}'_n = \boldsymbol{B}'\hat{\mathbf{V}} - \boldsymbol{\varphi}_{d,nl}$$

其中,系数矩阵为

$$\boldsymbol{B}' = \begin{bmatrix} 1.4192 & 0 & 0 & 0 & 0 \\ 1.4192 & 0.9973 & 0 & 0 & 0 \\ 0 & 0.9973 & 0 & 0 & 0 \\ 0 & 0.9973 & 0.2301 & 0 & 0 \\ 0 & 0 & 0.2301 & 0 & 0 \\ 0 & 0 & 0.2301 & 0.7671 & 0 \\ 0 & 0 & 0 & 0.7671 & 0 \\ 0 & 0 & 0 & 0.7671 & 1.8027 \\ 0 & 0 & 0 & 0 & 1.8027 \end{bmatrix}$$

$$\hat{\mathbf{V}} = [\hat{v}_1 \quad \hat{v}_2 \quad \hat{v}_3 \quad \hat{v}_4 \quad \hat{v}_5]^{\mathrm{T}}$$

基于最小二乘法求得

$$\hat{\boldsymbol{V}}=\begin{bmatrix}\hat{v}_1\\\hat{v}_2\\\hat{v}_3\\\hat{v}_4\\\hat{v}_5\end{bmatrix}=\begin{bmatrix}0.7305\\1.8785\\1.6325\\-1.4168\\-1.1268\end{bmatrix}$$

在时间域积分得到时序非线性形变相位

$$\hat{\varphi}^n_{d,nl}=\sum_{k=6-n}^{5}(t_{k+1}-t_k)\cdot\hat{v}_k\quad(n=1,2,\cdots,5)$$

得到

$$\hat{\boldsymbol{\varphi}}_{d,nl}=[1.0367\quad 2.9101\quad 3.2858\quad 2.1989\quad 0.1685]^{\mathrm{T}}$$

计算最终时序形变(单位转化为毫米,并保留整数)为

$$\hat{\boldsymbol{D}}=\hat{v}\cdot\boldsymbol{T}+\begin{bmatrix}0\\\dfrac{\hat{\boldsymbol{\varphi}}_{d,nl}}{\alpha_0}\times10^3\end{bmatrix}=[0\quad -116\quad -219\quad -241\quad -272\quad -355]^{\mathrm{T}}\ \mathrm{mm}$$

其时序演化过程如图 3.27 所示。

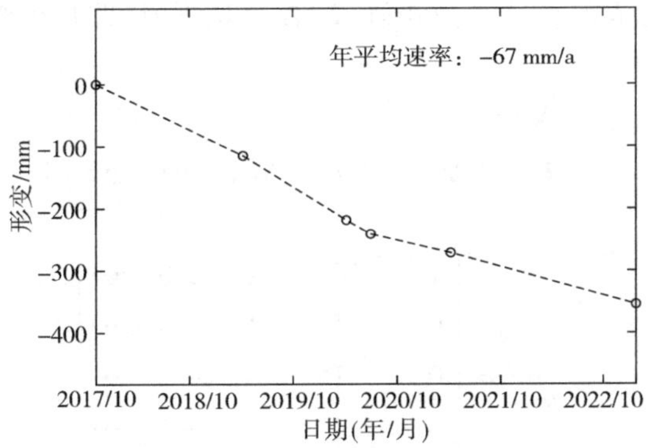

图 3.27 SBAS 方法解算时序形变

(4)评估非线性形变最小二乘解的精度(单位转化为 mm)为

$$\boldsymbol{\delta}=\frac{\sum\hat{\boldsymbol{\varphi}}_{d,nl}-\boldsymbol{\varphi}_{d,nl}}{\alpha_0}\times10^3$$

$$\hat{\sigma}=\sqrt{\frac{[\boldsymbol{\delta\delta}]}{n-t}}=8\ \mathrm{mm}$$

3.9 永久散射体合成孔径雷达干涉测量空间维相位解缠

永久散射体合成孔径雷达干涉测量(persistent scatterer InSAR, PS-InSAR)是一种利用合成孔径雷达影像时间序列中时间相关性较高的点(PS 点)探测地表形变时空演变的方法。首先,在 PS 点集上构建 PS 连接基线网络并进行差分相位建模;其次,利用解空间搜索算法进行时间维 PS 弧段相对参数估计,计算出 PS 网络中所有基线的线性形变速率和高程误差增量;再次,采用最小二乘法进行空间维 PS 点绝对参数求解,估计各 PS 点线性形变速率和高程误差的最或然估计值;最后,分离非线性形变和大气延迟。这里介绍利用最小二乘法进行空间

维 PS 点绝对参数求解的方法。

空间维 PS 点绝对参数求解类似于大地测量中的水准观测网,已知每条基线的高程差和形变速率差,并且选择一点作为起算点,设置它的高程和形变速率为 0 或已知值,然而大量的多余观测值(即 PS 差分参数 Δv、$\Delta\varepsilon$)存在解算误差,使得网络的闭合差不为零;为探寻 PS 网络基线参数的全局合理性,采用间接平差消除基线观测几何矛盾,从而分别计算出各 PS 点的高程修正值和形变速率量。如图 3.28 所示,以求解形变速率为例建立误差方程,每一个弧段(基线)可以建立一个方程

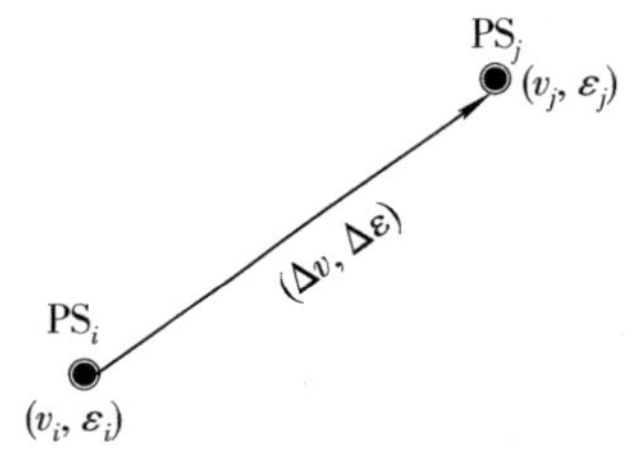

图 3.28 弧段的线性形变差和高程差

$$\hat{v}_i - \hat{v}_j = \Delta v + r \tag{3.123}$$

式中,$\hat{v}_i$ 和 $\hat{v}_j$ 分别为 PS$_i$ 和 PS$_j$ 两个点的绝对形变速率的估计值,Δv 为弧段的形变速率增量,r 表示误差。图 3.28 中 ε_i 和 ε_j 分别为两个点的绝对高程残差,$\Delta\varepsilon$ 为弧段的高程残差增量。

假设有 Q 个弧段,则用矩阵的形式表示观测方程为

$$\underset{Q\times T}{\boldsymbol{B}} \cdot \underset{T\times 1}{\boldsymbol{X}} = \underset{Q\times 1}{\boldsymbol{L}} + \underset{Q\times 1}{\boldsymbol{R}} \tag{3.124}$$

式中,Q 表示弧段的个数;T 表示 PS 点的个数;$\boldsymbol{X}$ 表示待求解的每个 PS 点的绝对形变速率或高程残差;$\boldsymbol{B}$ 为 1 和 -1 组成的稀疏系数矩阵;$\boldsymbol{L}$ 表示观测值,即每个弧段的形变速率差或者高程残差增量。其中

$$\boldsymbol{X} = [\hat{v}_1 \quad \hat{v}_2 \quad \hat{v}_3 \quad \cdots \quad \hat{v}_T]^{\mathrm{T}}$$

$$\boldsymbol{L} = [\Delta v_1 \quad \Delta v_2 \quad \Delta v_3 \quad \cdots \quad \Delta v_Q]^{\mathrm{T}}$$

$$\underset{Q\times T}{\boldsymbol{B}} = \begin{bmatrix} 1 & -1 & 0 & 0 & \cdots \\ 1 & 0 & -1 & 0 & \cdots \\ 0 & 1 & -1 & 0 & \cdots \\ 0 & 1 & 0 & -1 & \cdots \\ 0 & 0 & 1 & -1 & \cdots \\ 1 & 0 & 0 & -1 & \cdots \\ \vdots & \vdots & \vdots & \vdots & \end{bmatrix}$$

选择第一个 PS 点作为起算点,假设它的形变速率 $\hat{v}_1$ 和高程值 $\hat{h}_1$ 都为 0,那么可以消除系数矩阵 $\boldsymbol{B}$ 的第一列,从而得到新的系数矩阵

$$\underset{Q\times (T-1)}{\boldsymbol{B}} = \begin{bmatrix} -1 & 0 & 0 & \cdots \\ 0 & -1 & 0 & \cdots \\ 1 & -1 & 0 & \cdots \\ 1 & 0 & -1 & \cdots \\ 0 & 1 & -1 & \cdots \\ 0 & 0 & -1 & \cdots \\ \vdots & \vdots & \vdots & \end{bmatrix}$$

另外构建观测值(弧段)权矩阵 $\boldsymbol{P}$,$\boldsymbol{P}$ 为对角矩阵,对角线元素用已求得的每条弧段的时间相关系数的平方 γ^2 表示

$$\underset{Q\times Q}{\boldsymbol{P}}=\begin{bmatrix}\gamma_1^2 & 0 & 0 & 0\\ 0 & \gamma_2^2 & 0 & 0\\ \vdots & \vdots & \vdots & \vdots\\ 0 & 0 & 0 & \gamma_Q^2\end{bmatrix}\tag{3.125}$$

其中每个弧段的时间相关系数 γ 已经在时间维相位解缠步骤中计算得到，计算式为

$$\gamma=\left|\frac{1}{N}\sum_{i=1}^{N}\mathrm{e}^{\mathrm{j}\left(\Delta\varphi_i-\frac{4\pi}{\lambda R\sin\theta}B_i^{\perp}\Delta h-\frac{4\pi}{\lambda}T_i\Delta v\right)}\right|\tag{3.126}$$

式中，N 为差分干涉影像的数量，j 为复数单位，$\Delta\varphi_i$ 是第 i 幅差分干涉影像的差分干涉相位，$B_i^{\perp}$ 和 T_i 分别为空间垂直基线和时间基线，λ、R 和 θ 分别为传感器发射电磁波的波长、传感器到目标地物的距离和雷达入射角。

最后利用最小二乘平差得到未知量 $\boldsymbol{X}$ 的解算结果，即解算出每一个 PS 点的形变速率参数，即

$$\boldsymbol{X}=(\boldsymbol{B}^{\mathrm{T}}\boldsymbol{P}\boldsymbol{B})^{-1}\boldsymbol{B}^{\mathrm{T}}\boldsymbol{P}\boldsymbol{L}\tag{3.127}$$

高程残差参数求解过程类似，只需要代入高程残差的观测值 $\boldsymbol{L}$ 进行计算，最终得到空间维 PS 点绝对参数求解结果。

例 3.15　对某区域内存在的 9 个 PS 点进行编号，构网生成 20 个弧段，如图 3.29 所示，并已经解算出每个弧段的终点—起点的高程差、形变速率差以及权重值，如表 3.38 所示，求解每个 PS 点的形变速率和高程。

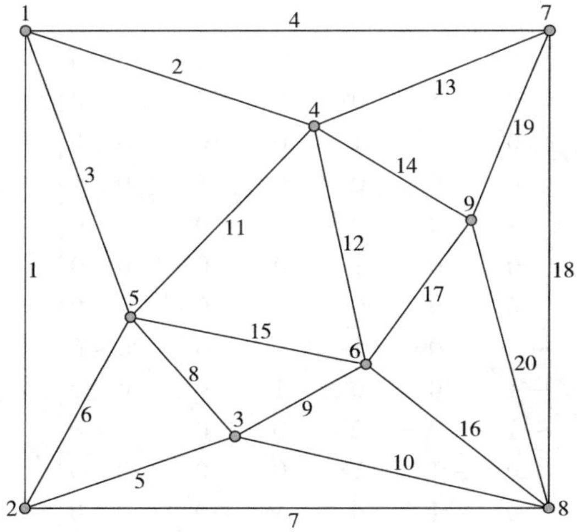

图 3.29　PS 点构网结果

表 3.38　观测数据

弧段编号	起点编号	终点编号	高程差/m	形变速率差/(mm/y)	弧段权重值
1	1	2	4.39	1.54	0.71
2	1	4	3.82	2.83	0.81
3	1	5	7.66	−1.26	0.96
4	1	7	7.95	1.86	0.86
5	2	3	1.87	0.32	0.85
6	2	5	4.9	−1.31	0.79

续表

弧段编号	起点编号	终点编号	高程差/m	形变速率差/(mm/y)	弧段权重值
7	2	8	4.46	−0.43	0.81
8	3	5	6.46	0.34	0.76
9	3	6	7.09	3.58	0.76
10	3	8	7.55	2.77	0.98
11	4	5	2.76	−1.35	0.88
12	4	6	6.8	3.03	0.83
13	4	7	6.55	0.73	0.85
14	4	9	1.63	−0.06	0.74
15	5	6	1.19	0.71	0.72
16	6	8	4.98	−0.20	0.71
17	6	9	9.6	−0.12	0.69
18	7	8	3.4	1.49	0.83
19	7	9	5.85	1.41	0.90
20	8	9	2.24	1.42	0.72

解:(1)建立形变速率差 Δv 的观测方程为

$$\hat{v}_i - \hat{v}_j = \Delta v + r$$

矩阵形式为

$$\boldsymbol{V} = \boldsymbol{B}\boldsymbol{X} - \boldsymbol{L}$$

其中

$$\boldsymbol{B} = \begin{bmatrix} -1 & 1 & 0 & 0 & 0 & 0 & 0 & 0 & 0 \\ -1 & 0 & 0 & 1 & 0 & 0 & 0 & 0 & 0 \\ -1 & 0 & 0 & 0 & 1 & 0 & 0 & 0 & 0 \\ -1 & 0 & 0 & 0 & 0 & 0 & 1 & 0 & 0 \\ 0 & -1 & 1 & 0 & 0 & 0 & 0 & 0 & 0 \\ 0 & -1 & 0 & 0 & 1 & 0 & 0 & 0 & 0 \\ 0 & -1 & 0 & 0 & 0 & 0 & 0 & 1 & 0 \\ 0 & 0 & -1 & 0 & 1 & 0 & 0 & 0 & 0 \\ 0 & 0 & -1 & 0 & 0 & 1 & 0 & 0 & 0 \\ 0 & 0 & -1 & 0 & 0 & 0 & 0 & 1 & 0 \\ 0 & 0 & 0 & -1 & 1 & 0 & 0 & 0 & 0 \\ 0 & 0 & 0 & -1 & 0 & 1 & 0 & 0 & 0 \\ 0 & 0 & 0 & -1 & 0 & 0 & 1 & 0 & 0 \\ 0 & 0 & 0 & -1 & 0 & 0 & 0 & 0 & 1 \\ 0 & 0 & 0 & 0 & -1 & 1 & 0 & 0 & 0 \\ 0 & 0 & 0 & 0 & 0 & -1 & 0 & 1 & 0 \\ 0 & 0 & 0 & 0 & 0 & -1 & 0 & 0 & 1 \\ 0 & 0 & 0 & 0 & 0 & 0 & -1 & 1 & 0 \\ 0 & 0 & 0 & 0 & 0 & 0 & -1 & 0 & 1 \\ 0 & 0 & 0 & 0 & 0 & 0 & 0 & -1 & 1 \end{bmatrix}, \quad \boldsymbol{L} = \begin{bmatrix} 1.54 \\ 2.83 \\ -1.26 \\ 1.86 \\ 0.32 \\ -1.31 \\ -0.43 \\ 0.34 \\ 3.58 \\ 2.77 \\ -1.35 \\ 3.03 \\ 0.73 \\ -0.06 \\ 0.71 \\ -0.2 \\ -0.12 \\ 1.49 \\ 1.41 \\ 1.42 \end{bmatrix}$$

$$\boldsymbol{X} = [\hat{v}_1 \quad \hat{v}_2 \quad \hat{v}_3 \quad \hat{v}_4 \quad \hat{v}_5 \quad \hat{v}_6 \quad \hat{v}_7 \quad \hat{v}_8 \quad \hat{v}_9]^{\mathrm{T}}$$

选择第一个 PS 点作为起算点，假设它的形变速率 $\hat{v}_1$ 和高程值 $\hat{h}_1$ 都为 0，那么可以消除系数矩阵 $\boldsymbol{B}$ 的第一列，从而得到新的系数矩阵

$$\boldsymbol{B}=\begin{bmatrix}1&0&0&0&0&0&0&0\\0&0&1&0&0&0&0&0\\0&0&0&1&0&0&0&0\\0&0&0&0&0&1&0&0\\-1&1&0&0&0&0&0&0\\-1&0&0&1&0&0&0&0\\-1&0&0&0&0&0&1&0\\0&-1&0&1&0&0&0&0\\0&-1&0&0&1&0&0&0\\0&-1&0&0&0&0&1&0\\0&0&-1&1&0&0&0&0\\0&0&-1&0&1&0&0&0\\0&0&-1&0&0&1&0&0\\0&0&-1&0&0&0&0&1\\0&0&0&-1&1&0&0&0\\0&0&0&0&-1&0&1&0\\0&0&0&0&-1&0&0&1\\0&0&0&0&0&-1&1&0\\0&0&0&0&0&-1&0&1\\0&0&0&0&0&0&-1&1\end{bmatrix}$$

(2)组成并解算法方程

$$\boldsymbol{X}=(\boldsymbol{B}^{\mathrm{T}}\boldsymbol{PB})^{-1}(\boldsymbol{B}^{\mathrm{T}}\boldsymbol{PL})$$
$$=[1.35\quad 0.10\quad 1.56\quad 0.23\quad 2.96\quad 1.55\quad 2.22\quad 2.74]^{\mathrm{T}}$$

(3)得到每个 PS 点的形变速率结果

$$\boldsymbol{v}=[0\quad 1.35\quad 0.10\quad 1.56\quad 0.23\quad 2.96\quad 1.55\quad 2.22\quad 2.74]^{\mathrm{T}}$$

(4)每个 PS 点的高程解算方法与形变速率的解算方法类似，结果为

$$\boldsymbol{h}=[0\quad 3.47\quad 2.68\quad 4.32\quad 7.76\quad 7.82\quad 8.13\quad 10.49\quad 12.52]^{\mathrm{T}}$$

最终得到每个 PS 点的高程值和形变速率值，完成空间维 PS 点绝对参数求解。

习　题

1. 在图 3.30 所示的测角三角网中，试按照要求完成：

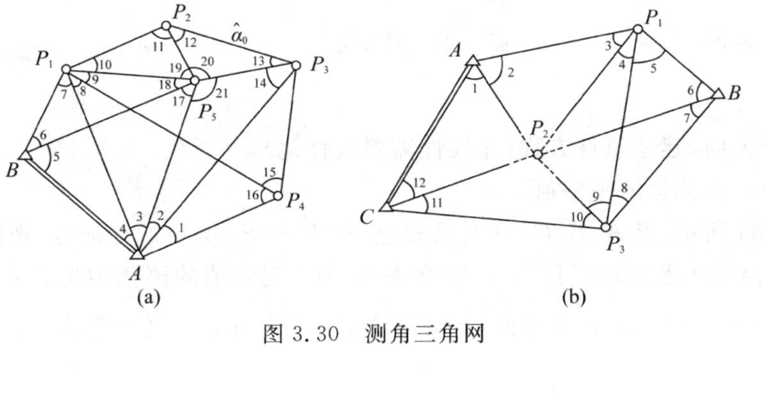

图 3.30　测角三角网

(1)坐标平差时,应选择多少个未知参数?误差方程个数是多少?

(2)条件平差时,条件方程的总数是多少?并指出条件方程类型及其相应个数。

(P_i 为待定点,$\hat{\alpha}_0$ 为已知方位角,半虚半实线的虚线端表示在该方向进行观测。)

2.在图 3.31 所示的三角网中,A、B、C 为已知点,P 为待定点。已知点坐标为

$$X_A=4\,728.008\text{ m},\quad Y_A=227.880\text{ m}$$
$$X_B=4\,604.993\text{ m},\quad Y_B=362.996\text{ m}$$
$$X_C=4\,750.191\text{ m},\quad Y_C=503.152\text{ m}$$

等精度独立观测 4 个角度,角度观测值为

$$L_1=94°29'32'',\ L_2=44°20'36'',\ L_3=47°19'43'',\ L_4=85°59'52''$$

设 P 点坐标平差值为未知参数,$\hat{\boldsymbol{X}}=[\hat{X}_P\quad \hat{Y}_P]^{\mathrm{T}}$,试按坐标平差法计算:

(1)P 点坐标平差值。

(2)P 点坐标平差值的协因数矩阵。

3.在图 3.32 所示的测边网中,点 A、B、C 为已知点,点 P 为待定点,已知点坐标为 $X_A=8\,879.256$ m,$Y_A=2\,224.856$ m,$X_B=8\,597.934$ m,$Y_B=2\,216.789$ m,$X_C=8\,853.040$ m,$Y_C=2\,540.460$ m,P 点近似坐标为 $X_P^0=719.900$ m,$Y_P^0=332.800$ m,等精度测得边长观测值为 $S_1=192.478$ m,$S_2=168.415$ m,$S_3=246.724$ m。试按坐标平差法求:

(1)待定点坐标平差值。

(2)待定点坐标平差值的协因数矩阵。

4.有大地四边形如图 3.33 所示,点 A、C 为已知点,点 B、D 为待定点,等精度观测了 8 个角度,各观测值为

$$L_1=63°14'25.02'',\quad L_2=23°28'50.06'',\quad L_3=23°31'29.31'',\quad L_4=69°45'14.74''$$
$$L_5=61°40'57.38'',\quad L_6=25°02'19.23'',\quad L_7=27°24'08.77'',\quad L_8=65°52'35.08''$$

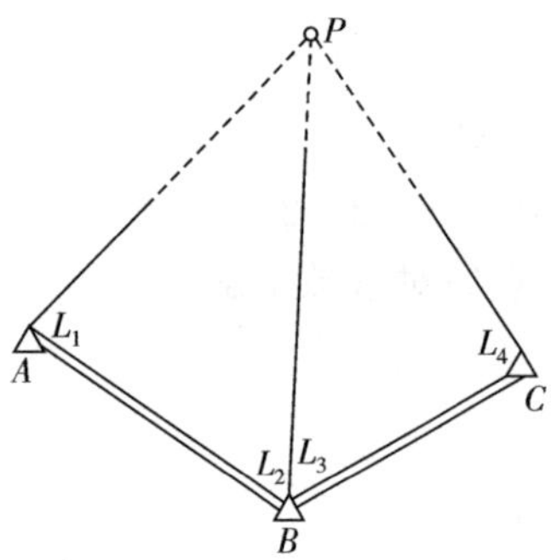

图 3.31 测角三角网

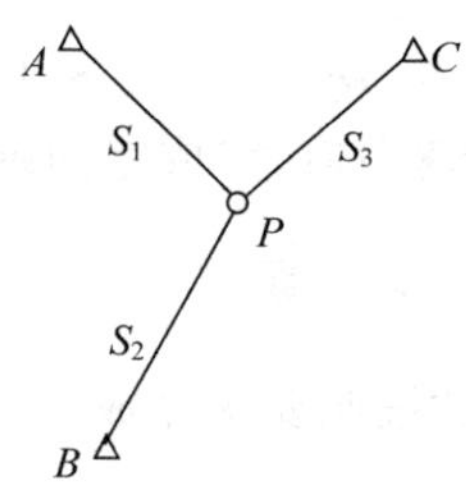

图 3.32 测边交会

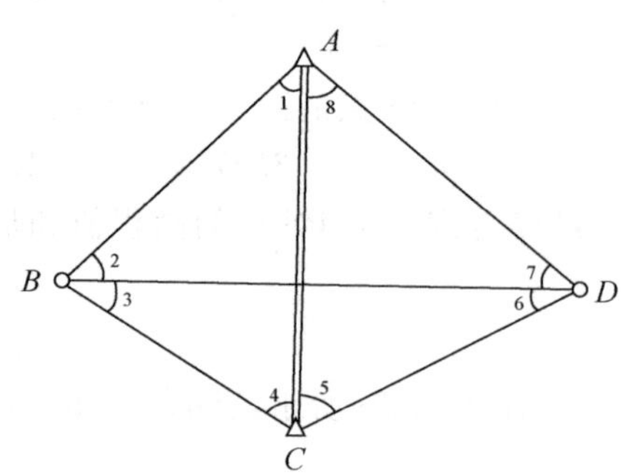

图 3.33 大地四边形

试求:

(1)条件平差时,建立条件方程(非线性需要线性化)。

(2)计算角度观测量的平差值。

5.如图 3.34 所示,点 A、B、C、D 为已知点,点 $P_1 \sim P_3$ 为待定导线点,观测了 5 个左角和 4 个边长,已知点数据及观测值见表 3.39 和表 3.40。观测值的测角中误差 $\sigma_\beta=2''$,边长中误差 $\sigma_{S_i}=0.2\sqrt{S_i}$ mm(S_i 以 m 为单位)。若选验前单位权中误差等于测角中误差,试分别按照

间接平差法和条件平差法计算：

(1)待定点坐标平差值。

(2)单位权中误差估值。

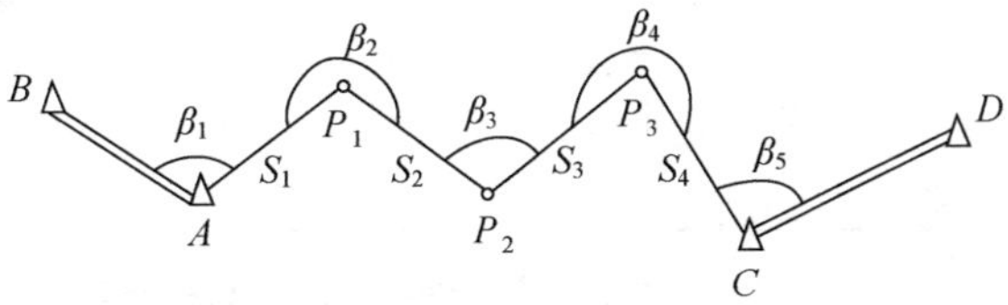

图 3.34　附合导线

表 3.39　已知点数据

点名	X/m	Y/m
A	599.951	224.856
B	704.816	141.165
C	747.166	572.726
D	889.339	622.134

表 3.40　观测值

β_i	观测角 /(° ′ ″)	S_i	观测边长/m
1	74 10 30	1	143.825
2	279 05 12	2	124.777
3	67 55 29	3	188.950
4	276 10 11	4	117.338
5	80 23 46		

6. 在图 3.35 所示的 GPS 网中，点 G_{01}、G_{02} 为已知点，点 G_{03}、G_{04} 为待定点，已知点的三维坐标为

$X_{G_{01}}=-2\,411\,745.121\,0$ m，　$Y_{G_{01}}=-4\,733\,176.763\,7$ m，　$Z_{G01}=3\,519\,160.340\,0$ m

$X_{G_{02}}=-2\,411\,356.691\,4$ m，　$Y_{G_{02}}=-4\,733\,839.084\,5$ m，　$Z_{G_{02}}=3\,518\,496.438\,7$ m

待定点的三维近似坐标为

$X_{G_{03}}=-2\,416\,372.766\,5$ m，　$Y_{G_{03}}=-4\,731\,446.576\,5$ m，　$Z_{G_{03}}=3\,518\,275.019\,6$ m

$X_{G_{04}}=-2\,418\,456.552\,6$ m，　$Y_{G_{04}}=-4\,732\,709.881\,3$ m，　$Z_{G_{04}}=3\,515\,198.767\,8$ m

用 GPS 接收机测得 5 条基线，每一条基线向量中 3 个坐标差观测值相关，各基线向量互相独立，观测数据见表 3.41。

设待定点坐标平差值为参数 $\hat{\boldsymbol{X}}=[\hat{X}_3\ \ \hat{Y}_3\ \ \hat{Z}_3\ \ \hat{X}_4\ \ \hat{Y}_4\ \ \hat{Z}_4]^{\mathrm{T}}$。试按间接平差法求：

(1)误差方程及法方程。

(2)参数改正数。

(3)待定点坐标平差值及精度。

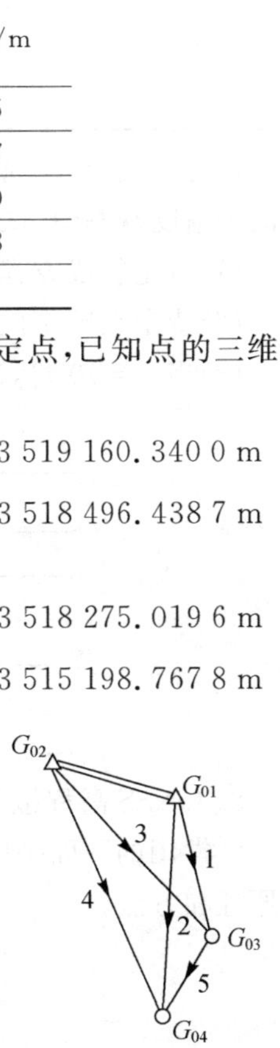

图 3.35　GPS 网示意

表 3.41 基线观测数据

编号	ΔX/m	ΔY/m	ΔZ/m	基线方差(对称矩阵)
1	−4 627.587 6	1 730.258 3	−885.400 4	$\begin{bmatrix} 0.047\,032\,470\,731\,3 & 0.050\,200\,880\,679\,4 & -0.032\,814\,456\,339\,1 \\ & 0.092\,187\,688\,130\,8 & -0.046\,967\,872\,463\,4 \\ & & 0.056\,233\,982\,288\,2 \end{bmatrix}$
2	−6 711.449 7	4 66.844 5	−3 961.582 8	$\begin{bmatrix} 0.024\,731\,438\,089\,2 & 0.028\,768\,590\,548\,6 & -0.015\,097\,735\,749\,2 \\ & 0.066\,550\,875\,843\,2 & -0.028\,511\,112\,436\,8 \\ & & 0.030\,943\,898\,779\,2 \end{bmatrix}$
3	−5 016.071 9	2 392.441 0	−221.359 3	$\begin{bmatrix} 0.040\,700\,998\,391\,6 & 0.044\,145\,300\,707\,0 & -0.027\,486\,494\,054\,4 \\ & 0.084\,743\,713\,513\,2 & -0.041\,399\,034\,005\,2 \\ & & 0.048\,869\,842\,047\,7 \end{bmatrix}$
4	−7 099.878 8	1 129.243 1	−3 297.753 0	$\begin{bmatrix} 0.027\,794\,438\,352\,2 & 0.031\,522\,638\,368\,8 & -0.017\,758\,495\,820\,3 \\ & 0.069\,205\,198\,048\,3 & -0.031\,060\,324\,653\,7 \\ & & 0.034\,708\,320\,595\,9 \end{bmatrix}$
5	−2 083.812 3	−1 263.362 8	−3 076.245 2	$\begin{bmatrix} 0.037\,316\,009\,927\,9 & 0.040\,744\,955\,548\,3 & -0.024\,528\,004\,533\,5 \\ & 0.080\,016\,272\,103\,3 & -0.038\,028\,640\,779\,9 \\ & & 0.044\,690\,784\,891\,0 \end{bmatrix}$

7. 为了确定某一抛物线方程 $y^2=ax$，观测了 5 组数据(表 3.42)，且 x_i 无误差，y_i 为相互独立的等精度观测值，试求：

(1)该抛物线方程。

(2)待定系数 $\hat{a}$ 的中误差。

(3)当 $x=10$ 时，计算 y 坐标的预报值。

表 3.42 观测数据

序号	x/cm	y/cm
1	1	1.90
2	2	2.70
3	3	3.35
4	4	3.80
5	5	4.32

8. GNSS 高程拟合是解决什么问题的？简述 GNSS 高程拟合的原理和方法。

9. 常用的平面坐标转换模型和空间基准转换模型有哪些？简述平面坐标转换模型参数解算的原理和方法。

第4章　测量数据分组平差

测量平差中法方程组的解算是工作量相对较大的一个部分，且法方程系数矩阵的阶数直接决定了平差计算工作量的大小。当法方程系数矩阵的阶数很大时，高阶求逆变得异常困难，常使计算机存储空间不够，需要寻找避免高阶求逆的解算方法；另外，工程测量中的控制网常常是分期布设的，对应的平差计算也需要分期进行。针对以上情况，在实际平差计算中，常将这些测量数据的观测量、平差数学模型等分成两组或多组进行平差计算，称为分组平差。测量数据分组平差的实质就是将一个整体最小二乘解算分解为若干最小二乘解算，但分组解算结果与整体解算结果一致。本章介绍将测量数据观测量分组解算的间接分组平差、条件分组平差的基本理论和方法。

4.1　测量数据分组平差概述

平差计算中，分组平差应用得较多。因此，需要探讨在保证平差结果不变的前提下，如何把一个大型平差问题分解成若干小型平差问题来进行解算的基本理论和方法，使高阶求逆问题转化为若干低阶求逆问题。

实际中可能遇到的这类平差问题有两种情况：一种是一个大型控制网已经完成了全部测量工作，要求提供最后的平差结果，对于这类情况，采用分组平差法可以简化计算，避免进行高阶求逆的麻烦；另一种是有些测量工作中，观测数据是分批分期获得的，并且在获得新观测数据之前，已经对先观测的数据进行了平差，这时我们可以利用已得到的平差结果结合新的观测数据进行平差，获得整体平差一致的效果，即序贯平差。例如，大型控制网已经完成了第一次平差，后来为了工程上的某种需要，该控制网增加了新的观测数据，或在原有控制网的基础上进一步扩展和加密，在这种情况下，采用分组平差法，既可充分利用原有平差结果，又能达到整体平差的目的。

在进行分组平差时，可将全部函数模型分成若干组，但无论分成多少组，其原理和做法都可由分两组的情况予以推广。因此，下面内容只介绍分两组的情况，对于多组情况我们类推给出。

4.2　参数不变的间接分组平差

间接平差的误差方程为

$$\left.\begin{aligned}\underset{n\times1}{\boldsymbol{V}}&=\underset{n\times t}{\boldsymbol{B}}\underset{t\times1}{\hat{\boldsymbol{x}}}-\underset{n\times1}{\boldsymbol{f}}\\-\boldsymbol{f}&=\boldsymbol{B}\boldsymbol{X}^0+\boldsymbol{B}^0-\boldsymbol{L}\end{aligned}\right\}\tag{4.1}$$

若将观测值分为互不相关的两组，即

$$\underset{n\times 1}{\boldsymbol{L}}=\begin{bmatrix}\underset{n_1\times 1}{\boldsymbol{L}_1}\\ \underset{n_2\times 1}{\boldsymbol{L}_2}\end{bmatrix},\quad \underset{n\times n}{\boldsymbol{P}}=\begin{bmatrix}\underset{n_1\times n_1}{\boldsymbol{P}_1} & \boldsymbol{0}\\ \boldsymbol{0} & \underset{n_2\times n_2}{\boldsymbol{P}_2}\end{bmatrix}$$

注意:分组时,要求 $n_1>t$,其中,t 为所选未知参数的个数,n_1 为第一组误差方程个数,n_2 为第二组误差方程个数。则式(4.1)可写为

$$\begin{bmatrix}\underset{n_1\times 1}{\boldsymbol{V}_1}\\ \underset{n_2\times 1}{\boldsymbol{V}_2}\end{bmatrix}=\begin{bmatrix}\boldsymbol{B}_1\\ \boldsymbol{B}_2\end{bmatrix}\hat{\boldsymbol{x}}-\begin{bmatrix}\boldsymbol{f}_1\\ \boldsymbol{f}_2\end{bmatrix}$$

或

$$\left.\begin{aligned}\underset{n_1\times 1}{\boldsymbol{V}_1}&=\boldsymbol{B}_1\hat{\boldsymbol{x}}-\boldsymbol{f}_1\\ \underset{n_2\times 1}{\boldsymbol{V}_2}&=\boldsymbol{B}_2\hat{\boldsymbol{x}}-\boldsymbol{f}_2\end{aligned}\right\}\tag{4.2}$$

式中

$$\left.\begin{aligned}-\boldsymbol{f}_1&=\boldsymbol{B}_1\boldsymbol{X}^0+\boldsymbol{B}_1^0-\boldsymbol{L}_1\\ -\boldsymbol{f}_2&=\boldsymbol{B}_2\boldsymbol{X}^0+\boldsymbol{B}_2^0-\boldsymbol{L}_2\end{aligned}\right\}\tag{4.3}$$

所谓的间接分组平差是指,将式(4.1)误差方程分成两组,即式(4.2),先对第一组单独平差,然后再利用第一组的平差结果和第二组观测值一起平差,并使得到的结果与整体平差结果一致。

4.2.1 参数不变的间接分组平差计算公式

1.第一次平差

第一次平差是将式(4.2)中的第一组误差方程单独平差。误差方程为

$$\boldsymbol{V}_1=\boldsymbol{B}_1\hat{\boldsymbol{x}}-\boldsymbol{f}_1$$

随机模型为

$$\boldsymbol{D}_{L_1}=\sigma_0^2\boldsymbol{P}_1^{-1}$$

按照间接平差计算公式,可得

$$\left.\begin{aligned}\hat{\boldsymbol{x}}'&=(\boldsymbol{B}_1^{\mathrm{T}}\boldsymbol{P}_1\boldsymbol{B}_1)^{-1}\boldsymbol{B}_1^{\mathrm{T}}\boldsymbol{P}_1\boldsymbol{f}_1=\boldsymbol{N}_1^{-1}\boldsymbol{f}_{e_1}\\ \boldsymbol{V}_1'&=\boldsymbol{B}_1\hat{\boldsymbol{x}}'-\boldsymbol{f}_1\end{aligned}\right\}\tag{4.4}$$

$$\left.\begin{aligned}\boldsymbol{Q}_{\hat{x}'}&=\boldsymbol{P}_{\hat{x}'}^{-1}=(\boldsymbol{B}_1^{\mathrm{T}}\boldsymbol{P}_1\boldsymbol{B}_1)^{-1}=\boldsymbol{N}_1^{-1}\\ \boldsymbol{f}_{e_1}&=\boldsymbol{B}_1^{\mathrm{T}}\boldsymbol{P}_1\boldsymbol{f}\end{aligned}\right\}\tag{4.5}$$

第一次平差未知数的平差值为

$$\hat{\boldsymbol{X}}'=\boldsymbol{X}^0+\hat{\boldsymbol{x}}'$$

2.第二次平差

第二次平差是先“改化”第二组误差方程及随机模型。所谓的“改化”误差方程包括两部分:将第一次平差获得的第一次参数平差值 $\hat{\boldsymbol{X}}'$ 看作虚拟观测值,建立对应的虚拟误差方程,见式(4.6);将第一次平差获得的第一次参数平差值 $\hat{\boldsymbol{X}}'$ 作为参数的近似值建立第二组误差方程,见式(4.7),即

$$\boldsymbol{V}_X''=\hat{\boldsymbol{x}}''\tag{4.6}$$

$$\boldsymbol{V}''_2=\boldsymbol{B}_2\hat{\boldsymbol{x}}''-\boldsymbol{f}''_2 \tag{4.7}$$

式中，$-\boldsymbol{f}''_2=\boldsymbol{B}_2\hat{\boldsymbol{X}}'+\boldsymbol{B}^0_2-\boldsymbol{L}_2=-\boldsymbol{f}_2+\boldsymbol{B}_2\hat{\boldsymbol{x}}'$。

式(4.6)和式(4.7)即为第二次平差“改化”后的函数模型和随机模型。虚拟观测值以及第二组观测值的权矩阵分别为 $\boldsymbol{P}_{\hat{X}'}$ 和 $\boldsymbol{P}_2$。将这两组”改化”后新的误差方程及权矩阵合并，得第二次平差的函数模型和随机模型为

$$\bar{\boldsymbol{V}}_2=\begin{bmatrix}\boldsymbol{V}''_{\hat{X}}\\ \boldsymbol{V}''_2\end{bmatrix}=\begin{bmatrix}\boldsymbol{I}\\ \boldsymbol{B}_2\end{bmatrix}\hat{\boldsymbol{x}}''-\begin{bmatrix}\boldsymbol{0}\\ \boldsymbol{f}''_2\end{bmatrix}=\bar{\boldsymbol{B}}_2\hat{\boldsymbol{x}}''-\bar{\boldsymbol{f}}_2 \tag{4.8}$$

$$\bar{\boldsymbol{P}}_2=\begin{bmatrix}\boldsymbol{P}_{\hat{X}'} & \boldsymbol{0}\\ \boldsymbol{0} & \boldsymbol{P}_2\end{bmatrix} \tag{4.9}$$

按照间接平差原理，由式(4.8)、式(4.9)组成法方程为

$$\bar{\boldsymbol{B}}^{\mathrm{T}}_2\bar{\boldsymbol{P}}_2\bar{\boldsymbol{B}}_2\hat{\boldsymbol{x}}''-\bar{\boldsymbol{B}}^{\mathrm{T}}_2\bar{\boldsymbol{P}}_2\bar{\boldsymbol{f}}_2=\boldsymbol{0} \tag{4.10}$$

代入系数、常数项及权矩阵，并解法方程式(4.10)，得

$$\hat{\boldsymbol{x}}''=(\boldsymbol{P}_{\hat{X}'}+\boldsymbol{B}^{\mathrm{T}}_2\boldsymbol{P}_2\boldsymbol{B}_2)^{-1}\boldsymbol{B}^{\mathrm{T}}_2\boldsymbol{P}_2\boldsymbol{f}'_2 \tag{4.11}$$

将式(4.11)回代式(4.7)，则可得 $\boldsymbol{V}''_2$。

由于第一次平差时没有考虑第二组观测值，所以 $\boldsymbol{V}'_2=\boldsymbol{0}$。对于 $\boldsymbol{V}''_1$ 的计算如下，由于

$$\boldsymbol{V}_1=\boldsymbol{V}'_1+\boldsymbol{V}''_1=\boldsymbol{B}_1\hat{\boldsymbol{x}}-\boldsymbol{f}_1=\boldsymbol{B}_1(\hat{\boldsymbol{x}}'+\hat{\boldsymbol{x}}'')-\boldsymbol{f}_1$$

故有

$$\boldsymbol{V}''_1=\boldsymbol{B}_1\hat{\boldsymbol{x}}'' \tag{4.12}$$

$$\boldsymbol{V}_2=\boldsymbol{V}'_2+\boldsymbol{V}''_2=\boldsymbol{V}''_2 \tag{4.13}$$

平差值为

$$\hat{\boldsymbol{X}}=\hat{\boldsymbol{X}}'+\hat{\boldsymbol{x}}''=\boldsymbol{X}^0+\hat{\boldsymbol{x}}'+\hat{\boldsymbol{x}}'' \tag{4.14}$$

第二次平差时参数的协因数矩阵为

$$\boldsymbol{Q}_{\hat{X}''}=(\boldsymbol{P}_{\hat{X}'}+\boldsymbol{B}^{\mathrm{T}}_2\boldsymbol{P}_2\boldsymbol{B}_2)^{-1}=\boldsymbol{Q}_{\hat{X}} \tag{4.15}$$

注意：间接分组平差时，最后一组平差的法方程系数矩阵的逆矩阵即为最终参数平差值的协因数矩阵，也就是整体平差时参数平差值的协因数矩阵。可见，第二组平差的计算公式只用到第一次平差结果和第二组观测值，但结果与用第一组和第二组观测值的整体平差结果相同。第二组平差只需“改化”第二组误差方程和权矩阵，然后按照间接平差的计算公式组成和解算法方程获得参数平差值。当已经对第一组观测值单独进行了平差计算时，分组平差的计算量和存储量一般均小于整体平差。

可以证明，以上的分组平差结果与整体平差结果一致。

4.2.2　精度评定

1. 验后单位权方差估值

验后单位权方差计算公式为

$$\hat{\sigma}^2_0=\frac{\boldsymbol{V}^{\mathrm{T}}\boldsymbol{P}\boldsymbol{V}}{n_1+n_2-t} \tag{4.16}$$

式中

$$\boldsymbol{V}^{\mathrm{T}}\boldsymbol{P}\boldsymbol{V}=(\boldsymbol{V}')^{\mathrm{T}}\boldsymbol{P}\boldsymbol{V}'+(\boldsymbol{V}'')^{\mathrm{T}}\boldsymbol{P}\boldsymbol{V}''$$

而

$$(\boldsymbol{V}')^{\mathrm{T}}\boldsymbol{P}\boldsymbol{V}'=(\boldsymbol{V}')^{\mathrm{T}}\boldsymbol{P}_1\boldsymbol{V}_1'$$

$$(\boldsymbol{V}'')^{\mathrm{T}}\boldsymbol{P}\boldsymbol{V}''=(\boldsymbol{V}_1'')^{\mathrm{T}}\boldsymbol{P}_1\boldsymbol{V}_1''+(\boldsymbol{V}_2'')^{\mathrm{T}}\boldsymbol{P}_2\boldsymbol{V}_2''=(\boldsymbol{f}_2')^{\mathrm{T}}\boldsymbol{P}_2\boldsymbol{f}_2'-(\boldsymbol{B}_2^{\mathrm{T}}\boldsymbol{P}_2\boldsymbol{f}_2')^{\mathrm{T}}\hat{\boldsymbol{x}}''$$

2.协因数矩阵的计算

分组平差中的第二次平差实际上就是把第一次平差结果作为相关观测值来进行平差，所以第二次平差结果的协因数矩阵也就是最终平差结果的协因数矩阵。于是可得未知数平差值的协因数矩阵为

$$\boldsymbol{Q}_{\hat{X}}=(\boldsymbol{B}_1^{\mathrm{T}}\boldsymbol{P}_1\boldsymbol{B}_1+\boldsymbol{B}_2^{\mathrm{T}}\boldsymbol{P}_2\boldsymbol{B}_2)^{-1}=(\boldsymbol{P}_{\hat{X}'}+\boldsymbol{B}_2^{\mathrm{T}}\boldsymbol{P}_2\boldsymbol{B}_2)^{-1} \tag{4.17}$$

3.未知数函数的协因数

设有未知数平差值的函数为 $\hat{\boldsymbol{\varphi}}=\Phi(\hat{\boldsymbol{X}})$，对其进行全微分，得到权函数式为

$$\mathrm{d}\hat{\boldsymbol{\varphi}}=\left(\frac{\mathrm{d}\Phi}{\mathrm{d}\hat{\boldsymbol{X}}}\right)_0\mathrm{d}\hat{\boldsymbol{X}}=\boldsymbol{G}_X^{\mathrm{T}}\mathrm{d}\hat{\boldsymbol{X}} \tag{4.18}$$

式中，系数矩阵 $\boldsymbol{G}_X^{\mathrm{T}}$ 为

$$\boldsymbol{G}_X^{\mathrm{T}}=\left[\left(\frac{\partial\Phi}{\partial\hat{\boldsymbol{X}}_1}\right)_0 \quad \left(\frac{\partial\Phi}{\partial\hat{\boldsymbol{X}}_2}\right)_0 \quad \cdots \quad \left(\frac{\partial\Phi}{\partial\hat{\boldsymbol{X}}_t}\right)_0\right]$$

根据协因数传播律，得

$$\boldsymbol{Q}_{\hat{\varphi}}=\boldsymbol{G}_X^{\mathrm{T}}\boldsymbol{Q}_{\hat{X}}\boldsymbol{G}_X \tag{4.19}$$

未知数函数的方差估值为

$$\hat{\sigma}_{\hat{\varphi}}^2=\hat{\sigma}_0^2\boldsymbol{Q}_{\hat{\varphi}} \tag{4.20}$$

4.2.3 递推公式

上面讲的是分两组平差的情况，不难理解，对于分多组平差，总可以把已经平差的结果作为相关观测值来对下一组进行平差，方法与分两组平差完全一样。因此，也就不难导出各种情况下分多组平差时的递推公式。下面给出分多组平差时的递推公式，并仍只考虑各组观测向量之间互不相关的情况。

设将误差方程 $\boldsymbol{V}=\boldsymbol{B}\hat{\boldsymbol{x}}-\boldsymbol{f}$ 分为 m 组，即

$$\left.\begin{aligned}\boldsymbol{V}_1&=\boldsymbol{B}_1\hat{\boldsymbol{x}}-\boldsymbol{f}_1\\\boldsymbol{V}_2&=\boldsymbol{B}_2\hat{\boldsymbol{x}}-\boldsymbol{f}_2\\&\vdots\\\boldsymbol{V}_m&=\boldsymbol{B}_m\hat{\boldsymbol{x}}-\boldsymbol{f}_m\end{aligned}\right\} \tag{4.21}$$

观测向量的先验权逆矩阵和权矩阵为

$$\left.\begin{aligned}\boldsymbol{Q}&=\mathrm{diag}(\boldsymbol{Q}_1,\boldsymbol{Q}_2,\cdots,\boldsymbol{Q}_m)\\\boldsymbol{P}&=\boldsymbol{Q}^{-1}=\mathrm{diag}(\boldsymbol{P}_1,\boldsymbol{P}_2,\cdots,\boldsymbol{P}_m)\end{aligned}\right\} \tag{4.22}$$

若令

$$\left.\begin{aligned}\dot{\boldsymbol{V}}_{m-1}&=[\boldsymbol{V}_1 \quad \boldsymbol{V}_2 \quad \cdots \quad \boldsymbol{V}_{m-1}]^{\mathrm{T}}\\\dot{\boldsymbol{B}}_{m-1}&=[\boldsymbol{B}_1 \quad \boldsymbol{B}_2 \quad \cdots \quad \boldsymbol{B}_{m-1}]^{\mathrm{T}}\\\dot{\boldsymbol{f}}_{m-1}&=[\boldsymbol{f}_1 \quad \boldsymbol{f}_2 \quad \cdots \quad \boldsymbol{f}_{m-1}]^{\mathrm{T}}\end{aligned}\right\} \tag{4.23}$$

则式(4.21)可改写为

$$\left.\begin{aligned}\dot{\boldsymbol{V}}_{m-1}&=\dot{\boldsymbol{B}}_{m-1}\hat{\boldsymbol{x}}-\dot{\boldsymbol{f}}_{m-1}\\ \boldsymbol{V}_m&=\boldsymbol{B}_m\hat{\boldsymbol{x}}-\boldsymbol{f}_m\end{aligned}\right\}\tag{4.24}$$

其形式与分两组平差完全一样。由式(4.17)不难理解

$$\begin{aligned}\boldsymbol{Q}_{\hat{\boldsymbol{X}}^{(m-1)}}&=(\boldsymbol{B}_1^{\mathrm{T}}\boldsymbol{P}_1\boldsymbol{B}_1+\boldsymbol{B}_2^{\mathrm{T}}\boldsymbol{P}_2\boldsymbol{B}_2+\cdots+\boldsymbol{B}_{m-1}^{\mathrm{T}}\boldsymbol{P}_{m-1}\boldsymbol{B}_{m-1})^{-1}\\&=(\sum_{i=1}^{m-1}\boldsymbol{B}_i^{\mathrm{T}}\boldsymbol{P}_i\boldsymbol{B}_i)^{-1}\end{aligned}\tag{4.25}$$

$$\boldsymbol{P}_{\hat{\boldsymbol{X}}^{(m-1)}}=\boldsymbol{Q}_{\hat{\boldsymbol{X}}^{(m-1)}}^{-1}\tag{4.26}$$

进行第 m 次平差时的误差方程为

$$\boldsymbol{V}_m^{(m)}=\boldsymbol{B}_m\hat{\boldsymbol{x}}^{(m)}-\boldsymbol{f}'_m\tag{4.27}$$

式中

$$-\boldsymbol{f}'_m=\boldsymbol{F}_m(\hat{\boldsymbol{x}}^{(m-1)})-\boldsymbol{L}_m=\boldsymbol{B}_m\hat{\boldsymbol{x}}^{(m-1)}-\boldsymbol{f}_m\tag{4.28}$$

若采用第二种解法,其法方程式(4.10)为

$$(\boldsymbol{P}_{\hat{\boldsymbol{X}}^{(m-1)}}+\boldsymbol{B}_m^{\mathrm{T}}\boldsymbol{P}_m\boldsymbol{B}_m)\hat{\boldsymbol{x}}^{(m)}-\boldsymbol{B}_m^{\mathrm{T}}\boldsymbol{P}_m\boldsymbol{f}'_m=\boldsymbol{0}\tag{4.29}$$

解得

$$\left.\begin{aligned}\hat{\boldsymbol{x}}^{(m)}&=(\boldsymbol{P}_{\hat{\boldsymbol{X}}^{(m-1)}}+\boldsymbol{B}_m^{\mathrm{T}}\boldsymbol{P}_m\boldsymbol{B}_m)^{-1}\boldsymbol{B}_m^{\mathrm{T}}\boldsymbol{P}_m\boldsymbol{f}'_m\\ \boldsymbol{V}_m^{(m)}&=\boldsymbol{B}_m\hat{\boldsymbol{x}}^{(m)}-\boldsymbol{f}'_m\\ \dot{\boldsymbol{V}}_{m-1}^{(m)}&=\dot{\boldsymbol{B}}_{m-1}\hat{\boldsymbol{x}}^{(m)}\end{aligned}\right\}\tag{4.30}$$

经过 m 次平差后的结果为

$$\left.\begin{aligned}\dot{\boldsymbol{L}}_{m-1}^{(m)}&=\dot{\boldsymbol{L}}_{m-1}^{(m-1)}+\dot{\boldsymbol{V}}_{m-1}^{(m)}\\ \hat{\boldsymbol{L}}_m^{(m)}&=\boldsymbol{L}_m+\boldsymbol{V}_m^{(m)}\\ \hat{\boldsymbol{X}}^{(m)}&=\hat{\boldsymbol{X}}^{(m-1)}+\hat{\boldsymbol{x}}^{(m)}\\ \boldsymbol{Q}_{\hat{\boldsymbol{X}}^{(m)}}&=(\boldsymbol{P}_{\hat{\boldsymbol{X}}^{(m-1)}}+\boldsymbol{B}_m^{\mathrm{T}}\boldsymbol{P}_m\boldsymbol{B}_m)^{-1}=(\sum_{i=1}^{m}\boldsymbol{B}_i^{\mathrm{T}}\boldsymbol{P}_i\boldsymbol{B}_i)^{-1}\end{aligned}\right\}\tag{4.31}$$

由上述递推公式不难看出,平差时每增加一个新的观测数据,就按递推公式做一次新的平差。这时,由于法方程系数矩阵和常数项均为纯量,使得法方程的求解变得简单易行。

例 4.1　在图 4.1 所示的测角三角网中,A、B、C 为已知点,起算数据列于表 4.1 中,角度观测值列于表 4.2 中,$L_1\sim L_4$ 为第一期观测值,L_5、L_6 为第二期观测值,观测值的协因数矩阵为

$$\boldsymbol{Q}=\begin{bmatrix}2&0&0&0&0&0\\0&2&-1&0&0&0\\0&-1&2&0&0&0\\0&0&0&2&0&0\\0&0&0&0&2&-1\\0&0&0&0&-1&2\end{bmatrix}$$

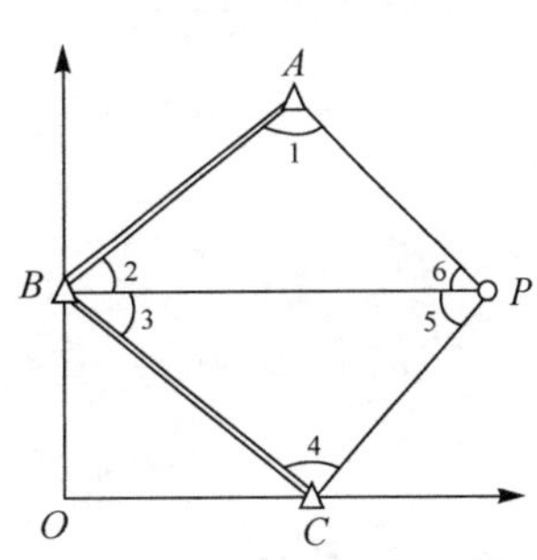

图 4.1　测角三角网

取点 P 的坐标近似值为

$$X_P^0=1.00\ \mathrm{km},\quad Y_P^0=2.00\ \mathrm{km}$$

试按间接分组平差法求点 P 的坐标平差值及观测值的改正数。

表 4.1 起算数据

起点	X/km	Y/km	S/km	α/(° ′ ″)	终点
A	2.00	1.00	$\sqrt{2}$	225 00 00	B
B	1.00	0	$\sqrt{2}$	135 00 00	C
C	0	1.00			

表 4.2 角度观测值

角号	L_1/(° ′ ″)	角号	L_2/(° ′ ″)
1	99 00 06	4	89 59 57
2	44 59 57	5	44 59 58
3	45 00 02	6	45 00 04

解:第一次平差。先由点 P 的坐标近似值 X_P^0、Y_P^0 计算各边的近似坐标方位角

$$\alpha_{PA}^0=315°00'00'',\quad \alpha_{PB}^0=270°00'00'',\quad \alpha_{PC}^0=225°00'00''$$

再计算方向系数 a、b,计算结果列于表 4.3 中。

表 4.3 方向系数计算

方向号	ΔY^0/m	ΔX^0/m	$(S^0)^2\times 100$	a	b
PA	−1 000	1 000	2×10^8	−1.031 3	+1.031 3
PB	−2 000	0	4×10^8	−1.031 3	0
PC	−1 000	−1 000	2×10^8	−1.031 3	+1.031 3

设观测值 $\boldsymbol{L}_1$ 的误差方程为 $\boldsymbol{V}_1'=\boldsymbol{B}_1\hat{\boldsymbol{x}}'-\boldsymbol{f}_1$,其系数、常数项和改正数见表 4.4。

表 4.4 系数、常数项和改正数

角号	$a/\hat{X}_P$	$b/\hat{Y}_P$	$\boldsymbol{f}_1$/(″)	$\boldsymbol{V}_1'$/(″)	$\boldsymbol{V}_1''$/(″)	$\boldsymbol{V}_1$/(″)
1	1.031 3	1.031 3	6.0	−0.8	−1.67	−2.5
2	−1.031 3	0	−3.0	−0.7	0	−0.7
3	1.031 3	0	2.0	1.7	0	1.7
4	−1.031 3	1.031 3	−3.0	0.8	−1.67	−0.9

第一次平差的法方程为

$$\boldsymbol{B}_1^{\mathrm{T}}\boldsymbol{P}_1\boldsymbol{B}_1\hat{\boldsymbol{x}}'-\boldsymbol{B}_1^{\mathrm{T}}\boldsymbol{P}_1\boldsymbol{f}_1=\boldsymbol{0}$$

而

$$\boldsymbol{P}_1=\boldsymbol{Q}_{11}^{-1}=\begin{bmatrix}\frac{1}{2}&0&0&0\\0&\frac{2}{3}&\frac{1}{3}&0\\0&\frac{1}{3}&\frac{2}{3}&0\\0&0&0&\frac{1}{2}\end{bmatrix}$$

故

$$\boldsymbol{B}_1^{\mathrm{T}}\boldsymbol{P}_1\boldsymbol{B}_1=\begin{bmatrix}1.772\,8&0\\0&1.063\,6\end{bmatrix},\quad \boldsymbol{B}_1^{\mathrm{T}}\boldsymbol{P}_1\boldsymbol{f}_1=\begin{bmatrix}6.359\,7\\1.547\,0\end{bmatrix}$$

则

$$\hat{\boldsymbol{x}}'=\begin{bmatrix}\hat{\boldsymbol{X}}_P'\\ \hat{\boldsymbol{Y}}_P'\end{bmatrix}=(\boldsymbol{B}_1^{\mathrm{T}}\boldsymbol{P}_1\boldsymbol{B}_1)^{-1}\boldsymbol{B}_1^{\mathrm{T}}\boldsymbol{P}_1\boldsymbol{f}_1=\begin{bmatrix}3.5877\\1.4545\end{bmatrix}$$

第一次改正数 $\boldsymbol{V}_1'$ 按误差方程 $\boldsymbol{V}_1'=\boldsymbol{B}_1\hat{\boldsymbol{x}}_1'-\boldsymbol{f}_1$ 计算，计算结果见表 4.4。

再进行第二次平差，先列观测向量 $\boldsymbol{L}_2$ 的误差方程为

$$\boldsymbol{V}_2''=\begin{bmatrix}0&-1.0313\\0&-1.0313\end{bmatrix}\hat{\boldsymbol{x}}''-\begin{bmatrix}-2\\4\end{bmatrix}$$

其权矩阵为

$$\boldsymbol{P}_2=\boldsymbol{Q}_{22}^{-1}=\begin{bmatrix}\frac{2}{3}&\frac{1}{3}\\ \frac{1}{3}&\frac{2}{3}\end{bmatrix}$$

第二次平差的法方程为

$$(\boldsymbol{P}_{\hat{X}}'+\boldsymbol{B}_2^{\mathrm{T}}\boldsymbol{P}_2\boldsymbol{B}_2)\hat{\boldsymbol{x}}''-\boldsymbol{B}_2^{\mathrm{T}}\boldsymbol{P}_2\boldsymbol{f}_2'=\boldsymbol{0}$$

式中

$$\boldsymbol{P}_{\hat{X}}'=\boldsymbol{B}_1^{\mathrm{T}}\boldsymbol{P}_1\boldsymbol{B}_1=\begin{bmatrix}1.7728&0\\0&1.0636\end{bmatrix},\quad \boldsymbol{B}_2^{\mathrm{T}}\boldsymbol{P}_2\boldsymbol{B}_2=\begin{bmatrix}0&0\\0&2.1272\end{bmatrix}$$

$$\boldsymbol{f}_2'=\boldsymbol{f}_2-\boldsymbol{B}_2\hat{\boldsymbol{x}}'=\begin{bmatrix}-0.50\\5.50\end{bmatrix},\quad \boldsymbol{B}_2^{\mathrm{T}}\boldsymbol{P}_2\boldsymbol{f}_2'=\begin{bmatrix}0\\-5.1565\end{bmatrix}$$

可得第二次平差的法方程为

$$\begin{bmatrix}1.7728&0\\0&3.1908\end{bmatrix}\hat{\boldsymbol{x}}''-\begin{bmatrix}0\\-5.1565\end{bmatrix}=\boldsymbol{0}$$

其解为

$$\hat{\boldsymbol{x}}''=\begin{bmatrix}\hat{\boldsymbol{x}}_P''\\ \hat{\boldsymbol{y}}_P''\end{bmatrix}=\begin{bmatrix}0\\-1.616\end{bmatrix}$$

将 $\hat{\boldsymbol{x}}''$ 代入 $\boldsymbol{V}_1''=\boldsymbol{B}_1\hat{\boldsymbol{x}}''$ 求得 $\boldsymbol{V}_1''$，结果见表 4.4。$\boldsymbol{V}_1=\boldsymbol{V}_1'+\boldsymbol{V}_1''$ 的结果也列于表 4.4 中，将 $\hat{\boldsymbol{x}}''$ 代入误差方程 $\boldsymbol{V}_2''=\boldsymbol{B}_2\hat{\boldsymbol{x}}''-\boldsymbol{f}_2'$，则得

$$\boldsymbol{V}_2''=\boldsymbol{V}_2=\begin{bmatrix}2.2''\\-3.8''\end{bmatrix}$$

进而有

$$\hat{x}_P=\hat{x}_P'+\hat{x}_P''=3.588\ \mathrm{cm},\quad \hat{y}_P=\hat{y}_P'+\hat{y}_P''=-0.612\ \mathrm{cm}$$

$$\hat{X}_P=X_P^0+\hat{x}_P=1\,000.036\ \mathrm{m},\quad \hat{Y}_P=Y_P^0+\hat{y}_P=1\,999.998\ \mathrm{m}$$

4.3　参数可变的间接分组平差

在 4.2 节中，参数向量 $\boldsymbol{X}$ 是固定的，即每次平差时的参数 $\boldsymbol{X}$ 都相同。但在实际测量工作中，往往不会完全如此，即各误差方程中，除了有公共未知数外，还有不同的未知数。例如，在对旧网进行改造时，可能会舍去一些老点，而在扩建控制网时，又会增加一些新点，在这种情况

下,如何应用前面所介绍的分组平差法求解,就是本节所要讨论的问题。

函数模型中各次平差参数不完全相同的情况可分为三种:一是第二次平差的误差方程中,只包含了第一次平差的误差方程中参数向量 $\boldsymbol{X}$ 的一部分参数;二是第二次平差的误差方程中,除了包含原有的参数外,又增加了一些新的参数;三是两次平差除了有共同的参数外,还各自有自己的参数。显然,前两种类型实际上都是第三种类型的特例。

为不失一般性,可设误差方程为

$$\text{第一组}:\boldsymbol{V}_1=\boldsymbol{B}_{11}\hat{\boldsymbol{x}}_a+\boldsymbol{B}_{12}\hat{\boldsymbol{x}}_b-\boldsymbol{f}_1 \tag{4.32}$$

$$\text{第二组}:\boldsymbol{V}_2=\boldsymbol{B}_{22}\hat{\boldsymbol{x}}_b+\boldsymbol{B}_{23}\hat{\boldsymbol{x}}_c-\boldsymbol{f}_2 \tag{4.33}$$

当 $\boldsymbol{B}_{23}=\boldsymbol{0}$ 时,则为第一种类型的函数模型;当 $\boldsymbol{B}_{11}=\boldsymbol{0}$ 时,则为第二种类型的函数模型。式中,$\hat{\boldsymbol{x}}_a$、$\hat{\boldsymbol{x}}_c$ 分别为仅与第一组、第二组观测值有关的未知数向量,$\hat{\boldsymbol{x}}_b$ 则是两组共同的未知数向量。现设

$$\left.\begin{aligned}\boldsymbol{B}_1&=[\boldsymbol{B}_{11}\quad \boldsymbol{B}_{12}\quad \boldsymbol{0}]\\ \boldsymbol{B}_2&=[\boldsymbol{0}\quad \boldsymbol{B}_{22}\quad \boldsymbol{B}_{23}]\\ \hat{\boldsymbol{x}}&=[\hat{\boldsymbol{x}}_a\quad \hat{\boldsymbol{x}}_b\quad \hat{\boldsymbol{x}}_c]^{\mathrm{T}}\end{aligned}\right\} \tag{4.34}$$

则式(4.32)和式(4.33)可写为

$$\boldsymbol{V}_1=\boldsymbol{B}_1\hat{\boldsymbol{x}}-\boldsymbol{f}_1 \tag{4.35}$$

$$\boldsymbol{V}_2=\boldsymbol{B}_2\hat{\boldsymbol{x}}-\boldsymbol{f}_2 \tag{4.36}$$

与 4.2 节所讨论的形式完全一样,因此,有关公式可按 4.2 节公式导出。

4.3.1 第一次平差

对式(4.35)单独进行第一次平差,由式(4.4)和式(4.5)得

$$\hat{\boldsymbol{x}}'=(\boldsymbol{B}_1^{\mathrm{T}}\boldsymbol{P}_1\boldsymbol{B}_1)^{-1}\boldsymbol{B}_1^{\mathrm{T}}\boldsymbol{P}_1\boldsymbol{f}_1 \tag{4.37}$$

$$\boldsymbol{Q}_{\hat{x}'}=(\boldsymbol{B}_1^{\mathrm{T}}\boldsymbol{P}_1\boldsymbol{B}_1)^{-1}=\boldsymbol{P}_{\hat{x}'}^{-1} \tag{4.38}$$

因为

$$\begin{aligned}\boldsymbol{B}_1^{\mathrm{T}}\boldsymbol{P}_1\boldsymbol{B}_1&=[\boldsymbol{B}_{11}\quad \boldsymbol{B}_{12}\quad \boldsymbol{0}]^{\mathrm{T}}\boldsymbol{P}_1[\boldsymbol{B}_{11}\quad \boldsymbol{B}_{12}\quad \boldsymbol{0}]\\ &=\begin{bmatrix}\boldsymbol{B}_{11}^{\mathrm{T}}\boldsymbol{P}_1\boldsymbol{B}_{11} & \boldsymbol{B}_{11}^{\mathrm{T}}\boldsymbol{P}_1\boldsymbol{B}_{12} & \boldsymbol{0}\\ \boldsymbol{B}_{12}^{\mathrm{T}}\boldsymbol{P}_1\boldsymbol{B}_{11} & \boldsymbol{B}_{12}^{\mathrm{T}}\boldsymbol{P}_1\boldsymbol{B}_{12} & \boldsymbol{0}\\ \boldsymbol{0} & \boldsymbol{0} & \boldsymbol{0}\end{bmatrix}=\begin{bmatrix}\boldsymbol{N}_{11} & \boldsymbol{N}_{12} & \boldsymbol{0}\\ \boldsymbol{N}_{21} & \boldsymbol{N}_{22} & \boldsymbol{0}\\ \boldsymbol{0} & \boldsymbol{0} & \boldsymbol{0}\end{bmatrix}\end{aligned} \tag{4.39}$$

$$\boldsymbol{B}_1^{\mathrm{T}}\boldsymbol{P}_1\boldsymbol{f}_1=\begin{bmatrix}\boldsymbol{B}_{11}^{\mathrm{T}}\boldsymbol{P}_1\boldsymbol{f}_1\\ \boldsymbol{B}_{12}^{\mathrm{T}}\boldsymbol{P}_1\boldsymbol{f}_1\\ \boldsymbol{0}\end{bmatrix} \tag{4.40}$$

所以

$$\begin{bmatrix}\boldsymbol{N}_{11} & \boldsymbol{N}_{12} & \boldsymbol{0}\\ \boldsymbol{N}_{21} & \boldsymbol{N}_{22} & \boldsymbol{0}\\ \boldsymbol{0} & \boldsymbol{0} & \boldsymbol{0}\end{bmatrix}\begin{bmatrix}\hat{\boldsymbol{x}}_a'\\ \hat{\boldsymbol{x}}_b'\\ \hat{\boldsymbol{x}}_c'\end{bmatrix}-\begin{bmatrix}\boldsymbol{B}_{11}^{\mathrm{T}}\boldsymbol{P}_1\boldsymbol{f}_1\\ \boldsymbol{B}_{12}^{\mathrm{T}}\boldsymbol{P}_1\boldsymbol{f}_1\\ \boldsymbol{0}\end{bmatrix}=\boldsymbol{0} \tag{4.41}$$

可见 $\hat{\boldsymbol{x}}_c'=\boldsymbol{0}$。事实上第一次平差时,误差方程中并没有包括 $\boldsymbol{x}_c$,因此第一次平差时,不必考虑它。也就是说第一次平差时,参数的改正数 $\hat{\boldsymbol{x}}_a'$ 和 $\hat{\boldsymbol{x}}_b'$ 可直接按下式计算,即

$$\hat{\boldsymbol{x}}'=\begin{bmatrix}\hat{\boldsymbol{x}}'_a\\\hat{\boldsymbol{x}}'_b\end{bmatrix}=\begin{bmatrix}\boldsymbol{N}_{11}&\boldsymbol{N}_{12}\\\boldsymbol{N}_{21}&\boldsymbol{N}_{22}\end{bmatrix}^{-1}\begin{bmatrix}\boldsymbol{B}_{11}^{\mathrm{T}}\boldsymbol{P}_1\boldsymbol{f}_1\\\boldsymbol{B}_{12}^{\mathrm{T}}\boldsymbol{P}_1\boldsymbol{f}_1\end{bmatrix}\tag{4.42}$$

而

$$\boldsymbol{Q}_{\hat{x}'}=\begin{bmatrix}\boldsymbol{Q}_{\hat{x}'_a}&\boldsymbol{Q}_{\hat{x}'_a\hat{x}'_b}\\\boldsymbol{Q}_{\hat{x}'_b\hat{x}'_a}&\boldsymbol{Q}_{\hat{x}'_b}\end{bmatrix}=\begin{bmatrix}\boldsymbol{N}_{11}&\boldsymbol{N}_{12}\\\boldsymbol{N}_{21}&\boldsymbol{N}_{22}\end{bmatrix}^{-1}\tag{4.43}$$

式中

$$\boldsymbol{Q}_{\hat{x}'_b}=(\boldsymbol{N}_{22}-\boldsymbol{N}_{21}\boldsymbol{N}_{11}^{-1}\boldsymbol{N}_{12})^{-1}\tag{4.44}$$

或

$$\boldsymbol{P}_{\hat{x}'_b}=\boldsymbol{N}_{22}-\boldsymbol{N}_{21}\boldsymbol{N}_{11}^{-1}\boldsymbol{N}_{12}\tag{4.45}$$

4.3.2 第二次平差

第二次平差的误差方程为

$$\boldsymbol{V}''_2=\boldsymbol{B}_2\hat{\boldsymbol{x}}''-\boldsymbol{f}'_2$$

式中，$-\boldsymbol{f}'_2=\boldsymbol{B}_2\hat{\boldsymbol{x}}'-\boldsymbol{f}_2$，若将 $\boldsymbol{B}_2=[\boldsymbol{0}\quad\boldsymbol{B}_{22}\quad\boldsymbol{B}_{23}]$和 $\hat{\boldsymbol{x}}''=[(\hat{\boldsymbol{x}}''_a)^{\mathrm{T}}\quad(\hat{\boldsymbol{x}}''_b)^{\mathrm{T}}\quad(\hat{\boldsymbol{x}}''_c)^{\mathrm{T}}]^{\mathrm{T}}$ 代入上式，则有

$$\boldsymbol{V}''_2=\boldsymbol{B}_{22}\hat{\boldsymbol{x}}''_b+\boldsymbol{B}_{23}\hat{\boldsymbol{x}}''_c-\boldsymbol{f}'_2\tag{4.46}$$

式中

$$-\boldsymbol{f}'_2=\boldsymbol{B}_{22}\hat{\boldsymbol{x}}'_b-\boldsymbol{f}_2\tag{4.47}$$

法方程的解算采用 4.2 节中介绍的第二种解法，第二次平差的法方程又可写为

$$(\boldsymbol{N}_X+\boldsymbol{B}_2^{\mathrm{T}}\boldsymbol{P}_2\boldsymbol{B}_2)\hat{\boldsymbol{x}}''-\boldsymbol{B}_2^{\mathrm{T}}\boldsymbol{P}_2\boldsymbol{f}'_2=\boldsymbol{0}\tag{4.48}$$

式中，令 $\boldsymbol{N}_X=\boldsymbol{B}_1^{\mathrm{T}}\boldsymbol{P}_1\boldsymbol{B}_1$，又因

$$\boldsymbol{B}_2^{\mathrm{T}}\boldsymbol{P}_2\boldsymbol{B}_2=\begin{bmatrix}\boldsymbol{0}\\\boldsymbol{B}_{22}^{\mathrm{T}}\\\boldsymbol{B}_{23}^{\mathrm{T}}\end{bmatrix}\boldsymbol{P}_2[\boldsymbol{0}\quad\boldsymbol{B}_{22}\quad\boldsymbol{B}_{23}]=\begin{bmatrix}\boldsymbol{0}&\boldsymbol{0}&\boldsymbol{0}\\\boldsymbol{0}&\boldsymbol{B}_{22}^{\mathrm{T}}\boldsymbol{P}_2\boldsymbol{B}_{22}&\boldsymbol{B}_{22}^{\mathrm{T}}\boldsymbol{P}_2\boldsymbol{B}_{23}\\\boldsymbol{0}&\boldsymbol{B}_{23}^{\mathrm{T}}\boldsymbol{P}_2\boldsymbol{B}_{22}&\boldsymbol{B}_{23}^{\mathrm{T}}\boldsymbol{P}_2\boldsymbol{B}_{23}\end{bmatrix}\tag{4.49}$$

$$\boldsymbol{B}_2^{\mathrm{T}}\boldsymbol{N}_{22}^{-1}\boldsymbol{f}'_2=\begin{bmatrix}\boldsymbol{0}\\\boldsymbol{B}_{22}^{\mathrm{T}}\\\boldsymbol{B}_{23}^{\mathrm{T}}\end{bmatrix}\boldsymbol{P}_2\boldsymbol{f}'_2=\begin{bmatrix}\boldsymbol{0}\\\boldsymbol{B}_{22}^{\mathrm{T}}\boldsymbol{P}_2\boldsymbol{f}'_2\\\boldsymbol{B}_{23}^{\mathrm{T}}\boldsymbol{P}_2\boldsymbol{f}'_2\end{bmatrix}\tag{4.50}$$

将式(4.49)、式(4.50)代入式(4.48)，有

$$\begin{bmatrix}\boldsymbol{N}_{11}&\boldsymbol{N}_{12}&\boldsymbol{0}\\\boldsymbol{N}_{21}&\boldsymbol{N}_{22}+\boldsymbol{B}_{22}^{\mathrm{T}}\boldsymbol{P}_2\boldsymbol{B}_{22}&\boldsymbol{B}_{22}^{\mathrm{T}}\boldsymbol{P}_2\boldsymbol{B}_{23}\\\boldsymbol{0}&\boldsymbol{B}_{23}^{\mathrm{T}}\boldsymbol{P}_2\boldsymbol{B}_{22}&\boldsymbol{B}_{23}^{\mathrm{T}}\boldsymbol{P}_2\boldsymbol{B}_{23}\end{bmatrix}\begin{bmatrix}\hat{\boldsymbol{x}}''_a\\\hat{\boldsymbol{x}}''_b\\\hat{\boldsymbol{x}}''_c\end{bmatrix}-\begin{bmatrix}\boldsymbol{0}\\\boldsymbol{B}_{22}^{\mathrm{T}}\boldsymbol{P}_2\boldsymbol{f}'_2\\\boldsymbol{B}_{23}^{\mathrm{T}}\boldsymbol{P}_2\boldsymbol{f}'_2\end{bmatrix}=\boldsymbol{0}\tag{4.51}$$

由式(4.51)的第一式得

$$\hat{\boldsymbol{x}}''_a=-\boldsymbol{N}_{11}^{-1}\boldsymbol{N}_{12}\hat{\boldsymbol{x}}''_b\tag{4.52}$$

将式(4.52)代入式(4.51)，消去 $\hat{\boldsymbol{x}}''_a$，得

$$\begin{bmatrix}\boldsymbol{N}_{22}-\boldsymbol{N}_{21}\boldsymbol{N}_{11}^{-1}\boldsymbol{N}_{12}+\boldsymbol{B}_{22}^{\mathrm{T}}\boldsymbol{P}_2\boldsymbol{B}_{22}&\boldsymbol{B}_{22}^{\mathrm{T}}\boldsymbol{P}_2\boldsymbol{B}_{23}\\\boldsymbol{B}_{23}^{\mathrm{T}}\boldsymbol{P}_2\boldsymbol{B}_{22}&\boldsymbol{B}_{23}^{\mathrm{T}}\boldsymbol{P}_2\boldsymbol{B}_{23}\end{bmatrix}\begin{bmatrix}\hat{\boldsymbol{x}}''_b\\\hat{\boldsymbol{x}}''_c\end{bmatrix}-\begin{bmatrix}\boldsymbol{B}_{22}^{\mathrm{T}}\boldsymbol{P}_2\boldsymbol{f}'_2\\\boldsymbol{B}_{23}^{\mathrm{T}}\boldsymbol{P}_2\boldsymbol{f}'_2\end{bmatrix}=\boldsymbol{0}\tag{4.53}$$

由式(4.45)可知 $\boldsymbol{N}_{22}-\boldsymbol{N}_{21}\boldsymbol{N}_{11}^{-1}\boldsymbol{N}_{12}=\boldsymbol{P}_{\hat{X}_b'}$，故第二次平差消去 $\hat{\boldsymbol{X}}_a''$ 后的法方程为

$$\begin{bmatrix}\boldsymbol{P}_{\hat{X}_b'}+\boldsymbol{B}_{22}^{\mathrm{T}}\boldsymbol{P}_2\boldsymbol{B}_{22} & \boldsymbol{B}_{22}^{\mathrm{T}}\boldsymbol{P}_2\boldsymbol{B}_{23}\\ \boldsymbol{B}_{23}^{\mathrm{T}}\boldsymbol{P}_2\boldsymbol{B}_{22} & \boldsymbol{B}_{23}^{\mathrm{T}}\boldsymbol{P}_2\boldsymbol{B}_{23}\end{bmatrix}\begin{bmatrix}\hat{\boldsymbol{x}}_b''\\ \hat{\boldsymbol{x}}_c''\end{bmatrix}-\begin{bmatrix}\boldsymbol{B}_{22}^{\mathrm{T}}\boldsymbol{P}_2\boldsymbol{f}_2'\\ \boldsymbol{B}_{23}^{\mathrm{T}}\boldsymbol{P}_2\boldsymbol{f}_2'\end{bmatrix}=\boldsymbol{0} \tag{4.54}$$

显然，式(4.54)相当于由下列误差方程组成的法方程，即

$$\left.\begin{aligned}&\boldsymbol{V}_{X_b''}=\hat{\boldsymbol{x}}_b''，权矩阵为\ \boldsymbol{P}_{\hat{X}_b'}\\ &\boldsymbol{V}_2''=\boldsymbol{B}_{22}\hat{\boldsymbol{x}}_b''+\boldsymbol{B}_{23}\hat{\boldsymbol{x}}_c''-\boldsymbol{f}_2'，权矩阵为\ \boldsymbol{P}_2\end{aligned}\right\} \tag{4.55}$$

式(4.55)的第一式为虚拟误差方程，它与 $\boldsymbol{x}_a$ 和 $\boldsymbol{x}_c$ 无关，而第二式中的常数项为

$$-\boldsymbol{f}_2'=F_2(\hat{\boldsymbol{x}}')-\boldsymbol{L}_2=\boldsymbol{B}_{22}\hat{\boldsymbol{x}}_b'-\boldsymbol{f}_2$$

解算式(4.54)，得 $\hat{\boldsymbol{x}}_b''$、$\hat{\boldsymbol{x}}_c''$，再按式(4.52)求得 $\hat{\boldsymbol{x}}_a''$。

未知参数平差后的协因数矩阵可按法方程式(4.51)的系数矩阵求逆来求得。为了方便起见，可按分块求逆的方法，即先按式(4.54)的系数矩阵求得 $\hat{\boldsymbol{X}}_b$ 和 $\hat{\boldsymbol{X}}_c$ 的协因数矩阵和互协因数矩阵，然后再求 $\hat{\boldsymbol{X}}_a$ 的协因数矩阵及 $\hat{\boldsymbol{X}}_a$ 与 $\hat{\boldsymbol{X}}_b$、$\hat{\boldsymbol{X}}_c$ 的互协因数矩阵，即

$$\begin{bmatrix}\boldsymbol{Q}_{\hat{X}_b} & \boldsymbol{Q}_{\hat{X}_b\hat{X}_c}\\ \boldsymbol{Q}_{\hat{X}_c\hat{X}_b} & \boldsymbol{Q}_{\hat{X}_c}\end{bmatrix}=\begin{bmatrix}\boldsymbol{P}_{\hat{X}_b'}+\boldsymbol{B}_{22}^{\mathrm{T}}\boldsymbol{P}_2\boldsymbol{B}_{22} & \boldsymbol{B}_{22}^{\mathrm{T}}\boldsymbol{P}_2\boldsymbol{B}_{23}\\ \boldsymbol{B}_{23}^{\mathrm{T}}\boldsymbol{P}_2\boldsymbol{B}_{22} & \boldsymbol{B}_{23}^{\mathrm{T}}\boldsymbol{P}_2\boldsymbol{B}_{23}\end{bmatrix}^{-1} \tag{4.56}$$

$$\boldsymbol{Q}_{\hat{X}_a}=(\boldsymbol{B}_{11}^{\mathrm{T}}\boldsymbol{P}_1\boldsymbol{B}_{11})^{-1}+(\boldsymbol{B}_{11}^{\mathrm{T}}\boldsymbol{P}_1\boldsymbol{B}_{11})^{-1}\boldsymbol{B}_{11}^{\mathrm{T}}\boldsymbol{P}_1\boldsymbol{B}_{12}\boldsymbol{Q}_{\hat{X}_b}\boldsymbol{B}_{12}^{\mathrm{T}}\boldsymbol{P}_1\boldsymbol{B}_{11}(\boldsymbol{B}_{11}^{\mathrm{T}}\boldsymbol{P}_1\boldsymbol{B}_{11})^{-1} \tag{4.57}$$

$$\boldsymbol{Q}_{\hat{X}_a\hat{X}_b}=-(\boldsymbol{B}_{11}^{\mathrm{T}}\boldsymbol{P}_1\boldsymbol{B}_{11})^{-1}\boldsymbol{B}_{11}^{\mathrm{T}}\boldsymbol{P}_1\boldsymbol{B}_{12}\boldsymbol{Q}_{\hat{X}_b} \tag{4.58}$$

$$\boldsymbol{Q}_{\hat{X}_a\hat{X}_c}=-(\boldsymbol{B}_{11}^{\mathrm{T}}\boldsymbol{P}_1\boldsymbol{B}_{11})^{-1}\boldsymbol{B}_{11}^{\mathrm{T}}\boldsymbol{P}_1\boldsymbol{B}_{12}\boldsymbol{Q}_{\hat{X}_b\hat{X}_c} \tag{4.59}$$

例 4.2 在图 4.2 所示的水准网中，点 A 为已知点，其高程为 $H_A=124.856$ m，点Ⅰ、Ⅱ、Ⅲ、Ⅳ为待定点。第一期观测了 1～5 五段水准路线，第二期观测了 6～8 三段路线。高差、路线长的观测数据均列于表 4.5 中。试按参数可变的间接分组平差法进行平差，并求各点高程的协因数矩阵。

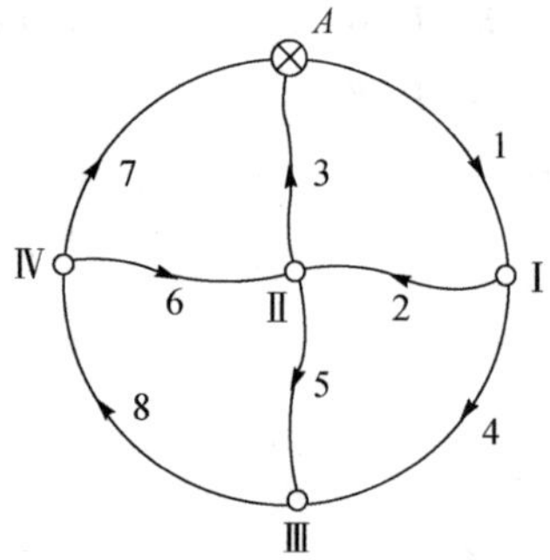

图 4.2 水准网示意

表 4.5 观测数据

线号	高差/m	距离/km	线号	高差/m	距离/km
1	25.421	18.1	5	−25.972	14.0
2	10.345	9.4	6	4.820	9.9
3	−35.794	14.2	7	−31.021	13.8
4	−15.562	17.6	8	21.212	13.5

解：平差时，取 $\boldsymbol{X}$ 的近似值为

$$\boldsymbol{X}^0=\begin{bmatrix}X_1^0\\ X_2^0\\ X_3^0\\ X_4^0\end{bmatrix}=\begin{bmatrix}150.277\\ 160.650\\ 134.678\\ 155.877\end{bmatrix}$$

第一期平差的误差方程为

$$\boldsymbol{V}_1=\begin{bmatrix}1\\-1\\0\\-1\\1\end{bmatrix}\hat{x}'_1+\begin{bmatrix}0&0\\1&0\\-1&0\\0&1\\-1&1\end{bmatrix}\begin{bmatrix}\hat{x}'_2\\\hat{x}'_3\end{bmatrix}-\begin{bmatrix}0\\-28\\0\\37\\0\end{bmatrix}$$

记作 $\boldsymbol{V}_1=\boldsymbol{B}_{11}\hat{\boldsymbol{x}}'_a+\boldsymbol{B}_{12}\hat{\boldsymbol{x}}'_b-\boldsymbol{f}_1$。

取单位权路线长为 10 km,则观测值的权矩阵为

$$\boldsymbol{P}_1=\mathrm{diag}(0.552\,5,\ 1.063\,8,\ 0.704\,2,\ 0.568\,2,\ 0.714\,3)$$

$$\boldsymbol{B}_{11}^{\mathrm{T}}\boldsymbol{P}_1\boldsymbol{B}_{11}=2.184\,5,\quad \boldsymbol{B}_{11}^{\mathrm{T}}\boldsymbol{P}_1\boldsymbol{f}_1=8.763\,0,\quad \boldsymbol{B}_{11}^{\mathrm{T}}\boldsymbol{P}_1\boldsymbol{B}_{12}=[-1.063\,8\quad -0.568\,2]$$

$$\boldsymbol{B}_{21}^{\mathrm{T}}\boldsymbol{P}_1\boldsymbol{B}_{11}=\begin{bmatrix}-1.063\,8\\-0.568\,2\end{bmatrix},\quad \boldsymbol{B}_{12}^{\mathrm{T}}\boldsymbol{P}_1\boldsymbol{B}_{12}=\begin{bmatrix}2.482\,3&-0.714\,3\\-0.714\,3&1.284\,5\end{bmatrix},\quad \boldsymbol{B}_{12}^{\mathrm{T}}\boldsymbol{P}_1\boldsymbol{f}_1=\begin{bmatrix}-29.786\,4\\21.023\,4\end{bmatrix}$$

于是可求得

$$\begin{bmatrix}\hat{x}'_1\\\hat{x}'_2\\\hat{x}'_3\end{bmatrix}=\begin{bmatrix}2.184\,5&-1.063\,8&-0.568\,2\\-1.063\,8&2.482\,3&-0.714\,3\\-0.568\,2&-0.714\,3&1.282\,5\end{bmatrix}^{-1}\begin{bmatrix}8.763\,0\\-29.786\,4\\21.023\,4\end{bmatrix}=\begin{bmatrix}5.994\,1\\-4.704\,1\\16.428\,4\end{bmatrix}$$

$$\boldsymbol{Q}_{\hat{\boldsymbol{X}}'}=\begin{bmatrix}Q'_{11}&Q'_{12}&Q'_{13}\\Q'_{21}&Q'_{22}&Q'_{23}\\Q'_{31}&Q'_{32}&Q'_{33}\end{bmatrix}=\begin{bmatrix}2.184\,5&-1.063\,8&-0.568\,2\\-1.063\,8&2.482\,3&-0.714\,3\\-0.568\,2&-0.714\,3&1.282\,5\end{bmatrix}^{-1}=\begin{bmatrix}0.981\,6&0.650\,0&0.796\,9\\0.650\,0&0.910\,2&0.794\,9\\0.796\,9&0.794\,9&1.575\,5\end{bmatrix}$$

其中

$$\boldsymbol{Q}_{\hat{\boldsymbol{X}}'_b}=\begin{bmatrix}Q'_{22}&Q'_{23}\\Q'_{32}&Q'_{33}\end{bmatrix}=\begin{bmatrix}0.910\,2&0.794\,9\\0.794\,9&1.575\,5\end{bmatrix},\quad \boldsymbol{P}_{\hat{\boldsymbol{X}}'_b}=\boldsymbol{Q}_{\hat{\boldsymbol{X}}'_b}^{-1}=\begin{bmatrix}1.964\,2&-0.991\,0\\-0.991\,0&1.134\,7\end{bmatrix}$$

第二期平差的虚拟误差方程为

$$\boldsymbol{V}_{\hat{\boldsymbol{X}}'_b}=\begin{bmatrix}1&0\\0&1\end{bmatrix}\begin{bmatrix}\hat{x}'_2\\\hat{x}'_3\end{bmatrix},\text{权矩阵为 }\boldsymbol{P}_{\hat{\boldsymbol{X}}'_b}$$

而

$$-\boldsymbol{f}'_2=\boldsymbol{B}_{22}\hat{\boldsymbol{x}}'_b-\boldsymbol{f}_2=\begin{bmatrix}1&0\\0&0\\0&-1\end{bmatrix}\begin{bmatrix}-4.704\,1\\16.428\,4\end{bmatrix}-\begin{bmatrix}47\\0\\13\end{bmatrix}=\begin{bmatrix}-51.704\,1\\0\\-29.428\,4\end{bmatrix}$$

则有

$$\boldsymbol{V}_2=\boldsymbol{B}_{22}\hat{\boldsymbol{x}}''_b+\boldsymbol{B}_{23}\hat{\boldsymbol{x}}''_c-\boldsymbol{f}'_2=\begin{bmatrix}1&0\\0&0\\0&-1\end{bmatrix}\begin{bmatrix}\hat{x}''_2\\\hat{x}''_3\end{bmatrix}+\begin{bmatrix}-1\\-1\\1\end{bmatrix}\hat{x}''_4-\begin{bmatrix}51.704\,1\\0\\29.428\,4\end{bmatrix}$$

$$\boldsymbol{P}_2=\mathrm{diag}(1.010\,1,\ 0.724\,6,\ 0.740\,7)$$

于是有

$$\boldsymbol{B}_{22}^{\mathrm{T}}\boldsymbol{P}_2\boldsymbol{B}_{22}=\begin{bmatrix}1.010\,1&0\\0&0.740\,7\end{bmatrix},\quad \boldsymbol{B}_{22}^{\mathrm{T}}\boldsymbol{P}_2\boldsymbol{B}_{23}=\begin{bmatrix}-1.010\,1\\-0.740\,7\end{bmatrix}$$

$$\boldsymbol{B}_{23}^{\mathrm{T}}\boldsymbol{P}_2\boldsymbol{B}_{22}=[-1.010\,1\quad -0.740\,7],\quad \boldsymbol{B}_{23}^{\mathrm{T}}\boldsymbol{P}_2\boldsymbol{B}_{23}=2.475\,4$$

$$\boldsymbol{P}_{\hat{\boldsymbol{x}}'_b}+\boldsymbol{B}_{22}^{\mathrm{T}}\boldsymbol{P}_2\boldsymbol{B}_{22}=\begin{bmatrix}2.9743 & -0.9910\\ -0.9910 & 1.8754\end{bmatrix}$$

$$\boldsymbol{B}_{22}^{\mathrm{T}}\boldsymbol{P}_2\boldsymbol{f}'_2=\begin{bmatrix}52.2263\\ -21.7976\end{bmatrix},\quad \boldsymbol{B}_{23}^{\mathrm{T}}\boldsymbol{P}_2\boldsymbol{f}'_2=-30.4287$$

所以

$$\begin{bmatrix}\hat{x}''_2\\ \hat{x}''_3\\ \hat{x}''_4\end{bmatrix}=\begin{bmatrix}2.9743 & -0.9910 & -1.0101\\ -0.9910 & 1.8754 & -0.7407\\ -1.0101 & -0.7407 & 2.4754\end{bmatrix}^{-1}\begin{bmatrix}52.2263\\ -21.7976\\ -30.4287\end{bmatrix}=\begin{bmatrix}10.0877\\ -10.7932\\ -11.4011\end{bmatrix}$$

$$\begin{aligned}\hat{x}''_1&=-(\boldsymbol{B}_{11}^{\mathrm{T}}\boldsymbol{P}_1\boldsymbol{B}_{11})^{-1}\boldsymbol{B}_{11}^{\mathrm{T}}\boldsymbol{P}_1\boldsymbol{B}_{12}\hat{\boldsymbol{x}}''_b\\ &=-0.4578\begin{bmatrix}-1.0638 & -0.5682\end{bmatrix}\begin{bmatrix}10.0877\\ -10.7932\end{bmatrix}=2.105\end{aligned}$$

最终平差值为

$$\hat{X}_1=X_1^0+\hat{x}'_1+\hat{x}''_1=150.2851$$

$$\hat{X}_2=X_2^0+\hat{x}'_2+\hat{x}''_2=160.6554$$

$$\hat{X}_3=X_3^0+\hat{x}'_3+\hat{x}''_3=134.6836$$

$$\hat{X}_4=X_4^0+\hat{x}'_4=155.8656$$

协因数矩阵为

$$\begin{aligned}\boldsymbol{Q}_{11}&=0.4578+0.4578\begin{bmatrix}-1.0638 & -0.5682\end{bmatrix}\begin{bmatrix}0.6448 & 0.5042\\ 0.5042 & 0.9988\end{bmatrix}\begin{bmatrix}-1.0638\\ -0.5682\end{bmatrix}0.4578\\ &=0.8060\end{aligned}$$

$$\begin{aligned}\begin{bmatrix}\boldsymbol{Q}_{12} & \boldsymbol{Q}_{13}\end{bmatrix}&=-0.4578\begin{bmatrix}-1.0638 & -0.5682\end{bmatrix}\begin{bmatrix}0.6448 & 0.5042\\ 0.5042 & 0.9988\end{bmatrix}\\ &=\begin{bmatrix}0.4452 & 0.5054\end{bmatrix}\end{aligned}$$

$$\boldsymbol{Q}_{14}=-0.4578\begin{bmatrix}-1.0638 & -0.5682\end{bmatrix}\begin{bmatrix}0.4140\\ 0.5046\end{bmatrix}=0.3328$$

于是可写出平差值的全部协因数矩阵为

$$\boldsymbol{Q}_{\hat{\boldsymbol{X}}}=\begin{bmatrix}\boldsymbol{Q}_{11} & \boldsymbol{Q}_{12} & \boldsymbol{Q}_{13} & \boldsymbol{Q}_{14}\\ \boldsymbol{Q}_{21} & \boldsymbol{Q}_{22} & \boldsymbol{Q}_{23} & \boldsymbol{Q}_{24}\\ \boldsymbol{Q}_{31} & \boldsymbol{Q}_{32} & \boldsymbol{Q}_{33} & \boldsymbol{Q}_{34}\\ \boldsymbol{Q}_{41} & \boldsymbol{Q}_{42} & \boldsymbol{Q}_{43} & \boldsymbol{Q}_{44}\end{bmatrix}=\begin{bmatrix}0.8060 & 0.4452 & 0.5054 & 0.3328\\ 0.4452 & 0.6448 & 0.5042 & 0.4140\\ 0.5054 & 0.5042 & 0.9988 & 0.5046\\ 0.3328 & 0.4140 & 0.5046 & 0.7239\end{bmatrix}$$

4.4 序贯平差

间接分组平差可以减少误差方程的系数矩阵,简化计算,也可以对不同时期的观测数据分别进行平差计算,并获得与整体平差一致的结果。序贯平差也称逐次相关间接平差,又称静态卡尔曼滤波,是间接分组平差的又一种解法。该方法具有平差公式简洁、规律性强、易于编程的优势,同时数据处理时无须存储大量历史观测数据,无须求大型逆矩阵即可获得与整体平差相同的结果。

4.4.1　序贯平差原理

设 $\underset{n\times1}{\boldsymbol{L}}$ 为观测向量，将观测向量分为互不相关的两组，记为 $\underset{n_1\times1}{\boldsymbol{L}_1}$ 和 $\underset{n_2\times1}{\boldsymbol{L}_2}$，其对应权矩阵分别为 $\boldsymbol{P}_1$ 和 $\boldsymbol{P}_2$，即

$$\underset{n\times1}{\boldsymbol{L}}=\begin{bmatrix}\underset{n_1\times1}{\boldsymbol{L}_1}\\ \underset{n_2\times1}{\boldsymbol{L}_2}\end{bmatrix},\quad \underset{n\times n}{\boldsymbol{P}}=\begin{bmatrix}\underset{n_1\times n_1}{\boldsymbol{P}_1} & \boldsymbol{0}\\ \boldsymbol{0} & \underset{n_2\times n_2}{\boldsymbol{P}_2}\end{bmatrix} \tag{4.60}$$

分组时，要求 $n=n_1+n_2$，$n_1>t$，t 为必要观测数。于是，误差方程可分为以下两组

$$\underset{n_1\times1}{\boldsymbol{V}_1}=\boldsymbol{B}_1\hat{\boldsymbol{x}}-\boldsymbol{f}_1 \tag{4.61}$$

$$\underset{n_2\times1}{\boldsymbol{V}_2}=\boldsymbol{B}_2\hat{\boldsymbol{x}}-\boldsymbol{f}_2 \tag{4.62}$$

式中，$\hat{\boldsymbol{X}}=\boldsymbol{X}^0+\hat{\boldsymbol{x}}$，常数项为

$$-\boldsymbol{f}_1=\boldsymbol{B}_1\boldsymbol{X}^0+\boldsymbol{d}_1-\boldsymbol{L}_1 \tag{4.63}$$

$$-\boldsymbol{f}_2=\boldsymbol{B}_2\boldsymbol{X}^0+\boldsymbol{d}_2-\boldsymbol{L}_2 \tag{4.64}$$

对式(4.63)单独进行间接平差，得

$$\hat{\boldsymbol{x}}^{(1)}=(\boldsymbol{B}_1^{\mathrm{T}}\boldsymbol{P}_1\boldsymbol{B}_1)^{-1}\boldsymbol{B}_1^{\mathrm{T}}\boldsymbol{P}_1\boldsymbol{f}_1=\boldsymbol{Q}_{\hat{\boldsymbol{X}}^{(1)}}\boldsymbol{f}_1 \tag{4.65}$$

$$\hat{\boldsymbol{X}}^{(1)}=\boldsymbol{X}^0+\hat{\boldsymbol{x}}^{(1)} \tag{4.66}$$

$$\boldsymbol{Q}_{\hat{\boldsymbol{X}}^{(1)}}=(\boldsymbol{B}_1^{\mathrm{T}}\boldsymbol{P}_1\boldsymbol{B}_1)^{-1}=\boldsymbol{P}_{\hat{\boldsymbol{X}}^{(1)}}^{-1} \tag{4.67}$$

$$\boldsymbol{V}_1^{(1)}=\boldsymbol{B}_1\hat{\boldsymbol{x}}^{(1)}-\boldsymbol{f}_1 \tag{4.68}$$

上标“(1)”表示仅用第一组观测值获得的平差结果。

将式(4.63)和式(4.64)做联合平差，设 $\hat{\boldsymbol{X}}^{(1)}$ 为联合平差的参数近似值，$\hat{\boldsymbol{X}}^{(2)}$ 为联合平差的参数平差值，则有

$$\hat{\boldsymbol{X}}^{(2)}=\hat{\boldsymbol{X}}^{(1)}+\hat{\boldsymbol{x}}^{(2)} \tag{4.69}$$

按照式(4.11)可得

$$\hat{\boldsymbol{x}}^{(2)}=(\boldsymbol{P}_{\hat{\boldsymbol{X}}^{(1)}}+\boldsymbol{B}_2^{\mathrm{T}}\boldsymbol{P}_2\boldsymbol{B}_2)^{-1}\boldsymbol{B}_2^{\mathrm{T}}\boldsymbol{P}_2\boldsymbol{f}'_2 \tag{4.70}$$

式中

$$-\boldsymbol{f}'_2=\boldsymbol{B}_2\hat{\boldsymbol{X}}^{(1)}+\boldsymbol{d}_2-\boldsymbol{L}_2$$

$$\boldsymbol{Q}_{\hat{\boldsymbol{X}}}=(\boldsymbol{P}_{\hat{\boldsymbol{X}}^{(1)}}+\boldsymbol{B}_2^{\mathrm{T}}\boldsymbol{P}_2\boldsymbol{B}_2)^{-1}=(\boldsymbol{Q}_{\hat{\boldsymbol{X}}^{(1)}}^{-1}+\boldsymbol{B}_2^{\mathrm{T}}\boldsymbol{P}_2\boldsymbol{B}_2)^{-1} \tag{4.71}$$

根据矩阵反演公式 $(\boldsymbol{A}+\boldsymbol{B}\boldsymbol{D}^{-1}\boldsymbol{C})^{-1}=\boldsymbol{A}^{-1}-\boldsymbol{A}^{-1}\boldsymbol{B}(\boldsymbol{D}+\boldsymbol{C}\boldsymbol{A}^{-1}\boldsymbol{B})^{-1}\boldsymbol{C}\boldsymbol{A}^{-1}$，可得

$$\boldsymbol{Q}_{\hat{\boldsymbol{X}}}=\boldsymbol{Q}_{\hat{\boldsymbol{X}}^{(1)}}-\boldsymbol{Q}_{\hat{\boldsymbol{X}}^{(1)}}\boldsymbol{B}_2^{\mathrm{T}}(\boldsymbol{P}_2^{-1}+\boldsymbol{B}_2\boldsymbol{Q}_{\hat{\boldsymbol{X}}^{(1)}}\boldsymbol{B}_2^{\mathrm{T}})^{-1}\boldsymbol{B}_2\boldsymbol{Q}_{\hat{\boldsymbol{X}}^{(1)}} \tag{4.72}$$

令

$$\boldsymbol{J}=\boldsymbol{Q}_{\hat{\boldsymbol{X}}^{(1)}}\boldsymbol{B}_2^{\mathrm{T}}(\boldsymbol{P}_2^{-1}+\boldsymbol{B}_2\boldsymbol{Q}_{\hat{\boldsymbol{X}}^{(1)}}\boldsymbol{B}_2^{\mathrm{T}})^{-1} \tag{4.73}$$

矩阵 $\boldsymbol{J}$ 称为序贯平差的增益矩阵，则

$$\boldsymbol{Q}_{\hat{\boldsymbol{X}}}=\boldsymbol{Q}_{\hat{\boldsymbol{X}}^{(1)}}-\boldsymbol{J}\boldsymbol{B}_2\boldsymbol{Q}_{\hat{\boldsymbol{X}}^{(1)}} \tag{4.74}$$

由矩阵反演，可得

$$\boldsymbol{J}=(\boldsymbol{Q}_{\hat{\boldsymbol{X}}^{(1)}}^{-1}+\boldsymbol{B}_2^{\mathrm{T}}\boldsymbol{P}_2\boldsymbol{B}_2)^{-1}\boldsymbol{B}_2^{\mathrm{T}}\boldsymbol{P}_2=\boldsymbol{Q}_{\hat{\boldsymbol{X}}}\boldsymbol{B}_2^{\mathrm{T}}\boldsymbol{P}_2 \tag{4.75}$$

结合式(4.75)和式(4.70),得

$$\hat{\boldsymbol{x}}^{(2)}=\boldsymbol{J}\boldsymbol{f}'_2 \tag{4.76}$$

为方便应用,序贯平差计算步骤归纳如下:

(1)单独对第一组观测数据进行间接平差,可得

$$\hat{\boldsymbol{x}}^{(1)}=(\boldsymbol{B}_1^{\mathrm{T}}\boldsymbol{P}_1\boldsymbol{B}_1)^{-1}\boldsymbol{B}_1^{\mathrm{T}}\boldsymbol{P}_1\boldsymbol{f}_1,\quad \boldsymbol{Q}_{\hat{\boldsymbol{X}}^{(1)}}=(\boldsymbol{B}_1^{\mathrm{T}}\boldsymbol{P}_1\boldsymbol{B}_1)^{-1}=\boldsymbol{P}_{\hat{\boldsymbol{X}}^{(1)}}^{-1}$$

(2)计算增益矩阵 $\boldsymbol{J}$

$$\boldsymbol{J}=(\boldsymbol{Q}_{\hat{\boldsymbol{X}}^{(1)}}^{-1}+\boldsymbol{B}_2^{\mathrm{T}}\boldsymbol{P}_2\boldsymbol{B}_2)^{-1}\boldsymbol{B}_2^{\mathrm{T}}\boldsymbol{P}_2$$

(3)计算参数改正数

$$\hat{\boldsymbol{x}}^{(2)}=\boldsymbol{J}\boldsymbol{f}'_2$$

(4)计算参数平差值

$$\hat{\boldsymbol{X}}^{(2)}=\hat{\boldsymbol{X}}^{(1)}+\hat{\boldsymbol{x}}^{(2)}$$

(5)计算参数平差值的协因数矩阵

$$\boldsymbol{Q}_{\hat{\boldsymbol{X}}}=\boldsymbol{Q}_{\hat{\boldsymbol{X}}^{(1)}}-\boldsymbol{J}\boldsymbol{B}_2\boldsymbol{Q}_{\hat{\boldsymbol{X}}^{(1)}}$$

4.4.2 精度评定

间接分组平差与序贯平差的结果是完全相同的,但计算量有所不同。

(1)单位权中误差估值计算公式为

$$\hat{\sigma}_0=\sqrt{\frac{\boldsymbol{V}^{\mathrm{T}}\boldsymbol{P}\boldsymbol{V}}{n_1+n_2-t}} \tag{4.77}$$

(2)未知参数平差值的协因数矩阵为

$$\boldsymbol{Q}_{\hat{\boldsymbol{X}}}=\boldsymbol{Q}_{\hat{\boldsymbol{X}}^{(1)}}-\boldsymbol{J}\boldsymbol{B}_2\boldsymbol{Q}_{\hat{\boldsymbol{X}}^{(1)}} \tag{4.78}$$

(3)未知参数平差值的协方差矩阵为

$$\boldsymbol{D}_{\hat{\boldsymbol{X}}\hat{\boldsymbol{X}}}=\hat{\sigma}_0^2\boldsymbol{Q}_{\hat{\boldsymbol{X}}} \tag{4.79}$$

以上是将误差方程分两组推导得出的公式,当存在分多组观测时,同理可以得到序贯平差递推公式。例如,对第 k 组观测值进行序贯平差时,只需将前面 $k-1$ 次平差结果看作第一组观测值的平差结果,而将第 k 组观测值看作第二组观测值,代入所推公式计算即可。

4.5 条件分组平差

由于条件平差中法方程的个数等于条件方程的个数,所以将 r 个条件方程分成两组时,显然可以避免高阶求逆的麻烦。条件分组平差法有多种,下面我们介绍其中一种,又称为阶段平差法。

4.5.1 平差计算公式

设有观测向量 $\boldsymbol{L}$,其先验权逆矩阵为 $\boldsymbol{Q}$,条件平差的线性函数模型为

$$\underset{r\times n}{\boldsymbol{A}}\ \underset{n\times 1}{\boldsymbol{V}}-\underset{r\times 1}{\boldsymbol{f}}=\boldsymbol{0}$$

式中,条件方程的个数为 r,且 $\boldsymbol{W}=\boldsymbol{A}\boldsymbol{L}+\boldsymbol{A}^0$,$R(\boldsymbol{A})=r$。

将 r 个条件方程分成两组

$$\left.\begin{aligned}\underset{r_1\times n}{\boldsymbol{A}_1}\underset{n\times 1}{\boldsymbol{V}}-\underset{r_1\times 1}{\boldsymbol{f}_1}=\boldsymbol{0}\\ \underset{r_2\times n}{\boldsymbol{A}_2}\underset{n\times 1}{\boldsymbol{V}}-\underset{r_2\times 1}{\boldsymbol{f}_2}=\boldsymbol{0}\end{aligned}\right\}\tag{4.80}$$

式中，$r=r_1+r_2$，$R(\boldsymbol{A}_1)=r_1$，$R(\boldsymbol{A}_2)=r_2$。先对式(4.80)的第一组条件方程进行单独平差，第一组条件方程为

$$\boldsymbol{A}_1\boldsymbol{V}'-\boldsymbol{f}_1=\boldsymbol{0}\tag{4.81}$$

组成法方程为

$$\boldsymbol{A}_1\boldsymbol{Q}\boldsymbol{A}_1^{\mathrm{T}}\boldsymbol{K}_1'-\boldsymbol{f}_1=\boldsymbol{0}\tag{4.82}$$

解法方程，得

$$\boldsymbol{K}_1'=(\boldsymbol{A}_1\boldsymbol{Q}\boldsymbol{A}_1^{\mathrm{T}})^{-1}\boldsymbol{f}_1\tag{4.83}$$

第一次改正数为

$$\boldsymbol{V}'=\boldsymbol{Q}\boldsymbol{A}_1^{\mathrm{T}}\boldsymbol{K}_1'=\boldsymbol{Q}\boldsymbol{A}_1^{\mathrm{T}}(\boldsymbol{A}_1\boldsymbol{Q}\boldsymbol{A}_1^{\mathrm{T}})^{-1}\boldsymbol{f}_1\tag{4.84}$$

第一次平差值为

$$\hat{\boldsymbol{L}}=\boldsymbol{L}+\boldsymbol{V}'\tag{4.85}$$

第一次平差值的协因数矩阵为

$$\boldsymbol{Q}_{\hat{L}'}=\boldsymbol{Q}-\boldsymbol{Q}\boldsymbol{A}_1^{\mathrm{T}}(\boldsymbol{A}_1\boldsymbol{Q}\boldsymbol{A}_1^{\mathrm{T}})^{-1}\boldsymbol{A}_1\boldsymbol{Q}=\boldsymbol{Q}-\boldsymbol{Q}_{V'}\tag{4.86}$$

将观测值的第一次平差值 $\hat{\boldsymbol{L}}'$ 和 $\boldsymbol{Q}_{\hat{L}'}$ 视为新的观测值和新的协因数矩阵，列立第二组条件方程并进行单独平差，得到第二次平差结果，即新的第二组条件方程为

$$\boldsymbol{A}_2\boldsymbol{V}''-\boldsymbol{f}_2'=\boldsymbol{0}\tag{4.87}$$

式中

$$-\boldsymbol{f}_2'=\boldsymbol{A}_2\hat{\boldsymbol{L}}'+\boldsymbol{A}_2^0=-\boldsymbol{f}_2+\boldsymbol{A}_2\boldsymbol{V}'\tag{4.88}$$

组成法方程为

$$\boldsymbol{A}_2\boldsymbol{Q}_{\hat{L}'}\boldsymbol{A}_2^{\mathrm{T}}\boldsymbol{K}_2'-\boldsymbol{f}_2'=\boldsymbol{0}\tag{4.89}$$

解法方程，得

$$\boldsymbol{K}_2'=(\boldsymbol{A}_2\boldsymbol{Q}_{\hat{L}'}\boldsymbol{A}_2^{\mathrm{T}})^{-1}\boldsymbol{f}_2'\tag{4.90}$$

计算第二次改正数为

$$\boldsymbol{V}''=\boldsymbol{Q}_{\hat{L}'}\boldsymbol{A}_2^{\mathrm{T}}\boldsymbol{K}_2'\tag{4.91}$$

观测值的平差值为

$$\hat{\boldsymbol{L}}=\hat{\boldsymbol{L}}'+\boldsymbol{V}''=\boldsymbol{L}+\boldsymbol{V}'+\boldsymbol{V}''\tag{4.92}$$

计算第二次平差值的协因数矩阵为

$$\boldsymbol{Q}_{\hat{L}}=\boldsymbol{Q}_{\hat{L}'}-\boldsymbol{Q}_{\hat{L}'}\boldsymbol{A}_2^{\mathrm{T}}(\boldsymbol{A}_2\boldsymbol{Q}_{\hat{L}'}\boldsymbol{A}_2^{\mathrm{T}})^{-1}\boldsymbol{A}_2\boldsymbol{Q}_{\hat{L}'}=\boldsymbol{Q}_{\hat{L}'}-\boldsymbol{Q}_{V''}\tag{4.93}$$

可见，序贯平差的实质就是先对第一组条件方程单独平差，得到第一次平差结果 $\hat{\boldsymbol{L}}'$ 和 $\boldsymbol{Q}_{\hat{L}'}$。然后把第一次平差结果 $\hat{\boldsymbol{L}}'$ 看作协因数矩阵为 $\boldsymbol{Q}_{\hat{L}'}$ 的相关观测值，以 $\hat{\boldsymbol{L}}'$ 来组成第二组条件方程，并组成和解算第二组法方程，进而求得第二次改正数 $\boldsymbol{V}''$，由此计算得到最终平差值。

4.5.2　精度评定

1. 验后单位权方差估值

验后单位权方差按下式计算，即

$$\hat{\sigma}_0^2=\frac{\boldsymbol{V}^{\mathrm{T}}\boldsymbol{P}\boldsymbol{V}}{r}=\frac{\boldsymbol{V}^{\mathrm{T}}\boldsymbol{P}\boldsymbol{V}}{r_1+r_2}\tag{4.94}$$

式中,r_1 为第一组条件方程的个数,r_2 为第二组条件方程的个数,$\boldsymbol{V}=\boldsymbol{V}'+\boldsymbol{V}''$。

2. 平差值函数的协因数

设平差值函数的一般形式为

$$\hat{\boldsymbol{\varphi}}=\hat{\varphi}(\hat{\boldsymbol{L}}) \tag{4.95}$$

全微分化成线性形式为

$$\mathrm{d}\hat{\boldsymbol{\varphi}}=\boldsymbol{G}_L^{\mathrm{T}}\mathrm{d}\hat{\boldsymbol{L}} \tag{4.96}$$

根据协因数传播律,得

$$\boldsymbol{Q}_{\hat{\varphi}}=\boldsymbol{G}_L^{\mathrm{T}}\boldsymbol{Q}_{\hat{L}}\boldsymbol{G}_L \tag{4.97}$$

式中,$\boldsymbol{Q}_{\hat{L}}$ 可由式(4.93)计算得到。

例 4.3　在图 4.3 所示的水准网中,已知点 P 的高程 $H_P=124.856$ m,点 A、B、C、D 为待定点,各段水准路线长 S 和观测高差 h 的观测数据列于表 4.6 中,并以 10 km 水准路线的权为单位权,试按序贯平差法进行分组平差。

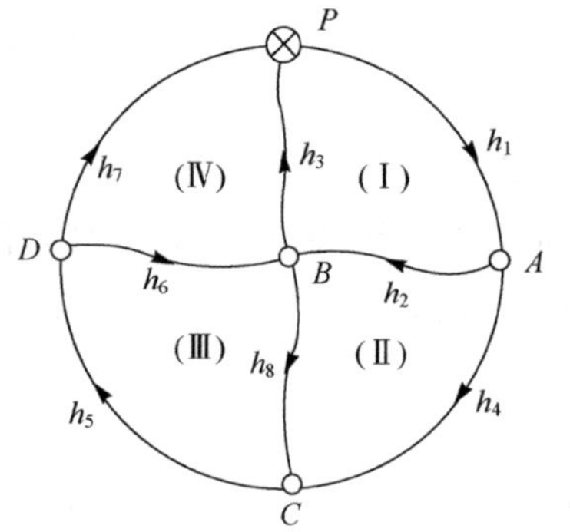

图 4.3　水准网示意

表 4.6　观测数据

路线编号	路线长 S/km	观测高差 h/m
1	18.1	+25.421
2	9.4	+10.345
3	14.2	−35.794
4	17.6	−15.562
5	13.5	+21.212
6	9.9	+4.820
7	13.8	−31.021
8	14.0	−25.972

解:先进行分组,分组时把(Ⅰ)、(Ⅱ)两个闭合环的条件方程作为第一组,(Ⅲ)、(Ⅳ)两个闭合环的条件方程作为第二组,条件方程中的改正数和闭合差均以 mm 为单位。

进行第一次平差,列立第一组条件方程

$$\left.\begin{aligned} v_1+v_2+v_3-28=0 \\ -v_2+v_4-v_8+65=0 \end{aligned}\right\}$$

则第一组条件方程的系数矩阵 $\boldsymbol{A}_1$ 和常数项 $\boldsymbol{f}_1$ 分别为

$$\boldsymbol{A}_1=\begin{bmatrix} 1 & 1 & 1 & 0 & 0 & 0 & 0 & 0 \\ 0 & -1 & 0 & 1 & 0 & 0 & 0 & -1 \end{bmatrix},\quad -\boldsymbol{f}_1=\begin{bmatrix} -28 \\ 65 \end{bmatrix}$$

观测向量的权矩阵的逆为对角矩阵,记为

$$\boldsymbol{Q}_L=\mathrm{diag}(1.81,\ 0.94,\ 1.42,\ 1.76,\ 1.35,\ 0.99,\ 1.38,\ 1.40)$$

则第一组法方程的系数矩阵为

$$\boldsymbol{N}_{11}=\boldsymbol{A}_1\boldsymbol{Q}_L\boldsymbol{A}_1^{\mathrm{T}}=\begin{bmatrix} 4.17 & -0.94 \\ -0.94 & 4.10 \end{bmatrix}$$

解算第一组法方程为

$$\boldsymbol{N}_{11}^{-1}=\begin{bmatrix} 0.2529 & 0.0580 \\ 0.0580 & 0.2572 \end{bmatrix},\quad \boldsymbol{K}_1'=\boldsymbol{N}_{11}^{-1}\boldsymbol{f}_1=\begin{bmatrix} 3.3112 \\ -15.0940 \end{bmatrix}$$

求第一次改正数为

$$\boldsymbol{V}'=\boldsymbol{Q}_L\boldsymbol{A}_1^{\mathrm{T}}\boldsymbol{K}_1'=[5.993\quad 17.301\quad 4.702\quad -26.565\quad 0\quad 0\quad 0\quad 21.132]^{\mathrm{T}}$$

求初步平差值的协因数 $\boldsymbol{Q}_{\hat{L}'}$ 为

$$\boldsymbol{Q}_{\hat{L}'}=\boldsymbol{Q}_L-\boldsymbol{Q}_L\boldsymbol{A}_1^{\mathrm{T}}\boldsymbol{N}_{11}^{-1}\boldsymbol{A}_1\boldsymbol{Q}_L$$

$$=\begin{bmatrix}0.9816 & -0.3315 & -0.6500 & -0.4848 & 0 & 0 & 0 & 0.1470\\ & 0.5918 & -0.2601 & 0.3295 & 0 & 0 & 0 & -0.2621\\ & & 0.9101 & -0.1450 & 0 & 0 & 0 & 0.1154\\ & & & 0.9632 & 0 & 0 & 0 & 0.6338\\ & & & & 1.3500 & 0 & 0 & 0\\ & & & & & 0.9900 & 0 & 0\\ & & & & & & 1.3800 & 0\\ & & & & & & & 0.8959\end{bmatrix}$$

式中，$\boldsymbol{Q}_{\hat{L}'}$ 为对称矩阵。然后按第一组平差结果，组成第二组条件方程，第二组条件方程为

$$\left.\begin{array}{r}v_5+v_6+v_8+81.1320=0\\ -v_3-v_6+v_7-51.7019=0\end{array}\right\}$$

则第二组条件方程的系数矩阵及常数项为

$$\boldsymbol{A}_2=\begin{bmatrix}0 & 0 & 0 & 0 & 1 & 1 & 0 & 1\\ 0 & 0 & -1 & 0 & 0 & -1 & 1 & 0\end{bmatrix},\quad -\boldsymbol{f}_2'=\begin{bmatrix}81.1320\\ -51.7019\end{bmatrix}$$

第二组法方程的系数矩阵为

$$\overline{\boldsymbol{N}}_{22}=\boldsymbol{A}_2\boldsymbol{Q}_{\hat{L}'}\boldsymbol{A}_2^{\mathrm{T}}=\begin{bmatrix}3.2359 & -1.1053\\ -1.1053 & 3.2801\end{bmatrix},\quad \overline{\boldsymbol{N}}_{22}^{-1}=\begin{bmatrix}0.3492 & 0.1177\\ 0.1177 & 0.3445\end{bmatrix}$$

解第二组法方程，得

$$\boldsymbol{K}_2'=\overline{\boldsymbol{N}}_{22}^{-1}\boldsymbol{f}_2'=\begin{bmatrix}-22.2460\\ 8.2651\end{bmatrix}$$

求第二次改正数 $\boldsymbol{V}''$（以 mm 为单位），即

$$\boldsymbol{V}''=\boldsymbol{Q}_{\hat{L}'}\boldsymbol{A}_2^{\mathrm{T}}\boldsymbol{K}_2'$$

$$=[2.1035\ 7.9819\ -10.0843\ -12.9015\ -30.0321\ -30.2030\ 11.4017\ -20.8836]^{\mathrm{T}}$$

求平差值 $\hat{\boldsymbol{L}}$（以 mm 为单位）为

$$\hat{\boldsymbol{L}}=\boldsymbol{L}+\boldsymbol{V}'+\boldsymbol{V}''$$

$$=[25.4291\ 10.3703\ -35.7994\ -15.6015\ 21.1820\ 4.7899\ -31.0096\ -25.9718]^{\mathrm{T}}$$

平差值的协因数矩阵为

$$\boldsymbol{Q}_{\hat{L}}=\boldsymbol{Q}_{\hat{L}'}-\boldsymbol{Q}_{\hat{L}'}\boldsymbol{A}_2^{\mathrm{T}}\overline{\boldsymbol{N}}_{22}^{-1}\boldsymbol{A}_2\boldsymbol{Q}_{\hat{L}'}$$

$$=\begin{bmatrix}0.8060 & -0.3607 & -0.4452 & -0.6008 & -0.1726 & 0.1123 & -0.3329 & 0.0603\\ -0.3607 & 0.5606 & -0.1996 & 0.3596 & 0.0822 & 0.1185 & -0.0811 & -0.2007\\ -0.4452 & -0.1996 & 0.6448 & -0.0592 & 0.0902 & -0.2308 & 0.4139 & 0.1407\\ -0.6008 & 0.3596 & -0.0592 & 0.7940 & -0.3218 & -0.1127 & -0.1719 & 0.4346\\ -0.1726 & 0.0822 & 0.0902 & -0.3218 & 0.7136 & -0.3094 & -0.2193 & -0.4040\\ 0.1123 & 0.1185 & -0.2308 & -0.1127 & -0.3094 & 0.5408 & 0.3099 & -0.2312\\ -0.3329 & -0.0811 & 0.4139 & -0.1719 & -0.2193 & 0.3099 & 0.7239 & -0.0907\\ 0.0603 & -0.2007 & 0.1407 & 0.4346 & -0.4040 & -0.2312 & -0.0907 & 0.6354\end{bmatrix}$$

4.6 法方程的解算方法

无论何种平差方法,当建立了函数模型和随机模型之后,根据系数矩阵、常数项及权矩阵即可组成法方程。虽然各种基本平差方法的法方程系数和未知数各不相同,但它们都列立为对称线性方程组。解算时,当方程个数不多时,求解未知数是方便的,可以使用各种代数法,如消元法、代入法等;但当法方程个数较多时,利用线性对称的特性,采用高斯约化法逐次消去未知数。另外,平方根法也是解算线性对称方程组的一种常用方法。

4.6.1 高斯约化法

1. 高斯约化法原理

高斯约化法大体上包括两个过程:一是逐次消去法方程中的未知数,使法方程系数矩阵变为上三角阵的消化过程;二是按未知数的相反次序,逐个回代解出全部未知数的回代过程。该方法的优点在于计算过程有一定规律可循,并且每一步的计算均有检核,不仅可以列表计算,也适合程序设计。

设有 3 阶对称线性方程组为

$$\left.\begin{aligned}[][aa]y_1+[ab]y_2+[ac]y_3-f_a=0\\ [ab]y_1+[bb]y_2+[bc]y_3-f_b=0\\ [ac]y_1+[bc]y_2+[cc]y_3-f_c=0\end{aligned}\right\} \tag{4.98}$$

矩阵形式为

$$\underset{3\times3}{\boldsymbol{N}}\underset{3\times1}{\boldsymbol{Y}}+\underset{3\times1}{\boldsymbol{f}}=\boldsymbol{0} \tag{4.99}$$

式中

$$\underset{3\times3}{\boldsymbol{N}}=\begin{bmatrix}[aa] & [ab] & [ac]\\ [ab] & [bb] & [bc]\\ [ac] & [bc] & [cc]\end{bmatrix},\quad \underset{3\times1}{\boldsymbol{Y}}=[y_1\quad y_2\quad y_3]^{\mathrm{T}},\quad \underset{3\times1}{\boldsymbol{f}}=[-f_a\quad -f_b\quad -f_c]^{\mathrm{T}}$$

先保留式(4.99)中 $\boldsymbol{N}$ 的第一行各元素,改化 $\boldsymbol{N}$、$\boldsymbol{f}$ 的第二行、第三行各元素,消去式(4.98)的第二式、第三式中的未知数 y_1,如此进行的系数和常数项的改化称为一次约化。用一次约化系数矩阵

$$\boldsymbol{R}_1=\begin{bmatrix}1 & 0 & 0\\ -[ab]/[aa] & 1 & 0\\ -[ac]/[aa] & 0 & 1\end{bmatrix} \tag{4.100}$$

左乘式(4.99),有

$$\boldsymbol{R}_1\boldsymbol{N}\boldsymbol{Y}+\boldsymbol{R}_1\boldsymbol{f}=\boldsymbol{0} \tag{4.101}$$

将式(4.101)展开,得

$$\begin{bmatrix}[aa] & [ab] & [ac]\\ & [bb\cdot1] & [bc\cdot1]\\ & [bc\cdot1] & [cc\cdot1]\end{bmatrix}\begin{bmatrix}y_1\\ y_2\\ y_3\end{bmatrix}+\begin{bmatrix}-f_a\\ -[f_b\cdot1]\\ -[f_c\cdot1]\end{bmatrix}=\boldsymbol{0} \tag{4.102}$$

式中,一次约化符号为

$$\left.\begin{aligned}
[bb\cdot 1]&=[bb]-[ab]^2/[aa]\\
[bc\cdot 1]&=[bc]-[ab][ac]/[aa]\\
[cc\cdot 1]&=[cc]-[ac]^2/[aa]\\
[f_b\cdot 1]&=f_b-[ab]f_a/[aa]\\
[f_c\cdot 1]&=f_c-[ac]f_a/[aa]
\end{aligned}\right\}\tag{4.103}$$

一次约化的一般表达式为

$$[ij\cdot 1]=[ij]-[ai][aj]/[aa]\tag{4.104}$$

$$[f_i\cdot 1]=f_i-[ai]f_a/[aa]\tag{4.105}$$

式中，$i,j=b,c,\cdots$。

经过一次约化后的式(4.102)，再按上述方法消去第二个未知数 y_2，所进行的系数和常数项的改化称为二次约化。用二次约化系数矩阵

$$\boldsymbol{R}_2=\begin{bmatrix}1 & 0 & 0\\ 0 & 1 & 0\\ 0 & -[bc\cdot 1]/[bb\cdot 1] & 1\end{bmatrix}\tag{4.106}$$

左乘式(4.101)，即

$$\boldsymbol{R}_2\boldsymbol{R}_1\boldsymbol{NY}+\boldsymbol{R}_2\boldsymbol{R}_1\boldsymbol{f}=\boldsymbol{0}\tag{4.107}$$

将式(4.107)展开，得

$$\begin{bmatrix}[aa] & [ab] & [ac]\\ & [bb\cdot 1] & [bc\cdot 1]\\ & & [cc\cdot 2]\end{bmatrix}\begin{bmatrix}y_1\\ y_2\\ y_3\end{bmatrix}+\begin{bmatrix}-f_a\\ -[f_b\cdot 1]\\ -[f_c\cdot 2]\end{bmatrix}=\boldsymbol{0}\tag{4.108}$$

式中，二次约化符号为

$$\left.\begin{aligned}
[cc\cdot 2]&=[cc\cdot 1]-[bc\cdot 1]^2/[bb\cdot 1]\\
[f_c\cdot 2]&=[f_c\cdot 1]-[bc\cdot 1][f_b\cdot 1]/[bb\cdot 1]
\end{aligned}\right\}\tag{4.109}$$

二次约化的一般表达式为

$$[ij\cdot 2]=[ij\cdot 1]-[bi\cdot 1][bj\cdot 1]/[bb\cdot 1]\tag{4.110}$$

$$[f_i\cdot 2]=[f_i\cdot 1]-[bi\cdot 1][f_b\cdot 1]/[bb\cdot 1]\tag{4.111}$$

式中，$i,j=c,\cdots$。

对称线性方程组式(4.98)，经过两次约化得式(4.108)，该式与式(4.99)是等价的，因此称为等值方程。对于有 m 个未知数的对称线性方程组

$$\underset{m\times m}{\boldsymbol{N}}\ \underset{m\times 1}{\boldsymbol{Y}}+\underset{m\times 1}{\boldsymbol{f}}=\boldsymbol{0}\tag{4.112}$$

需要进行 $m-1$ 次约化，即以约化系数矩阵 $\boldsymbol{R}_1,\boldsymbol{R}_2,\cdots,\boldsymbol{R}_{m-1}$ 依次左乘式(4.112)，得

$$\boldsymbol{R}_{m-1}\cdots\boldsymbol{R}_2\boldsymbol{R}_1\boldsymbol{NY}+\boldsymbol{R}_{m-1}\cdots\boldsymbol{R}_2\boldsymbol{R}_1\boldsymbol{f}=\boldsymbol{0}\tag{4.113}$$

令 $\boldsymbol{R}=\boldsymbol{R}_{m-1}\cdots\boldsymbol{R}_2\boldsymbol{R}_1$，则有

$$\boldsymbol{RNY}+\boldsymbol{Rf}=\boldsymbol{0}\tag{4.114}$$

令 $\boldsymbol{RN}=\boldsymbol{N}_g$，$\boldsymbol{Rf}=\boldsymbol{f}_g$，则等值方程的矩阵形式为

$$\boldsymbol{N}_g\boldsymbol{Y}+\boldsymbol{f}_g=\boldsymbol{0}\tag{4.115}$$

对于有三个未知量的等值方程式(4.108)，先求得最后一个未知量 y_3，然后依次回代求另两个未知量 y_2、y_1。用矩阵

$$\boldsymbol{D}^{-1}=\begin{bmatrix}1/[aa] & 0 & 0\\ 0 & 1/[bb\cdot 1] & 0\\ 0 & 0 & 1/[cc\cdot 2]\end{bmatrix} \tag{4.116}$$

左乘式(4.115)得消化方程为

$$\boldsymbol{D}^{-1}\boldsymbol{N}_{g}\boldsymbol{Y}+\boldsymbol{D}^{-1}\boldsymbol{f}_{g}=\boldsymbol{0} \tag{4.117}$$

将式(4.117)展开,得

$$\begin{bmatrix}1 & [ab]/[aa] & [ac]/[aa]\\ 0 & 1 & [bc\cdot 1]/[bb\cdot 1]\\ 0 & 0 & 1\end{bmatrix}\begin{bmatrix}y_1\\ y_2\\ y_3\end{bmatrix}+\begin{bmatrix}-f_a/[aa]\\ -[f_b\cdot 1]/[bb\cdot 1]\\ -[f_c\cdot 2]/[cc\cdot 2]\end{bmatrix}=\boldsymbol{0} \tag{4.118}$$

式中,未知量$\boldsymbol{Y}$的系数矩阵称为消化系数矩阵,该矩阵是一个上三角矩阵,由式(4.118)可反序依次回代求出各未知量。其回代方程可写成

$$\boldsymbol{Y}=\boldsymbol{Y}-\boldsymbol{D}^{-1}\boldsymbol{N}_{g}\boldsymbol{Y}-\boldsymbol{D}^{-1}\boldsymbol{f}_{g}=(\boldsymbol{I}-\boldsymbol{D}^{-1}\boldsymbol{N}_{g})\boldsymbol{Y}-\boldsymbol{D}^{-1}\boldsymbol{f}_{g} \tag{4.119}$$

将式(4.119)展开,得

$$\boldsymbol{Y}=\begin{bmatrix}y_1\\ y_2\\ y_3\end{bmatrix}-\begin{bmatrix}1 & -\dfrac{[ab]}{[aa]} & -\dfrac{[ac]}{[aa]}\\ 0 & 1 & -\dfrac{[bc\cdot 1]}{[bb\cdot 1]}\\ 0 & 0 & 1\end{bmatrix}\begin{bmatrix}y_1\\ y_2\\ y_3\end{bmatrix}+\begin{bmatrix}\dfrac{f_a}{[aa]}\\ \dfrac{[f_b\cdot 1]}{[bb\cdot 1]}\\ \dfrac{[f_c\cdot 2]}{[cc\cdot 2]}\end{bmatrix} \tag{4.120}$$

以上讨论了高斯约化法的基本原理,即将对称线性方程组转化为等值方程组,然后依次回代求未知量。下面讨论法方程、消化方程和等值方程系数矩阵的关系,由$\boldsymbol{RN}=\boldsymbol{N}_{g}$,$\boldsymbol{Rf}=\boldsymbol{f}_{g}$可知

$$\boldsymbol{N}=\boldsymbol{R}^{-1}\boldsymbol{N}_{g} \tag{4.121}$$

以有三个未知量的对称线性方程组为例,经过两次约化,即$\boldsymbol{R}=\boldsymbol{R}_1\boldsymbol{R}_2$。按式(4.100)和式(4.106),则有

$$\boldsymbol{R}=\boldsymbol{R}_1\boldsymbol{R}_2=\begin{bmatrix}1 & 0 & 0\\ -[ab]/[aa] & 1 & 0\\ [ab]/[aa]\cdot[bc\cdot 1]/[bb\cdot 1]-[ac]/[aa] & -[bc\cdot 1]/[bb\cdot 1] & 1\end{bmatrix}$$

求逆,得

$$\boldsymbol{R}^{-1}=\begin{bmatrix}1 & 0 & 0\\ [ab]/[aa] & 1 & 0\\ [ac]/[aa] & [bc\cdot 1]/[bb\cdot 1] & 1\end{bmatrix} \tag{4.122}$$

则

$$\begin{aligned}\boldsymbol{N}&=\boldsymbol{R}^{-1}\boldsymbol{N}_{g}\\ &=\begin{bmatrix}1 & 0 & 0\\ [ab]/[aa] & 1 & 0\\ [ac]/[aa] & [bc\cdot 1]/[bb\cdot 1] & 1\end{bmatrix}\begin{bmatrix}[aa] & [ab] & [ac]\\ 0 & [bb\cdot 1] & [bc\cdot 1]\\ 0 & 0 & [cc\cdot 2]\end{bmatrix}=\begin{bmatrix}[aa] & [ab] & [ac]\\ [ab] & [bb] & [bc]\\ [ac] & [bc] & [cc]\end{bmatrix}\end{aligned}$$

以上表明:法方程系数矩阵可分解成一个下三角矩阵与一个上三角矩阵的乘积,前者为消化系数矩阵的转置矩阵,后者为等值方程系数矩阵,由式(4.117)可知,消化系数矩阵为

$\boldsymbol{D}^{-1}\boldsymbol{N}_g$，则法方程系数矩阵为

$$\boldsymbol{N}=\boldsymbol{R}^{-1}\boldsymbol{N}_g=(\boldsymbol{D}^{-1}\boldsymbol{N}_g)^{\mathrm{T}}\boldsymbol{N}_g=\boldsymbol{N}_g^{\mathrm{T}}\boldsymbol{D}^{-1}\boldsymbol{N}_g \tag{4.123}$$

利用 $\boldsymbol{RN}=\boldsymbol{N}_g$，则得

$$\boldsymbol{N}=(\boldsymbol{RN})^{\mathrm{T}}\boldsymbol{D}^{-1}(\boldsymbol{RN})=\boldsymbol{N}^{\mathrm{T}}\boldsymbol{R}^{\mathrm{T}}\boldsymbol{D}^{-1}\boldsymbol{RN} \tag{4.124}$$

要使式(4.124)成立，必须有

$$\boldsymbol{R}^{\mathrm{T}}\boldsymbol{D}^{-1}\boldsymbol{R}=\boldsymbol{N}^{-1} \tag{4.125}$$

式(4.125)反映了法方程系数矩阵和消化系数矩阵的关系。

2. 高斯约化表及计算的检核

高斯约化表就是将对称线性方程组式(4.98)、等值方程式(4.108)和消化方程式(4.118)中的系数和常数项依次排列在表 4.7 中，以便于计算和检验。

表 4.7　高斯约化表

行号	(a)	(b)	(c)	(f)	(Σ)	(S)
	y_1	y_2	y_3			
(a)	$[aa]$	$[ab]$	$[ac]$	$-f_a$		S_a
(E)	-1	$-\frac{[ab]}{[aa]}$	$-\frac{[ac]}{[aa]}$	$-\frac{f_a}{[aa]}$		$-\frac{S_a}{[aa]}$
(b)		$[bb]$	$[bc]$	$-f_b$		S_b
(b.1)		$[bb\cdot1]$	$[bc\cdot1]$	$[-f_b\cdot1]$		$[S_b\cdot1]$
(E.1)		-1	$-\frac{[bc\cdot1]}{[bb\cdot1]}$	$\frac{[f_b\cdot1]}{[bb\cdot1]}$		$-\frac{[S_b\cdot1]}{[bb\cdot1]}$
(c)			$[cc]$	$-f_c$		S_c
(c.2)			$[cc\cdot2]$	$[-f_c\cdot2]$		$[S_c\cdot2]$
(E.2)			-1	$\frac{[f_c\cdot2]}{[cc\cdot2]}$		$-\frac{[S_c\cdot2]}{[cc\cdot2]}$

关于表 4.7 中数字的填写、运算和检核进行如下说明：

(1)先将原方程组的系数和常数项依次填写在(a)(b)(c)各行中。由于系数矩阵是对称的，因此主系数以左的系数省略不填，但检核列(S)中的 S_a、S_b 和 S_c 仍包括省略的数值，即

$$\begin{bmatrix}[aa] & [ab] & [ac] & -f_a\\ [ab] & [bb] & [bc] & -f_b\\ [ac] & [bc] & [cc] & -f_c\end{bmatrix}\begin{bmatrix}1\\1\\1\end{bmatrix}=\begin{bmatrix}S_a\\S_b\\S_c\end{bmatrix}$$

展开上式，得

$$\left.\begin{aligned}&[aa]+[ab]+[ac]-f_a=S_a\\&[ab]+[bb]+[bc]-f_b=S_b\\&[ac]+[bc]+[cc]-f_c=S_c\end{aligned}\right\}$$

(2)表 4.7 中的计算顺序。按(E)、(b.1)、(E.1)、(c.2)、(E.2)的先后顺序依次自上而下进行计算。其中，(E)、(E.1)、(E.2)各行的数值是由(a)、(b.1)、(c.2)行的数值分别乘以 $-1/[aa]$、$-1/[bb\cdot1]$和$-1/[cc\cdot2]$而得到的，(b.1)、(c.2)行的数值按“两列规则”计算。每算完一行，应算出该行中的系数值和常数项值的代数和，并填入该行的(Σ)列中。如果计算

正确,则应与(S)列中的数值相等,如不相等则应及时检查改正。只有当检核符合要求时,才能继续运算下一步,最后(E.2)行(f)列中的数值即为 y_3。将 y_3 回代(E.1)行,即可求得 y_2,再将 y_2、y_3 回代(E)行,即可求得 y_1。这就是顺序消元、反序求解的过程。

(3)计算的检核。步骤(1)中的式子可以写成如下形式

$$[\boldsymbol{N}\quad \boldsymbol{f}]\boldsymbol{I}_1=\boldsymbol{S}$$

式中,$\boldsymbol{I}_1=[1\quad 1\quad 1\quad 1]^{\mathrm{T}}$,用 $\boldsymbol{R}$ 左乘上式,并结合下式

$$\left.\begin{aligned}
&[S_b\cdot 1]=S_b-[ab]/[aa]\cdot S_a\\
&[S_c\cdot 1]=S_c-[ac]/[aa]\cdot S_a\\
&[S_c\cdot 2]=[S_c\cdot 1]-[bc\cdot 1]/[bb\cdot 1]\cdot[S_b\cdot 1]
\end{aligned}\right\}$$

得

$$\left.\begin{aligned}
&[aa]+[ab]+[ac]-f_a=S_a\\
&[bb\cdot 1]+[bc\cdot 1]-[f_b\cdot 1]=[S_b\cdot 1]\\
&[cc\cdot 2]-[f_c\cdot 2]=[S_c\cdot 2]
\end{aligned}\right\}$$

上式分别表示对表 4.7 中(a)、(b.1)、(c.2)各行的检核,再将上式乘以 $-\boldsymbol{D}^{-1}$,则得

$$\left.\begin{aligned}
&-1-\frac{[ab]}{[aa]}-\frac{[ac]}{[aa]}+\frac{f_a}{[aa]}=-\frac{S_a}{[aa]}\\
&-1-\frac{[bc\cdot 1]}{[bb\cdot 1]}+\frac{[f_b\cdot 1]}{[bb\cdot 1]}=-\frac{[S_b\cdot 1]}{[bb\cdot 1]}\\
&-1+\frac{[f_c\cdot 2]}{[cc\cdot 2]}=-\frac{[S_c\cdot 2]}{[cc\cdot 2]}
\end{aligned}\right\}$$

上式分别表示对表 4.7 中(E)、(E.1)、(E.2)各行的检核。

(4)计算约化数值的“两列规则”。表 4.7 中所有的约化数值均按高斯约化符号的展开规律进行计算。

例如

$$[bc\cdot 1]=[bc]+(-[ab]/[aa])([ac])$$

从表 4.7 中可看出,$-[ab]/[aa]$是消化方程(E)式在(b)列中的数值,而$[ac]$是等值方程(a)式在(c)列中的数值。因此,为了书写方便,并便于在表中寻找两个数值的位置,将$[bc\cdot 1]$写成$[bc\cdot 1]=[bc]+(b)\times(c)$。

又如

$$\begin{aligned}
[S_c\cdot 2]&=[S_c\cdot 1]+(-[bc\cdot 1]/[bb\cdot 1])([S_b\cdot 1])\\
&=S_c+(-[ac]/[aa])(S_a)+(-[bc\cdot 1]/[bb\cdot 1])([S_b\cdot 1])
\end{aligned}$$

其中,$-[ac]/[aa]$和$-[bc\cdot 1]/[bb\cdot 1]$分别是(E)行和(E.1)行在(c)列的数值,而 S_a 和 $[S_b\cdot 1]$则分别是(a)行和(b.1)行在(S)列的数值,因而$[S_c\cdot 2]$可写成$[S_c\cdot 2]=S_c+(c)\times$(S)。一般而言,如果计算$[ij\cdot r]$,则有$[ij\cdot r]=[ij]+(i)\times(j)$。

上述表达式称为计算约化数值的“两列规则”。其中,r 个乘积项$(i)\times(j)$是由(i)列和(j)列的等值方程中的数值分别与相应的消化方程中的数值相乘而得到的。

例 4.4 设平差问题的法方程为

$$\left.\begin{aligned}&5.20k_a+2.40k_b-1.70k_d+7=0\\&2.40k_a+7.40k_b+2.30k_c+2.70k_d+8=0\\&2.30k_b+6.30k_c+6=0\\&-1.70k_a+2.70k_b+4.40k_d-3=0\end{aligned}\right\}$$

试用高斯约化法解法方程组。

解:将全部计算结果列于表4.8中。

表4.8　高斯约化表

行号	(a) k_a	(b) k_b	(c) k_c	(d) k_d	(f)	(Σ)	(S)
(a)	5.20	+2.40	0	−1.70	7.00	12.90	12.90
(E)	**−1.000**	**−0.461 5**	**0**	**0.326 9**	**−1.346 2**	**−2.480 8**	**−2.480 8**
(b)		7.40	2.30	2.70	8.00	22.80	22.80
(b.1)		6.29	2.30	3.48	4.77	16.84	16.85
(E.1)		**−1.000**	**−0.365 7**	**−0.553 2**	**−0.758 3**	**−2.677 2**	**−2.677 2**
(c)			6.30	0	6.00	14.60	14.60
(c.2)			5.46	−1.27	4.26	8.45	8.44
(E.2)			**−1.000**	**0.232 6**	**−0.780 2**	**−1.547 6**	**−1.547 6**
(d)				4.40	−3.00	2.40	2.40
(d.3)				1.62	−2.36	−0.74	−0.75
(E.3)				**−1.000**	**1.456 8**	**0.456 8**	**0.456 8**

表4.8中全部数据是按表4.7的格式填写的，并且逐行填算，每算完一行便立即进行检核。实际计算时，由于受到数字凑整的影响，检核列中的数字在末位可能稍有差异。

为了保证计算结果具有足够高的精度，通常使消化方程的系数和常数项比等值方程的系数和常数项多保留1～2位小数。同时为了使“两列规则”醒目，一般将消化方程的系数和常数项均用红色笔填写(本例中为加粗黑体)。

利用消化方程，通过反序求解的方法，可得

$$\left.\begin{aligned}&k_d=1.4568\\&k_c=0.2326\times k_d-0.7802=-0.4413\\&k_b=-0.3657\times k_c-0.5532\times k_d-0.7583=-1.4027\\&k_a=-0.4615\times k_b+0\times k_c+0.3269\times k_d-1.3462=-0.2226\end{aligned}\right\}$$

以上是按高斯约化表对条件平差法方程进行解算的举例说明，实际中，各种基本平差方法的法方程解算，均可在高斯约化表中进行，解算方法相同。

3.利用Excel电子表格解算法方程

将高斯约化表放入电子表格解算，方便实用，且更能提高解算效率。具体步骤为：

(1)填表。将例4.4中的法方程系数按照高斯约化表的格式填入表4.9。

(2)计算(E)行。在B4单元格内输入公式“=−B3/5.20”，回车后得“−1.000”。然后，选中B4单元格，使用“填充柄”向右拖动即可完成本行计算。

(3)计算(b.1)行。在C6单元格内输入公式“=C5+(C3×(−0.4615))”，回车后，再用“填充柄”向右横向拖动即可。

(4)计算(E.1行)。在C7单元格内输入公式“=−C6/6.29”，回车后得“−1.000”，再用

“填充柄”向右横向拖动即可。

(5)计算(c.2)行。在C9单元格内输入公式“$=D8+(D3\times 0)-(D6\times 0.365\,7)$”,回车后,再用“填充柄”向右横向拖动即可。

(6)计算(E.2)行。在D10单元格内输入公式“$=-D9/5.46$”,回车后得“-1.000”,再用“填充柄”向右横向拖动即可。

(7)计算(d.3)行。在E12单元格内输入公式“$=E11+(E3\times 0.326\,9)+(E6\times 0.553\,2)+(E9\times 0.232\,6)$”,回车后,再用“填充柄”向右横向拖动即可。

(8)计算(E.3)行。在E13单元格内输入公式“$=-E12/1.62$”,回车后得“-1.000”,再用“填充柄”向右横向拖动即可。

(9)计算未知数 $\boldsymbol{K}$。按照倒序逐一计算未知数的值,可得

$$k_a=-0.222\,6,\quad k_b=-1.402\,7,\quad k_c=-0.441\,3,\quad k_d=1.456\,8。$$

表 4.9 高斯约化电子表格

序号	A	B	C	D	E	F	G	H
1	高斯约化表							
2	行号	(a)	(b)	(c)	(d)	(f)	(Σ)	(S)
		k_a	k_b	k_c	k_d			
3	(a)	5.20	2.40	0	−1.70	7.00	12.90	12.90
4	(E)	**−1.000**	**−0.461 5**	**0**	**0.326 9**	**−1.346 2**	**−2.480 8**	**−2.480 8**
5	(b)		7.40	2.30	2.70	8.00	22.80	22.80
6	(b.1)		6.29	2.30	3.48	4.77	16.84	16.85
7	(E.1)		**−1.000**	**−0.365 7**	**−0.553 2**	**−0.758 3**	**−2.677 2**	**−2.677 2**
8	(c)			6.30	0	6.00	14.6	14.6
9	(c.2)			5.46	−1.27	4.26	8.45	8.44
10	(E.2)			**−1.000 0**	**0.232 6**	**−0.780 2**	**−1.547 6**	**−1.547 6**
11	(d)				4.40	−3.00	2.40	2.40
12	(d.3)				1.62	−2.36	−0.74	−0.75
13	(E.3)				**−1.000 0**	**1.456 8**	**0.456 8**	**0.456 8**
14		$k_a=$	$k_b=$	$k_c=$	$k_d=$			
15		−0.222 6	−1.402 7	−0.441 3	1.456 8			

4.6.2 平方根法

平方根法(又称楚列斯基法)也是解算对称线性方程组的一种常用方法。

设有一个线性方程组,其系数矩阵 $\boldsymbol{N}$ 为对称正定矩阵,则 $\boldsymbol{N}$ 可以分解成某个三角矩阵与其转置矩阵的乘积,即

$$\boldsymbol{N}=\tilde{\boldsymbol{R}}\tilde{\boldsymbol{R}}^{\mathrm{T}} \tag{4.126}$$

式中,$\tilde{\boldsymbol{R}}$ 为下三角矩阵,$\tilde{\boldsymbol{R}}^{\mathrm{T}}$ 是它的转置矩阵,这样的分解称为楚列斯基分解,或称为对称分解。

下面仍以4.6.1小节中的3阶对称线性方程组为例予以说明。由式(4.125)可知

$$\boldsymbol{N}=\boldsymbol{R}^{-1}\boldsymbol{D}(\boldsymbol{R}^{-1})^{\mathrm{T}} \tag{4.127}$$

式中,$(\boldsymbol{R}^{-1})^{\mathrm{T}}$ 为消化方程的系数矩阵,$\boldsymbol{D}$ 为由等值方程主系数构成的对角矩阵。令

$$\boldsymbol{D}=\boldsymbol{D}^{1/2}\boldsymbol{D}^{1/2} \tag{4.128}$$

代入式(4.127),并顾及$(\boldsymbol{D}^{1/2})^{\mathrm{T}}=\boldsymbol{D}^{1/2}$,则有

$$\boldsymbol{N}=\boldsymbol{R}^{-1}\boldsymbol{D}^{1/2}\cdot\boldsymbol{D}^{1/2}(\boldsymbol{R}^{-1})^{\mathrm{T}}=(\boldsymbol{R}^{-1}\boldsymbol{D}^{1/2})\cdot(\boldsymbol{R}^{-1}\boldsymbol{D}^{1/2})^{\mathrm{T}} \tag{4.129}$$

对照式(4.126)可知

$$\widetilde{\boldsymbol{R}}=\boldsymbol{R}^{-1}\boldsymbol{D}^{1/2} \tag{4.130}$$

$$\boldsymbol{N}=\widetilde{\boldsymbol{R}}\widetilde{\boldsymbol{R}}^{\mathrm{T}} \tag{4.131}$$

由式(4.116)和式(4.122)可知

$$\boldsymbol{D}^{1/2}=\mathrm{diag}(\sqrt{[aa]},\sqrt{[bb\cdot 1]},\sqrt{[cc\cdot 2]}) \tag{4.132}$$

$$\widetilde{\boldsymbol{R}}=\begin{bmatrix}\sqrt{[aa]} & & \\ [ab]/\sqrt{[aa]} & \sqrt{[bb\cdot 1]} & \\ [ac]/\sqrt{[aa]} & [bc\cdot 1]/\sqrt{[bb\cdot 1]} & \sqrt{[cc\cdot 2]}\end{bmatrix} \tag{4.133}$$

对照式(4.117)和式(4.122)可知

$$(\boldsymbol{R}^{-1})^{\mathrm{T}}=\boldsymbol{D}^{-1}\boldsymbol{N}_{\mathrm{g}} \tag{4.134}$$

对式(4.117)两边左乘$\boldsymbol{D}^{1/2}$,并利用式(4.134)得

$$\boldsymbol{D}^{1/2}(\boldsymbol{R}^{-1})^{\mathrm{T}}\boldsymbol{Y}+\boldsymbol{D}^{-1/2}\boldsymbol{f}_{\mathrm{g}}=\boldsymbol{0} \tag{4.135}$$

利用式(4.130)、式(4.132)、式(4.133),将式(4.135)展开,得

$$\begin{bmatrix}\sqrt{[aa]} & \dfrac{[ab]}{\sqrt{[aa]}} & \dfrac{[ac]}{\sqrt{[aa]}} \\ & \sqrt{[bb\cdot 1]} & \dfrac{[bc\cdot 1]}{\sqrt{[bb\cdot 1]}} \\ & & \sqrt{[cc\cdot 2]}\end{bmatrix}\begin{bmatrix}y_1\\ y_2\\ y_3\end{bmatrix}-\begin{bmatrix}\dfrac{f_a}{\sqrt{[aa]}}\\ \dfrac{[f_b\cdot 1]}{\sqrt{[bb\cdot 1]}}\\ \dfrac{[f_c\cdot 2]}{\sqrt{[cc\cdot 2]}}\end{bmatrix}=\boldsymbol{0} \tag{4.136}$$

由式(4.136)与等值方程式(4.108)的比较可知,只要将等值方程乘以其主系数平方根的倒数,就变成式(4.136)。由于式(4.136)中主系数都是约化系数的平方根,因此又称这种方法为平方根法。

相对于高斯约化法而言,平方根法的优点在于用一个平方根方程代替了一个等值方程和一个消化方程,使表格更紧凑,编程计算时,也可节省计算机内存。下面介绍平方根法计算表,见表 4.10。

表 4.10　平方根法计算表

行号	(a)	(b)	(c)	(f)	(S)
	y_1	y_2	y_3		
(a)	$[aa]$	$[ab]$	$[ac]$	$-f_a$	S_a
(k)	$\sqrt{[aa]}$	$\dfrac{[ab]}{\sqrt{[aa]}}$	$\dfrac{[ac]}{\sqrt{[aa]}}$	$-\dfrac{f_a}{\sqrt{[aa]}}$	$\dfrac{S_a}{\sqrt{[aa]}}$
(b)		$[bb]$	$[bc]$	$-f_b$	S_b
(k.1)		$\sqrt{[bb\cdot 1]}$	$\dfrac{[bc\cdot 1]}{\sqrt{[bb\cdot 1]}}$	$-\dfrac{[f_b\cdot 1]}{\sqrt{[bb\cdot 1]}}$	$\dfrac{S_b\cdot 1}{\sqrt{[bb\cdot 1]}}$
(c)			$[cc]$	$-f_c$	S_c
(k.2)			$\sqrt{[cc\cdot 2]}$	$-\dfrac{[f_c\cdot 2]}{\sqrt{[cc\cdot 2]}}$	$\dfrac{[S_c\cdot 2]}{\sqrt{[cc\cdot 2]}}$

表 4.10 中的运算规律基本与高斯约化法类似:

(1)先填写原法方程的系数、常数项及检核数。

(2)要将(a)行变为(k)行,显然,只要用$\sqrt{[aa]}$除(a)行各数即可。

(3)由(b)行中的各数分别计算其一次约化数值,此时仍可应用"两列规则",但应将"两列规则"改写成

$$[ij \cdot 1]=[ij]-(i)\times(j)$$

此时,$(i)\times(j)$不是 4.6.1 小节中消化方程与等值方程相应数值的乘积和。例如,对照表 4.10 并根据"两列规则",得

$$\left.\begin{aligned}&[bb \cdot 1]=[bb]-(b)\times(b)=[bb]-([ab]/[\sqrt{[aa]}])^2\\&[bc \cdot 1]=[bc]-(b)\times(c)=[bc]-([ab]/\sqrt{[aa]})([ac]/\sqrt{[aa]})\\&[cc \cdot 2]=[cc]-(c)\times(c)=[cc]-([ac]/\sqrt{[aa]})^2-([bc \cdot 1]/\sqrt{[bb \cdot 1]})^2\end{aligned}\right\}$$

(4)每完成一个平方根行的计算,就应及时进行检核,只有当与(S)列中的检核数值相符时,才能继续往下计算。

(5)最后按回代法计算所有未知数。先求未知数 y_3,即

$$y_3=-(-[f_c \cdot 2]/\sqrt{[cc \cdot 2]})/\sqrt{[cc \cdot 2]}$$

与 4.6.1 小节回代法相同,求 y_2、y_1。

例 4.5 用平方根法解下列法方程

$$\left.\begin{aligned}1.995k_a+1.020k_c-0.975k_d-20=0\\3.255k_b+0.940k_c-1.150k_d-12=0\\1.020k_a+0.940k_b+2.765k_c-11=0\\-0.975k_a-1.150k_b+2.980k_d-36=0\end{aligned}\right\}$$

解:将全部计算结果列于表 4.11 中。

表 4.11 平方根法计算表

行号	(a)	(b)	(c)	(d)	(f)	(Σ)	(S)
	k_a	k_b	k_c	k_d			
(a)	1.995	0	1.020	−0.975	−20.000	−17.960	−17.960
(k)	1.412	0	0.722	−0.690	−14.164	−12.720	−12.720
(b)		3.255	0.940	−1.150	−12.000	−8.955	−8.955
(k.1)		1.804	0.521	−0.637	−6.651	−4.963	−4.963
(c)			2.765	0	−11.000	−6.275	−6.275
(k.2)			1.404	0.591	1.915	3.910	3.910
(d)				2.980	36.000	36.855	36.855
(k.3)				1.322	15.775	17.097	17.097

按回代法计算法方程所有未知数得

$$k_d=-11.929,\quad k_c=3.657,\quad k_b=-1.582,\quad k_a=2.329$$

习　题

1. 简述间接分组平差思想。

2. 某水准网观测略图如图 4.4 所示，点 A、B、C、D、E 为已知高程点，点 P_1、P_2、P_3 为待定点。

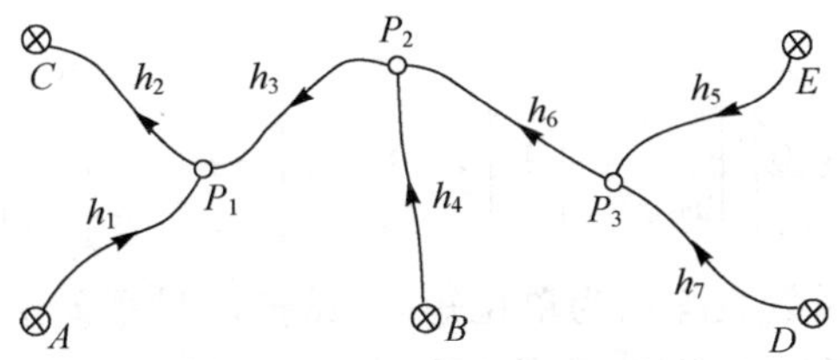

图 4.4　某水准网观测略图

已知高程为 $H_A=-7.1717$ m，$H_B=-8.3295$ m，$H_C=39.9508$ m，$H_D=20.6211$ m，$H_E=28.9468$ m。该网第一期观测值为

$$h_1=7.078\ \text{m},\quad S_1=6\ \text{km};\quad h_2=40.043\ \text{m},\quad S_2=6\ \text{km}$$
$$h_3=-1.368\ \text{m},S_3=4\ \text{km};\quad h_4=9.601\ \text{m},\quad S_4=8\ \text{km}$$

第二期观测值为

$$h_5=-11.020\ \text{m},\ S_5=4\ \text{km};\ h_6=-16.659\ \text{m},\ S_6=3\ \text{km};\ h_7=-2.688\ \text{m},\ S_7=3\ \text{km}$$

试按间接分组平差法求各待定点的最或然高程及点 P_2 的高程中误差。

3. 设某平差问题的误差方程为

$$\left.\begin{aligned} v_1&=\hat{x}_1+\hat{x}_2-1.2\\ v_2&=\hat{x}_1+2.1\\ v_3&=\hat{x}_2-2.4\\ v_4&=\hat{x}_2+\hat{x}_3+4.0\\ v_5&=\hat{x}_3-2.5 \end{aligned}\right\}$$

已知观测值的权矩阵的逆为单位矩阵，试以 $L_1\sim L_3$ 为第一组观测值，以 L_4、L_5 为第二组观测值，按间接分组平差法求各未知数近似值的改正数和 $\hat{x}_2$ 的协因数。

4. 在图 4.5 所示的水准网中，已知 A 点的高程为 20.000 mm，第一次观测了 $h_1\sim h_6$，其高差观测值为

$$h_1=1.545\ \text{m},\quad h_2=5.506\ \text{m},\quad h_3=3.955\ \text{m}$$
$$h_4=3.455\ \text{m},\quad h_5=-7.510\ \text{m},\ h_6=-7.000\ \text{m}$$

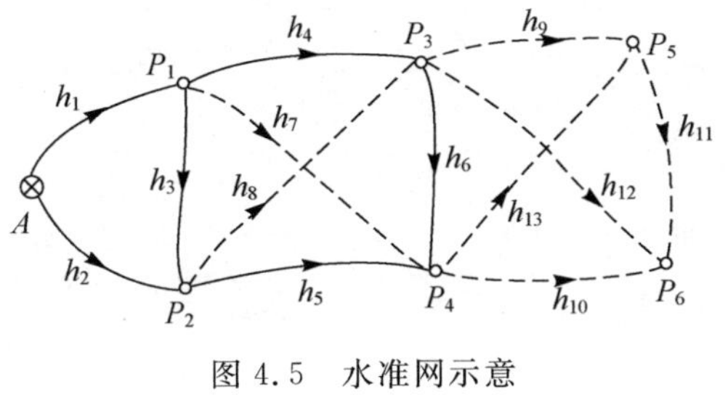

图 4.5　水准网示意

第二次观测了 $h_7 \sim h_{13}$，其高差观测值为

$$h_7=3.536\ \text{m},\quad h_8=-0.504\ \text{m},\quad h_9=15.450\ \text{m},\quad h_{10}=-8.000\ \text{m}$$

$$h_{11}=-30.465\ \text{m},\quad h_{12}=-15.021\ \text{m},\quad h_{13}=22.457\ \text{m}$$

若两次观测值 $\boldsymbol{L}_1$、$\boldsymbol{L}_2$ 的协因数矩阵均为单位矩阵，试按序贯平差法求各待定点高程的平差值及其中误差。

5. 设有两组误差方程

$$\mathbf{V}_1=\begin{bmatrix}-1 & 1\\ -1 & 0\\ 0 & -1\end{bmatrix}\begin{bmatrix}\hat{x}_1\\ \hat{x}_2\end{bmatrix}+\begin{bmatrix}0\\ 1\\ 1\end{bmatrix},\quad \mathbf{V}_2=\begin{bmatrix}-1 & 0\\ -1 & -1\\ 0 & -1\end{bmatrix}\begin{bmatrix}\hat{x}_2\\ \hat{x}_3\end{bmatrix}+\begin{bmatrix}1\\ 0\\ -1\end{bmatrix}$$

若两次观测值 $\boldsymbol{L}_1$、$\boldsymbol{L}_2$ 的协因数矩阵均为单位矩阵，试按序贯平差法求参数 $\hat{\boldsymbol{x}}$ 的值。

6. 用高斯约化法解下面的方程组(系数矩阵为对称矩阵)。

$$\begin{bmatrix}3.00 & 2.00 & 1.00\\ 2.00 & 4.00 & 2.00\\ 1.00 & 2.00 & 3.00\end{bmatrix}\begin{bmatrix}k_1\\ k_2\\ k_3\end{bmatrix}+\begin{bmatrix}-3.30\\ -7.90\\ -6.80\end{bmatrix}=\mathbf{0}$$

7. 用高斯约化法解下面的方程组(系数矩阵为对称矩阵)。

$$\begin{bmatrix}1.995 & 0 & 1.020 & -0.975\\ 0 & 3.255 & 0.940 & -1.150\\ 1.020 & 0.940 & 2.765 & 0\\ -0.975 & -1.150 & 0 & 1.980\end{bmatrix}\begin{bmatrix}k_1\\ k_2\\ k_3\\ k_4\end{bmatrix}+\begin{bmatrix}-20.000\\ -12.000\\ -11.000\\ 36.000\end{bmatrix}=\mathbf{0}$$

第 5 章　点和线的位置误差

在实际测量工作中，往往需要知道待定点的点位精度，特别是特定点在某些方向上偏离真实位置的误差。在测绘与地理信息数据处理的实践中，往往需要知道某些线段的位置误差。本章介绍点、线的位置误差的相关内容。

5.1　点位误差

在平面控制网的平差计算及 GIS 数据的不确定性研究中，往往需要评定待定点的点位精度。待定点的点位精度通常用点位中误差（简称“点位误差”）的大小来评定。

5.1.1　点位误差的概念

待定点的点位是由一对平面直角坐标来确定的，而坐标又是由观测值的平差值求得的。由于观测值有误差，通过平差计算只能求得其估值，所以待定点的坐标平差值也只是估值，而不是真值。待定点的坐标估值位置偏离其真实位置的距离 ΔP 称为点位真误差，简称真位差。如图 5.1 所示，点 A 为已知点，待定点 P 的坐标真值为 $(\tilde{x},\tilde{y})$，坐标平差值为 $P'(\hat{x},\hat{y})$，由图 5.1 可知

$$\left.\begin{aligned}\Delta\hat{x}&=\tilde{x}-\hat{x}\\ \Delta\hat{y}&=\tilde{y}-\hat{y}\end{aligned}\right\}\tag{5.1}$$

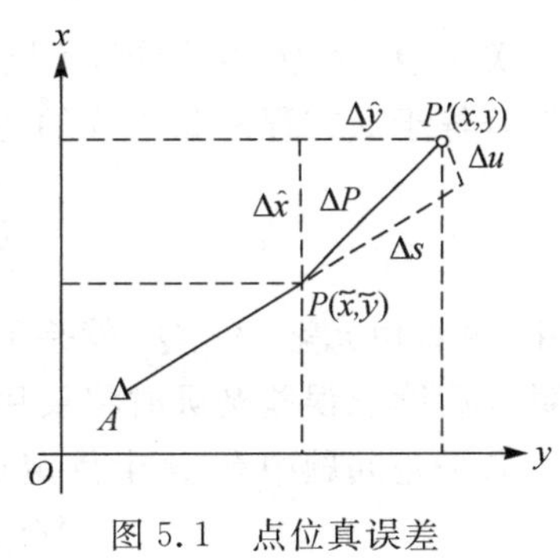

图 5.1　点位真误差

由于 $\Delta\hat{x}$、$\Delta\hat{y}$ 的存在，产生的真位差为

$$\Delta P^2=\Delta\hat{x}^2+\Delta\hat{y}^2\tag{5.2}$$

由平差结果的统计性质可知，最小二乘估计是无偏估计，即

$$E(\hat{x})=\tilde{x},\quad E(\hat{y})=\tilde{y}$$

则根据方差的定义有

$$\sigma_{\hat{x}}^2=E((\hat{x}-E(\hat{x}))^2)=E((\hat{x}-\tilde{x})^2)=E(\Delta\hat{x}^2)$$

$$\sigma_{\hat{y}}^2=E((\hat{y}-E(\hat{y}))^2)=E((\hat{y}-\tilde{y})^2)=E(\Delta\hat{y}^2)$$

式中，$\sigma_{\hat{x}}^2$、$\sigma_{\hat{y}}^2$ 称为点位沿坐标轴方向的位差。对式(5.2)两边取数学期望，得

$$E(\Delta P^2)=E(\Delta\hat{x}^2+\Delta\hat{y}^2)=E(\Delta\hat{x}^2)+E(\Delta\hat{y}^2)=\sigma_{\hat{x}}^2+\sigma_{\hat{y}}^2=\sigma_P^2\tag{5.3}$$

测量上把 σ_P^2 定义为点位方差，并把 σ_P 叫作点位中误差，简称“点位误差”，即一点的点位方差等于该点在纵横坐标方向上的方差之和。

如果把点 P 的真位差 ΔP 投影到 AP 及 AP 的垂直方向上，如图 5.1 所示，则得到纵向误差 Δs 和横向误差 Δu，并有

$$\Delta P^2=\Delta s^2+\Delta u^2\tag{5.4}$$

类似于式(5.3),可以写出

$$\sigma_P^2=\sigma_s^2+\sigma_u^2 \tag{5.5}$$

式中,σ_s^2 为纵向方差,σ_u^2 为横向方差。可见用纵横向方差也可以求得点位方差。

显然,我们可以把 ΔP 投影到任意的两个垂直方向上,或者说,对于同一子样 L,不论坐标系如何选择,ΔP 总是不变的,即

$$\Delta P^2=\Delta\hat{x}^2+\Delta\hat{y}^2=(\Delta\hat{x}')^2+(\Delta\hat{y}')^2 \tag{5.6}$$

因此有

$$\sigma_P^2=\sigma_{\hat{x}}^2+\sigma_{\hat{y}}^2=\sigma_{\hat{x}'}^2+\sigma_{\hat{y}'}^2=\sigma_s^2+\sigma_u^2 \tag{5.7}$$

由上述讨论可知:

(1)对固定的子样 L,点位方差 σ_P^2 是固定的,它与坐标系的选择无关,或者说,σ_P^2 的大小不受坐标系的影响。

(2)对于不同的坐标系,$\Delta P^2=\Delta\hat{x}^2+\Delta\hat{y}^2=(\Delta\hat{x}')^2+(\Delta\hat{y}')^2$,但 $\Delta\hat{x}\neq\Delta\hat{x}'$,$\Delta\hat{y}\neq\Delta\hat{y}'$,则 $\sigma_{\hat{x}}^2\neq\sigma_{\hat{x}'}^2$,$\sigma_{\hat{y}}^2\neq\sigma_{\hat{y}'}^2$。这就是说,在不同方向上位差分量的大小是不同的。

(3)点位误差可由任意两个互相垂直方向上的坐标方差来求得[证明见式(5.14)],如 x 与 y 方向、纵向与横向等。

具体平差中,根据平差结果求出单位权方差估值 $\hat{\sigma}_0^2$ 及坐标的协因数矩阵 $\boldsymbol{Q}_{\hat{x}}$、$\boldsymbol{Q}_{\hat{y}}$ 后,即可由下式求得点位方差

$$\hat{\sigma}_P^2=\hat{\sigma}_0^2(\boldsymbol{Q}_{\hat{x}}+\boldsymbol{Q}_{\hat{y}}) \tag{5.8}$$

关于 $\boldsymbol{Q}_{\hat{x}}$ 和 $\boldsymbol{Q}_{\hat{y}}$ 的计算,不同的平差方法有不同的求法。间接平差时待定点平差坐标协因数矩阵等于法方程系数矩阵的逆矩阵。若平差问题中仅有一个待定点时,协因数矩阵为

$$\boldsymbol{Q}_{\hat{X}}=(\boldsymbol{B}^{\mathrm{T}}\boldsymbol{P}\boldsymbol{B})^{-1}=\begin{bmatrix}Q_{\hat{x}} & Q_{\hat{x}\hat{y}}\\ Q_{\hat{y}\hat{x}} & Q_{\hat{y}}\end{bmatrix}$$

式中,主对角元素 $Q_{\hat{x}}$、$Q_{\hat{y}}$ 就是待定点坐标的协因数,而 $Q_{\hat{x}\hat{y}}$ 和 $Q_{\hat{y}\hat{x}}$ 称为相关协因数。相关协因数在后续求误差椭圆时将要用到。

若平差问题中有 m 个待定点时,则 m 个待定点构成的协因数矩阵为

$$\boldsymbol{Q}_{\hat{X}}=(\boldsymbol{B}^{\mathrm{T}}\boldsymbol{P}\boldsymbol{B})^{-1}=\begin{bmatrix}Q_{\hat{x}_1\hat{x}_1} & Q_{\hat{x}_1\hat{y}_1} & \cdots & Q_{\hat{x}_1\hat{x}_i} & Q_{\hat{x}_1\hat{y}_i} & \cdots & Q_{\hat{x}_1\hat{x}_m} & Q_{\hat{x}_1\hat{y}_m}\\ Q_{\hat{y}_1\hat{x}_1} & Q_{\hat{y}_1\hat{y}_1} & \cdots & Q_{\hat{y}_1\hat{x}_i} & Q_{\hat{y}_1\hat{y}_i} & \cdots & Q_{\hat{y}_1\hat{x}_m} & Q_{\hat{y}_1\hat{y}_m}\\ \vdots & \vdots & & \vdots & \vdots & & \vdots & \vdots\\ Q_{\hat{x}_m\hat{x}_1} & Q_{\hat{x}_m\hat{y}_1} & \cdots & Q_{\hat{x}_m\hat{x}_i} & Q_{\hat{x}_m\hat{y}_i} & \cdots & Q_{\hat{x}_m\hat{x}_m} & Q_{\hat{x}_m\hat{y}_m}\\ Q_{\hat{y}_m\hat{x}_1} & Q_{\hat{y}_m\hat{y}_1} & \cdots & Q_{\hat{y}_m\hat{x}_i} & Q_{\hat{y}_m\hat{y}_i} & \cdots & Q_{\hat{y}_m\hat{x}_m} & Q_{\hat{y}_m\hat{y}_m}\end{bmatrix}$$

显然

$$\hat{\sigma}_{P_i}^2=\hat{\sigma}_0^2(Q_{\hat{x}_i\hat{x}_i}+Q_{\hat{y}_i\hat{y}_i})$$

式中,$i=1,2,3,\cdots,m$。

条件平差时,待定点的平差坐标是根据平差后的观测值计算得到的,因此坐标的协因数矩阵需要按照协因数传播律求得,具体将在 5.4 节讨论。

例 5.1 在由三个高级点 A、B、C 构成的三角形内插入一点 P,按照坐标平差法求点 P 坐标。根据观测数据,得到法方程系数矩阵为

$$\boldsymbol{B}^{\mathrm{T}}\boldsymbol{P}\boldsymbol{B}=\begin{bmatrix}469.80 & -90.03\\ -90.03 & 382.08\end{bmatrix}$$

并求得单位权中误差估值为 $\hat{\sigma}_0=0.82''$。求点 P 点位误差。

解：因为本题是按照间接平差法求点 P 坐标平差值，法方程系数矩阵的逆矩阵就是待定点坐标的协因数矩阵，故有

$$\boldsymbol{Q}_{\hat{X}}=(\boldsymbol{B}^{\mathrm{T}}\boldsymbol{P}\boldsymbol{B})^{-1}=\begin{bmatrix}0.002 & 0.001\\0.001 & 0.003\end{bmatrix}$$

即

$$Q_{\hat{x}}=0.002,\quad Q_{\hat{y}}=0.003,\quad Q_{\hat{x}\hat{y}}=0.001$$

因此

$$\hat{\sigma}_P=\hat{\sigma}_0\sqrt{Q_{\hat{x}}+Q_{\hat{y}}}=0.82\sqrt{0.002+0.003}=0.058$$

5.1.2　任意方向 φ 的位差

真位差可以投影在任意方向上，而由式(5.7)计算得到的点位方差虽然可以用来评定点的点位精度，但不能代表该点在任意方向上的位差大小。求出的 $\sigma_{\hat{x}}$、$\sigma_{\hat{y}}$ 以及 σ_u、σ_s 也只代表了点在纵横坐标轴方向或 AP 边纵横方向上的点位误差大小。为了更直观地反映点位误差的分布情况及满足实际工作的需要，应求出待定点在各个方向上的误差大小，即任意方向上的位差大小。

如图 5.2 所示，待定点 P 的真位差 ΔP 在 x、y 方向上的分量分别为 Δx、Δy。为了求点 P 在任意方向 φ 上的位差，需要先找出待定点 P 的真位差 ΔP 在 φ 方向上的分量 $\Delta\varphi$ 与 Δx、Δy 的函数关系。由图 5.2 可知

$$\Delta\varphi=PP''+P''P'''=\Delta x\cos\varphi+\Delta y\sin\varphi=[\cos\varphi\quad\sin\varphi]\begin{bmatrix}\Delta x\\\Delta y\end{bmatrix}\tag{5.9}$$

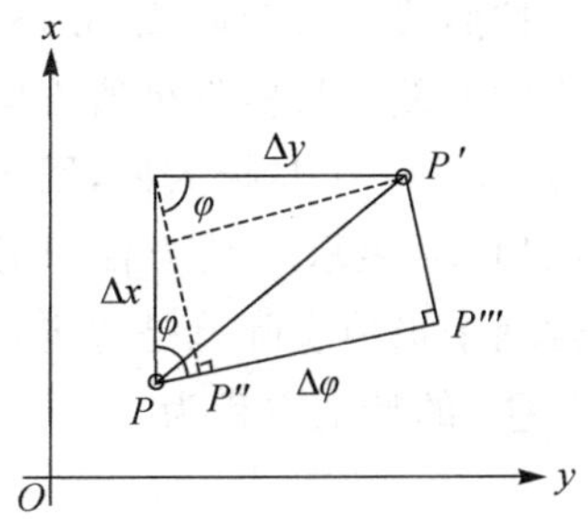

图 5.2　任意方向上的真位差

于是，由协因数传播律，顾及 $Q_{\hat{x}\hat{y}}=Q_{\hat{y}\hat{x}}$ 可以求得

$$Q_\varphi=[\cos\varphi\quad\sin\varphi]\begin{bmatrix}Q_{\hat{x}} & Q_{\hat{x}\hat{y}}\\Q_{\hat{y}\hat{x}} & Q_{\hat{y}}\end{bmatrix}\begin{bmatrix}\cos\varphi\\\sin\varphi\end{bmatrix}=Q_{\hat{x}}\cos^2\varphi+Q_{\hat{y}}\sin^2\varphi+Q_{\hat{x}\hat{y}}\sin 2\varphi\tag{5.10}$$

若求出单位权方差估值，则任意方向 φ 的方差为

$$\hat{\sigma}_\varphi^2=\hat{\sigma}_0^2Q_\varphi=\hat{\sigma}_0^2(Q_{\hat{x}}\cos^2\varphi+Q_{\hat{y}}\sin^2\varphi+Q_{\hat{x}\hat{y}}\sin 2\varphi)\tag{5.11}$$

如果有与 φ 相垂直的方向，即 $\varphi+90°=\varphi'$，按照式(5.10)可得 φ'方向的协因数矩阵为

$$\begin{aligned}Q_{\varphi'}=Q_{\varphi+90°}&=Q_{\hat{x}}\cos^2(\varphi+90°)+Q_{\hat{y}}\sin^2(\varphi+90°)+Q_{\hat{x}\hat{y}}\sin 2(\varphi+90°)\\&=Q_{\hat{x}}\sin^2\varphi+Q_{\hat{y}}\cos^2\varphi-Q_{\hat{x}\hat{y}}\sin 2\varphi\end{aligned}\tag{5.12}$$

对应 φ'方向的方差为

$$\hat{\sigma}_{\varphi'}^2=\hat{\sigma}_0^2(Q_{\hat{x}}\sin^2\varphi+Q_{\hat{y}}\cos^2\varphi-Q_{\hat{x}\hat{y}}\sin 2\varphi)\tag{5.13}$$

不难看出

$$\hat{\sigma}_\varphi^2+\hat{\sigma}_{\varphi+90°}^2=\hat{\sigma}_0^2(Q_\varphi+Q_{\varphi+90°})=\hat{\sigma}_0^2(Q_{\hat{x}}+Q_{\hat{y}})=\hat{\sigma}_P^2\tag{5.14}$$

即任意两个垂直方向上的方差之和等于该点的点位方差。

式(5.11) 也可写为

$$\hat{\sigma}_\varphi^2=\sigma_{\hat{x}}^2\cos^2\varphi+\sigma_{\hat{y}}^2\sin^2\varphi+\sigma_{\hat{x}\hat{y}}\sin2\varphi\tag{5.15}$$

这也是通过坐标的方差和协方差计算任意方向 φ 方差的计算公式。

5.1.3 位差的极值和极值方向

由上述可知,点位任意方向上的方差 $\hat{\sigma}_{\varphi}^{2}$ 与 φ 的大小有关。当 φ 取不同的角值时,相应方向上的位差就不同,或者说相应方向上的协因数就不同。在众多的协因数中,必然会有一对协因数取得极大值和极小值。也就是对式(5.10)中的 φ 求一阶偏导数,并令其等于零,得到

$$\frac{\partial Q_{\varphi}}{\partial \varphi}=-2Q_{\hat{x}}\cos\varphi\sin\varphi+2Q_{\hat{y}}\sin\varphi\cos\varphi+2Q_{\hat{x}\hat{y}}\cos 2\varphi=0 \tag{5.16}$$

整理得

$$\tan 2\varphi_{0}=\frac{2Q_{\hat{x}\hat{y}}}{Q_{\hat{x}}-Q_{\hat{y}}}=\tan(2\varphi_{0}+180^{\circ}) \tag{5.17}$$

由式(5.17)可求得两个解,即 $2\varphi_0$ 和 $2\varphi_0+180^{\circ}$,也就是说极值方向有两个,一个是 φ_0,另一个是 φ_0+90°。两个正交方向,其中一个为极大值方向,另一个为极小值方向。不难看出,式(5.17)也可以写为

$$\tan 2\varphi_{0}=\frac{2\sigma_{\hat{x}\hat{y}}}{\sigma_{\hat{x}}-\sigma_{\hat{y}}}=\tan(2\varphi_{0}+180^{\circ}) \tag{5.18}$$

按照式(5.17)或式(5.18)求得极值方向后,代入式(5.11)或式(5.15)就可得到极值方向对应的方差。将所得极值方向的方差开方后即为对应极值方向的位差。比较计算得到的两个位差,其中一个是极大值,用 E 表示,相应方向用 φ_E 表示;另一个是极小值。用 F 表示,相应方向用 φ_F 表示。为方便起见,可以进一步简化位差极大值和极小值的计算公式。点位误差的这两个极值实际就是待定点坐标的协因数矩阵 $\boldsymbol{Q}_{\hat{X}}$ 的两个特征值。

$\boldsymbol{Q}_{\hat{X}}$ 的特征方程为

$$|\boldsymbol{Q}_{\hat{X}}-\lambda\boldsymbol{I}|=\begin{vmatrix}Q_{\hat{x}}-\lambda & Q_{\hat{x}\hat{y}}\\ Q_{\hat{x}\hat{y}} & Q_{\hat{y}}-\lambda\end{vmatrix}=0 \tag{5.19}$$

式中,λ 为特征值。将式(5.19)展开,得 $\lambda^2-(Q_{\hat{x}}+Q_{\hat{y}})\lambda+Q_{\hat{x}}Q_{\hat{y}}-Q_{\hat{x}\hat{y}}^2=0$,解得

$$\lambda=\frac{1}{2}(Q_{\hat{x}}+Q_{\hat{y}})\pm\frac{1}{2}\sqrt{(Q_{\hat{x}}-Q_{\hat{y}})^2+4Q_{\hat{x}\hat{y}}^2} \tag{5.20}$$

若令 $K=\sqrt{(Q_{\hat{x}}-Q_{\hat{y}})^2+4Q_{\hat{x}\hat{y}}^2}$,并用 Q_E、Q_F 分别表示特征方程的极大值和极小值,则有

$$Q_E=\lambda_1=\frac{1}{2}(Q_{\hat{x}}+Q_{\hat{y}}+K) \tag{5.21}$$

$$Q_F=\lambda_2=\frac{1}{2}(Q_{\hat{x}}+Q_{\hat{y}}-K) \tag{5.22}$$

于是可得点 P 的位差极大值和极小值计算式为

$$E=\hat{\sigma}_0\sqrt{Q_E} \tag{5.23}$$

$$F=\hat{\sigma}_0\sqrt{Q_F} \tag{5.24}$$

若把式(5.23)、式(5.24)两边平方再求和,可得

$$E^2+F^2=\hat{\sigma}_0^2(Q_{\hat{x}}+Q_{\hat{y}})=\hat{\sigma}_P^2 \tag{5.25}$$

式(5.25)表明,位差的极大值方向和极小值方向也是两个相互垂直的方向,且方差平方和等于点 P 的点位方差。位差存在一个极大值和一个极小值,那么这两个极值对应的方向如何

呢？下面推导表示极大值和极小值方向的 φ_E、φ_F 的计算公式。

φ_E 和 φ_F 分别是 $\boldsymbol{Q}_{\hat{X}}$ 的特征值所对应的特征向量的方位角。设 $\boldsymbol{X}=[\hat{x}\quad\hat{y}]$是特征值 λ_1、λ_2 所对应的特征向量，则 $\boldsymbol{Q}_{\hat{X}}$ 的特征向量方程写为

$$(\boldsymbol{Q}_{\hat{X}}-\lambda\boldsymbol{I})\boldsymbol{X}=\boldsymbol{0} \tag{5.26}$$

将式(5.26)展开，得

$$\begin{bmatrix} Q_{\hat{x}}-\lambda_1 & Q_{\hat{x}\hat{y}} \\ Q_{\hat{x}\hat{y}} & Q_{\hat{y}}-\lambda_1 \end{bmatrix}\begin{bmatrix} \hat{x} \\ \hat{y} \end{bmatrix}=\boldsymbol{0} \tag{5.27}$$

或

$$\left.\begin{aligned} (Q_{\hat{x}}-\lambda_1)\hat{x}+Q_{\hat{x}\hat{y}}\hat{y}=0 \\ Q_{\hat{x}\hat{y}}\hat{x}+(Q_{\hat{y}}-\lambda_1)\hat{y}=0 \end{aligned}\right\} \tag{5.28}$$

故 λ_1 对应的方位角 φ_E 为

$$\tan\varphi_E=\frac{\hat{y}}{\hat{x}}=\frac{\lambda_1-Q_{\hat{x}}}{Q_{\hat{x}\hat{y}}}=\frac{Q_E-Q_{\hat{x}}}{Q_{\hat{x}\hat{y}}} \tag{5.29}$$

或者

$$\tan\varphi_E=\frac{Q_{\hat{x}\hat{y}}}{\lambda_1-Q_{\hat{y}}}=\frac{Q_{\hat{x}\hat{y}}}{Q_E-Q_{\hat{y}}} \tag{5.30}$$

类似以上推导，可以得到 λ_2 对应的方位角 φ_F 的计算公式为

$$\tan\varphi_F=\frac{\lambda_2-Q_{\hat{x}}}{Q_{\hat{x}\hat{y}}}=\frac{Q_F-Q_{\hat{x}}}{Q_{\hat{x}\hat{y}}} \tag{5.31}$$

或

$$\tan\varphi_F=\frac{Q_{\hat{x}\hat{y}}}{\lambda_2-Q_{\hat{y}}}=\frac{Q_{\hat{x}\hat{y}}}{Q_F-Q_{\hat{y}}} \tag{5.32}$$

不难得出，φ_E 和 φ_F 就是位差的极大值方向和极小值方向。极值方向的两套公式可以用来检核计算的正确性。极值方向的计算公式也可以由以下推导得出。由式(5.29)至式(5.32)得

$$\tan 2\varphi_E=\frac{2\tan\varphi_E}{1-\tan^2\varphi_E}=\frac{\dfrac{2Q_{\hat{x}\hat{y}}}{\lambda_1-Q_{\hat{y}}}}{1-\dfrac{\lambda_1-Q_{\hat{x}}}{Q_{\hat{x}\hat{y}}}\cdot\dfrac{Q_{\hat{x}\hat{y}}}{\lambda_1-Q_{\hat{y}}}}=\frac{2Q_{\hat{x}\hat{y}}}{Q_{\hat{x}}-Q_{\hat{y}}} \tag{5.33}$$

$$\tan 2\varphi_F=\frac{2\tan\varphi_F}{1-\tan^2\varphi_F}=\frac{\dfrac{2Q_{\hat{x}\hat{y}}}{\lambda_2-Q_{\hat{y}}}}{1-\dfrac{\lambda_2-Q_{\hat{x}}}{Q_{\hat{x}\hat{y}}}\cdot\dfrac{Q_{\hat{x}\hat{y}}}{\lambda_2-Q_{\hat{y}}}}=\frac{2Q_{\hat{x}\hat{y}}}{Q_{\hat{x}}-Q_{\hat{y}}} \tag{5.34}$$

两式形式一致，合并为

$$\tan 2\varphi_0=\frac{2Q_{\hat{x}\hat{y}}}{Q_{\hat{x}}-Q_{\hat{y}}} \tag{5.35}$$

由式(5.35)可求得两个解，即 $2\varphi_0$ 和 $2\varphi_0+180°$。其中，φ_0 和 $\varphi_0+90°$是互相正交的，一个为极大值方向，另一个就是极小值方向。

5.1.4　以极值 E、F 表示任意方向 ψ 的位差

上面已经导出求待定点在任意方向上位差的实用公式，为了计算和使用上的方便，需要找出任意方向 ψ(从极大值方向 φ_E 起算的方向，见图 5.3)并以极值 E、F 表示的位差实用公式。按照前述求 Q_φ 的方法，以 E 和 F 为坐标轴，可以得出误差 $\Delta\psi$ 与 ΔE、ΔF 的关系式为

$$\Delta\psi=\Delta E\cos\psi+\Delta F\sin\psi \tag{5.36}$$

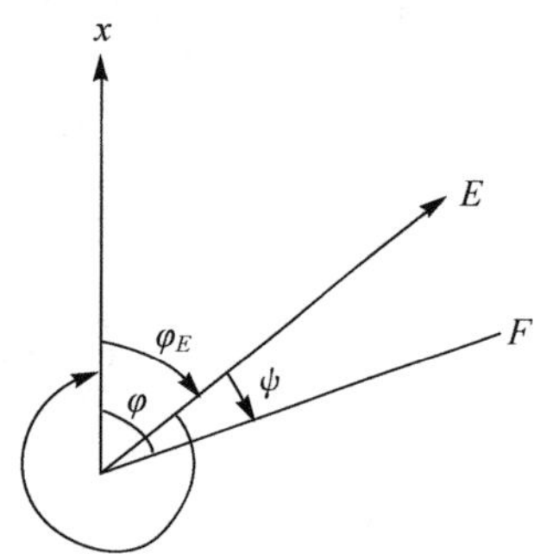

图 5.3　φ 与 ψ 的关系

利用协因数传播律可得

$$Q_\psi=Q_E\cos^2\psi+Q_F\sin^2\psi+Q_{EF}\sin 2\psi \tag{5.37}$$

又因为

$$\left.\begin{aligned}\Delta E&=\cos\varphi_E\Delta x+\sin\varphi_E\Delta y\\ \Delta F&=\cos\varphi_F\Delta x+\sin\varphi_F\Delta y\end{aligned}\right\} \tag{5.38}$$

顾及 $\cos\varphi_F=\cos(90°+\varphi_E)=-\sin\varphi_E$，$\sin\varphi_F=\cos\varphi_E$，则有

$$\Delta F=-\sin\varphi_E\Delta x+\cos\varphi_E\Delta y \tag{5.39}$$

或者写成

$$\left.\begin{aligned}\Delta E&=\begin{bmatrix}\cos\varphi_E & \sin\varphi_E\end{bmatrix}\begin{bmatrix}\Delta x\\ \Delta y\end{bmatrix}\\ \Delta F&=\begin{bmatrix}-\sin\varphi_E & \cos\varphi_E\end{bmatrix}\begin{bmatrix}\Delta x\\ \Delta y\end{bmatrix}\end{aligned}\right\}$$

则 ΔE、ΔF 的互协因数为

$$\begin{aligned}Q_{EF}&=\begin{bmatrix}\cos\varphi_E & \sin\varphi_E\end{bmatrix}\begin{bmatrix}Q_{\hat{x}} & Q_{\hat{x}\hat{y}}\\ Q_{\hat{x}\hat{y}} & Q_{\hat{y}}\end{bmatrix}\begin{bmatrix}-\sin\varphi_E\\ \cos\varphi_E\end{bmatrix}\\ &=-\frac{1}{2}\sin 2\varphi_E(Q_{\hat{x}}-Q_{\hat{y}})+\cos 2\varphi_E Q_{\hat{x}\hat{y}}\end{aligned} \tag{5.40}$$

由式(5.34)可知

$$\tan 2\varphi_E=\frac{2Q_{\hat{x}\hat{y}}}{Q_{\hat{x}}-Q_{\hat{y}}}=\frac{\sin 2\varphi_E}{\cos 2\varphi_F}$$

代入式(5.40)，可得 $Q_{EF}=0$，所以式(5.37)又可写为

$$Q_\psi=Q_E\cos^2\psi+Q_F\sin^2\psi \tag{5.41}$$

对应的 ψ 方向上的位差为

$$\sigma_\psi^2=\sigma_0^2Q_\psi=\sigma_0^2(Q_E\cos^2\psi+Q_F\sin^2\psi) \tag{5.42}$$

也可写为

$$\sigma_\psi^2=E^2\cos^2\psi+F^2\sin^2\psi \tag{5.43}$$

式(5.43)就是以极值 E、F 表示的及以 E 轴为起始方向的任意方向 ψ 的位差计算公式。

例 5.2　已知某平面控制网，经平差后得待定点 P 的坐标协因数矩阵为

$$\boldsymbol{Q}_{\hat{\boldsymbol{X}}}=\begin{bmatrix}11.700 & -12.590\\ -12.590 & 20.007\end{bmatrix}$$

单位权中误差为 $\sigma_0=0.25''$。试求：

(1)极值 E、F 及极值方向 φ_E、φ_F。

(2)当 $\varphi=60°$时的位差 $\hat{\sigma}_\varphi$。

(3)当 $\psi=15°$时的位差 $\hat{\sigma}_\psi$。

(4)点位误差 $\hat{\sigma}_P$。

解:(1)$K=\sqrt{(Q_{\hat{x}}-Q_{\hat{y}})^2+4Q_{\hat{x}\hat{y}}^2}=26.5149$

$$Q_E=\frac{1}{2}(Q_{\hat{x}}+Q_{\hat{y}}+K)=29.111,\quad Q_F=\frac{1}{2}(Q_{\hat{x}}+Q_{\hat{y}}-K)=2.596$$

$$\hat{E}=\hat{\sigma}_0\sqrt{Q_E}=1.35,\quad \hat{F}=\hat{\sigma}_0\sqrt{Q_F}=0.40$$

$$\tan\varphi_E=\frac{Q_E-Q_{\hat{x}}}{Q_{\hat{x}\hat{y}}}=-1.3829,\quad \varphi_E=125°52' \text{或} 305°52',\quad \varphi_F=35°52' \text{或} 215°52'$$

(2)当 $\varphi=60°$时,有

$$\sigma_{\varphi=60°}=\hat{\sigma}_0\sqrt{Q_{\hat{x}}\sin^2\varphi+Q_{\hat{y}}\cos^2\varphi-Q_{\hat{x}\hat{y}}\sin 2\varphi}=1.24$$

(3)当 $\psi=15°$时,有

$$\sigma_{\psi=15°}=\sqrt{E^2\cos^2\psi+F^2\sin^2\psi}=1.307$$

(4)点位误差为

$$\hat{\sigma}_P^2=E^2+F^2=\hat{\sigma}_0^2(Q_{\hat{x}}+Q_{\hat{y}})=1.98,\quad \hat{\sigma}_P=1.41$$

5.2　误差曲线与误差椭圆

5.2.1　误差曲线

取不同的方向 ψ,由式(5.43)可以求得相应的 σ_ψ^2。以 ψ 和 σ_ψ 为极坐标的点的轨迹是一条闭合曲线,称为误差曲线,如图 5.4 所示。误差曲线形如腰状且关于两个极轴 E、F 对称,它反映了点在任意方向位差的大小,因此又称为精度曲线。显然,任意方向上的向径就是该方向的点位误差。

在已经求得某点 P 的 φ_E、E、F 后,可采用作图的方法来展点并绘制误差曲线。由于误差曲线完整地描述了待定点 P 在各个方向位差的大小,所以其用途极为广泛。例如,由图 5.5 可知:

(1)P 点的点位误差为 $\hat{\sigma}_P=\overline{ab}=\overline{cd}$。

(2)P 点的位差极大值为 $\hat{\sigma}_{\varphi_E}=\overline{Pc}=E$。

(3)P 点的位差极小值为 $\hat{\sigma}_{\varphi_F}=\overline{Pd}=F$。

(4)PB 边的边长中误差为 $\hat{\sigma}_S=\overline{Pe}$(也就是 PB 边的纵向误差)

(5)PA 边的方向中误差为 $\hat{\sigma}_\alpha=\rho\overline{Pg}/S$。其中,$\overline{Pg}$ 为 PA 边的横向误差。

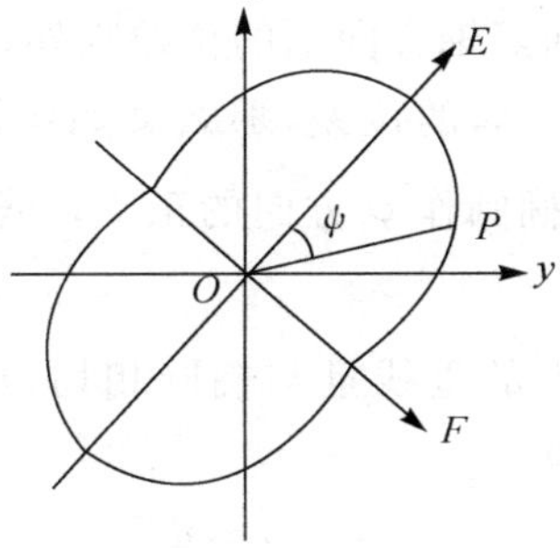

图 5.4　误差曲线

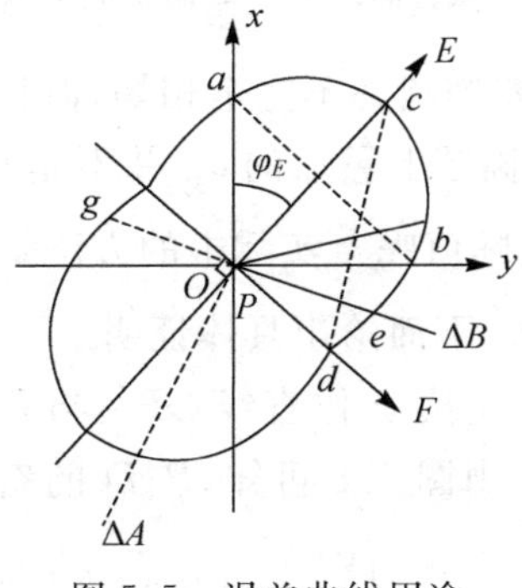

图 5.5　误差曲线用途

5.2.2　误差椭圆

误差曲线虽然能够全面反映待定点任意方向的位差，并由此可得到一些有用的误差值。但它不是一种典型曲线，作图也不方便，因此降低了它的实用价值。

由于其形状类似椭圆，因此实践中常以长、短半轴分别为 E 和 F 的椭圆来代替它，该椭圆称为误差椭圆，如图 5.6 中实线所示。误差椭圆的形状由位差极值 E、F 决定，长轴的方向则由 φ_E 所确定，所以 E、F、φ_E 称为误差椭圆的参数。

显然，误差椭圆与误差曲线是有差异的，下面我们通过作图证明二者之间的关系。

误差椭圆方程为

$$\frac{(x')^2}{E^2}+\frac{(y')^2}{F^2}=1 \tag{5.44}$$

引入参数 τ，其参数方程为

$$\begin{bmatrix} x' \\ y' \end{bmatrix}=\begin{bmatrix} E & 0 \\ 0 & F \end{bmatrix}\begin{bmatrix} \cos\tau \\ \sin\tau \end{bmatrix}=\begin{bmatrix} E\cos\tau \\ F\sin\tau \end{bmatrix} \tag{5.45}$$

误差椭圆作图的具体方法是：以 E、F 为半径作圆弧(图 5.7)，按任意 τ 作直线 $\overline{OP'}$，与圆弧交于点 P''和 P'，过点 P' 作 x 轴的垂线 $\overline{P'a}$，过点 P''作 y 轴的垂线 $\overline{P''b}$，$\overline{P''b}$ 的延长线与 $\overline{P'a}$ 相交于点 P。由图 5.7 可知，点 P 的坐标为

$$\left.\begin{aligned} x_P &= E\cos\tau \\ y_P &= F\sin\tau \end{aligned}\right\} \tag{5.46}$$

即点 P 是椭圆上的一点。改变 τ，可得到不同的点 P，点 P 的轨迹则为误差椭圆。

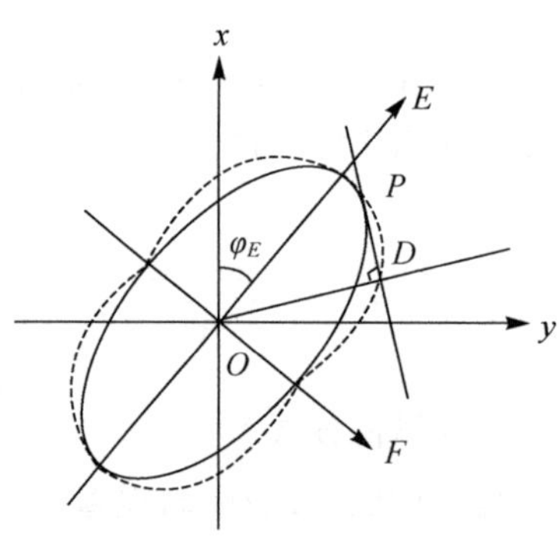

图 5.6　误差曲线与误差椭圆的关系

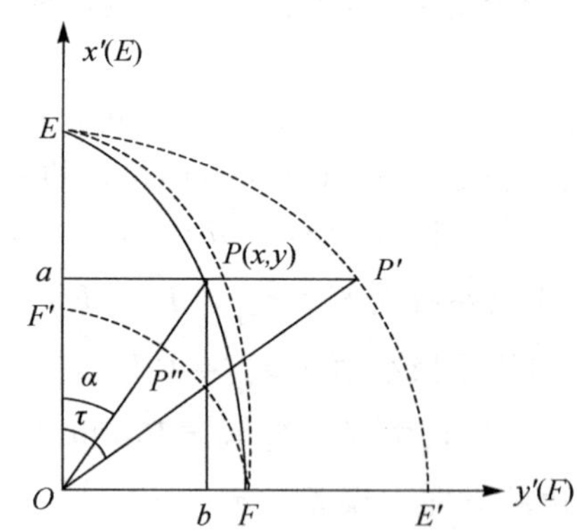

图 5.7　误差椭圆作图方法

误差曲线与误差椭圆并不完全相等，但长轴和短轴方向上的位差除外，其余方向上都有一个差值(图 5.6)，即椭圆上量取的 $\hat{\sigma}_\psi$ 并不是 $\overline{OD}$ 方向的位差，那么又如何按误差椭圆来求任意方向位差 $\hat{\sigma}_\psi$ 的实际值呢？实际中的方法是：自椭圆作 ψ 方向的正交切线 PD，P 为切点，D 为垂足，则 $\hat{\sigma}_\psi=\overline{OD}$。下面给出具体证明。

如图 5.8 所示，先按 ψ 作直线 OP'，再作 OP'的垂线且与椭圆相切，P_1 为切点，D 为垂足，即 $P_1D\perp OP'$。由图 5.8 可知，P_1D 的斜率为

$$\left(\frac{\mathrm{d}y}{\mathrm{d}x}\right)_1=\tan(\psi+90^\circ)=-\cot\psi=-\frac{\cos\psi}{\sin\psi} \tag{5.47}$$

因为 $\begin{bmatrix} x_1 \\ y_1 \end{bmatrix} = \begin{bmatrix} E\cos\tau_1 \\ F\sin\tau_1 \end{bmatrix}$，所以

$$\left(\frac{\mathrm{d}y}{\mathrm{d}x}\right)_1 = \frac{\mathrm{d}y_1}{\mathrm{d}\tau_1} \cdot \frac{\mathrm{d}\tau_1}{\mathrm{d}x_1} = -\frac{F\cos\tau_1}{E\sin\tau_1} = -\cot\psi$$

于是有

$$F\cos\tau_1 \sin\psi = E\cos\psi\sin\tau_1 \tag{5.48}$$

又因

$$\begin{aligned}\overline{OD}^2 &= (\overline{OC}+\overline{CD})^2 = (x_1\cos\psi + y_1\sin\psi)^2 \\ &= (E\cos\tau_1\cos\psi + F\sin\tau_1\sin\psi)^2 \\ &= E^2\cos^2\psi + F^2\sin^2\psi - \\ &\quad (E\cos\psi\sin\tau_1 - F\cos\tau_1\sin\psi)^2\end{aligned}$$

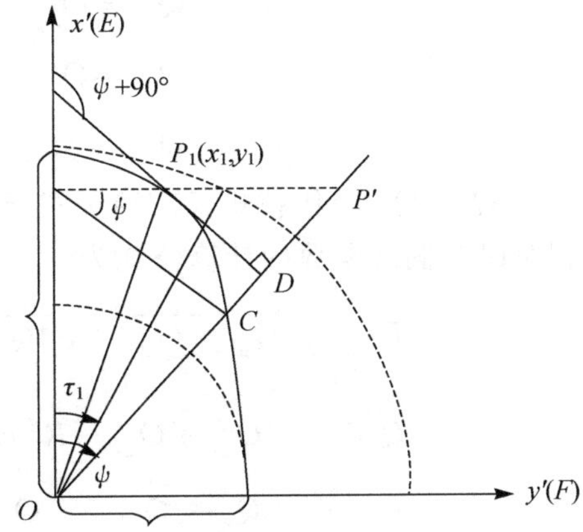

图 5.8　利用误差椭圆求误差曲线

将式(5.48)代入上式，则有

$$\overline{OD}^2 = E^2\cos^2\psi + F^2\sin^2\psi = \hat{\sigma}_\psi^2 \tag{5.49}$$

式(5.49)表明，$\overline{OD}$ 就是 ψ 方向上的位差。用误差椭圆求某点在任意方向 ψ 的位差 $\hat{\sigma}_\psi$ 的方法可概括为：作方向线，在方向线上求椭圆切线的垂足 D，点 D 的轨迹为误差曲线。因此，可以说误差曲线是误差椭圆的垂足曲线。

待定点的误差椭圆与误差曲线是不完全相等的，具有微小差异，因误差椭圆便于绘制，因此，在实践中常以误差椭圆来表示待定点的点位误差。若在控制网图上按一定的比例尺绘出各待定点的误差椭圆，则可全面地、清晰地反映出点位误差在不同方向上的分布状况，因此可以利用误差椭圆分析测量方案或测量结果是否合理。例如，如果是为测图布设的控制网，则要求不同方向上的精度一致，即各个控制点的误差椭圆接近圆形；如果是为了某些特殊工程的需要，通常侧重某个或某几个方向的精度要求，如隧道贯通，贯通方向误差的大小对贯通是没有影响的，而与之对应的垂直方向的误差则必须要小。

5.3　相对误差椭圆

误差椭圆描述了平面控制网中待定点与已知点的精度关系。因为待定点之间的坐标是相关的，因此误差椭圆不能用于说明待定点与待定点之间的精度关系。实际工作中，往往需要了解任意两个待定点之间相对位置的精度情况，而相对误差椭圆就是用来表示两个待定点之间相对位置的精度分布的。

下面我们来推导相对误差椭圆参数的计算公式。设两个待定点为 P_j 和 P_k，则两点之间的相对位置可通过其坐标差来表示，即 $\Delta\hat{x}_{jk} = \hat{x}_k - \hat{x}_j$，$\Delta\hat{y}_{jk} = \hat{y}_k - \hat{y}_j$，写成矩阵形式为

$$\begin{bmatrix} \Delta\hat{x}_{jk} \\ \Delta\hat{y}_{jk} \end{bmatrix} = \begin{bmatrix} -1 & 0 & 1 & 0 \\ 0 & -1 & 0 & 1 \end{bmatrix} \begin{bmatrix} \hat{x}_j \\ \hat{y}_j \\ \hat{x}_k \\ \hat{y}_k \end{bmatrix} \tag{5.50}$$

按照协因数传播律可得

$$\left.\begin{aligned} Q_{\Delta\hat{x}} &= Q_{\hat{x}_k} + Q_{\hat{x}_j} - 2Q_{\hat{x}_k\hat{x}_j} \\ Q_{\Delta\hat{y}} &= Q_{\hat{y}_k} + Q_{\hat{y}_j} - 2Q_{\hat{y}_k\hat{y}_j} \\ Q_{\Delta\hat{x}\Delta\hat{y}} &= Q_{\hat{x}_k\hat{y}_k} + Q_{\hat{x}_j\hat{y}_j} - Q_{\hat{x}_k\hat{y}_j} - Q_{\hat{x}_j\hat{y}_k} \end{aligned}\right\} \tag{5.51}$$

用 $Q_{\Delta\hat{x}}$、$Q_{\Delta\hat{y}}$、$Q_{\Delta\hat{x}\Delta\hat{y}}$ 代替式(5.21)至式(5.24)和式(5.29)至式(5.32)中的 $Q_{\hat{x}}$、$Q_{\hat{y}}$、$Q_{\hat{x}\hat{y}}$，则可得到相对误差椭圆参数的计算公式为

$$K' = \sqrt{(Q_{\Delta\hat{x}} - Q_{\Delta\hat{y}})^2 + 4Q_{\Delta\hat{x}\Delta\hat{y}}^2}, \quad Q_{E'} = \frac{1}{2}(Q_{\Delta\hat{x}} + Q_{\Delta\hat{y}} + K')$$

$$Q_{F'} = \frac{1}{2}(Q_{\Delta\hat{x}} + Q_{\Delta\hat{y}} - K'), \quad E' = \hat{\sigma}_0\sqrt{Q_{E'}}, \quad F' = \hat{\sigma}_0\sqrt{Q_{F'}}$$

$$\tan\varphi_{E'} = \frac{Q_{E'} - Q_{\Delta\hat{x}}}{Q_{\Delta\hat{x}\Delta\hat{y}}} = \frac{Q_{\Delta\hat{x}\Delta\hat{y}}}{Q_{E'} - Q_{\Delta\hat{y}}}, \quad \tan\varphi_{F'} = \frac{Q_{F'} - Q_{\Delta\hat{x}}}{Q_{\Delta\hat{x}\Delta\hat{y}}} = \frac{Q_{\Delta\hat{x}\Delta\hat{y}}}{Q_{F'} - Q_{\Delta\hat{y}}}$$

由式(5.51)看出，如果点 ρ_j 为已知点，即误差忽略不计，则有 $Q_{\Delta\hat{x}} = Q_{\hat{x}_k}$，$Q_{\Delta\hat{y}} = Q_{\hat{y}_k}$，$Q_{\Delta\hat{x}\Delta\hat{y}} = Q_{\hat{x}_k\hat{y}_k}$，即坐标差的协因数等于待定点坐标的协因数。由此得到的误差椭圆是待定点相对于已知点的，而相对误差椭圆则是待定点之间相对位置的精度表示。

值得注意的是：误差椭圆是以待定点为中心来绘制的，而相对误差椭圆则是以两个待定点连线的中点为中心来绘制的。根据绘制的相对误差椭圆，同样可以用图解的方法量取所需要的任意方向上的位差大小。

例 5.3 某测边网平差后，求得单位权方差估值为 $\hat{\sigma}_0^2 = 4.5\ \text{cm}^2$，$P_1$、$P_2$ 两个待定点平差后坐标向量 $\hat{\boldsymbol{X}} = [\hat{x}_1 \quad \hat{y}_1 \quad \hat{x}_2 \quad \hat{y}_2]^{\mathrm{T}}$ 的协因数矩阵为

$$\boldsymbol{Q}_{\hat{\boldsymbol{X}}} = \begin{bmatrix} 0.2677 & 0.1267 & -0.0561 & 0.0806 \\ 0.1267 & 0.7569 & -0.0684 & 0.1626 \\ -0.0561 & -0.0684 & 0.4914 & 0.2106 \\ 0.0806 & 0.1626 & 0.2106 & 0.8624 \end{bmatrix}$$

(1)试求点 P_1、P_2 的误差椭圆及 P_1 与 P_2 间的相对误差椭圆。

(2)若 $\hat{S}_{12} = 2.4\ \text{km}$，$\hat{\alpha}_{12} = 90°30'00''$，试求两点间的边长相对中误差。

解：(1)计算点 P_1 的误差椭圆参数，按公式可得

$$E_1^2 = \frac{1}{2}\sigma_0^2\left(Q_{\hat{x}_1} + Q_{\hat{y}_1} + \sqrt{(Q_{\hat{x}_1} - Q_{\hat{y}_1})^2 + 4Q_{\hat{x}_1\hat{y}_1}^2}\right) = 3.5450$$

$$F_1^2 = \frac{1}{2}\sigma_0^2\left(Q_{\hat{x}_1} + Q_{\hat{y}_1} - \sqrt{(Q_{\hat{x}_1} - Q_{\hat{y}_1})^2 + 4Q_{\hat{x}_1\hat{y}_1}^2}\right) = 1.0657$$

故得

$E_1 = 1.88\ \text{cm}$，$F_1 = 1.03\ \text{cm}$

$$\tan\varphi_{E_1} = \frac{Q_{E_1} - Q_{\hat{x}_1}}{Q_{\hat{x}_1\hat{y}_1}} = \frac{\frac{1}{2}\left(Q_{\hat{x}_1} + Q_{\hat{y}_1} + \sqrt{(Q_{\hat{x}_1} - Q_{\hat{y}_1})^2 + 4Q_{\hat{x}_1\hat{y}_1}^2}\right) - Q_{\hat{x}_1}}{Q_{\hat{x}_1\hat{y}_1}} = 4.1047$$

$\varphi_{E_1} = 76°18'$ 或 $256°18'$

(2)计算点 P_2 的误差椭圆参数，按公式可得

$$E_2^2=\frac{1}{2}\sigma_0^2\left(Q_{\hat{x}_2}+Q_{\hat{y}_2}+\sqrt{(Q_{\hat{x}_2}-Q_{\hat{y}_2})^2+4Q_{\hat{x}_2\hat{y}_2}^2}\right)=4.3090$$

$$F_2^2=\frac{1}{2}\sigma_0^2\left(Q_{\hat{x}_2}+Q_{\hat{y}_2}-\sqrt{(Q_{\hat{x}_2}-Q_{\hat{y}_2})^2+4Q_{\hat{x}_2\hat{y}_2}^2}\right)=1.7831$$

$E_2=2.08\ \text{cm}$，　$F_2=1.34\ \text{cm}$

$$\tan\varphi_{E_2}=\frac{Q_{E_2}-Q_{\hat{x}_2}}{Q_{\hat{x}_2\hat{y}_2}}=\frac{\frac{1}{2}\left(Q_{\hat{x}_2}+Q_{\hat{y}_2}+\sqrt{(Q_{\hat{x}_2}-Q_{\hat{y}_2})^2+4Q_{\hat{x}_2\hat{y}_2}^2}\right)-Q_{\hat{x}_2}}{Q_{\hat{x}_2\hat{y}_2}}=2.2134$$

$\varphi_{E_2}=65°41'$或$245°41'$

(3)计算 P_1、P_2 两点间的边长相对中误差，先求相对误差椭圆参数，即

$$Q_{\Delta\hat{x}}=Q_{\hat{x}_1}+Q_{\hat{x}_2}-2Q_{\hat{x}_1\hat{x}_2}=0.8713$$

$$Q_{\Delta\hat{y}}=Q_{\hat{y}_1}+Q_{\hat{y}_2}-2Q_{\hat{y}_1\hat{y}_2}=1.2941$$

$$Q_{\Delta\hat{x}\Delta\hat{y}}=Q_{\hat{x}_1\hat{y}_1}+Q_{\hat{x}_2\hat{y}_2}-Q_{\hat{x}_1\hat{y}_2}-Q_{\hat{x}_1\hat{y}_2}=0.3251$$

再计算相对误差椭圆参数，即

$$K'=\sqrt{(Q_{\Delta\hat{x}}-Q_{\Delta\hat{y}})^2+4Q_{\Delta\hat{x}\Delta\hat{y}}^2}=0.7756$$

$$Q_{E'}=\frac{1}{2}(Q_{\Delta\hat{x}}+Q_{\Delta\hat{y}}+K')=1.4705,\quad Q_{F'}=\frac{1}{2}(Q_{\Delta\hat{x}}+Q_{\Delta\hat{y}}-K')=0.6949$$

$$E'=\hat{\sigma}_0\sqrt{Q_{E'}}=2.57\ \text{cm},\quad F'=\hat{\sigma}_0\sqrt{Q_{F'}}=1.77\ \text{cm}$$

$$\tan\varphi_{E'}=\frac{Q_{E'}-Q_{\Delta\hat{x}}}{Q_{\Delta\hat{x}\Delta\hat{y}}}=1.8431,\quad \varphi_{E'}=61°31'\text{或}241°31'$$

最后按照任意方向的位差公式可得

$$\hat{\sigma}_{\alpha_{12}}^2=\hat{\sigma}_0^2Q_\varphi=\hat{\sigma}_0^2(Q_{\Delta\hat{x}}\cos^2\varphi+Q_{\Delta\hat{y}}\sin^2\varphi+Q_{\Delta\hat{x}\Delta\hat{y}}\sin 2\varphi)=5.7918\ \text{cm}^2$$

故 $\hat{\sigma}_{\alpha_{12}}=2.42\ \text{cm}$，相对中误差为

$$\frac{\hat{\sigma}_{\alpha_{12}}}{\hat{S}_{12}}=\frac{2.42}{240\,000}=\frac{1}{99\,000}$$

根据上述计算的数据即可绘制点 P_1、P_2 的误差椭圆及点 P_1、P_2 间的相对误差椭圆，如图 5.9 所示。

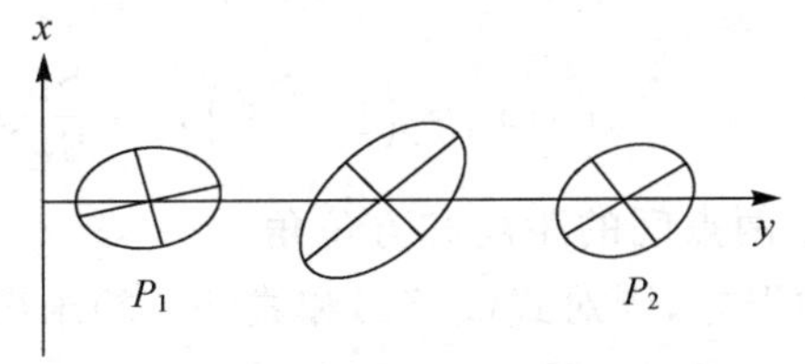

图 5.9　误差椭圆与相对误差椭圆

5.4　直线元位置误差*

在实际测量中，直线的位置往往是由其上两个端点确定的，如果端点位置有误差，那直线的位置和方向也会有误差。在现代测绘与地理信息数据处理中，直线作为一个地理信息元素，

其位置误差的描述有很重要的意义。本节将从直线上任意一点的点位误差出发,把误差椭圆的思想扩展到直线元的误差带。

5.4.1　直线元上任意一点的误差

如图5.10和图5.11所示,线段的两个端点坐标分别为$P_1(x_1,y_1)$和$P_2(x_2,y_2)$,并设它们的方差-协方差矩阵为

$$\boldsymbol{D}_{12}=\begin{bmatrix}\sigma_{x_1}^2 & \sigma_{x_1y_1} & \sigma_{x_1x_2} & \sigma_{x_1y_2}\\ \sigma_{y_1x_1} & \sigma_{y_1}^2 & \sigma_{y_1x_2} & \sigma_{y_1y_2}\\ \sigma_{x_2x_1} & \sigma_{x_2y_1} & \sigma_{x_2}^2 & \sigma_{x_2y_2}\\ \sigma_{y_2x_1} & \sigma_{y_2y_1} & \sigma_{y_2x_2} & \sigma_{y_2}^2\end{bmatrix}$$

式中,$\sigma_{y_i}^2$、$\sigma_{x_i}^2$、$\sigma_{x_iy_i}$ 分别为观测距离的方差和协方差值。

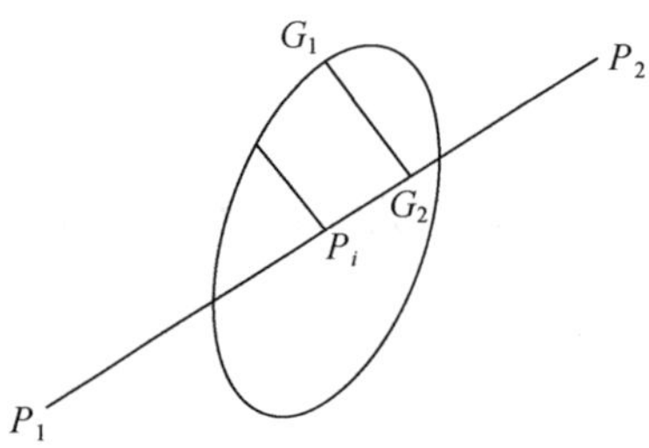

图5.10　直线元上任意一点的误差

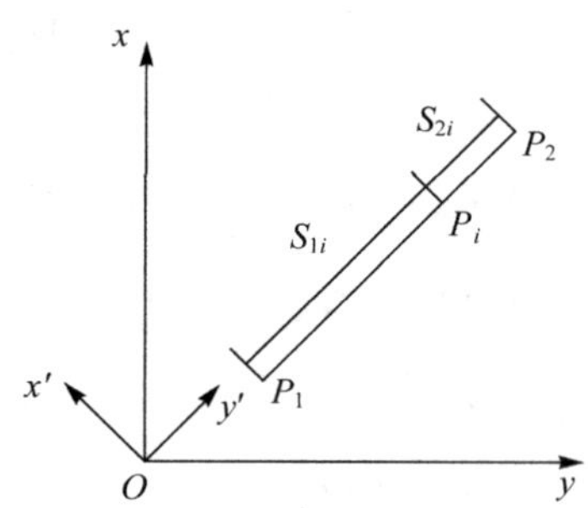

图5.11　直线元及直线元上任意一点 P_i

对于线段 P_1P_2 上任意一点 P_i 的坐标可通过点 P_1 由下式得到,即

$$\left.\begin{aligned}y_i'&=y_1+S_{1i}\sin\alpha_{1i}=\left(1-\frac{S_{1i}}{S_{12}}\right)y_1+\frac{S_{1i}}{S_{12}}y_2\\ x_i'&=x_1+S_{1i}\cos\alpha_{1i}=\left(1-\frac{S_{1i}}{S_{12}}\right)x_1+\frac{S_{1i}}{S_{12}}x_2\end{aligned}\right\}\tag{5.52}$$

点 P_i 的坐标也可通过点 P_2 求得,即

$$\left.\begin{aligned}y_i''&=y_2+S_{2i}\sin\alpha_{2i}=\left(1-\frac{S_{2i}}{S_{12}}\right)y_2+\frac{S_{2i}}{S_{12}}y_1\\ x_i''&=x_2+S_{2i}\cos\alpha_{2i}=\left(1-\frac{S_{2i}}{S_{12}}\right)x_2+\frac{S_{2i}}{S_{12}}x_1\end{aligned}\right\}\tag{5.53}$$

式中,S_{ij}、α_{ij} 分别表示 P_i、P_j 两点间的距离和方位角。

如果不考虑 S_{12} 和 S_{1i} 的误差,则对式(5.52)和式(5.53)求微分,得

$$\left.\begin{aligned}\mathrm{d}x_i'&=(1-r_1)\mathrm{d}x_1+r_1\mathrm{d}x_2\\ \mathrm{d}y_i'&=(1-r_1)\mathrm{d}y_1+r_1\mathrm{d}y_2\end{aligned}\right\}\tag{5.54}$$

$$\left.\begin{aligned}\mathrm{d}x_i''&=(1-r_2)\mathrm{d}x_2+r_2\mathrm{d}x_1\\ \mathrm{d}y_i''&=(1-r_2)\mathrm{d}y_2+r_2\mathrm{d}y_1\end{aligned}\right\}\tag{5.55}$$

式中,$r_1=\dfrac{S_{1i}}{S_{12}}$,$r_2=\dfrac{S_{2i}}{S_{12}}$。因 $r_2=1-r_1$,所以式(5.54)和式(5.55)相同,故一般写为

$$\left.\begin{aligned} dx_i &= (1-r_1)dx_1 + r_1 dx_2 \\ dy_i &= (1-r_1)dy_1 + r_1 dy_2 \end{aligned}\right\} \tag{5.56}$$

由式(5.56)应用协方差传播律，可得 x_i、y_i 的方差。

在求得平面点 $P_i(x_i, y_i)$ 的方差 σ_x^2、σ_y^2 和协方差 σ_{xy} 后，可以求得该点在任意方向的方差，并得到该点的中误差曲线和误差椭圆。

5.4.2　平面直线元误差带

如果直线的两个端点存在误差，那该直线的位置就存在误差，直线元的位置误差取决于两个端点的点位误差。此时，从式(5.56)也可以看到，直线上任意一点的位置误差都与两个端点的位置误差有关，下面给出几种直线元误差带的描述。

1. 直线元误差带

直线元存在的误差，使得直线元的位置具有不确定性。为了描述这个不确定性，我们先不考虑两个端点，只考虑直线元中点的位置误差。如图 5.12 所示的点 i 的误差椭圆，点 i 在直线元法方向上的误差范围只能是 $(-\varepsilon_m, \varepsilon_m)$，其中 ε_m 是椭圆上离直线最远的点，如图 5.13 所示。

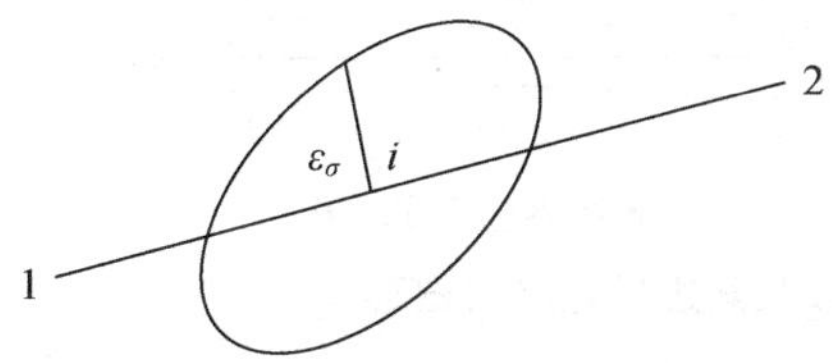

图 5.12　直线元上任意一点的误差椭圆

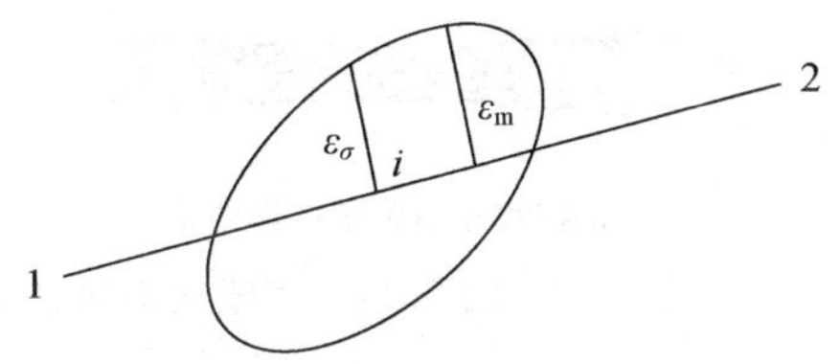

图 5.13　误差椭圆上到直线元的最大距离

显然，不同的点 i 有不同的 ε_{mi}，从而可以得到 ε_m 的变化曲线。在端点处，我们以 ε_{m1} 和 ε_{m2} 为半径作两个半圆，如图 5.14 所示。这样由最大中误差得到的误差带称为 ε_m-误差带，ε_{mi} 称为直线元上点 i 处的误差半径。从本质上讲，ε_m-误差带的构成原理实为误差模型带边界包络线的确定方法。

ε_m-误差带需要计算标准误差椭圆到直线元的最大距离，计算复杂，并且使用标准误差椭圆本身也仅是点位误差的一种形式。所以为了简单，我们使用图 5.13 中直线元法方向上的中误差 ε_σ 来进行类似的定义，这样定义的直线元误差带称为 ε_σ-误差带，如图 5.15 所示。同样，点 i 处的中误差 $\varepsilon_{\sigma i}$ 称为直线元上点 i 处的误差半径。

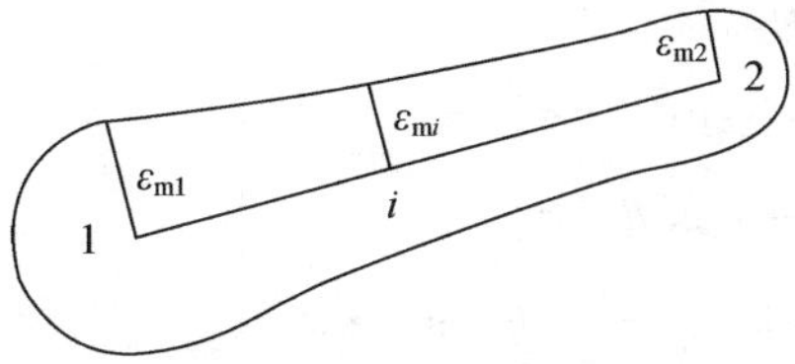

图 5.14　直线元 ε_m-误差带

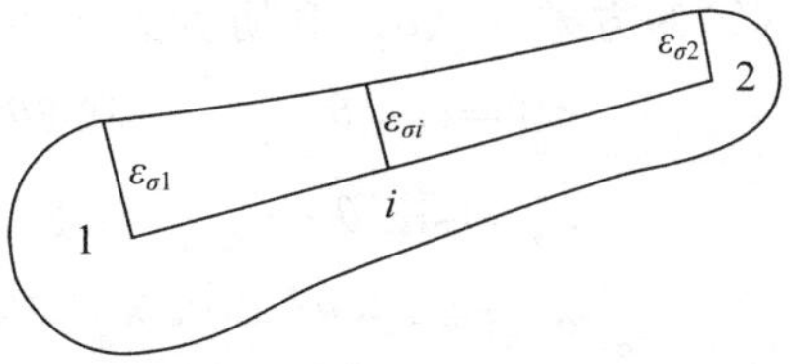

图 5.15　直线元 ε_σ-误差带

为了更简单地表述直线元误差带，我们可以假设每一个点的点位误差在直线元法方向上都是 ε，这样就可以把直线元误差带看作两条平行的直线，而在端点处是以 ε 为半径的两个半圆，如图 5.16 所示。这也是直线元不确定性的一种描述，称为直线元 ε-误差带，其中直线元中任意一点的误差半径为 ε。

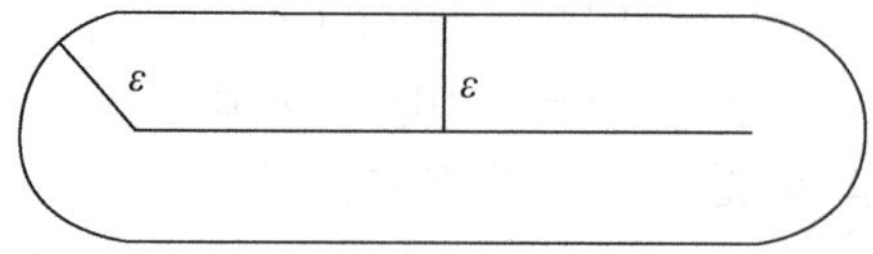

图 5.16　直线元 ε-误差带

需要说明的是,对这些直线元不确定性的描述,仅是一种近似描述,各有自己的特点。由于 ε_σ-误差带和 ε_m-误差带一般是根据直线元的端点或特征点的不确定性指标(方差)导出的,而直线元上任意一点的中误差和最大中误差不会是一个常数,因此,在图形上就不会出现像图 5.16 那样的两条平行线,它们通常是两条曲线。这些端点或特征点的方差是在地形图中的某种基准下通过对数字化数据进行平差计算求得的,因此,直线和曲线的 ε_σ-误差带或 ε_m-误差带也是相应基准下的结果。

更一般地,利用端点坐标的方差-协方差矩阵推导出直线元上任意一点处的标准误差椭圆参数,再根据直线元上任意一点的坐标和该点对应的标准误差椭圆参数,画出标准误差椭圆族,从而构成直线元不确定性误差带模型,如图 5.17(a)所示。图 5.17(b)为对应误差带模型的边界包络线图形,从而得到直线元不确定性的误差带,我们称为直线元的 g-误差带。

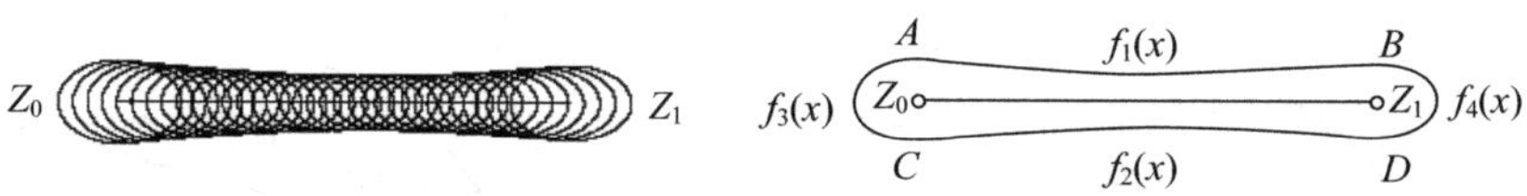

(a)直线元不确定性误差带　　(b)边界包络线图形

图 5.17　直线元不确定性误差带及其边界包络线图形

2.直线元误差带的计算

1)ε-误差带和 ε_σ-误差带的误差半径

设直线元上有一点在垂直于线段的方向(x'方向)上的中误差为 $\sigma_{x'}$,现将它作为 ε-误差带的半径,可以建立一个反映线段上各点误差分布状况的 ε_σ-误差带。为便于求定 $\sigma_{x'}$ 的值,先将原坐标系 xOy 旋转,使旋转后的坐标系 $x'Oy'$ 的 y' 轴与线段方向一致,如图 5.11 所示,旋转角 $\theta=\arctan\dfrac{x_2-x_1}{y_2-y_1}$,则 P_i 在 $x'Oy'$ 坐标系中的坐标为

$$\begin{bmatrix}\mathrm{d}x'_i\\\mathrm{d}y'_i\end{bmatrix}=\begin{bmatrix}\cos\theta & -\sin\theta\\\sin\theta & \cos\theta\end{bmatrix}\begin{bmatrix}\mathrm{d}x_i\\\mathrm{d}y_i\end{bmatrix}\tag{5.57}$$

由此,(x'_i,y'_i)的方差 $\sigma^2_{x'_i}$、$\sigma^2_{y'_i}$ 和协方差 $\sigma_{x'_iy'_i}$ 分别为

$$\left.\begin{aligned}\sigma^2_{x'_i}&=\cos^2\theta\cdot\sigma^2_{x_i}-\sin 2\theta\cdot\sigma_{x_iy_i}+\sin^2\theta\cdot\sigma^2_{y_i}\\\sigma^2_{y'_i}&=\sin^2\theta\cdot\sigma^2_{x_i}-\sin 2\theta\cdot\sigma_{x_iy_i}+\cos^2\theta\cdot\sigma^2_{y_i}\\\sigma_{x'_iy'_i}&=\sin\theta\cos\theta\cdot\sigma^2_{x_i}+\cos 2\theta\cdot\sigma_{x_iy_i}-\sin\theta\cos\theta\cdot\sigma^2_{y_i}\end{aligned}\right\}$$

垂直于线段方向的中误差 $\sigma_{x'_i}$ 即为直线元上点 i 处的 ε_σ-误差带的半径。

2)考虑 S_{12} 误差的直线元误差带半径

若考虑 S_{12} 的误差,而不考虑 S_{1i} 的误差,此时,$x_2=x_1+\Delta x_{12}$,$y_2=y_1+\Delta y_{12}$,$S_{12}=\sqrt{\Delta x^2_{12}+\Delta y^2_{12}}$,则由式(5.52)得 $y'_i=y_1+\dfrac{S_{1i}}{S_{12}}\Delta y_{12}$,所以

$$dy_i'=dy_1+\frac{S_{1i}}{S_{12}}d\Delta y_{12}-\frac{S_{1i}}{S_{12}}\left(\frac{\Delta y_{12}^2}{S_{12}}d\Delta y_{12}+\frac{\Delta x_{12}\Delta y_{12}}{S_{12}}d\Delta x_{12}\right) \tag{5.58}$$

当以 P_1P_2 为 y 轴时，$\Delta x_{12}=0$，$\Delta y_{12}=S_{12}$。由式(5.54)和式(5.55)可得

$$\left.\begin{aligned} dy_i'&=dy_1\\ dx_i'&=(1-r_1)dx_1+r_1dx_2\end{aligned}\right\} \tag{5.59}$$

$$\left.\begin{aligned} dy_i''&=dy_2\\ dx_i''&=r_2dx_1+(1-r_2)dx_2\end{aligned}\right\} \tag{5.60}$$

对式(5.59)和式(5.60)取加权平均值，令权为

$$\left.\begin{aligned} \alpha_1&=\frac{S_{2i}}{S_{12}}=r_2\\ \alpha_2&=\frac{S_{1i}}{S_{12}}=r_1\end{aligned}\right\} \tag{5.61}$$

显然，$\alpha_1+\alpha_2=r_2+r_1=1$，可得加权平均值为

$$\left.\begin{aligned} dx_i&=\alpha_1dx_i'+\alpha_2dx_i''=(1-r_1)dx_1+r_1dx_2\\ dy_i&=\alpha_1dy_i'+\alpha_2dy_i''=(1-r_1)dy_1+r_1dy_2\end{aligned}\right\} \tag{5.62}$$

可见，式(5.62)和式(5.56)相同。从以上过程容易看到，一般模型式(5.56)或式(5.62)所描述的直线元的误差分布呈现出“两端大，中间小”的特点，其原因可以认为是模型仅考虑了点 P_1、P_2 的坐标和 S_{12} 的误差影响，并取它们的加权平均值。

3)同时考虑 S_{1i} 和 S_{12} 误差的直线元误差带半径

同时考虑 S_{1i} 和 S_{12} 的误差，仍以 P_1P_2 为 y 轴，类似上面的方法，则由式(5.52)和式(5.53)得

$$\left.\begin{aligned} dy_i'&=dy_1+dS_{1i}\\ dy_i''&=dy_2+dS_{2i}\end{aligned}\right\} \tag{5.63}$$

而

$$dx_i'=(1-r_1)dx_1+r_1dx_2 \tag{5.64}$$

$$dx_i''=r_2dx_1+(1-r_2)dx_2 \tag{5.65}$$

若仍设 $P_{y_i'}=\frac{S_{2i}}{S_{12}}=\alpha_1$ 和 $P_{y_i''}=\frac{S_{1i}}{S_{12}}=\alpha_2$ 为其权，取加权平均值，则得

$$dy_i=\frac{S_{2i}}{S_{12}}(dy_1+dy_{1i})+\frac{S_{1i}}{S_{12}}(dy_2+dy_{2i}) \tag{5.66}$$

从而有

$$\left.\begin{aligned} dx_i&=(1-r_1)dx_1+r_1dx_2\\ dy_i&=(1-r_1)dy_1+r_1dy_2+(1-r_1)dS_{1i}+r_1dS_{2i}\end{aligned}\right\} \tag{5.67}$$

令

$$\begin{bmatrix}\boldsymbol{A}_x\\ \boldsymbol{A}_y\end{bmatrix}=\begin{bmatrix}1-r_1 & 0 & r_1 & 0 & 0 & 0\\ 0 & 1-r_1 & 0 & r_1 & 1-r_1 & r_1\end{bmatrix} \tag{5.68}$$

$$d\boldsymbol{\zeta}=[dx_1\quad dy_1\quad dx_2\quad dy_2\quad dS_{1i}\quad dS_{2i}]^{\mathrm{T}}$$

写成矩阵形式为

$$\begin{bmatrix} dx_i \\ dy_i \end{bmatrix} = \begin{bmatrix} \boldsymbol{A}_x \\ \boldsymbol{A}_y \end{bmatrix} \cdot d\boldsymbol{\zeta} \tag{5.69}$$

应用方差-协方差传播律,可求得直线上任意一点 $P_i(x_i, y_i)$ 的方差和协方差为

$$\left.\begin{aligned} \sigma_{x_i}^2 &= (1-r)^2\sigma_{x_1}^2 + r^2\sigma_{x_2}^2 + 2r(1-r)\sigma_{x_1x_2} \\ \sigma_{y_i}^2 &= (1-r)^2\sigma_{y_1}^2 + r^2\sigma_{y_2}^2 + 2r(1-r)\sigma_{y_1y_2} + r^2\sigma_{S_1}^2 + 2r(1-r)\sigma_{S_1S_2} + r^2\sigma_{S_2}^2 \\ \sigma_{x_iy_i} &= (1-r)^2\sigma_{x_1y_1} + r^2\sigma_{x_2y_2} + r(1-r)(\sigma_{x_1y_2} + \sigma_{x_2y_1}) \end{aligned}\right\} \tag{5.70}$$

按式(5.70)得到点 $P_i(x_i, y_i)$ 的方差 $\sigma_{x_i}^2$、$\sigma_{y_i}^2$ 和协方差 $\sigma_{x_iy_i}$ 后,也可以求得该点在任意方向上的方差和在 x' 方向上的方差 $\sigma_{x_i'}^2$,进而得到 ε_σ-误差带。

4)最大方向的 ε_m-误差带半径

考虑点在与线段垂直的方向(x' 方向)上的中误差不一定是误差曲线(或误差椭圆)至线段的最大距离,如图 5.10 所示,设误差曲线上至线段距离最大的点为 G_1,取点 G_1 至线段的距离 G_1G_2 为误差带宽值(记为 ε_m)更为合理。

在 $x'Oy'$ 中,P_i 在方位角为 φ 的任意方向上的方差为

$$\sigma_\varphi^2 = \cos^2\varphi \cdot \sigma_x^2 + \sin^2\varphi \cdot \sigma_y^2 + \sin 2\varphi \cdot \sigma_{xy} \tag{5.71}$$

欲找到误差曲线上的一点,使它到线段的垂直距离最大,即使 $\sigma_\varphi \cos\varphi$ 达到最大值,则应满足

$$\frac{d(\sigma_\varphi^2\cos^2\varphi)}{d\varphi} = \frac{d(\cos^4\varphi \cdot \sigma_x^2 + \sin^2\varphi\cos^2\varphi \cdot \sigma_y^2 + \sin 2\varphi\cos^2\varphi \cdot \sigma_{xy})}{d\varphi} = 0$$

整理得

$$-4\cos^3\varphi \cdot \sin\varphi \cdot \sigma_x^2 + \sin 2\varphi \cdot \cos 2\varphi \cdot \sigma_y^2 - \sin^2 2\varphi \cdot \sigma_{xy} + 2\cos^2\varphi \cdot \cos 2\varphi \cdot \sigma_{xy} = 0$$

化简得

$$\tan^3\varphi + \tan^2\varphi \cdot \frac{3\sigma_{xy}}{\sigma_y^2} + \tan\varphi\,\frac{2\sigma_x^2 - \sigma_y^2}{\sigma_y^2} - \frac{\sigma_{xy}}{\sigma_y^2} = 0 \tag{5.72}$$

利用一元三次方程的求根公式,求得

$$\tan\varphi = \sqrt[3]{-\frac{q}{2} + \sqrt{\left(\frac{q}{2}\right)^2 + \left(\frac{p}{3}\right)^3}} + \sqrt[3]{-\frac{q}{2} - \sqrt{\left(\frac{q}{2}\right)^2 + \left(\frac{p}{3}\right)^3}} + \frac{\sigma_{xy}}{\sigma_y^2}$$

式中,$p = \frac{2\sigma_x^2 - \sigma_y^2}{\sigma_y^2} - \frac{3\sigma_{xy}^2}{\sigma_y^4}$,$q = -\frac{\sigma_{xy}}{\sigma_y^2} - \frac{\sigma_{xy}(2\sigma_x^2 - \sigma_y^2)}{\sigma_y^4} + \frac{2\sigma_{xy}^3}{\sigma_y^6}$。或采用牛顿迭代法

$$X_{n+1} = X_n - \frac{f(X_n)}{f'(X_n)} = X_n - \frac{X_n^3 + X_n^2\,\frac{3\sigma_{xy}}{\sigma_y^2} + X_n\,\frac{2\sigma_x^2 - \sigma_y^2}{\sigma_y^2} - \frac{\sigma_{xy}}{\sigma_y^2}}{3X_n^2 + \frac{6\sigma_{xy}}{\sigma_y^2}X_n + \frac{2\sigma_x^2 - \sigma_y^2}{\sigma_y^2}}$$

求出椭圆上此点的 φ 值,然后求出对应于此点的 ε_m 值,即

$$\varepsilon_m = \sigma_\varphi \cdot \cos\varphi \tag{5.73}$$

上述过程可利用计算机编程实现,从而建立直线元不确定性区域分布图。从误差带的可视化结果可以看出,直线元两端点的误差最大,精度最差;中间点的误差最小,精度最高。误差带具有向一边倾斜的趋势,说明当以误差椭圆为点的不确定性模型建立直线元 ε_m-误差带时,它有一定的方向性。在两端精度不等的情况下,通过此模型画出的误差椭圆的形状随着两端点误差的变化而变化。

习　题

1. 什么是点位误差？计算点位误差的方法有哪些？如何计算？

2. 误差曲线与误差椭圆的联系与区别是什么？如何利用误差椭圆求任意方向 φ 上的中误差？

3. 已知某三角网中的点 P 坐标的协因数矩阵为

$$\boldsymbol{Q}_{\hat{X}\hat{X}}=\begin{bmatrix}2.10 & -0.25\\ -0.25 & 1.60\end{bmatrix}(\text{cm}^2/('')^2)$$

单位权方差估值 $\hat{\sigma}_0^2=1.0('')^2$，试求：

(1)位差的极值方向 φ_E 和 φ_F。

(2)位差的极大值 E 和极小值 F。

(3)点 P 的点位方差。

(4)$\psi=30°$方向上的位差。

4. 已求得某控制网中点 P 的误差椭圆参数 $\varphi_E=157°30'$，$E=1.57$ dm 和 $F=1.02$ dm，已知 PA 边坐标方位角 $\alpha_{PA}=217°30'$，$S_{PA}=5$ km，A 为已知点。试求方位角中误差 $\hat{\sigma}_{\alpha_{PA}}$ 和边长相对中误差 $\dfrac{\hat{\sigma}_{S_{PA}}}{S_{PA}}$。

5. 在平面控制网中插入 P_1 和 P_2 两个新点，设用间接平差法平差该网，观测值为等权观测，求得单位权方差估值 $\hat{\sigma}_0^2=1.135('')^2$。新点坐标近似值的改正数为 δ_{x_1}、δ_{y_1}、δ_{x_2} 及 δ_{y_2}，其法方程为

$$\left.\begin{aligned}948.937\delta_{x_1}+466.276\delta_{y_1}-378.854\delta_{x_2}-16.287\delta_{y_2}-173.18=0\\ 466.276\delta_{x_1}+1\,199.260\delta_{y_1}-73.790\delta_{x_2}-79.375\delta_{y_2}-227.94=0\\ -378.854\delta_{x_1}-73.790\delta_{y_1}+339.247\delta_{x_2}-41.002\delta_{y_2}+227.94=0\\ -16.287\delta_{x_1}-79.375\delta_{y_1}-41.002\delta_{x_2}+150.965\delta_{y_2}+26.73=0\end{aligned}\right\}$$

试求点 P_1、P_2 的误差椭圆及点 P_1 和 P_2 间的相对误差椭圆。

6. 什么是直线元 ε-误差带？怎样表示直线元上任意一点的误差？

第6章　假设检验理论

观测数据不可避免地存在误差，消去测量误差是测量平差的首要任务。然而，平差总是要依靠所建立的函数模型，函数模型与客观实际的吻合程度决定了平差结果的质量。假设检验是检测函数模型与客观实际是否相符的有力工具，是统计推断的另一种方式。本章介绍假设检验的一些基本原理和方法。

6.1　数理统计中的基本概念

概率论与数理统计都是研究随机现象统计规律的科学。要对一种随机现象的统计规律进行全面描述，就必须知道其概率分布。然而，在大量的实际问题中，随机现象的概率分布往往是未知的，或者知道其概型，却不知其分布函数中所含的参数。因此，只能充分利用局部和整体的内在联系，通过对有限数量的实验数据进行分析和推断，来了解随机现象的统计规律。

在数理统计学中，研究对象的全体元素的集合称为母体或总体，母体中每一个元素称为个体，按随机抽样从母体中抽取的一部分个体称为子样或样本，子样中个体的个数称为子样容量。例如，在测量中，对某量进行观测所得到的一切可能观测值就构成了一个母体，观测 n 个观测值就构成一个子样，实测到的 n 个观测值就是这个子样的观测值。由于每个个体都是从同分布母体中独立地、随机地抽取的，因此，子样中各元素都是相互独立且具有与母体同分布的随机变量。假如从母体中随机抽取了 n 个个体，这 n 个个体的指标$(X_1,X_2,\cdots,X_n)$就构成了一个子样或样本，这组容量为 n 的子样可看成一个 n 维随机向量。当一个子样已经抽定后，由$(X_1,X_2,\cdots,X_n)$得到一组确定的值$(x_1,x_2,\cdots,x_n)$，这组确定的值则称为容量为 n 的子样观测值。这里必须指出，子样$(X_1,X_2,\cdots,X_n)$是 n 维随机向量，但子样的观测值则是一个随机实验的结果，而不再是变量了。

虽然子样是母体的代表，含有母体的信息，但仍较分散，所以子样一般不能直接用于对母体某些分布特征的推断。又由于子样是随机变量，且只有有限个观测或实验，因此，根据子样对母体所作的推断就不可能绝对准确，而只能是伴随有一定概率的统计推断。为了使统计推断成为可能，必须先把分散在子样中的信息集中起来，用子样的某个函数表示。如果在这一函数中不包含任何其他未知参数，则称此子样函数为统计量。不同的统计推断要求构造不同的统计量。假设从母体 X 中抽取容量为 n 的子样

$$X_1,X_2,\cdots,X_n \tag{6.1}$$

此子样构成某一函数 $g(X_1,X_2,\cdots,X_n)$，由于此函数中未包含任何其他参数，因此称此子样函数 g 为统计量。例如

$$\left.\begin{aligned}\overline{X}&=\frac{1}{n}\sum_{i=1}^{n}X_i\\S^2&=\frac{1}{n-1}\sum_{i=1}^{n}(X_i-\overline{X})^2\end{aligned}\right\} \tag{6.2}$$

都是统计量，并称 $\overline{X}$ 为子样均值，反映了母体数学期望的信息；S^2 反映了母体子样方差的信息。若 $x_1,x_2,\cdots,x_n$ 是式(6.1)中子样的一组观测值，则由式(6.2)得

$$\left.\begin{aligned}\bar{x}&=\frac{1}{n}\sum_{i=1}^{n}x_i\\ s^2&=\frac{1}{n-1}\sum_{i=1}^{n}(x_i-\bar{x})^2\end{aligned}\right\}\tag{6.3}$$

式中，$\bar{x}$ 和 s^2 分别是子样的均值和子样方差的观测值。一次抽样所得的一组子样观测值带有偶然性，是随机向量，因此，子样的函数即统计量，也是随机变量，且不同的统计量具有各自不同的分布。统计量的分布称为抽样分布。

6.2　正态分布

6.2.1　一维正态分布

如果随机变量 X 的密度函数为

$$f(x)=\frac{1}{\sqrt{2\pi}\sigma}\exp\left(-\frac{(x-\mu)^2}{2\sigma^2}\right)\quad(-\infty<x<\infty)\tag{6.4}$$

则称 X 服从正态分布，并简记为 $X\sim N(\mu,\sigma^2)$，其中 μ 和 σ^2 是密度函数中的两个参数。

正态随机变量 X 的数学期望和方差分别为

$$\left.\begin{aligned}E(X)&=\mu\\ D(X)&=\sigma^2\end{aligned}\right\}\tag{6.5}$$

也就是说，正态随机变量的密度函数中的两个参数，正好是该随机变量的两个数字特征。只要这两个数字特征确定了，它的分布也就完全确定了。正态分布曲线的形状如图6.1所示。

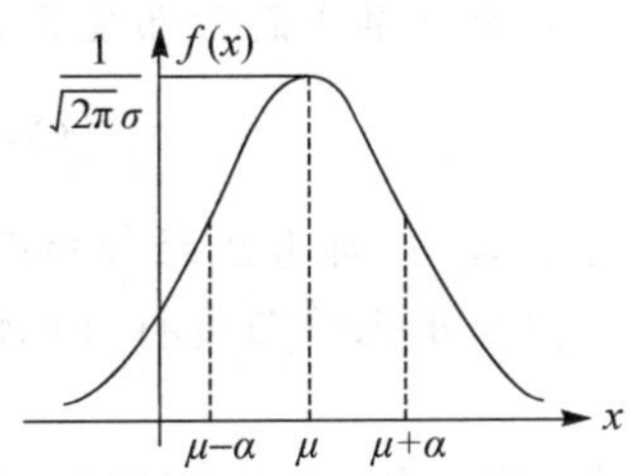

图6.1　正态分布曲线

6.2.2 标准正态分布

设有随机变量 X，已知其数学期望 $E(X)=\mu$，方差为 σ^2，现有 X 的函数为

$$Y=\frac{x-\mu}{\sigma}\tag{6.6}$$

此时，Y 也是一个随机变量，且有

$$E(Y)=E\left(\frac{x-\mu}{\sigma}\right)=\frac{1}{\sigma}E(x-\mu)=\frac{1}{\sigma}(E(x)-\mu)=\frac{1}{\sigma}(\mu-\mu)=0\tag{6.7}$$

$$D(Y)=D\left(\frac{x-\mu}{\sigma}\right)=\frac{1}{\sigma^2}D(x-\mu)=\frac{1}{\sigma^2}D(x)=\frac{1}{\sigma^2}\sigma^2=1\tag{6.8}$$

这就是说，任一随机变量 X 减去其期望 μ，并除以其标准差 σ 所得到的一个新的随机变量 Y，其数学期望 $E(Y)=0$，方差 $D(Y)=1$。我们称这种变量为 X 的标准化变量，并将式(6.6)中的运算过程称为随机变量的标准化。

正态分布变量 $X\sim N(\mu,\sigma^2)$ 经过标准化，所得到的 Y 变量就称为标准正态分布变量，并

记为 $Y \sim N(0,1)$。由式(6.4)可得标准正态分布变量 Y 的密度函数为

$$\varphi(y)=\frac{1}{\sqrt{2\pi}}\exp(-y^2/2) \tag{6.9}$$

显然,标准正态曲线 $\varphi(y)$ 总是以 $y=0$ 为其对称轴(图 6.2 和图 6.3)。根据分布函数的定义可以写出

$$\Phi(y)=P(Y\leqslant y)=\int_{-\infty}^{y}\varphi(y)\mathrm{d}y=\int_{-\infty}^{y}\frac{1}{\sqrt{2\pi}}\exp(-y^2/2)\mathrm{d}y \tag{6.10}$$

标准正态分布变量 Y 的分布函数 $\Phi(y)$ 已经编制成数学用表,可以通过 y,从数学用表中查得事件($Y\leqslant y$)的概率。同样,也可以通过概率从数学用表中反查其对应的 y 值。

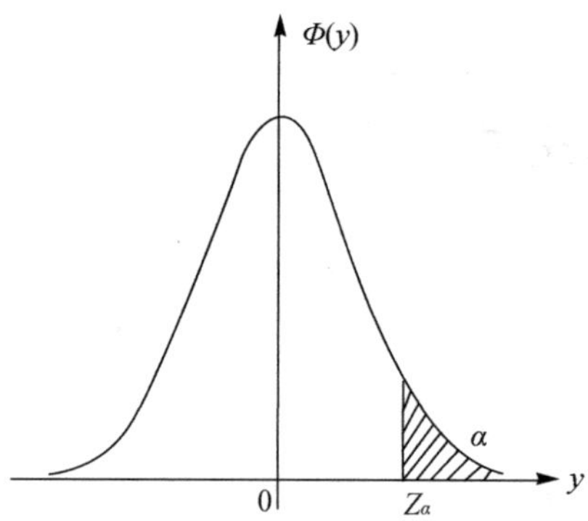

图 6.2 标准正态分布的上侧百分位点

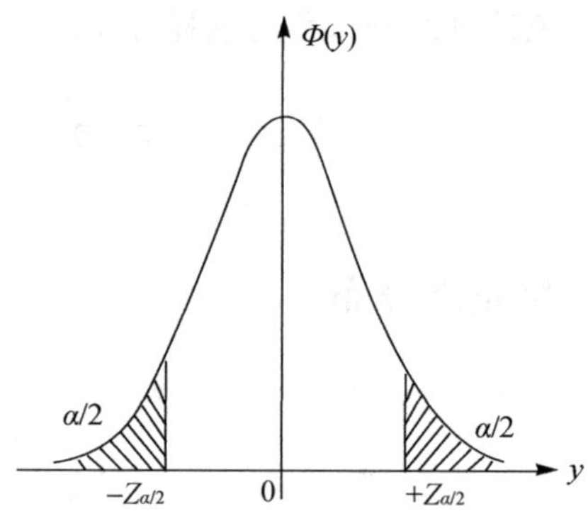

图 6.3 标准正态分布的双侧百分位点

对于标准正态分布变量,若有 Z_α 满足条件

$$P(Y\geqslant Z_\alpha)=\int_{Z_\alpha}^{+\infty}\varphi(y)\mathrm{d}y=\alpha \quad (0<\alpha<1) \tag{6.11}$$

则称点 Z_α 为标准正态分布的上侧百分位点。

由于正态分布具有对称性,因此有(图 6.3)

$$P(|Y|\geqslant Z_{\alpha/2})=\alpha \tag{6.12}$$

式中,$Z_{\alpha/2}$ 称为标准正态分布的双侧百分位点。例如,$Z_{0.05}=1.645$,而 $Z_{0.025}=1.96$。

有了标准正态分布变量 Y 的分布函数表,就可以用来计算任意正态随机变量 X 的分布函数值 $F(X)$,即

$$F(X)=P(X\leqslant x)=\int_{-\infty}^{x}f(x)\mathrm{d}x$$

这是因为

$$F(X)=P(X\leqslant x)=P(\mu+\sigma Y\leqslant x)=P\left(Y\leqslant\frac{x-\mu}{\sigma}\right)=\Phi\left(\frac{x-\mu}{\sigma}\right)=\Phi(y)$$

也就是说,要计算 $F(X)$,只要将 X 标准化,然后直接查取 $\Phi(y)$ 表就可以了。

6.3 常见的抽样分布

6.3.1 χ^2 分布

若随机变量($X_1,X_2,\cdots,X_n$)互相独立,且都服从 $N(0,1)$ 分布,它们的平方和记作 χ^2,即

$$\chi^2=X_1^2+X_2^2+\cdots+X_n^2 \tag{6.13}$$

则 χ^2 也是一个随机变量，它是服从以 n 为参数的 χ^2 分布，记为 $\chi^2 \sim \chi^2(n)$。参数 n 称为自由度，自由度是指构成 χ^2 变量时独立的服从 $N(0,1)$ 分布的变量个数。显然，如果有 $\chi_i^2 = X_i^2 (i=1,2,\cdots,n)$，则 χ_i^2 是自由度为 1 的 χ^2 变量，记为 $\chi_i^2 \sim \chi^2(1)$。若有 $(X_1, X_2, \cdots, X_{n_1+n_2})$ 相互独立且都服从 $N(0,1)$ 分布，那么，$\chi_1^2 = X_1^2 + X_2^2 + \cdots + X_{n_1}^2$ 和 $\chi_2^2 = X_{n_1+1}^2 + \cdots + X_{n_1+n_2}^2$ 也相互独立，且依次为 $\chi_1^2 \sim \chi^2(n_1)$ 和 $\chi_2^2 \sim \chi^2(n_2)$。由于 $\chi_1^2 + \chi_2^2 = X_1^2 + X_2^2 + \cdots + X_{n_1+n_2}^2$ 是服从 $\chi^2(n_1+n_2)$ 的变量，因此有

$$\chi_1^2 + \chi_2^2 \sim \chi^2(n_1+n_2) \tag{6.14}$$

即两个独立的 χ^2 变量之和的自由度等于其自由度之和，这就是 χ^2 分布的可加性。服从 $\chi^2(n)$ 分布的变量，其数学期望和方差分别为

$$E(\chi^2) = n,\ D(\chi^2) = 2n$$

图 6.4 给出了 $n=1,4,10$ 的 χ^2 分布密度函数曲线。由图 6.5 可以看出，事件 $(\chi^2 > \chi_\alpha^2(n))$ 出现的概率为

$$P(\chi^2 > \chi_\alpha^2(n)) = \int_{\chi_\alpha^2(n)}^{+\infty} \Phi(z)\,\mathrm{d}z = \alpha \tag{6.15}$$

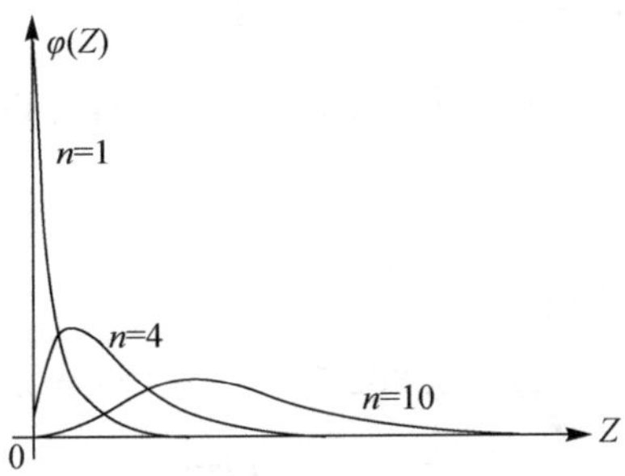

图 6.4　$n=1,4,10$ 的 χ^2 分布密度函数曲线

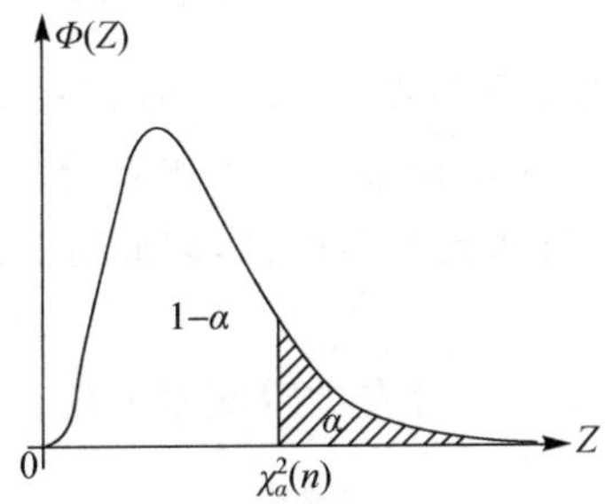

图 6.5　$\chi^2(n)$ 分布的上侧百分位点

将满足上述关系的点 $\chi_\alpha^2(n)$ 称为 $\chi^2(n)$ 分布的上侧百分位点。对于不同的 α 和 n，可以通过数学用表或 Matlab 中的函数求得 $\chi_\alpha^2(n)$ 的值。从图 6.4 可以看出，当自由度 n 逐渐增大时，曲线的形状逐渐近似于正态分布曲线。当 $n\to\infty$ 时，$\chi^2(n)$ 趋近于 $N(n,2n)$ 分布。按式(6.6)，则有

$$\frac{\chi^2 - n}{\sqrt{2n}} \underset{n\to\infty}{\sim} N(0,1) \tag{6.16}$$

因此，当 n 较大时，可用正态分布代替 χ^2 分布。

6.3.2　t 分布

设随机变量 X、Y 相互独立，且 X 服从 $N(0,1)$ 分布，Y 服从自由度为 n 的 $\chi^2(n)$ 分布，则

$$t = X\Big/\sqrt{\frac{Y}{n}} \tag{6.17}$$

也是一个随机变量，它是服从自由度为 n 的 t 分布，记为 $t\sim t(n)$。式(6.17)分母中根号前只取正号。t 分布也称为学生分布。

图 6.6 给出了 $n=1,4,10$ 的 t 分布密度函数曲线。从图 6.6 中可以看出，图形以 $t=0$ 为对称轴，并且类似于正态分布曲线。服从 $t(n)$ 分布的变量，其数学期望和方差分别为 $E(t)=0$(其中 $n>1$)，$D(t)=n/(n-2)$(其中 $n>2$)。当 $n\to\infty$ 时，$D(t)\to 1$，即当 n 较大时，

$D(t)$接近于1,此时t分布就接近于$N(0,1)$分布。因此,当n较大($n \geqslant 30$)时,就可以用标准正态分布近似代替t分布。

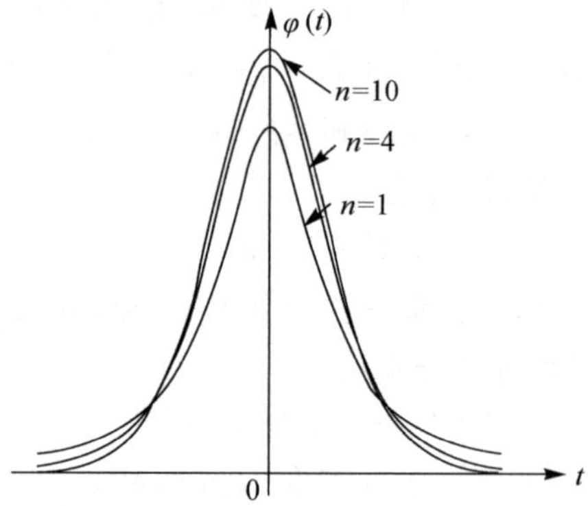

图 6.6 t分布密度函数曲线

由图6.7可以看出,事件$t > t_\alpha(n)$出现的概率为

$$P(t > t_\alpha(n)) = \int_{t_\alpha(n)}^{+\infty} f(t)\mathrm{d}t = \alpha \quad (0 < \alpha < 1) \tag{6.18}$$

将满足上述关系的点$t_\alpha(n)$称为$t(n)$的上侧百分位点。对于不同的α和n,可以通过数学用表或 Matlab 中的函数求得上侧百分位点$t_\alpha(n)$的值。

由于t分布具有对称性,因此有(图6.8)

$$P(|t| > t_{\alpha/2}(n)) = \alpha$$

称$t_{\alpha/2}(n)$为$t(n)$分布的双侧百分位点。例如,$t_{0.01}(15) = 2.602\,5$,$t_{0.01/2}(15) = 2.946\,7$。

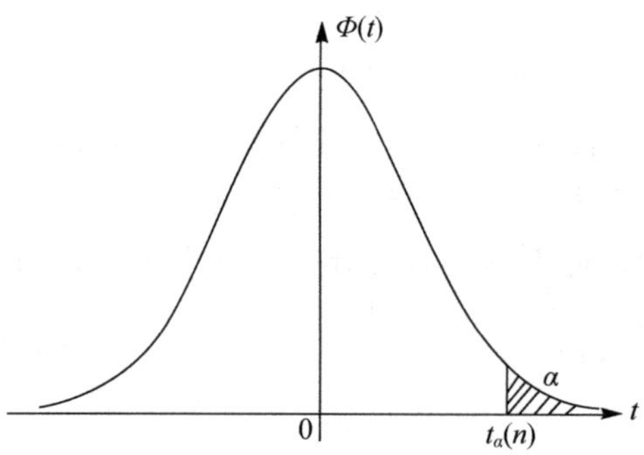

图 6.7 $t(n)$的上侧百分位点

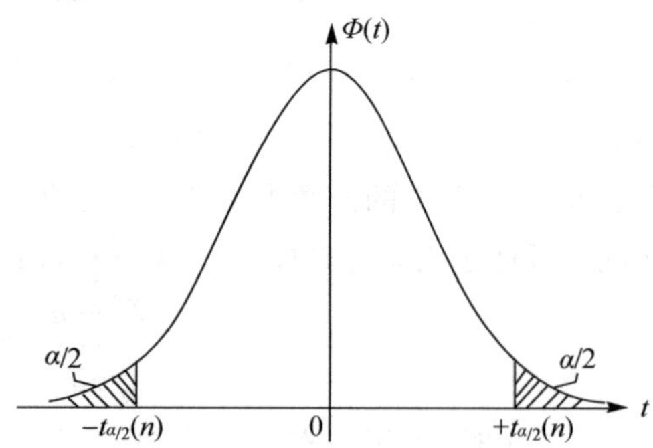

图 6.8 $t(n)$的双侧百分位点

6.3.3 F分布

设有随机变量X服从$\chi^2(m)$分布,Y服从$\chi^2(n)$分布,且X与Y互相独立,则

$$F = \frac{X}{m} \bigg/ \frac{Y}{n} \tag{6.19}$$

也是一个随机变量,它是服从以m、n为参数的F分布,记为$F \sim F(m,n)$。参数m、n分别称为第一自由度和第二自由度,图6.9给出了自由度为(20,10)、(20,25)和(20,100)的F分布密度函数曲线。

由F分布的定义式(6.19)可以看出,服从$F(m,n)$分布的随机变量的倒数服从$F(n,m)$

分布，所以要注意不能随便把 $F(m,n)$ 中的 m 和 n 的次序对调。服从 $F(m,n)$ 分布的随机变量的数学期望和方差为

$$E(F)=n/(n-2)\quad (n>2),\quad D(F)=\frac{2n^2(m+n-2)}{m(n-2)^2(n-4)}\quad (n>4)$$

由图 6.10 可以看出，事件 $F>F_\alpha(m,n)$ 出现的概率为

$$P(F>F_\alpha(m,n))=\int_{F_\alpha(m,n)}^{+\infty} f(z)\mathrm{d}z=\alpha\quad (0<\alpha<1) \tag{6.20}$$

将满足上述关系的点 $F_\alpha(m,n)$ 称为 F 分布的上侧百分位点。根据不同的 α 和 m、n，可以通过数学用表或 Matlab 中的函数求得上侧百分位点 $F_\alpha(m,n)$ 的值。

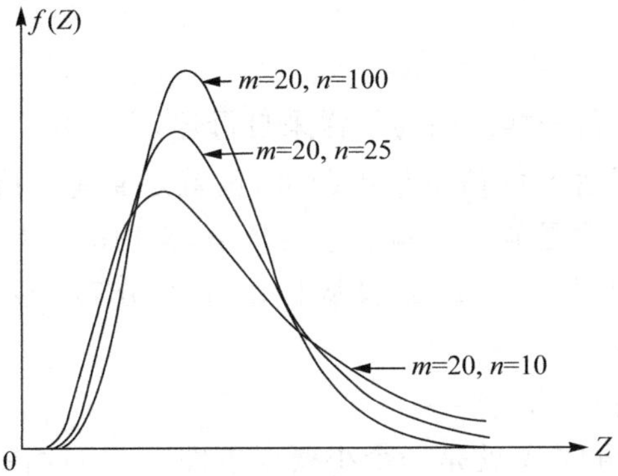

图 6.9　F 分布密度函数曲线

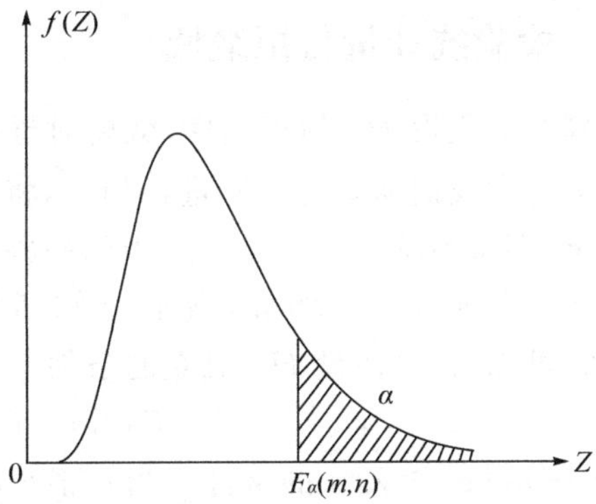

图 6.10　F 分布的上侧百分位点

6.4　假设检验的基本概念

6.4.1　假设检验问题

假设检验亦称“显著性检验(significance test)”，是用来判断样本与样本、样本与总体的差异是由抽样误差引起还是由本质差别造成的统计推断方法。其基本原理是对总体的特征先提出某种假设，然后通过抽样研究的统计推理，对此假设应该被拒绝还是接受做出一个推断。在数据处理中，一般是根据研究的对象，对其总体位置分布函数或分布函数中的某些未知参数提出某种假设，然后从母体中抽取子样，利用子样所提供的信息来推断假设是否正确。将对未知母体分布提出的这些假设称为统计假设，简称假设，常用字母表示。例如，已知小麦穗长 $\zeta\sim N(\mu,\sigma^2)$，可提出假设

$$H_0:\mu=\mu_0,\quad H_1:\mu\neq\mu_0$$

$$H_0:\sigma^2=\sigma_0^2,\quad H_1:\sigma^2\neq\sigma_0^2$$

式中，μ_0、σ_0^2 为子样的均值和方差，是一个常数。显然，假设 H_0 与 H_1 两者必居其一。我们称 H_0 为原假设(基本假设或零假设)，称 H_1 为备选假设(对立假设)。如何选取原假设与备选假设，要视具体情况而定。因为在检验时，要用到原假设成立时统计量的分布，所以原假设应简单为好。由上述可知，假设可分为两类：一类是仅对母体分布中未知参数做出的假设，称为参数假设；另一类是对母体分布本身做出的假设，称为分布假设。本节只讨论参数假设的检验问题。

6.4.2　假设检验的基本思想

假设检验的基本思想是基于实际推断原理提出的，即小概率事件在一次实验中被认为是不可能发生的。例如，汽车行驶难免出现事故，但翻车事故的可能性很小，人们乘车时往往不会做将要出事故的思想准备。

利用实际推断原理来推断原假设 H_0 是否成立，要在 H_0 成立的条件下构造一个事件 A，若事件 A 发生的概率很小(如小于0.05)，现在一次实验中 A 竟然发生了，就应怀疑 H_0 的正确性，从而否定 H_0。如果在一次实验中，小概率事件 A 没有发生，则接受 H_0。小概率 α 的大小要根据实际情况而定，取0.001～0.1，一般无特殊要求时，定 $\alpha=0.05$。

6.4.3　检验统计量与拒绝域

要判断原假设 H_0 的正确性，就要对母体进行抽样。因为子样来自母体，它必然会有母体分布的信息。我们需要对子样进行加工，将子样含有的信息集中起来，也就是要建立检验 H_0 的统计量，即检验统计量。建立适当的检验统计量是假设检验的重要环节，常用的检验统计量有 u、t、χ^2、F 统计量。例如，我们已知所选取的统计量 g 服从标准正态分布，那么根据式(6.12)可知，在原假设 H_0 成立的条件下应有

$$P(A)=P(|g|>Z_{\alpha/2})=\alpha$$

式中，A 表示 $|g|>Z_{\alpha/2}$ 的事件。当 α 很小时，事件 A 就是一个小概率事件，α 一旦给定，临界值 $Z_{\alpha/2}$(双侧百分位点)就确定了。由此拒绝域为 $(-\infty,-Z_{\alpha/2})\cup(Z_{\alpha/2},+\infty)$，接受域也随之确定。若在一次实验中取得子样观测值为 $(x_1,x_2,\cdots,x_n)$，由此即可算出在 H_0 成立条件下的统计量 g 的数值 $g(x_1,x_2,\cdots,x_n)$。如果 $|g|>Z_{\alpha/2}$，则表示小概率事件 A 出现了，g 落在拒绝域内，我们将拒绝原假设 H_0，并接受备选假设 H_1；反之，如果 $|g|\leqslant Z_{\alpha/2}$，则表示 A 的逆事件 $\overline{A}$ 出现了，它的概率 $1-\alpha$ 接近于1，是“实际上的必然事件”，这时 g 落在接受域内，我们将接受原假设 H_0，并拒绝备选假设 H_1。

上述检验是将拒绝域布置在曲线的两端(图6.11)，这种检验称为双尾检验。有时也可能只需要将拒绝域布置在曲线的左端或右端(图6.12)，这种形式的检验则称为单尾检验。

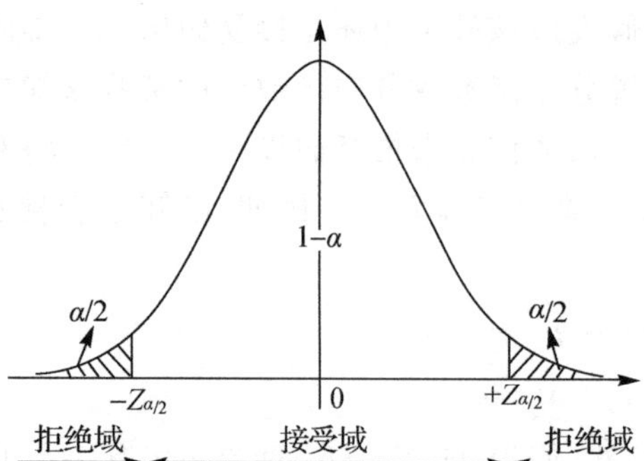

图6.11　双尾检验

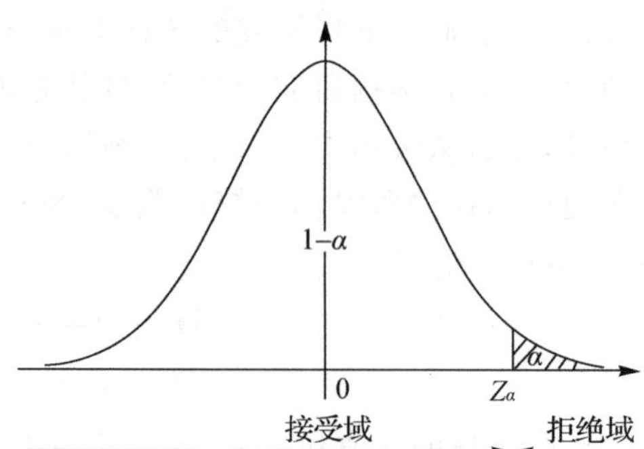

图6.12　单尾检验

6.4.4　两类错误

由于假设检验是根据从母体抽取的子样对母体的某种特性做出判断的，而子样只可能反映

母体的部分特性，并且子样是具有随机性的，因而检验统计量也是随机的。由此推断母体的特征，就没有绝对的把握，有可能做出这样或那样的错误判断。以 $H_0: \mu=\mu_0, H_1: \mu>\mu_0$ 为例，当 H_0 为真（正确）时，一次实验取得的子样值却使得检验统计量的数值落入拒绝域内，从而做出拒绝 H_0 的判断，这就犯了以真为假的错误。我们称之为"弃真错误"或"第一类错误"。由图 6.13 可知，犯第一类错误的概率为 α。同样地，也可能把事实上不真（假）的 H_0 接受下来，这种错误称为"纳伪错误"或"第二类错误"。由图 6.13 可知，犯第二类错误的概率为 β。显然，子样容量 n 确定后，犯这两类错误的概率不可能同时减小。α 增大，β 则减小；α 减小，β 则增大。以上四种判断可归纳为表格形式（表 6.1）。无论是第一类错误还是第二类错误，都是检验结论失真的表现，都是应尽可能避免的情形，如果不能完全避免，也应该对其发生的概率加以控制。

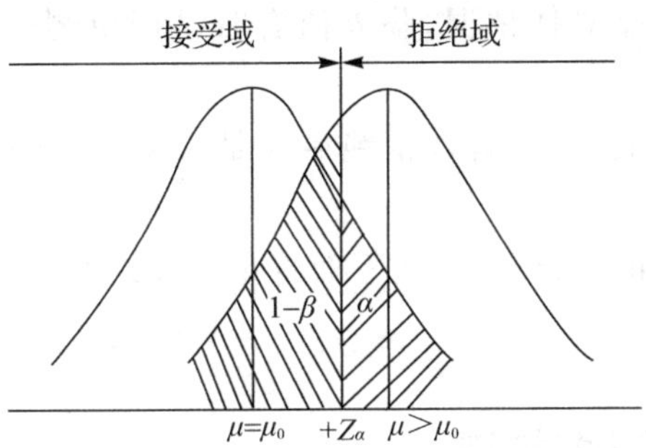

图 6.13　假设检验的接受域与拒绝域

表 6.1　统计决策

类型	接受	拒绝
真	判断正确	弃真错误(α)
不真	纳伪错误(β)	判断正确

6.4.5　假设检验的功效

检验效果的好与坏，与犯两类错误的概率都有关。对于一个有效的检验，犯第一类错误的概率 α 不能太大，否则就会经常产生弃真现象；另外，在犯第一类错误的概率得到控制的条件下，犯第二类错误的概率也要尽可能地小，或者说，不纳伪的概率 $1-\beta$ 应尽可能增大。$1-\beta$ 越大，意味着当原假设不真时，检验结论判断出原假设不真的概率越大，检验的判别能力就越好；$1-\beta$ 越小，意味着当原假设不真时，检验结论判断出原假设不真的概率越小，检验的判别能力就越差。可见 $1-\beta$ 是反映统计检验判别能力的重要标志，我们称之为检验功效或检验力。它是当假设检验不拒绝 H_0 时，推断正确（不犯第二类错误）的概率。

前面分析说明：第一类错误和第二类错误是一对矛盾体，当其他条件不变时，减小犯第一类错误的可能性，势必增加犯第二类错误的可能性；增大犯第一类错误的可能性，会减小犯第二类错误的可能性。可见，α 的大小影响到 β 的大小，进而影响到 $1-\beta$ 的大小。犯第一类错误的概率或检验的显著性水平 α 是影响检验力的一个重要因素。当其他条件不变时，显著性水平 α 增大，β 随之减小，检验功效就增强。可见取 $\alpha=0.1$ 比取 $\alpha=0.01$，检验功效更强。

在统计检验中，一般都是先控制犯第一类错误的概率，也就是显著性水平 α 都尽量取较小的值，尽量避免犯弃真的错误。但是当其他条件不变时，β 就增大，检验功效就减弱。该如何来调和这一对相互对抗的矛盾呢？唯一的办法就是增大样本容量，因为增大样本容量既能够保证满足较小的 α 的需要，同时又能减小犯第二类错误的概率 β，抵消检验功效的衰减。可见样本容量是影响检验功效的一个重要因素，增大样本容量可提高检验功效。然而，实际上样本容量 n 的增加也是有限制的，兼顾 α 与 β 很困难，这时鉴于 α 风险一般比 β 风险的影响大，所以优先考虑的还是控制 α 风险。

影响检验功效的另一个因素是原假设与备选假设间的差异程度。如果这两个假设间的差异是非常明显的,这时原假设不真而取伪的可能性就减小,即 β 就减小,检验功效就增强。否则就较难通过检验把原假设与备选假设区分开来,从而影响检验功效的提高。

6.4.6 假设检验的步骤

归纳前述,假设检验的步骤如下:

(1)根据问题的要求建立原假设 H_0 和备选假设 H_1。

(2)选取一个合适的子样函数 $g(X_1,X_2,\cdots,X_n)$,即统计量,该统计量的分布(或在 $n\to\infty$ 时的极限分布)必须是已知的。

(3)给定显著性水平 α 的值,由此确定其临界值(根据具体情况,临界值有时是用单侧的,有时是用双侧的)。

(4)用子样观测值 $(x_1,x_2,\cdots,x_n)$ 计算统计量的数值,看它落入拒绝域还是接受域,从而决定拒绝 H_0 还是接受 H_0。

由于在测量工作中,许多量都服从正态分布或近似正态分布,因此下面将主要介绍有关正态母体的假设检验问题。

6.5 假设检验的常用方法

6.5.1 u 检验法

u 检验法主要用于检验正态母体均值之间是否有显著性的差异。u 检验法的适用条件包括:

(1)当母体服从正态分布和母体方差已知时,无论子样容量 n 多大均可适用。

(2)当母体不服从正态分布时,只要子样容量 n 相当大,用子样方差代替母体方差,仍然可用 u 检验法。在概率论中已经证明:当 $n>30$ 时,u 变量就很接近标准正态分布变量,母体均值的检验可用 u 检验法。

设从正态母体 $N(\mu,\sigma^2)$ 中抽取容量为 n 的子样 $(X_1,X_2,\cdots,X_n)$,并假设母体方差 σ^2 是已知的,则由式(6.2)得

$$E(\overline{X})=\frac{1}{n}\sum_{i=1}^{n}(E(X_i))=\frac{1}{n}(n\mu)=\mu \tag{6.21}$$

$$D(\overline{X})=\frac{1}{n^2}\sum_{i=1}^{n}(D(X_i))=\frac{1}{n^2}(n\sigma^2)=\frac{\sigma^2}{n} \tag{6.22}$$

因而子样均值服从如下正态随机变量

$$\overline{X}\sim N\left(\mu,\frac{\sigma^2}{n}\right) \tag{6.23}$$

将 $\overline{X}$ 标准化,则有

$$u=\frac{\overline{X}-\mu}{\sigma/\sqrt{n}} \tag{6.24}$$

此时变量 u 服从标准正态分布,即

$$u \sim N(0,1) \tag{6.25}$$

为了检验母体均值和某已知数值是否有显著差异，应先建立原假设

$$H_0: \mu = \mu_0$$

并假设原假设为真，则有

$$u = \frac{\overline{X} - \mu_0}{\sigma/\sqrt{n}} \sim N(0,1) \tag{6.26}$$

如果将子样均值 $\overline{x}$ 代替式(6.26)中的 $\overline{X}$，由于 μ_0、σ、n 均为已知，且 u 的分布也是已知的，因此可以将 u 作为检验统计量。如无特殊要求，备选假设

$$H_1: \mu \neq \mu_0$$

则应采用双尾检验，于是根据式(6.12)可写出

$$P(|\mu| > Z_{\alpha/2}) = \alpha \tag{6.27}$$

式中，α 是我们给定的显著性水平，$Z_{\alpha/2}$ 可在数学用表中查得。如果 $|\mu| > Z_{\alpha/2}$，则表示小概率事件出现了，检验统计量的值 μ 落入拒绝域内，因而应拒绝 H_0，接受 H_1；否则，接受 H_0。

类似地，如果我们关心的是母体均值 μ 是否大于某已知数值 μ_0，则备选假设可用

$$H_1: \mu > \mu_0$$

这时应采用右尾检验。于是根据式(6.11)可写出

$$P(u > Z_\alpha) = \alpha \tag{6.28}$$

比较式(6.27)和式(6.28)可知，它们的差别仅仅是临界值的查法不同，前者为 $Z_{\alpha/2}$，而后者为 Z_α。同样，如果问 μ 是否小于某个已知数值 μ_0，则备选假设可用

$$H_1: \mu < \mu_0$$

这时应采用左尾检验，其具体表达式此处省略。

例 6.1　某基线场设置的基线经精密测定，其长度为 $L_0 = 1\,200.252$ m。为了检验两台测距仪的精度，分别用两台仪器对该基线各复测 25 测回，得平均长度为 $\overline{L}_1 = 1\,200.264$ m 和 $\overline{L}_2 = 1\,200.249$ m。已知两台仪器的观测精度相同，每测回的标准差均为 0.015 m。试用显著性水平 $\alpha = 0.05$ 检验这两个平均长度 $\overline{L}_1$ 和 $\overline{L}_2$ 与基线长度 L_0 的差异是否显著。

解：此处原假设为 $L_0 = 1\,200.252$ m，当原假设成立时，由式(6.26)得

$$u_1 = \frac{1\,200.264 - 1\,200.252}{0.015/\sqrt{25}} = 4, \quad u_2 = \frac{1\,200.249 - 1\,200.252}{0.015/\sqrt{25}} = -1$$

当显著性水平 $\alpha = 0.05$ 时，由数学用表可查得 $Z_{\alpha/2} = 1.96$。由于

$$|u_1| > Z_{\alpha/2}, \quad |u_2| < Z_{\alpha/2}$$

因此对第一台仪器而言，应拒绝 H_0，即该仪器的测定结果与已知基线长度之间有显著差异。对于第二台仪器应接受 H_0，即认为无显著差异。

当 u 检验法用于检验两个(或多个)正态母体均值之间的显著差异时，应先建立对应的检验统计量。设有正态随机变量 $X \sim N(\mu_1, \sigma_1^2)$ 和 $Y \sim N(\mu_2, \sigma_2^2)$，分别从两母体中独立地抽取子样 $(X_1, X_2, \cdots, X_{n_1})$ 和 $(Y_1, Y_2, \cdots, Y_{n_2})$，根据式(6.23)可知子样均值 $\overline{X}$ 和 $\overline{Y}$ 服从

$$\overline{X} \sim N\left(\mu_1, \frac{\sigma_1^2}{n_1}\right), \quad \overline{Y} \sim N\left(\mu_2, \frac{\sigma_2^2}{n_2}\right)$$

而

$$(\overline{X}-\overline{Y})\sim N\left((\mu_1-\mu_2),\left(\frac{\sigma_1^2}{n_1}+\frac{\sigma_2^2}{n_2}\right)\right)$$

将$(\overline{X}-\overline{Y})$变量标准化,则有

$$u=\frac{(\overline{X}-\overline{Y})-(\mu_1-\mu_2)}{\sqrt{\frac{\sigma_1^2}{n_1}+\frac{\sigma_2^2}{n_2}}}\sim N(0,1) \tag{6.29}$$

式中,σ_1^2 和 σ_2^2 均已知。利用上述统计量 u 可以对原假设 H_0: $\mu_1=\mu_2$ 或 H_0: $\mu_1-\mu_2=c$(c 为已知常数)是否成立进行检验。

例 6.2 设有两人观测某地纬度,根据以往观测的类似大量资料,可知此二人观测一次纬度的中误差 σ 均为 0.63″。现在甲观测该地纬度 12 次,得平均值的秒数为 1.20″,乙观测 8 次得 1.15″。问二者所得结果的差异是否显著(取显著性水平 $\alpha=0.05$)?

解:给出原假设 H_0: $\mu_1=\mu_2$,备选假设 H_1: $\mu_1\neq\mu_2$。由式(6.29)得

$$\frac{1.20-1.15}{0.63\times\sqrt{\frac{1}{12}+\frac{1}{8}}}=0.17$$

当显著性水平 $\alpha=0.05$ 时,由数学用表或 Matlab 函数算得 $Z_{\alpha/2}=1.96$,由于

$$u<Z_{\alpha/2}$$

故接受原假设 H_0,即认为两者结果无显著差异。

6.5.2 χ^2 检验法

χ^2 检验法主要用于检验一个正态母体的方差 σ^2 是否等于某个已知值 σ_0^2。

设从正态母体 $N(\mu,\sigma^2)$ 中抽取容量为 n 的子样 $(X_1,X_2,\cdots,X_n)$,现在要检验原假设 H_0: $\sigma^2=\sigma_0^2$ 是否成立。下面将给出适合这一检验的统计量。

当母体均值已知时,按式(6.6)知

$$\left(\frac{X_i-\mu}{\sigma}\right)\sim N(0,1)$$

再由 6.3.1 小节相关内容可知

$$\left(\frac{X_i-\mu}{\sigma}\right)^2\sim\chi^2(1) \tag{6.30}$$

根据 χ^2 分布的可加性得

$$\sum_{i=1}^{n}\frac{(X_i-\mu)^2}{\sigma^2}\sim\chi^2(n) \tag{6.31}$$

用 σ_0^2 代替 σ^2,即可计算上述 $\chi^2(n)$ 的大小,对于给定的显著性水平 α 就可检验 H_0 是否成立了。

当母体均值未知时,可用子样均值 $\overline{X}$ 来代替式中母体均值 μ,即用 $\sum_{i=1}^{n}(X_i-\overline{X})^2$ 代替 $\sum_{i=1}^{n}(X_i-\mu)^2$。由式(6.2)可知 $\sum_{i=1}^{n}(X_i-\overline{X})^2=(n-1)S^2$,故由式(6.31)得

$$\sum_{i=1}^{n}\frac{(X_i-\mu)^2}{\sigma^2}=\frac{(n-1)S^2}{\sigma^2}\sim\chi^2(n-1) \tag{6.32}$$

但式(6.32)中变量的自由度为$(n-1)$，而不再是 n，可以参看数理统计中的证明。用式(6.32)的 χ^2 检验统计量同样可对原假设 H_0: $\sigma^2=\sigma_0^2$ 进行检验。

例 6.3　设有某类型的秒级光学经纬仪，经观测大量角度可得测角中误差(1 测回)为 1.5″。今用试制的同类型新仪器观测某角度 9 测回，算得每个测回的测角中误差 $S=2.5''$。问新仪器的测角精度是否与老仪器的精度相当(取 $\alpha=0.05$)。

解：在显著性水平 $\alpha=0.05$ 下进行如下检验

$$H_0: \sigma^2=\sigma_0^2=(1.5)^2, \quad H_1: \sigma^2\neq\sigma_0^2$$

已知 $n-1=9-1=8$，$\frac{\alpha}{2}=0.025$，$1-\frac{\alpha}{2}=0.975$，$\chi^2_{0.975}(8)=2.180$，$\chi^2_{0.025}(8)=17.535$，在 H_0 成立的情况下，由式(6.32)可算得

$$\chi^2(8)=\frac{8\times(2.5)^2}{(1.5)^2}=22.222$$

由此可知

$$\chi^2(8)=22.222>\chi^2_{0.025}(8)$$

即已落入拒绝域，故应拒绝 H_0，不能认为新旧仪器的精度是相当的。

6.5.3　t 检验法

t 检验法用于对母体均值的显著差异进行检验。t 检验法的适用条件为：母体方差未知或小子样问题。在进行 t 检验之前，应先建立相应的检验统计量。由于式(6.24)中变量 $u\sim N(0,1)$，式(6.32)中变量 $\chi^2\sim\chi^2(n-1)$，且两者互相独立，因此，根据式(6.17)中变量 t 的定义式可构成自由度为 $n-1$ 的 t 变量

$$t=\frac{\frac{\overline{X}-\mu}{\sigma}\sqrt{n}}{\sqrt{\frac{\frac{(n-1)\cdot S^2}{\sigma^2}}{n-1}}}\sim t(n-1) \tag{6.33}$$

化简得

$$t=\frac{\overline{X}-\mu}{\frac{S}{\sqrt{n}}}\sim t(n-1)$$

式(6.33)与式(6.24)中的变量 u 相比，不同之处仅仅是用子样标准差 S 取代了母体标准差，应用式(6.33)的 t 统计量就可对原假设 H_0: $\mu=\mu_0$ 进行检验。下面再给出用于检验两个母体均值的统计量。

设$(X_1,X_2,\cdots,X_{n_1})$是取自正态母体 $N(\mu_1,\sigma^2)$的子样，$(Y_1,Y_2,\cdots,Y_{n_2})$是取自正态母体 $N(\mu_2,\sigma^2)$的子样，并且两个子样相互独立。由式(6.29)可得

$$\frac{(\overline{X}-\overline{Y})-(\mu_1-\mu_2)}{\sigma\sqrt{\frac{1}{n_1}+\frac{1}{n_2}}}\sim N(0,1) \tag{6.34}$$

根据式(6.32)可得

$$\frac{(n_1-1)\cdot S_1^2}{\sigma^2}\sim\chi^2(n_1-1),\quad \frac{(n_2-1)\cdot S_2^2}{\sigma^2}\sim\chi^2(n_2-1)$$

式中，S_1^2、S_2^2 分别是由两个子样算得的子样方差。由于以上两变量互相独立，根据 χ^2 分布的可加性知

$$\frac{(n_1-1)\cdot S_1^2+(n_2-1)\cdot S_2^2}{\sigma^2}\sim\chi^2(n_1+n_2-2) \tag{6.35}$$

即按照式(6.17)的定义式，利用式(6.34)和式(6.35)可构成自由度为(n_1+n_2-2)的 t 变量为

$$t=\frac{\dfrac{(\overline{X}-\overline{Y})-(\mu_1-\mu_2)}{\sigma\sqrt{\dfrac{1}{n_1}+\dfrac{1}{n_2}}}}{\sqrt{\dfrac{(n_1-1)\cdot S_1^2+(n_2-1)\cdot S_2^2}{\sigma^2(n_1+n_2-2)}}}\sim t(n_1+n_2-2)$$

化简得

$$t=\frac{(\overline{X}-\overline{Y})-(\mu_1-\mu_2)}{S_w\sqrt{\dfrac{1}{n_1}+\dfrac{1}{n_2}}}\sim t(n_1+n_2-2) \tag{6.36}$$

式中

$$S_w=\sqrt{\frac{(n_1-1)\cdot S_1^2+(n_2-1)\cdot S_2^2}{n_1+n_2-2}} \tag{6.37}$$

利用上述统计量就可对原假设 $H_0:\mu_1=\mu_2$ 或 $\mu_1-\mu_2=c$(c 为已知的常数)进行各种检验。但须注意，该统计量只有当两个母体方差相等时才能应用，若两个母体方差不等，应另行推导其统计量。

例 6.4　在室外实习场中设置一角度，经精密测定其角度为 $\mu_0=36°25'1.23''$。一学生在进行测角实习时，用经纬仪观测该角 5 测回，其结果为：36°25′1.21″、36°25′1.23″、36°25′1.27″、36°25′1.24″、36°25′1.28″。设测定值服从正态分布，试检验该学生测得的平均角值 $\bar{x}$ 是否与已知值有显著差异(取显著性水平 $\alpha=0.05$)，即检验 $\bar{x}=\mu_0$。

解：已知 $n=5$，并算得 5 测回的平均角值 $\bar{x}=36°25'1.246''$，每测回的中误差为

$$S=\sqrt{\frac{\mathbf{V}^{\mathrm{T}}\mathbf{V}}{n-1}}=0.028\,8''$$

由式(6.33)得

$$t=\frac{\bar{x}-\mu_0}{S/\sqrt{n}}=\frac{36°25'1.246''-36°25'1.23''}{0.028\,8''/\sqrt{5}}=1.242\,3$$

当 $\alpha=0.05$ 时，由数学用表可查得

$$t_{\alpha/2}(n-1)=t_{0.025}(4)=2.776\,4$$

由于 $t<t_{\alpha/2}(4)$，故应接受 H_0，即可认为该学生的观测成果与已知角值之间无显著差异。

例 6.5　为了分析日间和夜间对角度观测的影响，分别在两个时段对同一角度观测了 8 测回，其结果为

日间：75°55′20.5″，　75°55′18.8″，　75°55′19.8″，　75°55′20.9″

$75°55'21.5''$，　$75°55'19.5''$，　$75°55'21.0''$，　$75°55'21.2''$

夜间：$75°55'17.7''$，　$75°55'20.3''$，　$75°55'20.0''$，　$75°55'18.8''$

$75°55'19.0''$，　$75°55'20.1''$，　$75°55'20.2''$，　$75°55'19.1''$

问日夜观测结果有无系统性差异，即两个母体均值是否有显著差异（取 $\alpha=0.05$）。

解：已知 $n_1=n_2=8$，分别算得两组观测的平均值和中误差为

$$\bar{x}=75°55'20.4'',\quad S_1=0.941'',\quad \bar{y}=75°55'19.4'',\quad S_2=0.910''$$

因而可用式(6.36)对

$$H_0: \mu_1=\mu_2$$

进行母体均值的检验。按式(6.37)算得 $S_w=0.926$，再由式(6.36)算得

$$t=\frac{75°55'20.4''-75°55'19.4''}{0.926\sqrt{\dfrac{1}{8}+\dfrac{1}{8}}}=2.160$$

自由度 $n_1+n_2-2=14$，$\alpha/2=0.025$，由数学用表可查得

$$t_{0.025}(14)=2.1448$$

由于

$$t>t_{0.025}(14)$$

故应拒绝 H_0，即不能认为日夜观测的结果相等，说明外界条件不同会影响观测的结果。因此，在精密测角时，一般要求在不同的时间段内进行观测，并取其平均值，从而消除或减弱它们之间的系统性差异。

6.5.4　F 检验法

F 检验法主要用于检验两个正态母体的方差是否相等。在 F 检验法之前，我们先建立相应的 F 统计量。

设 $(X_1,X_2,\cdots,X_m)$ 取自正态母体 $N(\mu_1,\sigma_1^2)$，$(Y_1,Y_2,\cdots,Y_n)$ 取自正态母体 $N(\mu_2,\sigma_2^2)$，并且两个子样相互独立，现要检验原假设

$$H_0: \sigma_1^2=\sigma_2^2$$

由式(6.31)可知

$$\sum_{i=1}^{m}\frac{(X_i-\mu_1)^2}{\sigma_1^2}\sim\chi^2(m),\quad \sum_{j=1}^{n}\frac{(Y_j-\mu_2)^2}{\sigma_2^2}\sim\chi^2(n)$$

根据式(6.19)的定义，可构造 F 统计量为

$$F=\frac{\sum\limits_{i=1}^{m}(X_i-\mu_1)^2\cdot n\sigma_2^2}{\sum\limits_{j=1}^{n}(Y_j-\mu_2)^2\cdot m\sigma_1^2}\sim F(m,n) \tag{6.38}$$

此外，由式(6.32)的定义，又可构造 F 统计量为

$$\frac{(m-1)S_1^2}{\sigma_1^2}\sim\chi^2(m-1),\quad \frac{(n-1)S_2^2}{\sigma_2^2}\sim\chi^2(n-1)$$

仍根据式(6.19)的定义，又可构造如下 F 统计量

$$F=\frac{S_1^2\sigma_2^2}{S_2^2\sigma_1^2}\sim F(m-1,n-1) \tag{6.39}$$

当两个母体均值 μ_1、μ_2 已知时，则用式(6.39)的 F 统计量进行检验。现以后者为例，说明检验的具体做法。

当检验原假设 H_0: $\sigma_1^2=\sigma_2^2$、备选假设 H_1: $\sigma_1^2\neq\sigma_2^2$ 时，在显著性水平 α 下，有

$$P\left(F_{1-\frac{\alpha}{2}}(m-1,n-1)<\frac{S_1^2}{S_2^2}<F_{\frac{\alpha}{2}}(m-1,n-1)\right)=1-\alpha \tag{6.40}$$

当 $\frac{S_1^2}{S_2^2}<F_{1-\frac{\alpha}{2}}(m-1,n-1)$ 或 $\frac{S_1^2}{S_2^2}>F_{\frac{\alpha}{2}}(m-1,n-1)$ 时，则应拒绝原假设 H_0，接受 H_1；否则，接受 H_0。但在实际检验时，我们总是可以将其中较大的子样方差作为 S_1^2，另一个作为 S_2^2，这样，S_1^2/S_2^2 的值永远大于1，因为(参见数理统计中的证明)

$$F_{1-\frac{\alpha}{2}}(m-1,n-1)=\frac{1}{F_{\frac{\alpha}{2}}(n-1,m-1)} \tag{6.41}$$

而在所有数学用表中的列值都大于1，即上式右端的分母大于1，故其左端必小于1，而 $S_1^2/S_2^2>1$，所以不可能有 $S_1^2/S_2^2<F_{1-\frac{\alpha}{2}}(m-1,n-1)$ 的情况发生。这样，只需考察 S_1^2/S_2^2 是否落入右尾的拒绝域就可以了，而不必再去考察左尾的拒绝域。由此，式(6.40)可改写成

$$P\left(\frac{S_1^2}{S_2^2}<F_{\frac{\alpha}{2}}(m-1,n-1)\right)=1-\alpha \tag{6.42}$$

当式(6.42)成立时，则应拒绝 H_0，否则予以接受。

当检验原假设 H_0: $\sigma_1^2=\sigma_2^2$、备选假设 H_1: $\sigma_1^2>\sigma_2^2$ 时，则有

$$P\left(\frac{S_1^2}{S_2^2}<F_{\alpha}(m-1,n-1)\right)=1-\alpha \tag{6.43}$$

当式(6.43)成立时，则应拒绝 H_0，否则予以接受。

由于我们总是可以使 $S_1^2/S_2^2>1$，所以进行单尾检验时，就没必要考虑备选假设为 $\sigma_1^2<\sigma_2^2$ 的情况了。

例 6.6 试检验例 6.5 中两个母体方差是否相等(取 $\alpha=0.05$)，即检验

$$H_0: \sigma_1^2=\sigma_2^2, \quad H_1: \sigma_1^2\neq\sigma_2^2$$

解：由例 6.5 可知，$S_1=0.941$，$S_2=0.910$，可算得

$$\frac{S_1^2}{S_2^2}=\frac{(0.941)^2}{(0.910)^2}=1.069$$

已知 $m-1=7$，$n-1=7$，$\frac{\alpha}{2}=0.025$，由数学用表可以查得 $F_{0.025}(7,7)=4.99$。由于

$$\frac{S_1^2}{S_2^2}<F_{0.025}(7,7)$$

故应接受 H_0，即可认为日夜观测的母体方差相等。

习 题

1. 已知某炼铁厂的铁水含碳量在正常情况下服从正态分布 $N(4.55,0.108^2)$。现在又测了5炉铁水，其含碳量分别为

4.28， 4.40， 4.42， 4.35， 4.37

请检验一下，若方差未变，总体均值有无变化。

2. 设有两个天文观测员观测某天文点的纬度。根据此二人过去进行天文观测的大量资料统计，可知二人观测一次纬度的中误差 σ 均为 $0.65''$。现在甲观测该点纬度 12 次，得平均值 $\varphi=35°40'1.50''$，乙观测该点纬度 8 次，得平均值 $\varphi=35°40'1.15''$。问二人观测结果的差异是否显著？

3. 利用某基线边检验光速测距仪。已知基线边长为 4 861.124 m，用光速测距仪测量 9 次，得平均值 $\bar{x}=4\,861.128$ m，并由观测值算得子样均值的中误差为 $m=\pm 0.006$ m。试检验此光速测距仪所量长度与原基线边长的差异是否显著。

4. 设用某种类型光学经纬仪观测角度，由过去大量统计结果得出此类仪器的观测角度中误差为 $1.50''$。今用试制的同类型仪器测了 9 测回，得测角中误差为 $2.40''$。判断新仪器的精度是否可以认为与原仪器的精度相同或不低于原仪器的精度。

5. 设用某台常用的光学经纬仪观测某角 9 测回，得 1 测回的测角中误差为 $1.50''$。现用新试制的仪器测该角 9 测回，得 1 测回的测角中误差为 $2.40''$。问两个仪器的精度可否认为相同（显著性水平为 0.05）？

第7章　近代测量平差

随着计算技术的普及、测绘技术的发展和矩阵理论在测量平差中的广泛应用，以及物理大地测量、卫星大地测量和动力大地测量对数据处理的需要，产生了一些新的测量平差模型，如自由网平差、方差分量估计、附加系统参数平差、粗差探测与稳健估计等，为区别起见，我们称之为近代测量平差。本章主要介绍这些方法的一些基础理论及应用。

7.1　自由网平差

当平差网没有起算数据时，网中所有点均为待定点。设未知参数的个数为 u，且 $u=t+d$，其中 d 为必要起算数据的个数，t 为必要观测个数，则误差方程式为

$$\left.\begin{aligned}\underset{n\times 1}{\boldsymbol{V}}&=\underset{n\times u}{\boldsymbol{B}}\,\underset{u\times 1}{\hat{\boldsymbol{x}}}-\underset{n\times 1}{\boldsymbol{f}}\\ R(\boldsymbol{B})&=t<u\end{aligned}\right\}\tag{7.1}$$

式中，$\boldsymbol{B}$ 是列秩亏矩阵。由此组成的法方程式为

$$\left.\begin{aligned}\underset{u\times u}{\boldsymbol{N}}\,\underset{u\times 1}{\hat{\boldsymbol{x}}}-\underset{u\times 1}{\boldsymbol{f}_e}&=\boldsymbol{0}\\ R(\boldsymbol{N})=R(\boldsymbol{B})&=t<u\end{aligned}\right\}\tag{7.2}$$

式中，$\boldsymbol{N}=\boldsymbol{B}^{\mathrm{T}}\boldsymbol{P}\boldsymbol{B}$ 为奇异矩阵，秩亏数 $d=u-t$，$\boldsymbol{f}_e=\boldsymbol{B}^{\mathrm{T}}\boldsymbol{P}\boldsymbol{f}$。

无起算数据的控制网的平差方法称为自由网平差。它除须遵循最小二乘准则外，为了求得未知参数的唯一解，还需增加新的约束条件。根据增加的约束条件，自由网平差可分为：经典自由网平差和加权秩亏网平差两类。

经典自由网平差是指，先在平差网中假定 d 个起算数据，然后在 $\boldsymbol{V}^{\mathrm{T}}\boldsymbol{P}\boldsymbol{V}=\min$ 条件下求得未知参数的最佳估值。可见，这样求得的平差结果 $\hat{\boldsymbol{x}}$、$\boldsymbol{Q}_{\hat{x}}$ 与所假定的 d 个起算数据有关，即随着已知点位置的改变，平差结果也将改变。

加权秩亏网平差是指，在最小二乘准则 $\boldsymbol{V}^{\mathrm{T}}\boldsymbol{P}\boldsymbol{V}=\min$ 和加权最小范数 $\hat{\boldsymbol{x}}^{\mathrm{T}}\boldsymbol{P}_x\hat{\boldsymbol{x}}=\min$ 条件下，求定未知参数的最佳估值。式中，$\boldsymbol{P}_x$ 为未知参数稳定程度的先验权矩阵，当 $\boldsymbol{P}_x=\boldsymbol{I}$ 时，加权最小范数的条件退变为最小范数条件 $\hat{\boldsymbol{x}}^{\mathrm{T}}\hat{\boldsymbol{x}}=\min$，该自由网平差也就称为秩亏网平差。

若将平差网中的未知参数分为两块，对相应的矩阵 $\boldsymbol{N}$ 和 $\boldsymbol{f}_e$ 也进行划分，即

$$\underset{u\times 1}{\hat{\boldsymbol{x}}}=\begin{bmatrix}\underset{r\times 1}{\hat{\boldsymbol{x}}_{\mathrm{I}}}\\ \underset{s\times 1}{\hat{\boldsymbol{x}}_{\mathrm{II}}}\end{bmatrix}\quad(s>d),\quad \underset{u\times u}{\boldsymbol{N}}=\begin{bmatrix}\underset{r\times r}{\boldsymbol{N}_{11}} & \underset{r\times s}{\boldsymbol{N}_{12}}\\ \underset{s\times r}{\boldsymbol{N}_{21}} & \underset{s\times s}{\boldsymbol{N}_{22}}\end{bmatrix}=\begin{bmatrix}\underset{r\times u}{\boldsymbol{N}_1}\\ \underset{s\times u}{\boldsymbol{N}_2}\end{bmatrix},\quad \underset{u\times 1}{\boldsymbol{f}_e}=\begin{bmatrix}\underset{r\times 1}{\boldsymbol{f}_{e_1}}\\ \underset{s\times 1}{\boldsymbol{f}_{e_2}}\end{bmatrix}$$

式中，$\hat{\boldsymbol{x}}_{\mathrm{I}}$ 是非拟稳点的未知参数，$\hat{\boldsymbol{x}}_{\mathrm{II}}$ 是拟稳点的未知参数。在 $\boldsymbol{V}^{\mathrm{T}}\boldsymbol{P}\boldsymbol{V}=\min$ 和 $\hat{\boldsymbol{x}}_{\mathrm{II}}^{\mathrm{T}}\hat{\boldsymbol{x}}_{\mathrm{II}}=\min$ 条件下，确定未知参数的最佳估值，在这种情况下的自由网平差称为拟稳平差。可见，根据权 $\boldsymbol{P}_x$ 的取值不同，秩亏网平差和拟稳平差都是加权秩亏网平差的特例。

7.1.1　加权秩亏网平差

对于误差方程式(7.1)，在最小二乘准则 $\boldsymbol{V}^{\mathrm{T}}\boldsymbol{P}\boldsymbol{V}=\min$ 条件下，得到法方程为式(7.2)。由

于法方程式是相容方程组，有无穷多组解，为了求得唯一解，在相容方程组中加入加权最小范数条件 $\hat{\boldsymbol{x}}^{\mathrm{T}}\boldsymbol{P}_x\hat{\boldsymbol{x}}=\min$，使相容方程组在此条件下求定未知参数的最佳估值 $\hat{\boldsymbol{x}}$，记作 $\hat{\boldsymbol{x}}_{\mathrm{p}}$。式中，$\boldsymbol{P}_x$ 为参数稳定程度的先验权矩阵。依据线性代数的理论，式(7.2)有唯一的加权最小范数解，为

$$\hat{\boldsymbol{x}}_{\mathrm{p}}=\boldsymbol{N}_{\mathrm{p}}^{m}\boldsymbol{f}_{e} \tag{7.3}$$

式中，$\boldsymbol{N}_{\mathrm{p}}^{m}$ 的计算公式为

$$\boldsymbol{N}_{\mathrm{p}}^{m}=\boldsymbol{Q}_x\boldsymbol{N}^{\mathrm{T}}(\boldsymbol{N}\boldsymbol{Q}_x\boldsymbol{N}^{\mathrm{T}})^{-}$$

其中，$\boldsymbol{Q}_x$ 为 $\boldsymbol{P}_x$ 的逆矩阵。对于 $\boldsymbol{N}_{\mathrm{p}}^{m}$，我们有

$$\boldsymbol{N}\boldsymbol{N}_{\mathrm{p}}^{m}\boldsymbol{N}=\boldsymbol{N},\quad (\boldsymbol{N}_{\mathrm{p}}^{m}\boldsymbol{N}\boldsymbol{Q}_x)^{\mathrm{T}}=\boldsymbol{N}_{\mathrm{p}}^{m}\boldsymbol{N}\boldsymbol{Q}_x$$

1. 直接解法

由式(7.3)可知，求得解向量 $\hat{\boldsymbol{x}}_{\mathrm{p}}$ 的关键在于如何求得 $\boldsymbol{N}_{\mathrm{p}}^{m}$。为了求得 $\boldsymbol{N}_{\mathrm{p}}^{m}$，必须先求得 $(\boldsymbol{N}\boldsymbol{Q}_x\boldsymbol{N}^{\mathrm{T}})$ 的 g 逆 $(\boldsymbol{N}\boldsymbol{Q}_x\boldsymbol{N}^{\mathrm{T}})^{-}$。令 $R[\boldsymbol{N}_{11}]=t$，$R[\boldsymbol{N}_1]=R[\boldsymbol{N}_{11}]=t$。于是

$$\boldsymbol{N}\boldsymbol{Q}_x\boldsymbol{N}^{\mathrm{T}}=\begin{bmatrix}\boldsymbol{N}_1\\ \boldsymbol{N}_2\end{bmatrix}\boldsymbol{Q}_x\begin{bmatrix}\boldsymbol{N}_1^{\mathrm{T}} & \boldsymbol{N}_2^{\mathrm{T}}\end{bmatrix}=\begin{bmatrix}\boldsymbol{N}_1\boldsymbol{Q}_x\boldsymbol{N}_1^{\mathrm{T}} & \boldsymbol{N}_1\boldsymbol{Q}_x\boldsymbol{N}_2^{\mathrm{T}}\\ \boldsymbol{N}_2\boldsymbol{Q}_x\boldsymbol{N}_1^{\mathrm{T}} & \boldsymbol{N}_2\boldsymbol{Q}_x\boldsymbol{N}_2^{\mathrm{T}}\end{bmatrix} \tag{7.4}$$

由于 $\boldsymbol{Q}_x$ 正定，所以 $(\boldsymbol{N}_1\boldsymbol{Q}_x\boldsymbol{N}_1^{\mathrm{T}})$ 为满秩方阵，其秩 $R(\boldsymbol{N}_1\boldsymbol{Q}_x\boldsymbol{N}_1^{\mathrm{T}})=R(\boldsymbol{N}_1)=t$，于是 $(\boldsymbol{N}_1\boldsymbol{Q}_x\boldsymbol{N}_1^{\mathrm{T}})$ 的一个 g 逆可按零加边法来求得，即

$$(\boldsymbol{N}\boldsymbol{Q}_x\boldsymbol{N}^{\mathrm{T}})^{-}=\begin{bmatrix}(\boldsymbol{N}_1\boldsymbol{Q}_x\boldsymbol{N}_1^{\mathrm{T}})^{-1} & 0\\ 0 & 0\end{bmatrix}=\begin{bmatrix}\widetilde{\boldsymbol{Q}}_1 & 0\\ 0 & 0\end{bmatrix} \tag{7.5}$$

这就把求 g 逆的问题变成了求凯利逆的问题。于是可以得到相容方程组的加权最小范数解为

$$\hat{\boldsymbol{x}}_{\mathrm{p}}=\boldsymbol{Q}_x\begin{bmatrix}\boldsymbol{N}_1^{\mathrm{T}} & \boldsymbol{N}_2^{\mathrm{T}}\end{bmatrix}\begin{bmatrix}\widetilde{\boldsymbol{Q}}_1 & 0\\ 0 & 0\end{bmatrix}\begin{bmatrix}\boldsymbol{f}_{e_1}\\ \boldsymbol{f}_{e_2}\end{bmatrix}=\boldsymbol{Q}_x\boldsymbol{N}_1^{\mathrm{T}}\widetilde{\boldsymbol{Q}}_1\boldsymbol{f}_{e_1} \tag{7.6}$$

上述解法是应用加权广义逆的理论知识导出的，可以参看 7.5 节。下面再直接按经典的、传统习惯的方法来推导上述公式。

前面已经讲过，在自由网平差中，按最小二乘准则求得的法方程式(7.2)是相容方程组，为了求得唯一解，要求 $\hat{\boldsymbol{x}}$ 满足 $\hat{\boldsymbol{x}}^{\mathrm{T}}\boldsymbol{P}_x\hat{\boldsymbol{x}}=\min$ 加权最小范数条件。由于式(7.2)的系数矩阵 $\boldsymbol{N}$ 行不满秩，因此可将其分解为

$$\left.\begin{aligned}\boldsymbol{N}_1\hat{\boldsymbol{x}}-\boldsymbol{f}_{e_1}=\boldsymbol{0}\\ \boldsymbol{N}_2\hat{\boldsymbol{x}}-\boldsymbol{f}_{e_2}=\boldsymbol{0}\end{aligned}\right\} \tag{7.7}$$

使得 $R(\boldsymbol{N}_1)=t<u$。显然式(7.7)的第二式是第一式的线性组合，于是我们可以把式(7.7)的第一式作为条件方程，应用条件极值法组成新函数 Φ，并令 Φ 对 $\hat{\boldsymbol{x}}$ 的一阶偏导数为零，即

$$\Phi=\hat{\boldsymbol{x}}^{\mathrm{T}}\boldsymbol{P}_x\hat{\boldsymbol{x}}-2\boldsymbol{K}^{\mathrm{T}}(\boldsymbol{N}_1\hat{\boldsymbol{x}}-\boldsymbol{f}_{e_1})=\min$$

$$\frac{\partial\Phi}{\partial\hat{\boldsymbol{x}}}=2\hat{\boldsymbol{x}}^{\mathrm{T}}\boldsymbol{P}_x-2\boldsymbol{K}^{\mathrm{T}}\boldsymbol{N}_1=0$$

于是可以求得

$$\hat{\boldsymbol{x}}=\boldsymbol{P}_x^{-1}\boldsymbol{N}_1^{\mathrm{T}}\boldsymbol{K}=\boldsymbol{Q}_x\boldsymbol{N}_1^{\mathrm{T}}\boldsymbol{K} \tag{7.8}$$

将式(7.8)代入式(7.7)的第一式，消去 $\hat{\boldsymbol{x}}$，得到法方程

$$\boldsymbol{N}_1\boldsymbol{Q}_x\boldsymbol{N}_1^{\mathrm{T}}\boldsymbol{K}-\boldsymbol{f}_{e_1}=\boldsymbol{0}$$

$$\boldsymbol{K}=(\boldsymbol{N}_1\boldsymbol{Q}_x\boldsymbol{N}_1^{\mathrm{T}})^{-1}\boldsymbol{f}_{e_1}=\widetilde{\boldsymbol{Q}}_1\boldsymbol{f}_{e_1} \tag{7.9}$$

将 $\boldsymbol{K}$ 代入式(7.8),得

$$\hat{\boldsymbol{x}}=\boldsymbol{Q}_x\boldsymbol{N}_1^{\mathrm{T}}\widetilde{\boldsymbol{Q}}_1\boldsymbol{f}_{e_1}$$

上述结果与式(7.6)完全相同,故按式(7.6)求解的方法称为直接解法。秩亏网平差验后单位权方差计算公式为

$$\hat{\sigma}_0^2=\frac{\boldsymbol{V}^{\mathrm{T}}\boldsymbol{P}\boldsymbol{V}}{n-u+d} \tag{7.10}$$

至于 $\hat{\boldsymbol{x}}_{\mathrm{p}}$ 的协因数矩阵,则可由式(7.6)按协因数传播律求得,即

$$\boldsymbol{Q}_{\hat{x}_{\mathrm{p}}}=\boldsymbol{Q}_x\boldsymbol{N}_1^{\mathrm{T}}\widetilde{\boldsymbol{Q}}_1\boldsymbol{f}_{e_1}(\boldsymbol{Q}_x\boldsymbol{N}_1^{\mathrm{T}}\widetilde{\boldsymbol{Q}}_1)^{\mathrm{T}}=\boldsymbol{Q}_x\boldsymbol{N}_1^{\mathrm{T}}\widetilde{\boldsymbol{Q}}_1\boldsymbol{N}_{11}\widetilde{\boldsymbol{Q}}_1\boldsymbol{N}_1\boldsymbol{Q}_x \tag{7.11}$$

当 $\boldsymbol{P}_x=\boldsymbol{I}$ 时,$\hat{\boldsymbol{x}}$ 用 $\hat{\boldsymbol{x}}_r$ 表示,不难导出

$$\widetilde{\boldsymbol{Q}}_1=(\boldsymbol{N}_1\boldsymbol{N}_1^{\mathrm{T}})^{-1},\quad \hat{\boldsymbol{x}}_r=\boldsymbol{N}_1^{\mathrm{T}}\widetilde{\boldsymbol{Q}}_1\boldsymbol{f}_{e_1},\quad \boldsymbol{Q}_{\hat{x}_r}=\boldsymbol{N}_1^{\mathrm{T}}\widetilde{\boldsymbol{Q}}_1\boldsymbol{N}_{11}\widetilde{\boldsymbol{Q}}_1\boldsymbol{N}_1$$

例 7.1 在图 7.1 所示的水准网中,已知水准点的高程近似值和三个观测高差为

$$\boldsymbol{X}^0=\begin{bmatrix}X_1^0\\X_2^0\\X_3^0\end{bmatrix}=\begin{bmatrix}10.000\\22.345\\25.823\end{bmatrix},\quad \boldsymbol{L}=\begin{bmatrix}h_1\\h_2\\h_3\end{bmatrix}=\begin{bmatrix}12.345\\3.478\\-15.817\end{bmatrix}$$

观测值的权矩阵 $\boldsymbol{P}=\boldsymbol{I}$,若待定点高程稳定程度的先验权矩阵为 $\boldsymbol{P}_x=\boldsymbol{I}$,试求 $\hat{\boldsymbol{x}}_r$ 和 $\boldsymbol{Q}_{\hat{x}_r}$。

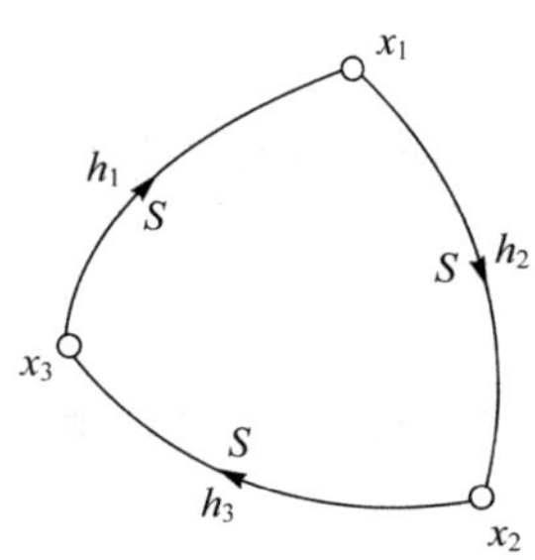

图 7.1 水准网示意

解:误差方程为

$$\boldsymbol{V}=\begin{bmatrix}-1&1&0\\0&-1&1\\1&0&-1\end{bmatrix}\begin{bmatrix}\hat{x}_1\\\hat{x}_2\\\hat{x}_3\end{bmatrix}-\begin{bmatrix}0\\0\\6\end{bmatrix}$$

法方程为

$$\begin{bmatrix}2&-1&-1\\-1&2&-1\\-1&-1&2\end{bmatrix}\begin{bmatrix}\hat{x}_1\\\hat{x}_2\\\hat{x}_3\end{bmatrix}-\begin{bmatrix}6\\0\\-6\end{bmatrix}=0$$

此法方程的系数矩阵秩亏,秩亏数 $d=1$,不难看出

$$\boldsymbol{N}_{11}=\begin{bmatrix}2&-1\\-1&2\end{bmatrix},\quad \boldsymbol{N}_1=\begin{bmatrix}2&-1&-1\\-1&2&-1\end{bmatrix},\quad \boldsymbol{f}_{e_1}=\begin{bmatrix}6\\0\end{bmatrix}$$

由于 $\boldsymbol{Q}_x=\boldsymbol{P}_x^{-1}=\boldsymbol{I}$,于是

$$\boldsymbol{N}_1\boldsymbol{N}_1^{\mathrm{T}}=\begin{bmatrix}6&-3\\-3&6\end{bmatrix},\quad \widetilde{\boldsymbol{Q}}_1=(\boldsymbol{N}_1\boldsymbol{N}_1^{\mathrm{T}})^{-1}=\frac{1}{9}\begin{bmatrix}2&1\\1&2\end{bmatrix}$$

所以 $\hat{\boldsymbol{x}}_r=\boldsymbol{N}_1^{\mathrm{T}}\widetilde{\boldsymbol{Q}}_1\boldsymbol{f}_{e_1}=\begin{bmatrix}2\\0\\-2\end{bmatrix}$,将 $\hat{\boldsymbol{x}}_r$ 代入误差方程,得改正数为

$$\boldsymbol{V}=[-2\quad -2\quad -2]^{\mathrm{T}}$$

高程平差值为

$$\hat{\boldsymbol{X}}=\boldsymbol{X}^0+\hat{\boldsymbol{x}}_r=\begin{bmatrix}10.002\\22.345\\25.821\end{bmatrix}$$

则

$$\boldsymbol{Q}_{\hat{x}_r}=\boldsymbol{N}_1^{\mathrm{T}}\widetilde{\boldsymbol{Q}}_1\boldsymbol{N}_{11}\widetilde{\boldsymbol{Q}}_1\boldsymbol{N}_1=\frac{1}{9}\begin{bmatrix}2&-1&-1\\-1&2&-1\\-1&-1&2\end{bmatrix}$$

2. 附加条件法

附加条件法又称伪观测法，其基本思想是：由于网中没有起算数据，平差时多选了 d 个未知参数，因此，若在 u 个未知参数之间适当给定 d 个附加条件方程，即在原平差问题的函数模型中加入 d 个未知参数之间的限制条件方程，而这些限制条件方程又等价于加权最小范数条件 $\hat{\boldsymbol{x}}^{\mathrm{T}}\boldsymbol{P}_x\hat{\boldsymbol{x}}=\min$，从而可使秩亏网平差问题转化为附有限制条件的间接平差问题。为方便起见，先给出附加条件方程，证明在此情况下的解就是原相容法方程组的加权最小范数解，即新加入的附加条件方程等价于加权最小范数约束条件，然后讨论在各类自由网平差中附加条件方程的形式。设附加条件方程为

$$\left.\begin{aligned}&\underset{d\times u}{\boldsymbol{G}^{\mathrm{T}}}\underset{u\times u}{\boldsymbol{P}_x}\underset{u\times 1}{\hat{\boldsymbol{x}}}=\boldsymbol{0}\\&R(\boldsymbol{N}_1)=R(\boldsymbol{G})=d\end{aligned}\right\}\tag{7.12}$$

式中，$\boldsymbol{G}$ 满足 $\boldsymbol{BG}=\boldsymbol{0}$，因此，平差的函数模型变为

$$\left.\begin{aligned}&\boldsymbol{V}=\boldsymbol{B}\hat{\boldsymbol{x}}_{\mathrm{p}}-\boldsymbol{f}=\boldsymbol{0}\\&R(\boldsymbol{B})=t<u\end{aligned}\right\}\tag{7.13}$$

$$\left.\begin{aligned}&\boldsymbol{G}^{\mathrm{T}}\boldsymbol{P}_x\hat{\boldsymbol{x}}_{\mathrm{p}}=\boldsymbol{0}\\&R(\boldsymbol{G})=d\end{aligned}\right\}\tag{7.14}$$

显然，模型形式与附有限制条件的间接平差相同，所不同的是此处的系数矩阵 $\boldsymbol{B}$ 不是列满秩矩阵，而是列亏秩矩阵，秩亏数为 d。由式(7.13)和式(7.14)组成的法方程为

$$\begin{bmatrix}\boldsymbol{N}&\boldsymbol{P}_x\boldsymbol{G}\\\boldsymbol{G}^{\mathrm{T}}\boldsymbol{P}_x&\boldsymbol{0}\end{bmatrix}\begin{bmatrix}\hat{\boldsymbol{x}}_{\mathrm{p}}\\\boldsymbol{K}'_{\mathrm{p}}\end{bmatrix}-\begin{bmatrix}\boldsymbol{f}_e\\\boldsymbol{0}\end{bmatrix}=\boldsymbol{0}\tag{7.15}$$

式中

$$\left.\begin{aligned}&\boldsymbol{N}=\boldsymbol{B}^{\mathrm{T}}\boldsymbol{PB}\\&R(\underset{u\times u}{\boldsymbol{N}})=R(\boldsymbol{B})=t<u\end{aligned}\right\}\tag{7.16}$$

因 $\boldsymbol{N}$ 为降秩方阵，无凯利逆，所以必须对法方程式(7.15)作适当变换，变换的方法是将式(7.15)中的第二个方程左乘 $\boldsymbol{P}_x\boldsymbol{G}$ 后再加到第一个方程上，变动后的法方程为

$$\begin{bmatrix}\widetilde{\boldsymbol{N}}&\boldsymbol{P}_x\boldsymbol{G}\\\boldsymbol{G}^{\mathrm{T}}\boldsymbol{P}_x&\boldsymbol{0}\end{bmatrix}\begin{bmatrix}\hat{\boldsymbol{x}}_{\mathrm{p}}\\\boldsymbol{K}'_{\mathrm{p}}\end{bmatrix}=\begin{bmatrix}\boldsymbol{f}_e\\\boldsymbol{0}\end{bmatrix}\tag{7.17}$$

式中

$$\left.\begin{aligned}&\widetilde{\boldsymbol{N}}=\boldsymbol{N}+\boldsymbol{P}_x\boldsymbol{GG}^{\mathrm{T}}\boldsymbol{P}_x\\&R(\widetilde{\boldsymbol{N}})=u\end{aligned}\right\}\tag{7.18}$$

于是可以求得

$$\hat{\boldsymbol{x}}_{\mathrm{p}}=\widetilde{\boldsymbol{N}}^{-1}(\boldsymbol{f}_e-\boldsymbol{P}_x\boldsymbol{G}\boldsymbol{K}'_{\mathrm{p}}) \tag{7.19}$$

$$\boldsymbol{K}'_{\mathrm{p}}=(\boldsymbol{G}^{\mathrm{T}}\boldsymbol{P}_x\widetilde{\boldsymbol{N}}^{-1}\boldsymbol{P}_x\boldsymbol{G})^{-1}\boldsymbol{G}^{\mathrm{T}}\boldsymbol{P}_x\widetilde{\boldsymbol{N}}^{-1}\boldsymbol{f}_e \tag{7.20}$$

事实上,上述结果还可进一步简化。由式(7.18)可知

$$\widetilde{\boldsymbol{N}}^{-1}\widetilde{\boldsymbol{N}}=\widetilde{\boldsymbol{N}}^{-1}(\boldsymbol{N}+\boldsymbol{P}_x\boldsymbol{G}\boldsymbol{G}^{\mathrm{T}}\boldsymbol{P}_x)=\boldsymbol{I}$$

上式右乘 $\boldsymbol{G}$,再展开得

$$\widetilde{\boldsymbol{N}}^{-1}(\boldsymbol{N}+\boldsymbol{P}_x\boldsymbol{G}\boldsymbol{G}^{\mathrm{T}}\boldsymbol{P}_x)\boldsymbol{G}=\boldsymbol{G}$$

$$\widetilde{\boldsymbol{N}}^{-1}\boldsymbol{N}\boldsymbol{G}+\widetilde{\boldsymbol{N}}^{-1}\boldsymbol{P}_x\boldsymbol{G}\boldsymbol{G}^{\mathrm{T}}\boldsymbol{P}_x\boldsymbol{G}=\boldsymbol{G}$$

由于 $\boldsymbol{B}\boldsymbol{G}=\boldsymbol{0}$,故 $\boldsymbol{N}\boldsymbol{G}=\boldsymbol{B}^{\mathrm{T}}\boldsymbol{P}\boldsymbol{B}\boldsymbol{G}=\boldsymbol{0}$,而 $\boldsymbol{G}^{\mathrm{T}}\boldsymbol{P}_x\boldsymbol{G}$ 为 d 阶满秩方阵,所以有

$$\widetilde{\boldsymbol{N}}^{-1}\boldsymbol{P}_x\boldsymbol{G}=\boldsymbol{G}(\boldsymbol{G}^{\mathrm{T}}\boldsymbol{P}_x\boldsymbol{G})^{-1}$$

转置后得

$$\boldsymbol{G}^{\mathrm{T}}\boldsymbol{P}_x\widetilde{\boldsymbol{N}}^{-1}=(\boldsymbol{G}^{\mathrm{T}}\boldsymbol{P}_x\boldsymbol{G})^{-1}\boldsymbol{G}^{\mathrm{T}} \tag{7.21}$$

将式(7.21)代入式(7.20)得

$$\boldsymbol{K}'_{\mathrm{p}}=((\boldsymbol{G}^{\mathrm{T}}\boldsymbol{P}_x\boldsymbol{G})^{-1}\boldsymbol{G}^{\mathrm{T}}\boldsymbol{P}_x\boldsymbol{G})^{-1}(\boldsymbol{G}^{\mathrm{T}}\boldsymbol{P}_x\boldsymbol{G})^{-1}\boldsymbol{G}^{\mathrm{T}}\boldsymbol{f}_e=(\boldsymbol{G}^{\mathrm{T}}\boldsymbol{P}_x\boldsymbol{G})^{-1}\boldsymbol{G}^{\mathrm{T}}\boldsymbol{B}^{\mathrm{T}}\boldsymbol{P}\boldsymbol{f}$$

因 $\boldsymbol{B}\boldsymbol{G}=\boldsymbol{0}$,所以 $\boldsymbol{K}'_{\mathrm{p}}=\boldsymbol{0}$,于是

$$\hat{\boldsymbol{x}}_{\mathrm{p}}=\widetilde{\boldsymbol{N}}^{-1}\boldsymbol{f}_e=\widetilde{\boldsymbol{N}}^{-1}\boldsymbol{B}^{\mathrm{T}}\boldsymbol{P}\boldsymbol{f} \tag{7.22}$$

不难看出 $\hat{\boldsymbol{x}}_{\mathrm{p}}$ 相当于方程 $\widetilde{\boldsymbol{N}}\hat{\boldsymbol{x}}_{\mathrm{p}}-\boldsymbol{f}_e=\boldsymbol{0}$ 的解,或是方程

$$(\boldsymbol{B}^{\mathrm{T}}\boldsymbol{P}\boldsymbol{B}+\boldsymbol{P}_x\boldsymbol{G}\boldsymbol{G}^{\mathrm{T}}\boldsymbol{P}_x)\hat{\boldsymbol{x}}_{\mathrm{p}}-\boldsymbol{B}^{\mathrm{T}}\boldsymbol{P}\boldsymbol{f}=\boldsymbol{0} \tag{7.23}$$

的解。显然式(7.23)相当于由下列误差方程所组成的法方程,即

$$\left.\begin{aligned}&\boldsymbol{V}=\boldsymbol{B}\hat{\boldsymbol{x}}_{\mathrm{p}}-\boldsymbol{f}\\&R(\boldsymbol{B})=t<u\end{aligned}\right\} \tag{7.24}$$

$$\left.\begin{aligned}&\boldsymbol{V}_{\mathrm{g}}=\boldsymbol{G}^{\mathrm{T}}\boldsymbol{P}_x\hat{\boldsymbol{x}}_{\mathrm{p}}\\&R(\boldsymbol{G})=d\end{aligned}\right\} \tag{7.25}$$

式(7.25)是人为增设的 d 个虚拟误差方程,所以此方法又称为伪观测法。

当 $\boldsymbol{P}_x=\boldsymbol{I}$ 时,$\hat{\boldsymbol{x}}_{\mathrm{p}}$ 用 $\hat{\boldsymbol{x}}_r$ 表示

$$\hat{\boldsymbol{x}}_r=(\boldsymbol{B}^{\mathrm{T}}\boldsymbol{P}\boldsymbol{B}+\boldsymbol{G}\boldsymbol{G}^{\mathrm{T}})^{-1}\boldsymbol{B}^{\mathrm{T}}\boldsymbol{P}\boldsymbol{f} \tag{7.26}$$

$$\boldsymbol{V}_{\mathrm{g}}=\boldsymbol{G}^{\mathrm{T}}\hat{\boldsymbol{x}}_r \tag{7.27}$$

现在再来证明上述解就是原秩亏法方程的加权最小范数解。事实上只要证明 $\widetilde{\boldsymbol{N}}^{-1}$ 是 $\boldsymbol{N}$ 的加权最小范数 g 逆中的一个,即证明 $\widetilde{\boldsymbol{N}}^{-1}$ 满足加权广义逆的第一和第四两个等式就可以了,也就是只需证明

$$\boldsymbol{N}\widetilde{\boldsymbol{N}}^{-1}\boldsymbol{N}=\boldsymbol{N},\quad(\widetilde{\boldsymbol{N}}^{-1}\boldsymbol{N}\boldsymbol{Q}_x)^{\mathrm{T}}=\widetilde{\boldsymbol{N}}^{-1}\boldsymbol{N}\boldsymbol{Q}_x$$

证明:(1) $\boldsymbol{N}\widetilde{\boldsymbol{N}}^{-1}\boldsymbol{N}=\boldsymbol{N}\widetilde{\boldsymbol{N}}^{-1}(\widetilde{\boldsymbol{N}}-\boldsymbol{P}_x\boldsymbol{G}\boldsymbol{G}^{\mathrm{T}}\boldsymbol{P}_x)=\boldsymbol{N}(\boldsymbol{I}-\widetilde{\boldsymbol{N}}^{-1}\boldsymbol{P}_x\boldsymbol{G}\boldsymbol{G}^{\mathrm{T}}\boldsymbol{P}_x)$

$$=\boldsymbol{N}(\boldsymbol{I}-\boldsymbol{G}(\boldsymbol{G}^{\mathrm{T}}\boldsymbol{P}_x\boldsymbol{G})^{-1}\boldsymbol{G}^{\mathrm{T}}\boldsymbol{P}_x)=\boldsymbol{N}-\boldsymbol{N}\boldsymbol{G}(\boldsymbol{G}^{\mathrm{T}}\boldsymbol{P}_x\boldsymbol{G})^{-1}\boldsymbol{G}^{\mathrm{T}}\boldsymbol{P}_x=\boldsymbol{N}$$

(2) $(\widetilde{\boldsymbol{N}}^{-1}\boldsymbol{N}\boldsymbol{Q}_x)^{\mathrm{T}}=(\widetilde{\boldsymbol{N}}^{-1}(\widetilde{\boldsymbol{N}}-\boldsymbol{P}_x\boldsymbol{G}\boldsymbol{G}^{\mathrm{T}}\boldsymbol{P}_x)\boldsymbol{Q}_x)^{\mathrm{T}}=((\boldsymbol{I}-\widetilde{\boldsymbol{N}}^{-1}\boldsymbol{P}_x\boldsymbol{G}\boldsymbol{G}^{\mathrm{T}}\boldsymbol{P}_x)\boldsymbol{Q}_x)^{\mathrm{T}}$

$$=(\boldsymbol{Q}_x-\boldsymbol{G}(\boldsymbol{G}^{\mathrm{T}}\boldsymbol{P}_x\boldsymbol{G})^{-1}\boldsymbol{G}^{\mathrm{T}}\boldsymbol{P}_x\boldsymbol{Q}_x)^{\mathrm{T}}=\boldsymbol{Q}_x-\boldsymbol{G}(\boldsymbol{G}^{\mathrm{T}}\boldsymbol{P}_x\boldsymbol{G})^{-1}\boldsymbol{G}^{\mathrm{T}}=\widetilde{\boldsymbol{N}}^{-1}\boldsymbol{N}\boldsymbol{Q}_x$$

可见,$\widetilde{\boldsymbol{N}}^{-1}$ 是 $\boldsymbol{N}$ 的一个加权最小范数 g 逆,故 $\hat{\boldsymbol{x}}_{\mathrm{p}}$ 是原秩亏法方程的加权最小范数解。

现在剩下的问题是如何确定附加矩阵 $\boldsymbol{G}$。由线性代数的理论可知，法方程系数矩阵 $\boldsymbol{N}$ 与它的特征值 λ_i 及相应的特征向量 $\boldsymbol{x}_i$ 之间的关系为

$$(\boldsymbol{N}-\lambda_i\boldsymbol{I})\boldsymbol{x}_i=\boldsymbol{0} \tag{7.28}$$

式中，λ_i 为矩阵 $\boldsymbol{N}$ 的特征值，$\boldsymbol{x}_i$ 为特征值 λ_i 所对应的特征向量，$i=1,2,\cdots,u$。

在秩亏网平差中，由于法方程系数矩阵 $\boldsymbol{N}$ 为秩亏方阵，其秩亏数 $d=u-t$，所以在矩阵 $\boldsymbol{N}$ 中的 u 个特征值 $\lambda_1,\lambda_2,\cdots,\lambda_u$ 中，必有 d 个零特征值，当 $\lambda_i=0$ 时

$$\boldsymbol{N}\boldsymbol{x}_i=\boldsymbol{0} \tag{7.29}$$

前面已经讲过，附加矩阵 $\boldsymbol{G}$ 应满足的条件是 $\boldsymbol{BG}=\boldsymbol{0}$，将 $\boldsymbol{BG}$ 左乘 $\boldsymbol{B}^{\mathrm{T}}\boldsymbol{P}$，得

$$\boldsymbol{B}^{\mathrm{T}}\boldsymbol{PBG}=\boldsymbol{NG}=\boldsymbol{0} \tag{7.30}$$

将式(7.30)与式(7.29)相比较可知，附加矩阵 $\boldsymbol{G}$ 实际上就是矩阵 $\boldsymbol{G}$ 零特征值所对应的特征向量。关于矩阵的特征值及其所对应的特征向量的求法可参阅有关的线性代数书籍。

顺便指出，由于特征向量是不唯一的，因此附加矩阵 $\boldsymbol{G}$ 也是不唯一的，但 $\boldsymbol{G}$ 中的各个元素之间的相对关系却是不变的，这就意味着可通过标准化来使 $\boldsymbol{G}$ 变成唯一的。标准化的要求是 $\boldsymbol{G}^{\mathrm{T}}\boldsymbol{P}_x\boldsymbol{G}=\boldsymbol{I}$。下面以水准网和测角网为例，具体说明附加矩阵 $\boldsymbol{G}$ 的求法。

例 7.2　试求例 7.1 中图 7.1 所示的水准网进行秩亏网平差时的附加矩阵。

解：从例 7.1 中得到法方程系数矩阵为

$$\boldsymbol{N}=\begin{bmatrix}2&-1&-1\\-1&2&-1\\-1&-1&2\end{bmatrix}$$

易知 $R(\boldsymbol{N})=2,d=1$。矩阵 $\boldsymbol{N}$ 的特征多项式为

$$f(\lambda)=\begin{vmatrix}2-\lambda&-1&-1\\-1&2-\lambda&-1\\-1&-1&2-\lambda\end{vmatrix}=-\lambda^3+6\lambda^2-9\lambda=-\lambda(\lambda-3)^2$$

令 $\lambda(\lambda-3)^2=0$，则该方程的三个根分别为

$$\lambda_1=\lambda_2=3,\quad \lambda_3=0$$

为求零特征值所对应的特征向量，组成齐次方程

$$\boldsymbol{NG}=\boldsymbol{0}$$

令 $\boldsymbol{G}^{\mathrm{T}}=[g_1\quad g_2\quad g_3]$，则有齐次方程组

$$\left.\begin{aligned}2g_1-g_2-g_3&=0\\-g_1+2g_2-g_3&=0\\-g_1-g_2+2g_3&=0\end{aligned}\right\}$$

它的通解为 $g_1=g_2=g_3=C$。式中，C 为任一常数。不妨取 $C=1$，则 $g_1=g_2=g_3=1$，即有 $\boldsymbol{G}^{\mathrm{T}}=[1\quad 1\quad 1]$，$\boldsymbol{G}$ 中 1 的个数等于水准网待定点的总数。

例 7.3　试由赫尔默特(Helmert)相似变换公式导出对平面三角网按角度进行秩亏网平差时的附加矩阵 $\boldsymbol{G}$。

解：赫尔默特相似变换公式为

$$\left.\begin{aligned}X_i&=X^0+X_i^0\gamma\cos\alpha-Y_i^0\gamma\sin\alpha\\Y_i&=Y^0+X_i^0\gamma\sin\alpha+Y_i^0\gamma\cos\alpha\end{aligned}\right\}$$

式中,X_i^0、Y_i^0 为 i 点在原坐标系中的坐标值,X_i、Y_i 为 i 点在新坐标系中的坐标值,X^0、Y^0 为坐标原点的平移量,γ、α 分别为长度比例因子和旋转角参数。

由于观测和换算误差的影响,已知点的新、旧坐标不可能完全满足上述变换公式,设 i 点的新、旧坐标之差为

$$\left.\begin{aligned} x_i &= X_i - X_i^0 = X^0 + X_i^0\gamma\cos\alpha - Y_i^0\gamma\sin\alpha - X_i^0 \\ y_i &= Y_i - Y_i^0 \quad = Y^0 + X_i^0\gamma\sin\alpha + Y_i^0\gamma\cos\alpha - Y_i^0 \end{aligned}\right\}$$

即

$$\left.\begin{aligned} x_i &= X^0 + X_i^0(\gamma\cos\alpha - 1) - Y_i^0\gamma\sin\alpha \\ y_i &= Y^0 + X_i^0\gamma\sin\alpha + Y_i^0(\gamma\cos\alpha - 1) \end{aligned}\right\}$$

令 $\gamma\cos\alpha - 1 = \mu$、$\gamma\sin\alpha = \delta$,则上式转换为

$$\left.\begin{aligned} x_i &= X^0 - Y_i^0\delta + X_i^0\mu \\ y_i &= Y^0 + X_i^0\delta + Y_i^0\mu \end{aligned}\right\}$$

式中,$i=1,2,\cdots,m$,且 m 为测角网中点的总数。在 $\sum\limits_{i=1}^{m}(x_i^2+y_i^2)=\min$ 条件下的相似变换称为赫尔默特相似变换。在此条件下,求四个未知量 X^0、Y^0、δ 和 μ,组成自由极值函数为

$$\Phi = \sum_{i=1}^{m}(x_i^2+y_i^2) = \sum_{i=1}^{m}((X^0 - Y_i^0\delta + X_i^0\mu)^2 + (Y^0 + X_i^0\delta + Y_i^0\mu)^2) = \min$$

对上式四个未知量 X^0、Y^0、δ 和 μ 分别求偏导,并令其等于 0,即得

$$\sum x_i = 0,\quad \sum y_i = 0,\quad \sum(-Y_i^0 x_i + X_i^0 y_i) = 0,\quad \sum(X_i^0 x_i + Y_i^0 y_i) = 0$$

若将它们写成矩阵形式,并用条件方程 $\underset{4\times u}{\boldsymbol{G}^{\mathrm{T}}}\ \underset{u\times 1}{\hat{\boldsymbol{x}}} = \boldsymbol{0}$ 表示,则附加矩阵 $\boldsymbol{G}^{\mathrm{T}}$ 应为

$$\underset{4\times u}{\boldsymbol{G}^{\mathrm{T}}} = \begin{pmatrix} 1 & 0 & 1 & 0 & \cdots & 1 & 0 \\ 0 & 1 & 0 & 1 & \cdots & 0 & 1 \\ -Y_1^0 & X_1^0 & -Y_2^0 & X_2^0 & \cdots & -Y_m^0 & X_m^0 \\ X_1^0 & Y_1^0 & X_2^0 & Y_2^0 & \cdots & X_m^0 & Y_m^0 \end{pmatrix}$$

下面将不同类型的控制网的附加矩阵 $\boldsymbol{G}$ 汇总如下。

(1)对于水准网,秩亏数 $d=1$,附加矩阵为

$$\underset{1\times u}{\boldsymbol{G}^{\mathrm{T}}} = [1\quad 1\quad \cdots\quad 1] \tag{7.31}$$

$\boldsymbol{G}$ 满足 $\boldsymbol{BG}=\boldsymbol{0}$,但还不满足 $\boldsymbol{G}^{\mathrm{T}}\boldsymbol{P}_x\boldsymbol{G}=\boldsymbol{I}$,所以 $\boldsymbol{G}$ 不是标准化矩阵,当 $\boldsymbol{P}_x=\mathrm{diag}(\boldsymbol{P}_1,\boldsymbol{P}_2,\cdots,\boldsymbol{P}_u)$ 时,若取

$$\boldsymbol{G}^{\mathrm{T}} = \frac{1}{\sqrt{\sum \boldsymbol{P}_x}}[1\quad 1\quad \cdots\quad 1] \tag{7.32}$$

$\boldsymbol{G}$ 满足 $\boldsymbol{BG}=\boldsymbol{0}$,又满足 $\boldsymbol{G}^{\mathrm{T}}\boldsymbol{P}_x\boldsymbol{G}=\boldsymbol{I}$。

(2)对于测边网和边角网,$d=3$,$u=2m$,m 为待定点数,未经标准化的附加矩阵为

$$\underset{3\times 2m}{\boldsymbol{G}^{\mathrm{T}}} = \begin{bmatrix} 1 & 0 & 1 & 0 & \cdots & 1 & 0 \\ 0 & 1 & 0 & 1 & \cdots & 0 & 1 \\ -Y_1^0 & X_1^0 & -Y_2^0 & X_2^0 & \cdots & -Y_m^0 & X_m^0 \end{bmatrix} \tag{7.33}$$

式中,X_i^0、Y_i^0 是以网的重心坐标为原点的近似坐标,以 km 为单位。网的重心坐标为

$$\overline{X}_0=\frac{\sum X_i^0}{m},\quad \overline{Y}_0=\frac{\sum Y_i^0}{m}$$

而 $\sum X_i^0=0,\sum Y_i^0=0$。当 $\boldsymbol{P}_x=\boldsymbol{I}$ 时，标准化附加矩阵 $\boldsymbol{G}$ 为

$$\boldsymbol{G}^{\mathrm{T}}=\begin{bmatrix}\frac{1}{\sqrt{m}} & 0 & \frac{1}{\sqrt{m}} & 0 & \cdots & \frac{1}{\sqrt{m}} & 0\\ 0 & \frac{1}{\sqrt{m}} & 0 & \frac{1}{\sqrt{m}} & \cdots & 0 & \frac{1}{\sqrt{m}}\\ -\frac{Y_1^0}{R} & \frac{X_1^0}{R} & -\frac{Y_2^0}{R} & \frac{X_2^0}{R} & \cdots & -\frac{Y_m^0}{R} & \frac{X_m^0}{R}\end{bmatrix}\tag{7.34}$$

此时 $\boldsymbol{G}$ 满足 $\boldsymbol{BG}=\boldsymbol{0},\boldsymbol{G}^{\mathrm{T}}\boldsymbol{G}=\boldsymbol{I}$。式中

$$R^2=\sum X_i^{0\,2}+\sum Y_i^{0\,2}$$

(3)对于测角网，$d=4$，未经标准化的附加矩阵 $\boldsymbol{G}$ 为

$$\underset{4\times 2m}{\boldsymbol{G}^{\mathrm{T}}}=\begin{bmatrix}1 & 0 & 1 & 0 & \cdots & 1 & 0\\ 0 & 1 & 0 & 1 & \cdots & 0 & 1\\ -Y_1^0 & X_1^0 & -Y_2^0 & X_2^0 & \cdots & -Y_m^0 & X_m^0\\ X_1^0 & Y_1^0 & X_2^0 & Y_2^0 & \cdots & X_m^0 & Y_m^0\end{bmatrix}\tag{7.35}$$

当 $\boldsymbol{P}_x=\boldsymbol{I}$ 时，标准化附加矩阵 $\boldsymbol{G}$ 为

$$\boldsymbol{G}^{\mathrm{T}}=\begin{bmatrix}\frac{1}{\sqrt{m}} & 0 & \frac{1}{\sqrt{m}} & 0 & \cdots & \frac{1}{\sqrt{m}} & 0\\ 0 & \frac{1}{\sqrt{m}} & 0 & \frac{1}{\sqrt{m}} & \cdots & 0 & \frac{1}{\sqrt{m}}\\ -\frac{Y_1^0}{R} & \frac{X_1^0}{R} & -\frac{Y_2^0}{R} & \frac{X_2^0}{R} & \cdots & -\frac{Y_m^0}{R} & \frac{X_m^0}{R}\\ \frac{X_1^0}{R} & \frac{Y_1^0}{R} & \frac{X_2^0}{R} & \frac{Y_2^0}{R} & \cdots & \frac{X_m^0}{R} & \frac{Y_m^0}{R}\end{bmatrix}\tag{7.36}$$

此时 $\boldsymbol{G}$ 满足 $\boldsymbol{BG}=\boldsymbol{0},\boldsymbol{G}^{\mathrm{T}}\boldsymbol{G}=\boldsymbol{I}$。上述有关符号与测边网有关符号意义相同。

当 $\boldsymbol{G}$ 为标准化矩阵时，由附有限制条件的间接平差模型不难得到采用附加条件法求得的加权最小范数解 $\hat{\boldsymbol{x}}_{\mathrm{p}}$ 的协因数矩阵为

$$\boldsymbol{Q}_{\hat{\boldsymbol{x}}_r}=\widetilde{\boldsymbol{N}}^{-1}-\widetilde{\boldsymbol{N}}^{-1}\boldsymbol{P}_x\boldsymbol{G}\boldsymbol{G}^{\mathrm{T}}\boldsymbol{P}_x\widetilde{\boldsymbol{N}}^{-1}=\widetilde{\boldsymbol{N}}^{-1}-\boldsymbol{G}\boldsymbol{G}^{\mathrm{T}}\tag{7.37}$$

例 7.4　同例 7.1，试按附加条件法求 $\hat{\boldsymbol{x}}_r$ 及其协因数矩阵 $\boldsymbol{Q}_{\hat{\boldsymbol{x}}_r}$。

解：由例 7.1 可知，法方程为

$$\begin{bmatrix}2 & -1 & -1\\ -1 & 2 & -1\\ -1 & -1 & 2\end{bmatrix}\begin{bmatrix}\hat{x}_1\\ \hat{x}_2\\ \hat{x}_3\end{bmatrix}-\begin{bmatrix}6\\ 0\\ -6\end{bmatrix}=0$$

由式(7.32)可知，标准化的附加矩阵为

$$\boldsymbol{G}^{\mathrm{T}}=\frac{1}{\sqrt{3}}\begin{bmatrix}1 & 1 & 1\end{bmatrix}$$

式中,3 为 $\boldsymbol{P}_x$ 中主对角线元素之和。

$$\boldsymbol{G}\boldsymbol{G}^{\mathrm{T}}=\frac{1}{3}\begin{bmatrix}1&1&1\\1&1&1\\1&1&1\end{bmatrix},\quad \widetilde{\boldsymbol{N}}=\boldsymbol{N}+\boldsymbol{G}\boldsymbol{G}^{\mathrm{T}}=\frac{1}{3}\begin{bmatrix}7&-2&-2\\-2&7&-2\\-2&-2&7\end{bmatrix}$$

$$\widetilde{\boldsymbol{N}}^{-1}=\frac{1}{9}\begin{bmatrix}5&2&2\\2&5&2\\2&2&5\end{bmatrix},\quad \hat{\boldsymbol{x}}_r=\widetilde{\boldsymbol{N}}^{-1}\boldsymbol{f}_e=[2\quad 0\quad -2]^{\mathrm{T}}$$

$$\hat{\boldsymbol{X}}_r=\boldsymbol{X}^0+\hat{\boldsymbol{x}}_r=[10.002\quad 22.345\quad 25.821]^{\mathrm{T}},\quad \boldsymbol{V}=[-2\quad -2\quad -2]^{\mathrm{T}}$$

$$\boldsymbol{Q}_{\hat{x}_r}=\widetilde{\boldsymbol{N}}^{-1}-\boldsymbol{G}\boldsymbol{G}^{\mathrm{T}}=\frac{1}{9}\begin{bmatrix}5&2&2\\2&5&2\\2&2&5\end{bmatrix}-\frac{1}{3}\begin{bmatrix}1&1&1\\1&1&1\\1&1&1\end{bmatrix}=\frac{1}{9}\begin{bmatrix}2&-1&-1\\-1&2&-1\\-1&-1&2\end{bmatrix}$$

与直接解法的计算结果完全一样。

7.1.2 拟稳平差

为区别起见,对于拟稳平差其估值用 $\hat{\boldsymbol{x}}_{\mathrm{s}}$ 表示。设

$$\underset{u\times u}{\boldsymbol{P}_x}=\mathrm{diag}(\underset{r\times r}{\boldsymbol{0}},\ \underset{s\times s}{\boldsymbol{I}}),\qquad \underset{d\times u}{\boldsymbol{G}}^{\mathrm{T}}=[\underset{d\times r}{\boldsymbol{G}_1^{\mathrm{T}}}\quad \underset{d\times s}{\boldsymbol{G}_2^{\mathrm{T}}}]$$

于是有

$$\boldsymbol{G}^{\mathrm{T}}\boldsymbol{P}_x=[\boldsymbol{0}\quad \boldsymbol{G}_2^{\mathrm{T}}] \tag{7.38}$$

若令 $\boldsymbol{G}_{\mathrm{s}}^{\mathrm{T}}=\boldsymbol{G}^{\mathrm{T}}\boldsymbol{P}_x=[\boldsymbol{0}\quad \boldsymbol{G}_2^{\mathrm{T}}]$,则拟稳平差的函数模型为

$$\left.\begin{aligned}\boldsymbol{V}&=\boldsymbol{B}\hat{\boldsymbol{x}}_{\mathrm{s}}-\boldsymbol{f}\\R(\boldsymbol{B})&=t<u\end{aligned}\right\} \tag{7.39}$$

$$\left.\begin{aligned}\boldsymbol{G}_{\mathrm{s}}^{\mathrm{T}}\hat{\boldsymbol{x}}_{\mathrm{s}}&=\boldsymbol{0}\\R(\boldsymbol{G}_{\mathrm{s}})&=d\end{aligned}\right\} \tag{7.40}$$

显然,模型形式与附有限制条件的间接平差相同,所不同的是此处的系数矩阵 $\boldsymbol{B}$ 不是列满秩矩阵,而是列秩亏矩阵,秩亏数为 d。现组成如下法方程

$$\begin{bmatrix}\boldsymbol{N}&\boldsymbol{G}_{\mathrm{s}}\\\boldsymbol{G}_{\mathrm{s}}^{\mathrm{T}}&\boldsymbol{0}\end{bmatrix}\begin{bmatrix}\hat{\boldsymbol{x}}_{\mathrm{s}}\\\boldsymbol{K}'_{\mathrm{s}}\end{bmatrix}-\begin{bmatrix}\boldsymbol{f}_e\\\boldsymbol{0}\end{bmatrix}=\boldsymbol{0} \tag{7.41}$$

$$R(\boldsymbol{N})=R(\boldsymbol{B})=t<u$$

式中,$\boldsymbol{N}$ 为秩亏方阵。为了解算法方程式(7.41),需作适当变换,其方法是将式(7.41)中的第二个方程左乘 $\boldsymbol{G}_{\mathrm{s}}$ 后再加到第一个方程上去,于是变形后的法方程为

$$\begin{bmatrix}\widetilde{\boldsymbol{N}}&\boldsymbol{G}_{\mathrm{s}}\\\boldsymbol{G}_{\mathrm{s}}^{\mathrm{T}}&\boldsymbol{0}\end{bmatrix}\begin{bmatrix}\hat{\boldsymbol{x}}_{\mathrm{s}}\\\boldsymbol{K}'_{\mathrm{s}}\end{bmatrix}-\begin{bmatrix}\boldsymbol{f}_e\\\boldsymbol{0}\end{bmatrix}=\boldsymbol{0} \tag{7.42}$$

式中

$$\left.\begin{aligned}\widetilde{\boldsymbol{N}}&=\boldsymbol{N}+\boldsymbol{G}_{\mathrm{s}}\boldsymbol{G}_{\mathrm{s}}^{\mathrm{T}}\\R(\widetilde{\boldsymbol{N}})&=R\left(\begin{bmatrix}\boldsymbol{B}\\\boldsymbol{G}_{\mathrm{s}}^{\mathrm{T}}\end{bmatrix}\right)=u\end{aligned}\right\} \tag{7.43}$$

于是可解得

$$\boldsymbol{K}'_{\mathrm{s}}=(\boldsymbol{G}_{\mathrm{s}}^{\mathrm{T}}\widetilde{\boldsymbol{N}}^{-1}\boldsymbol{G}_{\mathrm{s}})^{-1}\boldsymbol{G}_{\mathrm{s}}^{\mathrm{T}}\widetilde{\boldsymbol{N}}^{-1}\boldsymbol{f}_e \tag{7.44}$$

$$\hat{\boldsymbol{x}}_s=\widetilde{\boldsymbol{N}}^{-1}(\boldsymbol{f}_e-\boldsymbol{G}_s\boldsymbol{K}'_s) \tag{7.45}$$

由于 $\boldsymbol{BG}=\boldsymbol{0}$，且 $\boldsymbol{P}_x=\mathrm{diag}(\boldsymbol{0},\boldsymbol{I})$，有

$$(\boldsymbol{G}_s^{\mathrm{T}}\boldsymbol{G}_s)^{-1}\boldsymbol{G}^{\mathrm{T}}\widetilde{\boldsymbol{N}}=(\boldsymbol{G}_s^{\mathrm{T}}\boldsymbol{G}_s)^{-1}\boldsymbol{G}^{\mathrm{T}}(\boldsymbol{N}+\boldsymbol{G}_s\boldsymbol{G}_s^{\mathrm{T}})=(\boldsymbol{G}_s^{\mathrm{T}}\boldsymbol{G}_s)^{-1}\boldsymbol{G}^{\mathrm{T}}(\boldsymbol{G}_s\boldsymbol{G}_s^{\mathrm{T}})=\boldsymbol{G}_s^{\mathrm{T}}$$

所以

$$\widetilde{\boldsymbol{N}}^{-1}\boldsymbol{G}_s=\boldsymbol{G}(\boldsymbol{G}_s^{\mathrm{T}}\boldsymbol{G}_s)^{-1} \tag{7.46}$$

而

$$\boldsymbol{G}_s^{\mathrm{T}}\boldsymbol{G}=\begin{bmatrix}\boldsymbol{0} & \boldsymbol{G}_2^{\mathrm{T}}\end{bmatrix}\begin{bmatrix}\boldsymbol{G}_1\\ \boldsymbol{G}_2\end{bmatrix}=\boldsymbol{G}_2^{\mathrm{T}}\boldsymbol{G}_2=\boldsymbol{G}^{\mathrm{T}}\boldsymbol{G}_s \tag{7.47}$$

顾及 $\boldsymbol{BG}=\boldsymbol{0}$，于是有 $\boldsymbol{G}_s^{\mathrm{T}}\widetilde{\boldsymbol{N}}^{-1}\boldsymbol{f}_e=(\boldsymbol{G}_2^{\mathrm{T}}\boldsymbol{G}_2)^{-1}\boldsymbol{G}^{\mathrm{T}}\boldsymbol{B}^{\mathrm{T}}\boldsymbol{P}\boldsymbol{f}=\boldsymbol{0}$，所以 $\boldsymbol{K}'_s=\boldsymbol{0}$，则

$$\hat{\boldsymbol{x}}_s=\widetilde{\boldsymbol{N}}^{-1}\boldsymbol{f}_e=\widetilde{\boldsymbol{N}}^{-1}\boldsymbol{B}^{\mathrm{T}}\boldsymbol{P}\boldsymbol{f} \tag{7.48}$$

$\hat{\boldsymbol{x}}_s$ 的协因数矩阵为

$$\boldsymbol{Q}_{\hat{x}_s}=\widetilde{\boldsymbol{N}}^{-1}-\widetilde{\boldsymbol{N}}^{-1}\boldsymbol{G}_s\boldsymbol{G}_s^{\mathrm{T}}\widetilde{\boldsymbol{N}}^{-1} \tag{7.49}$$

在实际计算时，还要对附加矩阵 $\boldsymbol{G}_s$ 进行标准化，使 $\boldsymbol{G}_s^{\mathrm{T}}\boldsymbol{G}_s=\boldsymbol{I}$（即 $\boldsymbol{G}_2^{\mathrm{T}}\boldsymbol{G}_2=\boldsymbol{I}$）。当 $\boldsymbol{G}_2^{\mathrm{T}}\boldsymbol{G}_2=\boldsymbol{I}$ 时，由式(7.45)、式(7.46)和式(7.47)可得

$$\left.\begin{aligned}\widetilde{\boldsymbol{N}}^{-1}\boldsymbol{G}_s&=\boldsymbol{G}\\ \boldsymbol{G}_s^{\mathrm{T}}\widetilde{\boldsymbol{N}}^{-1}&=\boldsymbol{G}^{\mathrm{T}}\end{aligned}\right\} \tag{7.50}$$

因此未知参数 $\hat{\boldsymbol{x}}_s$ 的协因数矩阵可简化为

$$\boldsymbol{Q}_{\hat{x}_s}=\widetilde{\boldsymbol{N}}^{-1}-\widetilde{\boldsymbol{N}}^{-1}\boldsymbol{G}_s\boldsymbol{G}_s^{\mathrm{T}}\widetilde{\boldsymbol{N}}^{-1}=\widetilde{\boldsymbol{N}}^{-1}-\boldsymbol{G}\boldsymbol{G}^{\mathrm{T}}$$

由上式可知 $\widetilde{\boldsymbol{N}}^{-1}=\boldsymbol{Q}_{\hat{x}_s}+\boldsymbol{G}\boldsymbol{G}^{\mathrm{T}}$，于是

$$\hat{\boldsymbol{x}}_s=\widetilde{\boldsymbol{N}}^{-1}\boldsymbol{f}_e=(\boldsymbol{Q}_{\hat{x}_s}+\boldsymbol{G}\boldsymbol{G}^{\mathrm{T}})\boldsymbol{f}_e=\boldsymbol{Q}_{\hat{x}_s}\boldsymbol{f}_e+\boldsymbol{G}\boldsymbol{G}^{\mathrm{T}}\boldsymbol{B}^{\mathrm{T}}\boldsymbol{P}\boldsymbol{f}$$

因 $\boldsymbol{BG}=\boldsymbol{0}$ ($\boldsymbol{G}^{\mathrm{T}}\boldsymbol{B}^{\mathrm{T}}=\boldsymbol{0}$)，则得

$$\hat{\boldsymbol{x}}_s=\boldsymbol{Q}_{\hat{x}_s}\boldsymbol{f}_e \tag{7.51}$$

例 7.5　在例 7.1 的水准网中，若设 x_2、x_3 两点为拟稳点，试按附加条件法求待定点高程的平差值 $\hat{\boldsymbol{x}}_s$ 及其协因数矩阵 $\boldsymbol{Q}_{\hat{x}_s}$。

解：误差方程和法方程分别为

$$\boldsymbol{V}=\begin{bmatrix}-1 & 1 & 0\\ 0 & -1 & 1\\ 1 & 0 & -1\end{bmatrix}\begin{bmatrix}\hat{x}_1\\ \hat{x}_2\\ \hat{x}_3\end{bmatrix}-\begin{bmatrix}0\\ 0\\ 6\end{bmatrix},\quad \begin{bmatrix}2 & -1 & -1\\ -1 & 2 & -1\\ -1 & -1 & 2\end{bmatrix}\begin{bmatrix}\hat{x}_1\\ \hat{x}_2\\ \hat{x}_3\end{bmatrix}-\begin{bmatrix}6\\ 0\\ -6\end{bmatrix}=\boldsymbol{0}$$

因 x_2、x_3 两点为拟稳点，故标准化的附加矩阵 $\boldsymbol{G}$ 为

$$\boldsymbol{G}^{\mathrm{T}}=\frac{1}{\sqrt{2}}\begin{bmatrix}1 & 1 & 1\end{bmatrix}=\begin{bmatrix}\boldsymbol{G}_1^{\mathrm{T}} & \boldsymbol{G}_2^{\mathrm{T}}\end{bmatrix},\quad \boldsymbol{G}_s^{\mathrm{T}}=\begin{bmatrix}\boldsymbol{0} & \boldsymbol{G}_2^{\mathrm{T}}\end{bmatrix}=\frac{1}{\sqrt{2}}\begin{bmatrix}0 & 1 & 1\end{bmatrix}$$

式中，分母中的 2 是拟稳点的个数。由此得

$$\boldsymbol{G}_s\boldsymbol{G}_s^{\mathrm{T}}=\frac{1}{2}\begin{bmatrix}0 & 0 & 0\\ 0 & 1 & 1\\ 0 & 1 & 1\end{bmatrix}$$

于是可以求得

$$\widetilde{\boldsymbol{N}}=\boldsymbol{N}+\boldsymbol{G}_s\boldsymbol{G}_s^{\mathrm{T}}=\frac{1}{2}\begin{bmatrix}4&-2&-2\\-2&5&-1\\-2&-1&5\end{bmatrix},\quad \widetilde{\boldsymbol{N}}^{-1}=\frac{1}{6}\begin{bmatrix}6&3&3\\3&4&2\\3&2&4\end{bmatrix}$$

$$\hat{\boldsymbol{x}}_s=\widetilde{\boldsymbol{N}}^{-1}\boldsymbol{f}_e=\frac{1}{6}\begin{bmatrix}6&3&3\\3&4&2\\3&2&4\end{bmatrix}\begin{bmatrix}6\\0\\-6\end{bmatrix}=\begin{bmatrix}3\\1\\-1\end{bmatrix},\qquad \hat{\boldsymbol{X}}_s=\boldsymbol{X}^0+\hat{\boldsymbol{x}}_s=\begin{bmatrix}\hat{H}_A\\\hat{H}_B\\\hat{H}_C\end{bmatrix}=\begin{bmatrix}10.003\\22.346\\25.822\end{bmatrix}$$

$$\boldsymbol{V}=\boldsymbol{B}\hat{\boldsymbol{x}}_s-\boldsymbol{f}=\begin{bmatrix}-1&1&0\\0&-1&1\\1&0&-1\end{bmatrix}\begin{bmatrix}3\\1\\-1\end{bmatrix}-\begin{bmatrix}6\\0\\-6\end{bmatrix}=\begin{bmatrix}-8\\-2\\-10\end{bmatrix}$$

未知数的协因数矩阵为

$$\boldsymbol{Q}_{\hat{x}_s}=\widetilde{\boldsymbol{N}}^{-1}-\boldsymbol{G}\boldsymbol{G}^{\mathrm{T}}=\frac{1}{6}\begin{bmatrix}6&3&3\\3&4&2\\3&2&4\end{bmatrix}-\frac{1}{2}\begin{bmatrix}1&1&1\\1&1&1\\1&1&1\end{bmatrix}=\frac{1}{6}\begin{bmatrix}3&0&0\\0&1&-1\\0&-1&1\end{bmatrix}$$

7.2　附加系统参数的平差方法

对于观测值中的系统误差，我们尽量在平差前作预处理，从观测值中消除或削弱到可以忽略不计，使观测值中只含有偶然误差，最后进行平差计算。但是，当平差前未能将观测值中的系统误差削弱到可忽略不计的程度时，残余的系统误差将会影响平差结果。近年来，出现了通过平差来消除或削弱系统误差影响的方法，该方法在摄影测量学中称为自检校平差法。自检校平差法的基本思想是在平差的函数模型中加入一些附加参数，称为系统参数，用以补偿观测值中的系统误差对平差结果的影响。

7.2.1　附加系统参数平差的数学模型

附加系统参数平差的函数模型为

$$\boldsymbol{L}=\boldsymbol{B}\widetilde{\boldsymbol{X}}+\boldsymbol{H}\nabla\boldsymbol{S}+\boldsymbol{\Delta}_{\mathrm{n}}\tag{7.52}$$

式中，$\nabla\boldsymbol{S}$ 为系统参数，$\boldsymbol{H}$ 为$\nabla\boldsymbol{S}$ 的已知系数矩阵。式(7.52)写成误差方程形式为

$$\bar{\boldsymbol{V}}=\boldsymbol{B}\bar{\boldsymbol{X}}+\boldsymbol{H}\nabla\bar{\boldsymbol{S}}-\boldsymbol{f}\tag{7.53}$$

式中，$\bar{\boldsymbol{V}}$、$\bar{\boldsymbol{X}}$ 为附加系统参数时的观测值平差改正数和参数的估值，用以区别未加入系数参数时的结果 $\boldsymbol{V}$ 和 $\hat{\boldsymbol{X}}$。平差的随机模型为 $E(\boldsymbol{\Delta}_{\mathrm{n}})=0$，即

$$E(\boldsymbol{L})=\boldsymbol{B}\widetilde{\boldsymbol{X}}+\boldsymbol{H}\nabla\boldsymbol{S}\tag{7.54}$$

和

$$\boldsymbol{D}_{\boldsymbol{\Delta}_{\mathrm{n}}}=\sigma_0^2\boldsymbol{Q}=\sigma_0^2\boldsymbol{P}^{-1}\tag{7.55}$$

式中，$\boldsymbol{\Delta}_{\mathrm{n}}$ 为偶然误差向量，σ_0^2 为单位权方差，$\boldsymbol{D}_{\boldsymbol{\Delta}_{\mathrm{n}}}$ 为 $\boldsymbol{L}$ 或 $\boldsymbol{\Delta}_{\mathrm{n}}$ 的协方差矩阵，$\boldsymbol{Q}$ 为 $\boldsymbol{L}$ 或 $\boldsymbol{\Delta}_{\mathrm{n}}$ 的权矩阵的逆，$\boldsymbol{P}$ 为权矩阵。从平差模型中可以看出，这里是将$\nabla\boldsymbol{S}$ 视为非随机参数。

依最小二乘准则，得法方程式为

$$\begin{bmatrix}\boldsymbol{B}^{\mathrm{T}}\boldsymbol{P}\boldsymbol{B}&\boldsymbol{B}^{\mathrm{T}}\boldsymbol{P}\boldsymbol{H}\\\boldsymbol{H}^{\mathrm{T}}\boldsymbol{P}\boldsymbol{B}&\boldsymbol{H}^{\mathrm{T}}\boldsymbol{P}\boldsymbol{H}\end{bmatrix}\begin{bmatrix}\bar{\boldsymbol{X}}\\\nabla\bar{\boldsymbol{S}}\end{bmatrix}-\begin{bmatrix}\boldsymbol{B}^{\mathrm{T}}\boldsymbol{P}\boldsymbol{f}\\\boldsymbol{H}^{\mathrm{T}}\boldsymbol{P}\boldsymbol{f}\end{bmatrix}=\boldsymbol{0}\tag{7.56}$$

令法方程系数矩阵及其权矩阵的逆为

$$\begin{bmatrix} \boldsymbol{B}^{\mathrm{T}}\boldsymbol{PB} & \boldsymbol{B}^{\mathrm{T}}\boldsymbol{PH} \\ \boldsymbol{H}^{\mathrm{T}}\boldsymbol{PB} & \boldsymbol{H}^{\mathrm{T}}\boldsymbol{PH} \end{bmatrix} = \begin{bmatrix} \boldsymbol{N}_{bb} & \boldsymbol{N}_{bH} \\ \boldsymbol{N}_{Hb} & \boldsymbol{N}_{HH} \end{bmatrix} \tag{7.57}$$

$$\begin{bmatrix} \boldsymbol{N}_{bb} & \boldsymbol{N}_{bH} \\ \boldsymbol{N}_{Hb} & \boldsymbol{N}_{HH} \end{bmatrix}^{-1} = \begin{bmatrix} \boldsymbol{Q}_{\bar{X}} & \boldsymbol{Q}_{\bar{X}\nabla\bar{S}} \\ \boldsymbol{Q}_{\nabla\bar{S}\bar{X}} & \boldsymbol{Q}_{\nabla\bar{S}} \end{bmatrix} \tag{7.58}$$

按分块矩阵求逆有

$$\boldsymbol{Q}_{\nabla\bar{S}} = \boldsymbol{P}_{\nabla\bar{S}}^{-1} = [\boldsymbol{N}_{HH} - \boldsymbol{N}_{Hb}\boldsymbol{N}_{bb}^{-1}\boldsymbol{N}_{bH}]^{-1} = [\boldsymbol{H}^{\mathrm{T}}\boldsymbol{PQ}_{V}\boldsymbol{PH}]^{-1} \tag{7.59}$$

$$\boldsymbol{Q}_{\bar{X}} = \boldsymbol{N}_{bb}^{-1} + \boldsymbol{N}_{bb}^{-1}\boldsymbol{N}_{bH}\boldsymbol{P}_{\nabla\bar{S}}^{-1}\boldsymbol{N}_{Hb}\boldsymbol{N}_{bb}^{-1} \tag{7.60}$$

$$\boldsymbol{Q}_{\bar{X}\nabla\bar{S}} = -\boldsymbol{N}_{bb}^{-1}\boldsymbol{N}_{bH}\boldsymbol{P}_{\nabla\bar{S}}^{-1} = \boldsymbol{Q}_{\nabla\bar{S}\bar{X}}^{\mathrm{T}} \tag{7.61}$$

从而得法方程式(7.56)的解为

$$\begin{bmatrix} \bar{\boldsymbol{X}} \\ \nabla\bar{\boldsymbol{S}} \end{bmatrix} = \begin{bmatrix} \boldsymbol{Q}_{\bar{X}} & \boldsymbol{Q}_{\bar{X}\nabla\bar{S}} \\ \boldsymbol{Q}_{\nabla\bar{S}\bar{X}} & \boldsymbol{Q}_{\nabla\bar{S}} \end{bmatrix} \begin{bmatrix} \boldsymbol{B}^{\mathrm{T}}\boldsymbol{Pf} \\ \boldsymbol{H}^{\mathrm{T}}\boldsymbol{Pf} \end{bmatrix} \tag{7.62}$$

顾及式(7.59)、式(7.60)和式(7.61)，经整理，可得

$$\bar{\boldsymbol{X}} = \boldsymbol{Q}_{\bar{X}}\boldsymbol{B}^{\mathrm{T}}\boldsymbol{Pf} + \boldsymbol{Q}_{\bar{X}\nabla\bar{S}}\boldsymbol{H}^{\mathrm{T}}\boldsymbol{Pf} = \hat{\boldsymbol{X}} + \boldsymbol{N}_{bb}^{-1}\boldsymbol{B}^{\mathrm{T}}\boldsymbol{PHP}_{\nabla\bar{S}}^{-1}\boldsymbol{H}^{\mathrm{T}}\boldsymbol{PV} \tag{7.63}$$

$$\nabla\bar{\boldsymbol{S}} = \boldsymbol{Q}_{\nabla\bar{S}\bar{X}}\boldsymbol{B}^{\mathrm{T}}\boldsymbol{Pf} + \boldsymbol{Q}_{\nabla\bar{S}}\boldsymbol{H}^{\mathrm{T}}\boldsymbol{Pf} = -\boldsymbol{P}_{\nabla\bar{S}}^{-1}\boldsymbol{H}^{\mathrm{T}}\boldsymbol{PV} \tag{7.64}$$

式中，$\hat{\boldsymbol{X}}$、$\boldsymbol{Q}_{V}$、$\boldsymbol{V}$ 为平差函数模型中未加入系统参数时所求得的平差结果。

7.2.2　附加系统参数的选择方法

系统误差按来源分类，有仪器误差、外界条件误差、观测者的误差；按出现的规律分类，有固定误差、线性误差、周期误差、复杂规律误差等。为此，在平差时如何正确地选择附加系统参数以消除或削弱系统误差影响是很重要的。平差函数模型中系统参数的选择通常有两种方案，即顾及系统误差特点的附加系统参数和多项式模型的附加系统参数。

1. 顾及系统误差特点的附加系统参数

系统误差是服从某一函数规律的误差，如果在平差前，对它出现的规律有所了解(不是全部了解，要是全部了解，就可求出它的数值，并在平差前预处理时从观测值中予以消除)，则可以顾及它的特点，将系统参数附加到平差函数模型中。

例如，在水准测量中，采用了未经检定或检定不完善的水准标尺，就需引入一个系统参数，称为尺度比改正数，所以在 i、j 点的误差方程式为

$$V_{ij} = -\hat{x}_i + \hat{x}_j + h_{ij}\hat{\delta}_{\mu} - h_{ij}$$

式中，$\hat{\delta}_{\mu}$ 为考虑尺度比时的附加系统参数。

其他如测边网中电磁波测距仪的系统性长度误差、三角高程网中的折光系统误差等，平差时都可用顾及系统误差特点的附加系统参数的方法来削弱系统误差的影响。

2. 多项式模型的附加系统参数

这种方案是将系统误差的综合影响作为一个整体，不顾及或解释其系统误差的各种产生根源，而是用多项式去拟合它，以达到平差时削弱系统误差影响的目的。如果系统误差为位置(x, y)的函数时，可令 $\boldsymbol{H}\nabla\boldsymbol{S} = \sum a_{ij}x_i y_j$，式中，$a_{ij}$ 为多项式的待定系数，即附加系统参数。

7.3 验后方差分量估计

测量平差时,要先建立平差的数学模型。平差数学模型包含函数模型和随机模型两个部分。例如高斯-马尔可夫模型为

$$\boldsymbol{L}=\boldsymbol{B}\widetilde{\boldsymbol{X}}+\boldsymbol{\Delta} \tag{7.65}$$

$$E(\boldsymbol{\Delta})=0 \tag{7.66}$$

$$\boldsymbol{D}_{\boldsymbol{L}}=\boldsymbol{D}_{\boldsymbol{\Delta}}=\sigma_0^2\boldsymbol{Q}=\sigma_0^2\boldsymbol{P}^{-1} \text{ 或 } \boldsymbol{P}=\sigma_0^2\boldsymbol{D}_{\boldsymbol{\Delta}}^{-1} \tag{7.67}$$

式中,σ_0^2 为单位权方差,$\boldsymbol{Q}$、$\boldsymbol{P}$ 为观测向量或误差向量的协因数矩阵和权矩阵,$\boldsymbol{D}$ 为观测向量或误差向量的协方差矩阵。式(7.65)为函数模型,式(7.67)为随机模型。

按最小二乘准则平差时,需已知随机模型($\boldsymbol{P}$ 矩阵或 $\boldsymbol{Q}$ 矩阵),然后依据几何或物理关系建立函数模型进行平差计算。前面的章节中都是在认为随机模型已知($\boldsymbol{P}$ 或 $\boldsymbol{Q}$ 已知)的情况下,研究各种平差的函数模型。事实上,确定随机模型(权矩阵)是一个很复杂的问题,随着观测精度越来越高、平差对象的多类化,权矩阵 $\boldsymbol{P}$ 的确定问题已成为近代平差的重要研究内容之一。从平差计算的目的来看,平差前要先确定观测值的权。权的定义为

$$\boldsymbol{P}_i=\sigma_0^2/\sigma_i^2$$

这是定权的基本公式,其他定权方法均依此式导出。式中,单位权方差 σ_0^2 在平差前可任意选定,因此,确定权矩阵 $\boldsymbol{P}$ 的关键在于如何得到正确的方差 σ_i^2。

通常,若观测为等精度观测,可认为 σ_i^2 彼此相等,并令其等于 σ_0^2,则可取 $\boldsymbol{P}=\boldsymbol{I}$。当观测为不等精度观测时,可依观测的等级(测回数)定权,或依仪器的出厂指标来定观测值的权;在大规模的平差网中可根据观测值函数的真误差(闭合差)来定权,而在边角网平差时,可对测边和测角分别平差,估算各自的方差,然后依权的定义来定权。对不同的观测或不同等级的观测(如边角网、卫星网与地面网、摄影测量与大地测量、高等级网与低等级网的数据联合处理),虽然也可按上述方法定权,但在许多情况下是不够精确的。为了提高定权精度,20 世纪 70 年代开始出现用验后的方法估计各类观测的方差,然后定权,该方法称为平差随机模型的验后估计法,或验后方差分量估计法。

对不同类型或不同精度的观测值一起平差时,我们常需考虑各类观测值的权的初始值是否取得恰当,或者说各类观测值的权比是否恰当。当取得不恰当时,要解决如何利用预平差信息来改善各类观测值的权的初始值(或权比值),然后再作平差计算。目前这方面的研究很多,现介绍具有代表性的赫尔默特方差分量估计法。

赫尔默特方差分量估计法是根据各次预平差得到的改正数向量 $\boldsymbol{V}$ 来估计方差分量,修正平差所用的权值,然后再用修正后的权值重新平差,逐渐趋近到权比合理为止,从而得到正确的参数估值。设平差的数学模型为

$$\boldsymbol{L}=\boldsymbol{B}\widetilde{\boldsymbol{X}}+\boldsymbol{\Delta},\quad E(\boldsymbol{\Delta})=0,\quad \boldsymbol{D}_{\boldsymbol{L}}=\boldsymbol{D}_{\boldsymbol{\Delta}}=\sigma_0^2\boldsymbol{Q}=\sigma_0^2\boldsymbol{P}^{-1}$$

若观测向量 $\boldsymbol{L}$ 是由两类观测值(如边角网)或两种不同精度观测值组成的,则依两类观测或两种精度观测将观测向量 $\boldsymbol{L}$ 分成两部分,有

$$\boldsymbol{L}=\begin{bmatrix}\boldsymbol{L}_1\\ \boldsymbol{L}_2\end{bmatrix} \tag{7.68}$$

相应的改正数向量、函数模型的系数矩阵和观测权分块矩阵为

$$\left.\begin{aligned}\boldsymbol{V}&=\begin{bmatrix}\boldsymbol{V}_1\\\boldsymbol{V}_2\end{bmatrix}\\\boldsymbol{B}&=\begin{bmatrix}\boldsymbol{B}_1\\\boldsymbol{B}_2\end{bmatrix}\\\boldsymbol{P}&=\begin{bmatrix}\boldsymbol{P}_1&\\&\boldsymbol{P}_2\end{bmatrix}\end{aligned}\right\}\tag{7.69}$$

所以误差方程式为

$$\boldsymbol{V}=\begin{bmatrix}\boldsymbol{V}_1\\\boldsymbol{V}_2\end{bmatrix}=\begin{bmatrix}\boldsymbol{B}_1\\\boldsymbol{B}_2\end{bmatrix}\hat{\boldsymbol{x}}-\begin{bmatrix}\boldsymbol{f}_1\\\boldsymbol{f}_2\end{bmatrix}\tag{7.70}$$

依最小二乘准则求解时，法方程式为

$$\hat{\boldsymbol{x}}=\boldsymbol{N}^{-1}\boldsymbol{f}_e\tag{7.71}$$

式中

$$\boldsymbol{N}=\boldsymbol{N}_1+\boldsymbol{N}_2=\boldsymbol{B}^{\mathrm{T}}\boldsymbol{P}\boldsymbol{B}=\boldsymbol{B}_1^{\mathrm{T}}\boldsymbol{P}_1\boldsymbol{B}_1+\boldsymbol{B}_2^{\mathrm{T}}\boldsymbol{P}_2\boldsymbol{B}_2\tag{7.72}$$

$$\boldsymbol{f}_e=\boldsymbol{f}_{e_1}+\boldsymbol{f}_{e_2}=\boldsymbol{B}^{\mathrm{T}}\boldsymbol{P}\boldsymbol{f}=\boldsymbol{B}_1^{\mathrm{T}}\boldsymbol{P}_1\boldsymbol{f}_1+\boldsymbol{B}_2^{\mathrm{T}}\boldsymbol{P}_2\boldsymbol{f}_2\tag{7.73}$$

若平差前给定的两类观测值的权 $\boldsymbol{P}_1$ 和 $\boldsymbol{P}_2$ 不准确，则可以认为 $\boldsymbol{P}_1$、$\boldsymbol{P}_2$ 所对应的单位权方差不相等。令其分别为 $\sigma_{0_1}^2$ 和 $\sigma_{0_2}^2$，于是有

$$\boldsymbol{D}_{\boldsymbol{L}_1}=\boldsymbol{D}_{\boldsymbol{\Delta}_1}=\sigma_{0_1}^2\boldsymbol{P}_1^{-1}\tag{7.74}$$

$$\boldsymbol{D}_{\boldsymbol{L}_2}=\boldsymbol{D}_{\boldsymbol{\Delta}_2}=\sigma_{0_2}^2\boldsymbol{P}_2^{-1}\tag{7.75}$$

方差分量估计的目的是利用各次平差中各类观测值的改正数（或称为残差）组成平方和 $\boldsymbol{V}_1^{\mathrm{T}}\boldsymbol{P}_1\boldsymbol{V}_1$、$\boldsymbol{V}_2^{\mathrm{T}}\boldsymbol{P}_2\boldsymbol{V}_2$ 来估计 $\sigma_{0_1}^2$ 及 $\sigma_{0_2}^2$。为此，必须建立改正数平方和与 $\sigma_{0_1}^2$ 及 $\sigma_{0_2}^2$ 之间的关系。由多元统计分析理论可知，对于数学期望为 $\boldsymbol{\eta}$、方差为 $\boldsymbol{\Sigma}$ 的随机向量 $\boldsymbol{Y}$，其二次型 $\boldsymbol{Y}^{\mathrm{T}}\boldsymbol{B}\boldsymbol{Y}$（$\boldsymbol{B}$ 为任一对称可逆矩阵）的数学期望为

$$E(\boldsymbol{Y}^{\mathrm{T}}\boldsymbol{B}\boldsymbol{Y})=\mathrm{tr}(\boldsymbol{B}\boldsymbol{\Sigma})+\boldsymbol{\eta}^{\mathrm{T}}\boldsymbol{B}\boldsymbol{\eta}\tag{7.76}$$

对于第一组误差方程式

$$\boldsymbol{V}_1=\boldsymbol{B}_1\hat{\boldsymbol{x}}-\boldsymbol{f}_1\tag{7.77}$$

显然，改正数向量的数学期望为零，即 $E(\boldsymbol{V}_1)=0$，将式(7.77)展开为

$$\begin{aligned}\boldsymbol{V}_1&=\boldsymbol{B}_1\hat{\boldsymbol{x}}-\boldsymbol{f}_1=\boldsymbol{B}_1\boldsymbol{N}^{-1}\boldsymbol{f}_e-\boldsymbol{f}_1=\boldsymbol{B}_1\boldsymbol{N}^{-1}(\boldsymbol{f}_{e_1}+\boldsymbol{f}_{e_2})-\boldsymbol{f}_1\\&=(\boldsymbol{B}_1\boldsymbol{N}^{-1}\boldsymbol{B}_1^{\mathrm{T}}\boldsymbol{P}_1-\boldsymbol{I})\boldsymbol{f}_1+\boldsymbol{B}_1\boldsymbol{N}^{-1}\boldsymbol{B}_2^{\mathrm{T}}\boldsymbol{P}_2\boldsymbol{f}_2\end{aligned}\tag{7.78}$$

按协方差传播律有

$$\boldsymbol{D}_{\boldsymbol{V}_1}=(\boldsymbol{B}_1\boldsymbol{N}^{-1}\boldsymbol{B}_1^{\mathrm{T}}\boldsymbol{P}_1-\boldsymbol{I})\boldsymbol{D}_{\boldsymbol{L}_1}(\boldsymbol{B}_1\boldsymbol{N}^{-1}\boldsymbol{B}_1^{\mathrm{T}}\boldsymbol{P}_1-\boldsymbol{I})^{\mathrm{T}}+(\boldsymbol{B}_1\boldsymbol{N}^{-1}\boldsymbol{B}_2^{\mathrm{T}}\boldsymbol{P}_2)\boldsymbol{D}_{\boldsymbol{L}_2}(\boldsymbol{B}_1\boldsymbol{N}^{-1}\boldsymbol{B}_2^{\mathrm{T}}\boldsymbol{P}_2)^{\mathrm{T}}\tag{7.79}$$

顾及 $\boldsymbol{D}_{\boldsymbol{L}_1}=\sigma_{0_1}^2\boldsymbol{P}_1^{-1}$ 和 $\boldsymbol{D}_{\boldsymbol{L}_2}=\sigma_{0_2}^2\boldsymbol{P}_2^{-1}$，则式(7.79)经整理可写为

$$\boldsymbol{D}_{\boldsymbol{V}_1}=\sigma_{0_1}^2(\boldsymbol{B}_1\boldsymbol{N}^{-1}\boldsymbol{N}_1\boldsymbol{N}^{-1}\boldsymbol{B}_1^{\mathrm{T}}-2\boldsymbol{B}_1\boldsymbol{N}^{-1}\boldsymbol{B}_1^{\mathrm{T}}+\boldsymbol{P}_1^{-1})+\sigma_{0_2}^2(\boldsymbol{B}_1\boldsymbol{N}^{-1}\boldsymbol{N}_2\boldsymbol{N}^{-1}\boldsymbol{B}_1^{\mathrm{T}})\tag{7.80}$$

根据二次型的数学期望公式(7.76)，第一组误差方程式的改正数向量 $\boldsymbol{V}_1$ 的二次型 $\boldsymbol{V}_1^{\mathrm{T}}\boldsymbol{P}_1\boldsymbol{V}_1$ 的数学期望为

$$\begin{aligned}E(\boldsymbol{V}_1^{\mathrm{T}}\boldsymbol{P}_1\boldsymbol{V}_1)&=\mathrm{tr}(\boldsymbol{P}_1\boldsymbol{D}_{\boldsymbol{V}_1})\\&=\sigma_{0_1}^2\cdot\mathrm{tr}(\boldsymbol{P}_1\boldsymbol{P}_1^{-1}-2\boldsymbol{P}_1\boldsymbol{B}_1\boldsymbol{N}^{-1}\boldsymbol{B}_1^{\mathrm{T}}+\boldsymbol{P}_1\boldsymbol{B}_1\boldsymbol{N}^{-1}\boldsymbol{N}_1\boldsymbol{N}^{-1}\boldsymbol{B}_1^{\mathrm{T}})+\\&\quad\sigma_{0_2}^2\cdot\mathrm{tr}(\boldsymbol{P}_1\boldsymbol{B}_1\boldsymbol{N}^{-1}\boldsymbol{N}_2\boldsymbol{N}^{-1}\boldsymbol{B}_1^{\mathrm{T}})\end{aligned}$$

$$=(n_1-2\mathrm{tr}(\boldsymbol{N}^{-1}\boldsymbol{N}_1)+\mathrm{tr}(\boldsymbol{N}^{-1}\boldsymbol{N}_1\boldsymbol{N}^{-1}\boldsymbol{N}_1))\sigma_{0_1}^2+\mathrm{tr}(\boldsymbol{N}^{-1}\boldsymbol{N}_2\boldsymbol{N}^{-1}\boldsymbol{N}_1)\sigma_{0_2}^2 \tag{7.81}$$

同理,对第二组误差方程式,可得到$\boldsymbol{V}_2^{\mathrm{T}}\boldsymbol{P}_2\boldsymbol{V}_2$的数学期望表达式为

$$E(\boldsymbol{V}_2^{\mathrm{T}}\boldsymbol{P}_2\boldsymbol{V}_2)=\mathrm{tr}(\boldsymbol{N}^{-1}\boldsymbol{N}_1\boldsymbol{N}^{-1}\boldsymbol{N}_2)\sigma_{0_1}^2+(n_2-2\mathrm{tr}(\boldsymbol{N}^{-1}\boldsymbol{N}_2)+\mathrm{tr}(\boldsymbol{N}^{-1}\boldsymbol{N}_2\boldsymbol{N}^{-1}\boldsymbol{N}_2))\sigma_{0_2}^2 \tag{7.82}$$

式中,n_1、n_2为第一组和第二组观测向量$\boldsymbol{L}_1$和$\boldsymbol{L}_2$的维数。

将式(7.81)和式(7.82)中的数学期望符号去掉,得$\sigma_{0_1}^2$、$\sigma_{0_2}^2$的估值计算公式为

$$\boldsymbol{V}_1^{\mathrm{T}}\boldsymbol{P}_1\boldsymbol{V}_1=(n_1-2\mathrm{tr}(\boldsymbol{N}^{-1}\boldsymbol{N}_1)+\mathrm{tr}(\boldsymbol{N}^{-1}\boldsymbol{N}_1\boldsymbol{N}^{-1}\boldsymbol{N}_1))\hat{\sigma}_{0_1}^2+\mathrm{tr}(\boldsymbol{N}^{-1}\boldsymbol{N}_2\boldsymbol{N}^{-1}\boldsymbol{N}_1)\hat{\sigma}_{0_2}^2 \tag{7.83}$$

$$\boldsymbol{V}_2^{\mathrm{T}}\boldsymbol{P}_2\boldsymbol{V}_2=\mathrm{tr}(\boldsymbol{N}^{-1}\boldsymbol{N}_1\boldsymbol{N}^{-1}\boldsymbol{N}_2)\hat{\sigma}_{0_1}^2+(n_2-2\mathrm{tr}(\boldsymbol{N}^{-1}\boldsymbol{N}_2)+\mathrm{tr}(\boldsymbol{N}^{-1}\boldsymbol{N}_2\boldsymbol{N}^{-1}\boldsymbol{N}_2))\hat{\sigma}_{0_2}^2 \tag{7.84}$$

根据预平差的信息$\boldsymbol{V}_1^{\mathrm{T}}\boldsymbol{P}_1\boldsymbol{V}_1$和$\boldsymbol{V}_2^{\mathrm{T}}\boldsymbol{P}_2\boldsymbol{V}_2$,按式(7.74)和式(7.75)联立求解,得方差分量估值$\hat{\sigma}_{0_1}^2$、$\hat{\sigma}_{0_2}^2$,然后依式(7.85)确定修正后的权,即

$$\left.\begin{aligned}\hat{\boldsymbol{P}}_1&=C/\hat{\sigma}_{0_1}^2\cdot\boldsymbol{P}_1\\\hat{\boldsymbol{P}}_2&=C/\hat{\sigma}_{0_2}^2\cdot\boldsymbol{P}_2\end{aligned}\right\} \tag{7.85}$$

式中,$\hat{\boldsymbol{P}}_1$、$\hat{\boldsymbol{P}}_2$为预平差修正后的权(称为验后权),$\boldsymbol{P}_1$、$\boldsymbol{P}_2$为平差前所定的权(也称验前权)。计算出$\hat{\sigma}_{0_1}^2$、$\hat{\sigma}_{0_2}^2$后,可以设立以下假设检验

$$H_0:\hat{\sigma}_{0_1}^2=\hat{\sigma}_{0_2}^2 \tag{7.86}$$

若H_0成立,则说明平差前所定的权比正确;若H_0不成立,则以$\hat{\boldsymbol{P}}_1$、$\hat{\boldsymbol{P}}_2$作为下一次平差的验前权,并重新进行平差计算,直到式(7.86)成立为止。

以上就是赫尔默特方差分量估计法。对于m类观测量或m个精度等级观测量的方差分量估计,可用相同的思路推导出其相应的公式。

从上面的方差分量估计严密公式可以看出,对于一个大型的控制网来说,进行方差分量估计计算的工作量是很大的,这主要表现在式(7.83)和式(7.84)中的矩阵相乘和求逆运算上。为此,需寻找近似快速的简化公式,既能简化计算又能满足实际工作的需要。

为了推导方差分量估计简化公式,在式(7.83)和式 (7.84)中,令

$$\hat{\sigma}_{0_1}^2=\hat{\sigma}_{0_2}^2=\hat{\sigma}_{0_i}^2\neq\hat{\sigma}_0^2 \tag{7.87}$$

顾及矩阵的迹的性质,则有

$$\begin{aligned}\boldsymbol{V}_i^{\mathrm{T}}\boldsymbol{P}_i\boldsymbol{V}_i&=(n_i-2\mathrm{tr}(\boldsymbol{N}^{-1}\boldsymbol{N}_i)+\mathrm{tr}(\boldsymbol{N}^{-1}\boldsymbol{N}_i\boldsymbol{N}^{-1}\sum_{j=1}^{2}\boldsymbol{N}_i))\hat{\sigma}_{0_i}^2\\&=(n_i-2\mathrm{tr}(\boldsymbol{N}^{-1}\boldsymbol{N}_i)+\mathrm{tr}(\boldsymbol{N}^{-1}\boldsymbol{N}_i\boldsymbol{N}^{-1}\boldsymbol{N}))\hat{\sigma}_{0_i}^2=(n_i-\mathrm{tr}(\boldsymbol{N}^{-1}\boldsymbol{N}_i))\hat{\sigma}_{0_i}^2\end{aligned} \tag{7.88}$$

对于两类观测,$i=1,2$,所以

$$\hat{\sigma}_{0_i}^2=\frac{\boldsymbol{V}_i^{\mathrm{T}}\boldsymbol{P}_i\boldsymbol{V}_i}{n_i-\mathrm{tr}(\boldsymbol{N}^{-1}\boldsymbol{N}_i)} \tag{7.89}$$

式(7.89)为赫尔默特方差分量估计的简化公式。迭代开始时,式(7.87)并不成立,所以估值有偏,但迭代若干次后,将满足式(7.88),因此最后得到的仍是无偏估值。

其次,若略去式(7.89)分母中的求迹部分,则有

$$\hat{\sigma}_{0_i}^2=\frac{\boldsymbol{V}_i^{\mathrm{T}}\boldsymbol{P}_i\boldsymbol{V}_i}{n_i} \tag{7.90}$$

式(7.90)为赫尔默特所提出的更为近似的公式。

另一种简化公式是由周文江教授提出的。由于在大地网平差中，法方程系数矩阵 $\boldsymbol{N}$、$\boldsymbol{N}_1$、$\boldsymbol{N}_2$ 的非对角线元素相对主对角线元素而言是比较小的，因此，在进行式(7.81)和式(7.82)的求迹运算时，$\boldsymbol{N}$、$\boldsymbol{N}_1$、$\boldsymbol{N}_2$ 只取主对角线元素，从而使矩阵的积运算大为减少。此方法经我国天文大地网平差的实践证明，获得了满意的结果。

7.4　粗差探测与稳健估计

在大地测量或工程测量中，以往都是利用网的几何条件对粗差进行检验，如发现某些几何条件超限，就用返工重测的方法排除粗差。对于简单的控制网，用这种方法来排除粗差是比较容易的。然而，对于高精度、图形结构复杂的控制网，建立几何条件本身就非常困难，所以用几何条件来发现、排除粗差就会非常困难。另外，测量数据实现了自动采集、传送，加工过程中可能会产生不规则的粗差，且在平差前无法被发现。因此，研究粗差理论，将它从观测值中剔除并在平差系统中削弱，是非常重要的。在摄影测量中粗差问题研究的重要性更为突出。

7.4.1　粗差探测

如果粗差未被发现，势必会影响平差结果的正确性。为了考虑粗差对测量成果的影响程度，提出一个考察粗差影响大小的指标，即可靠性指标。在控制网优化设计中可靠性已成为必要的指标。当观测值含有粗差时，即

$$\left.\begin{aligned}\Delta_{\mathrm{n}}&\neq 0\\ \Delta_{\mathrm{g}}&\neq 0\\ \Delta_{\mathrm{s}}&=0\end{aligned}\right\}\tag{7.91}$$

则观测误差为

$$\Delta=\Delta_{\mathrm{n}}+\Delta_{\mathrm{g}}\tag{7.92}$$

式(7.92)含有偶然误差 Δ_{n} 和粗差 Δ_{g}，并认为观测中不含或已消除了系统误差 Δ_{s}。对于观测值中的粗差，近年来发展了两种基本处理方法，即探测法和稳健估计法。探测法是将粗差纳入平差的函数模型，如

$$L_i\sim N(E(\boldsymbol{L}),\sigma^2)\tag{7.93}$$

$$L_j\sim N(E(\boldsymbol{L})+\Delta\boldsymbol{G}_j,\sigma^2)\tag{7.94}$$

式中，L_i 为不含粗差的观测值，L_j 为含有粗差的观测值，两者有相同的观测精度(相同的方差)和不同的数学期望。

探测法就是在平差前探测和定位粗差，然后剔除含有粗差的观测值，得到一组净化的观测值，再进行最小二乘平差，最后得到最佳的平差结果。稳健估计法是将粗差纳入平差的随机模型，如

$$L_i\sim N(E(\boldsymbol{L}),\sigma^2)\tag{7.95}$$

$$L_j\sim N(E(\boldsymbol{L}),a^2\sigma^2)\quad(a\gg 1)\tag{7.96}$$

这里认为 L_i、L_j 有相同的数学期望，但两者的精度不同。

稳健估计法的基本思想是以迭代的方法，对粗差进行定位，并对含粗差的观测值附以较小的权值参与平差，逐渐使平差结果不受或少受粗差的影响。粗差的发现和定位，是与测量中的多余观测密切相关的。

例如,在图7.2(a)所示的前方交会中,若其交会角为90°,则交会的精度必然很高,但若在观测中出现了粗差,却无法发现,或者说可靠性等于0。在图7.2(b)中增加了一个观测量,当观测值出现粗差时,由交会三角形可以发现粗差,但无法判断是哪一个观测值含有粗差,即该方案可以发现粗差,但不能对粗差进行定位。在图7.2(c)中,由于又增加了一个多余观测量,因此,它不仅能发现粗差,而且通常还能明确指出粗差在哪一个观测值上,即可以发现和定位粗差。可见多余观测是探测粗差和粗差定位的关键,在无多余观测的情况下,平差改正数 $\boldsymbol{V}$ 为0,无法发现粗差。

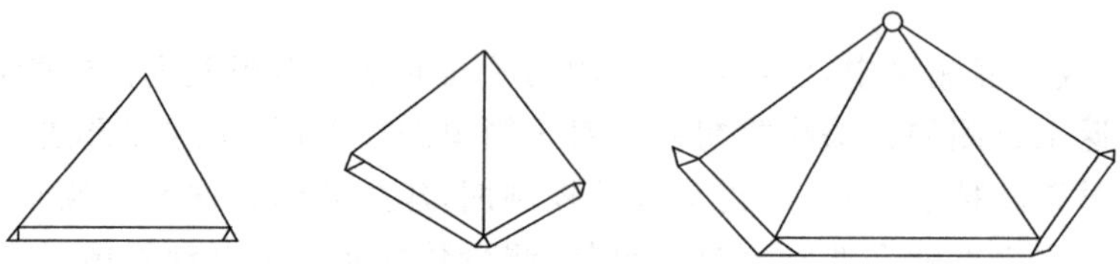

(a) 2个已知点前方交会 (b) 3个已知点前方交会 (c) 4个已知点前方交会

图7.2 前方交会

平差改正数 $\boldsymbol{V}$ 也称为残差,残差的重要应用之一是根据它的绝对值大小来探测观测值中可能含有的粗差。设已知平差模型为

$$\boldsymbol{L}=\boldsymbol{B}\widetilde{\boldsymbol{X}}+\boldsymbol{\Delta} \tag{7.97}$$

$$\boldsymbol{D}_L=\boldsymbol{D}_{\boldsymbol{\Delta}}=\sigma_0^2\boldsymbol{Q}=\sigma_0^2\boldsymbol{P}^{-1} \tag{7.98}$$

则

$$\boldsymbol{V}=\boldsymbol{B}\hat{\boldsymbol{X}}-\boldsymbol{L},\ \text{权为}\ \boldsymbol{P} \tag{7.99}$$

由间接平差可知,式(7.99)的最小二乘平差结果为

$$\left.\begin{aligned}&\hat{\boldsymbol{X}}=(\boldsymbol{B}^{\mathrm{T}}\boldsymbol{P}\boldsymbol{B})^{-1}\boldsymbol{B}^{\mathrm{T}}\boldsymbol{P}\boldsymbol{L}\\&\boldsymbol{Q}_{\hat{X}}=(\boldsymbol{B}^{\mathrm{T}}\boldsymbol{P}\boldsymbol{B})^{-1}\\&\boldsymbol{Q}_V=\boldsymbol{Q}-\boldsymbol{B}\boldsymbol{Q}_{\hat{X}}\boldsymbol{B}^{\mathrm{T}}\end{aligned}\right\} \tag{7.100}$$

则残差为

$$\boldsymbol{V}=\boldsymbol{B}\boldsymbol{Q}_{\hat{X}}\boldsymbol{B}^{\mathrm{T}}\boldsymbol{P}\boldsymbol{L}-\boldsymbol{L}=(\boldsymbol{B}\boldsymbol{Q}_{\hat{X}}\boldsymbol{B}^{\mathrm{T}}\boldsymbol{P}-\boldsymbol{I})\boldsymbol{L}=(\boldsymbol{B}\boldsymbol{Q}_{\hat{X}}\boldsymbol{B}^{\mathrm{T}}-\boldsymbol{Q})\boldsymbol{P}\boldsymbol{L}=-\boldsymbol{Q}_V\boldsymbol{P}\boldsymbol{L} \tag{7.101}$$

将式(7.97)代入式(7.101),并顾及 $(\boldsymbol{B}\boldsymbol{Q}_{\hat{X}}\boldsymbol{B}^{\mathrm{T}}-\boldsymbol{Q})\boldsymbol{P}\boldsymbol{B}\widetilde{\boldsymbol{X}}=\boldsymbol{0}$,有

$$\boldsymbol{V}=-\boldsymbol{Q}_V\boldsymbol{P}\boldsymbol{L}=-\boldsymbol{Q}_V\boldsymbol{P}\boldsymbol{\Delta} \tag{7.102}$$

以上为残差与观测误差的关系式。

若 $\boldsymbol{\Delta}=\boldsymbol{\Delta}_{\mathrm{n}}+\boldsymbol{\Delta}_{\mathrm{g}}$,则式(7.102)可写为

$$\bar{\boldsymbol{V}}=\boldsymbol{V}+\boldsymbol{V}^*=-\boldsymbol{Q}_V\boldsymbol{P}(\boldsymbol{\Delta}_{\mathrm{n}}+\boldsymbol{\Delta}_{\mathrm{g}}) \tag{7.103}$$

式中,$\boldsymbol{V}$ 为由偶然误差引起的残差部分,$\boldsymbol{V}^*$ 为由粗差引起的残差部分,$\bar{\boldsymbol{V}}$ 为综合影响引起的残差。所以粗差与残差的关系式为

$$\boldsymbol{V}^*=-\boldsymbol{Q}_V\boldsymbol{P}\boldsymbol{\Delta}_{\mathrm{g}} \tag{7.104}$$

若令 $\boldsymbol{Q}_V\boldsymbol{P}=\boldsymbol{R}$,因 $\boldsymbol{Q}_V$、$\boldsymbol{P}$ 为 $n\times n$ 阶矩阵,故

$$\boldsymbol{R}=\begin{bmatrix}r_{11}&r_{12}&\cdots&r_{1n}\\r_{21}&r_{22}&\cdots&r_{2n}\\\vdots&\vdots&&\vdots\\r_{n1}&r_{n2}&\cdots&r_{nn}\end{bmatrix} \tag{7.105}$$

所以式(7.104)中第 i 个元素的 V_i^* 为

$$V_i^* = -(r_{i1}\Delta_{g_1} + r_{i2}\Delta_{g_2} + \cdots + r_{in}\Delta_{g_n}) \tag{7.106}$$

此式表明,所有观测粗差均对某一观测值的残差有影响,但程度不同,取决于 r_{ij}。这就是说,某一残差中包含粗差成分,并不是只包含该观测本身粗差的影响,而是也包含其他观测粗差的影响。若只有一个观测值含有粗差时,即

$$\boldsymbol{\Delta}_g = \begin{bmatrix} 0 & 0 & \cdots & \Delta_{g_i} & 0 & \cdots & 0 \end{bmatrix}^{\mathrm{T}} \tag{7.107}$$

代入式(7.104),并顾及式(7.105)得

$$\boldsymbol{V}^* = -\begin{bmatrix} r_{1i} & r_{2i} & \cdots & r_{ni} \end{bmatrix}^{\mathrm{T}} \Delta_{g_i} \tag{7.108}$$

此式表明,任一观测值的粗差 Δ_{g_i} 将通过系数 r_{ji} 作用于每个残差 V_j^* $(j=1,2,\cdots,n)$,即

$$V_j^* = -r_{ji}\Delta_{g_i} \tag{7.109}$$

及

$$V_i^* = -r_{ii}\Delta_{g_i} \tag{7.110}$$

将 r_{ii} 记为 r_i,式(7.110)表示观测粗差对自身残差的影响。

下面为矩阵 $\boldsymbol{R}$ 的一些性质:

(1)矩阵 $\boldsymbol{R}$ 为幂等矩阵,即 $\boldsymbol{R}^2 = \boldsymbol{R}$。

(2)矩阵 $\boldsymbol{R}$ 的秩等于其迹,即

$$R(\underset{n\times n}{\boldsymbol{R}}) = \mathrm{tr}(\underset{n\times n}{\boldsymbol{R}}) = n - t = r$$

式中,矩阵 $\boldsymbol{R}$ 为降秩矩阵。

从矩阵 $\boldsymbol{R}$ 的性质可以看出,矩阵 $\boldsymbol{R}$ 的对角线元素之和为

$$\mathrm{tr}(\boldsymbol{Q}_V\boldsymbol{P}) = r_1 + r_2 + \cdots + r_n = \sum_{i=1}^{n} r_i = r \tag{7.111}$$

由式(7.111)可将 r_i 理解为属于观测值 L_i 的多余观测分量,对其求和可得网中多余观测总数 r。多余观测分量 r_i 有一个重要性质,即

$$0 \leqslant r_i \leqslant 1 \tag{7.112}$$

当 $r_i = 0$ 时,表明 L_i 为必要观测,由式(7.110)可知,$V_i^* = 0$,粗差在残差中毫无反映,表示它没有抵抗粗差的能力。

当 $r_i = 1$ 时,表示该观测值 L_i 完全多余,此时 $V_i^* = -\Delta_{g_i}$,粗差在残差中得到全部反映,表示该观测值抵抗粗差的能力最强。

一般 $0 < r_i < 1$ 时,粗差在相应残差中只能部分地反映。

由式(7.109)可知,若 $r_{ji} \neq 0$,L_i 的粗差也将反映到其他观测残差上。

因此,在观测方案中,具有较多的多余观测的控制网,r 值大,各分量 r_i 的平均值也大,对发现粗差更有利,否则该观测方案就难以控制粗差的影响。经验表明,当 r_i 的平均值 $\bar{r} = r/n$ 达到 0.4 以上时,该观测方案便具有足够的多余观测,能较好地控制粗差。若 $\bar{r}$ 为 0.1 以下,则难以监控粗差。

例 7.6　在单三角形中,等精度观测三内角,观测值为 β_1、β_2、β_3,试以间接平差和条件平差分别计算多余观测分量 r_i。

解:选 β_1 和 β_2 为平差参数,用 x、y 表示,则误差方程式为

$$\left.\begin{aligned}v_1&=x-\beta_1\\v_2&=y-\beta_2\\v_3&=-x-y+180°-\beta_3\end{aligned}\right\}$$

间接平差的法方程系数矩阵为

$$\boldsymbol{N}=\boldsymbol{B}^{\mathrm{T}}\boldsymbol{B}=\begin{bmatrix}2&1\\1&2\end{bmatrix}$$

$\boldsymbol{Q}_{\mathbf{V}}$ 矩阵为

$$\boldsymbol{Q}_{\mathbf{V}}=\boldsymbol{Q}-\boldsymbol{B}\boldsymbol{Q}_{\hat{\boldsymbol{X}}}\boldsymbol{B}^{\mathrm{T}}=\begin{bmatrix}1&0&0\\0&1&0\\0&0&1\end{bmatrix}-\begin{bmatrix}1&0\\0&1\\-1&-1\end{bmatrix}\begin{bmatrix}2&1\\1&2\end{bmatrix}^{-1}\begin{bmatrix}1&0&-1\\0&1&-1\end{bmatrix}=\frac{1}{3}\begin{bmatrix}1&1&1\\1&1&1\\1&1&1\end{bmatrix}$$

计算矩阵 $\boldsymbol{R}$,有 $\boldsymbol{R}=\boldsymbol{Q}_{\mathbf{V}}\boldsymbol{P}=\boldsymbol{Q}_{\mathbf{V}}$,所以

$$r_1=r_2=r_3=1/3,\quad r_{12}=r_{13}=r_{23}=1/3,\quad \sum r_i=1$$

因为不论间接平差还是条件平差,$\boldsymbol{Q}_{\mathbf{V}}\boldsymbol{P}$ 不变,故按条件平差计算,可得到同样的 r_i 值,条件方程为

$$v_1+v_2+v_3+w=0$$

法方程式系数 $\mathbf{N}=\boldsymbol{A}\boldsymbol{A}^{\mathrm{T}}=3$。为了计算 $\boldsymbol{R}=\boldsymbol{Q}_{\mathbf{V}}\boldsymbol{P}=\boldsymbol{Q}_{\mathbf{V}}$,进行条件平差时有

$$\boldsymbol{Q}_{\mathbf{V}}=\boldsymbol{Q}\boldsymbol{A}^{\mathrm{T}}\mathbf{N}^{-1}\boldsymbol{A}\boldsymbol{Q}=\begin{bmatrix}1\\1\\1\end{bmatrix}\frac{1}{3}\begin{bmatrix}1&1&1\end{bmatrix}=\frac{1}{3}\begin{bmatrix}1&1&1\\1&1&1\\1&1&1\end{bmatrix}$$

可见 $r_1=r_2=r_3=1/3$,$r_{12}=r_{13}=r_{23}=1/3$,$\sum r_i=1$,结果与间接平差相同。

由式(7.109)和式(7.110)计算得

$$V_i^*=-\frac{1}{3}\Delta_{g_i},\quad V_j^*=-\frac{1}{3}\Delta_{g_i}$$

结果表明,不论哪一个角度包含粗差 Δ_{g_i},反映在残差上的影响均为 1/3。

7.4.2 稳健估计

当观测值中含有粗差或系统误差时,由于最小二乘平差对粗差的反应很敏感,因此最小二乘估值会受到严重的影响,使残差分配错误。我们已经介绍了对粗差的探测与定位方法,能在正式进行最小二乘平差前剔除含有粗差的观测值,然后再进行最小二乘平差,获得最佳估值。下面我们介绍的稳健估计,是从平差的估计方法上考虑,构造一种估计方法,使其对粗差有一定的抵抗能力。稳健估计可定义为当基础分布函数发生变化时,能保持估值不变的一种估计方法。稳健估计的方法很多,下面介绍一种 M 估计,这种方法在形式上很像极大似然估计,因而命名为 M 估计。由极大似然估计推导出最小二乘估计的准则为

$$\mathbf{V}^{\mathrm{T}}\boldsymbol{P}\mathbf{V}=\min \tag{7.113}$$

M 估计所取的估计函数一般形式是

$$\sum\rho(v_i)=\min \tag{7.114}$$

式中,残差

$$\boldsymbol{v}_i=\boldsymbol{B}_i\hat{\boldsymbol{x}}-\boldsymbol{f}_i \tag{7.115}$$

$\rho(v_i)$表示残差的某种函数，$\boldsymbol{B}_i$ 表示第 i 个误差方程式的系数行向量。

可见，M 估计不是一个确定的估计，而是一类估计，它与 ρ 的形式有关。但无论 ρ 的函数形式如何，M 估计都可以化为一个变权的最小二乘估计。

当 $\rho(v_i)$处处可导时，顾及式(7.114)，式(7.115)的极值问题可写为

$$\sum \rho'(v_i) b_{ij} = 0 \tag{7.116}$$

式中，b_{ij} 为 $\boldsymbol{B}_i$ 中第 j 个元素，令

$$P(v_i) = \frac{\rho'(v_i)}{v_i} \tag{7.117}$$

代入式(7.116)，得

$$\sum b_{ij} P(v_i) v_i = 0 \tag{7.118}$$

式(7.118)即为最小二乘平差时的法方程式，而且是在

$$\boldsymbol{V}^{\mathrm{T}} \boldsymbol{P}(\boldsymbol{V}) \boldsymbol{V} = \min \tag{7.119}$$

时所求得的法方程式。这证明了 M 估计与最小二乘估计的形式相同，不同之处在于 M 估计中的权 $\boldsymbol{P}(\boldsymbol{V})$ 是残差的函数，平差前 $\boldsymbol{V}$ 未知，无法预先算出 $\boldsymbol{P}(\boldsymbol{V})$，故需迭代求解，因而这种平差方法也称为选权迭代平差法。由于 M 估计与最小二乘估计形式上相同，所以最小二乘估计的算法，在 M 估计中都可借鉴使用。常用的选权迭代平差法有如下几种。

1. 最小和法

估计函数为

$$\sum \rho(v_i) = \sum |v_i| = \min \tag{7.120}$$

于是

$$\frac{\partial}{\partial \boldsymbol{X}} \sum |v_i| = \frac{\partial}{\partial \boldsymbol{X}} \sum \sqrt{v_i^2} = 0 \tag{7.121}$$

式中，$\boldsymbol{V} = \boldsymbol{B}\boldsymbol{x} - \boldsymbol{f}$。由式(7.121)，得

$$\sum (v_i^2)^{\frac{1}{2}} v_i \frac{\partial v_i}{\partial x} = 0 \tag{7.122}$$

顾及$\dfrac{\partial v_i}{\partial x} = \boldsymbol{B}_i$，由于 $\boldsymbol{B}_i$ 为式(7.115)中系数矩阵 $\boldsymbol{B}$ 的第 i 个行向量，代入式(7.122)有

$$\sum \frac{v_i \boldsymbol{B}_i}{|v_i|} = 0 \quad 或 \quad \sum \frac{\boldsymbol{B}_i^{\mathrm{T}} v_i}{|v_i|} = 0 \tag{7.123}$$

令

$$\boldsymbol{P}(\boldsymbol{V}) = \mathrm{diag}\left(\frac{1}{|v_1|}, \frac{1}{|v_2|}, \cdots, \frac{1}{|v_n|}\right) \tag{7.124}$$

式中，n 为观测个数，则式(7.123)可写成 $\boldsymbol{B}^{\mathrm{T}}\boldsymbol{P}(\boldsymbol{V})\boldsymbol{V} = \boldsymbol{0}$，将误差方程式代入即得

$$\boldsymbol{B}^{\mathrm{T}} \boldsymbol{P}(\boldsymbol{V}) \boldsymbol{B} \boldsymbol{X} = \boldsymbol{B}^{\mathrm{T}} \boldsymbol{P}(\boldsymbol{V}) \boldsymbol{f} \tag{7.125}$$

此即最小二乘平差的法方程式。$\boldsymbol{P}(\boldsymbol{V})$ 相当于最小二乘平差中的权矩阵，但其值由式(7.124)确定，由于是 $\boldsymbol{V}$ 的函数，故需迭代计算而得。

定权时，为了避免出现 $v_i = 0$ 的问题，可以改为 $P(v_i) = \dfrac{1}{|v_i| + C}$。式中，$C$ 相对于 v_i 是很小的量。所以，最小和法的估计函数和权函数为

$$\left.\begin{aligned}\rho(\boldsymbol{V})&=|\boldsymbol{V}|\\ \boldsymbol{P}(\boldsymbol{V})&=\frac{1}{|\boldsymbol{V}|+C}\end{aligned}\right\}\tag{7.126}$$

在实际工作中,其计算步骤为:

(1)定初始权,$\boldsymbol{P}=\boldsymbol{I}$。

(2)按最小二乘准则平差,$\boldsymbol{V}=\boldsymbol{B}\hat{\boldsymbol{x}}-\boldsymbol{f}$,$(\boldsymbol{B}^{\mathrm{T}}\boldsymbol{PB})\hat{\boldsymbol{x}}=\boldsymbol{B}^{\mathrm{T}}\boldsymbol{Pf}$。

(3)按式(7.126)定权,重复步骤(2),求$\hat{\boldsymbol{x}}$、$\boldsymbol{V}$。

(4)迭代步骤(3)、步骤(2),直至 $\boldsymbol{P}_j(\boldsymbol{V})=\boldsymbol{P}_{j+1}(\boldsymbol{V})$。

2.最小范数法

估计函数为

$$\rho(\boldsymbol{V})=|\boldsymbol{V}|^q\quad(0\leqslant q\leqslant 2)\tag{7.127}$$

权函数为

$$\boldsymbol{P}(\boldsymbol{V})=\frac{1}{|\boldsymbol{V}|^{2-q}+C}\tag{7.128}$$

经试验,q 取值为 1.2～1.5。当 $q=1$ 时,就是最小和法。

3.Huber 法

估计函数为

$$\rho(\boldsymbol{V})=\begin{cases}\boldsymbol{V}^2 & 当|\boldsymbol{V}|\leqslant 2\sigma\\ 4\sigma|\boldsymbol{V}|-4\sigma^2 & 当|\boldsymbol{V}|>2\sigma\end{cases}\tag{7.129}$$

权函数为

$$\boldsymbol{P}(\boldsymbol{V})=\begin{cases}1 & 当|\boldsymbol{V}|\leqslant 2\sigma\\ \dfrac{C}{|\boldsymbol{V}|} & 当|\boldsymbol{V}|>2\sigma\end{cases}\tag{7.130}$$

4.丹麦法

估计函数为 $\rho(\boldsymbol{V})=\boldsymbol{P}(\boldsymbol{V})\boldsymbol{V}^2$,由 Krarup 提出的权函数为

$$\boldsymbol{P}(\boldsymbol{V})=\begin{cases}1 & 当|\boldsymbol{V}|\leqslant 2\sigma\\ a\cdot\exp(-C\boldsymbol{V}^2) & 当|\boldsymbol{V}|>2\sigma\end{cases}\tag{7.131}$$

式中,a、C 由经验数据得出。

综上所述,稳健估计的各种方法,都是通过残差建立某种权函数,运用最小二乘平差迭代计算,以实现抵抗粗差的影响。

例 7.7　在图 7.3 所示的模拟水准网中,第 6 条水准路线上附加了 10 mm 粗差,用上述各种选权迭代平差法平差。

解:结果如表 7.1 所示。

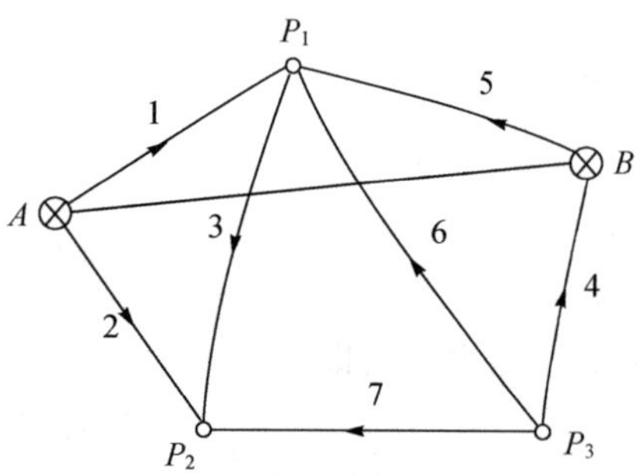

图 7.3　水准网示意

表 7.1　残差

方法	给定误差						
	0.64	0.73	−0.84	−0.26	−0.01	10.48	1.86
最小二乘估计法	−1.87	0.42	3.22	−2.67	−1.22	6.32	−3.64
最小和法	−0.58	0	1.51	0	0.07	10.28	−1.39
最小范数法(q=1.2)	−0.64	0	1.57	−0.37	0.01	10.19	−1.43
Huber 法	0.07	−0.07	0.79	0.73	0.72	11.66	−0.73

7.5　卡尔曼滤波

参数估计分为两种，即静态估计和动态估计。静态估计是被估计量不随时间变化或随时间缓慢变化的估计。动态估计是被估计量随着时间变化的估计。前面介绍的最小二乘估计是针对静态函数模型的估计，而卡尔曼滤波是针对动态参数的一种估计方法，应用于大坝的变形监测、导航和定位等方面。需要估计的动态参数，也称为状态空间。被估计参数都是随着时间的变化而不断变化的，必须在观测过程中不断地对系统的状态进行估计，并且随着新观测值的获取不断修正这种估计。20 世纪 60 年代卡尔曼把状态空间模型引入滤波理论，并导出一套递推估计算法，称为卡尔曼滤波理论。卡尔曼滤波理论是为了满足适时控制的需要，对系统的状态参数进行线性估计的一种递推算法。卡尔曼滤波的基本思想是：采用信号和噪声的状态空间模型，利用前一时刻的估计值和现在时刻的观测值来更新对状态参数的估计，并求出现在时刻的估计值。下面介绍离散线性系统的卡尔曼滤波。如果仅在确定的瞬间研究系统的性能，则把这样的系统叫作离散时间系统，包括两种：一是系统本身就是一个离散系统；二是系统本身是连续系统，但为了研究方便，仅在离散时间内研究其性能。

7.5.1　离散线性系统的数学模型

离散线性系统的卡尔曼滤波，是利用观测向量 $\boldsymbol{L}_1,\boldsymbol{L}_2,\cdots,\boldsymbol{L}_k$，并由相应的状态方程及随机模型求 t_k 时刻状态向量的最佳估值。

1. 离散线性系统的状态方程和观测方程

利用卡尔曼滤波进行状态估计，需要建立系统的状态方程和观测方程。不考虑状态方程和观测方程的非随机控制项时，线性状态方程和观测方程为

$$\boldsymbol{X}_{k+1}=\boldsymbol{\Phi}_{k+1,k}\boldsymbol{X}_k+\boldsymbol{\Gamma}_{k+1,k}\boldsymbol{\Omega}_k \tag{7.132}$$

$$\boldsymbol{L}_{k+1}=\boldsymbol{B}_{k+1,k}\boldsymbol{X}_{k+1}+\boldsymbol{\Delta}_{k+1} \tag{7.133}$$

式中，$\boldsymbol{X}_{k+1}$、$\boldsymbol{L}_{k+1}$、$\boldsymbol{\Delta}_{k+1}$ 分别为 t_{k+1} 时刻的状态向量、观测向量和观测噪声，$\boldsymbol{\Omega}_k$ 为 t_k 时刻的动态噪声。

2. 离散线性系统的随机模型

采用标准离散线性系统的卡尔曼滤波进行数据处理时，视 $\boldsymbol{\Delta}_{k+1}$、$\boldsymbol{\Omega}_k$ 为标准的高斯白噪声。在完全不相关的白噪声情况下，离散线性系统具有以下随机模型：

(1)动态噪声和观测噪声为零均值白噪声，即

$$\left.\begin{aligned}E(\boldsymbol{\Omega}_k)=0\\E(\boldsymbol{\Delta}_k)=0\end{aligned}\right\} \tag{7.134}$$

$$\left.\begin{aligned}\operatorname{cov}(\boldsymbol{\Omega}_k,\boldsymbol{\Omega}_j)=\boldsymbol{D}_{\boldsymbol{\Omega}}(k)\delta_{kj}\\ \operatorname{cov}(\boldsymbol{\Delta}_k,\boldsymbol{\Delta}_j)=\boldsymbol{D}_{\boldsymbol{\Delta}}(k)\delta_{kj}\end{aligned}\right\}\tag{7.135}$$

式中,$\boldsymbol{D}_{\boldsymbol{\Omega}}(k)$是$\boldsymbol{\Omega}_k$的非负定方差矩阵,$\boldsymbol{D}_{\boldsymbol{\Delta}}(k)$是$\boldsymbol{\Delta}_k$的正定方差矩阵,$\delta_{kj}$是克罗内克$\delta$函数。当$j=k$时,$\delta_{kj}=1$;当$j\neq k$时,$\delta_{kj}=0$。

(2)动态噪声和观测噪声完全不相关,即

$$\operatorname{cov}(\boldsymbol{\Omega}_k,\boldsymbol{\Delta}_j)=0\tag{7.136}$$

(3)系统初始状态$\boldsymbol{X}_0$是具有正态分布或其他分布的随机向量,其均值和方差矩阵为

$$E(\boldsymbol{X}_0)=\mu_{\boldsymbol{X}}(0)\tag{7.137}$$

$$\boldsymbol{D}(\boldsymbol{X}_0)=\boldsymbol{D}_{\boldsymbol{X}}(0)\tag{7.138}$$

7.5.2 离散线性系统的卡尔曼滤波公式

对离散线性系统的状态估计,可以利用极大验后或最小方差估计原理导出求估值的卡尔曼滤波方程,解算结果如下:

状态一步预测值为

$$\bar{\boldsymbol{X}}_k=\boldsymbol{\Phi}_{k,k-1}\hat{\boldsymbol{X}}_{k-1}\tag{7.139}$$

一步预测误差方差矩阵为

$$\boldsymbol{D}_{\bar{\boldsymbol{X}}_k}=\boldsymbol{\Phi}_{k,k-1}\boldsymbol{D}_{\hat{\boldsymbol{X}}_{k-1}}\boldsymbol{\Phi}_{k,k-1}^{\mathrm{T}}+\boldsymbol{\Gamma}_{k,k-1}\boldsymbol{D}_{\boldsymbol{\Omega}}(k-1)\boldsymbol{\Gamma}_{k,k-1}^{\mathrm{T}}\tag{7.140}$$

滤波增益矩阵为

$$\boldsymbol{J}_k=\boldsymbol{D}_{\bar{\boldsymbol{X}}_k}\boldsymbol{B}_k^{\mathrm{T}}(\boldsymbol{B}_k\boldsymbol{D}_{\bar{\boldsymbol{X}}_k}\boldsymbol{B}_k^{\mathrm{T}}+\boldsymbol{D}_{\boldsymbol{\Delta}})^{-1}\tag{7.141}$$

状态估计为

$$\hat{\boldsymbol{X}}_k=\bar{\boldsymbol{X}}_k+\boldsymbol{J}_k(\boldsymbol{L}_k-\boldsymbol{B}_k\bar{\boldsymbol{X}}_k)\tag{7.142}$$

状态估计误差方差矩阵为

$$\boldsymbol{D}_{\hat{\boldsymbol{X}}_k}=(\boldsymbol{E}-\boldsymbol{J}_k\boldsymbol{B}_k)\boldsymbol{D}_{\bar{\boldsymbol{X}}_k}\tag{7.143}$$

卡尔曼滤波公式是一组递推计算公式,计算过程是一个不断预测、修正的过程。不需要保留用过的观测值序列,并且当得到新的观测数据时,可随时计算新的滤波值,便于实时处理观测成果,同时把参数估计和预测有机地结合起来,特别适用于变形监测、组合导航等动态数据处理。

例 7.8 设有标量系统的状态方程和观测方程为

$$\left.\begin{aligned}\boldsymbol{X}_{k+1}=0.5\boldsymbol{X}_k+\boldsymbol{\Omega}_k\\ \boldsymbol{L}_{k+1}=\boldsymbol{X}_{k+1}+\boldsymbol{\Delta}_{k+1}\end{aligned}\right\}$$

式中,$\boldsymbol{\Omega}_k$、$\boldsymbol{\Delta}_k$均为零均值白噪声序列,且完全不相关,并与$\boldsymbol{X}_0$相互独立。已知$E(\boldsymbol{X}_0)=0$、$\boldsymbol{D}_{\boldsymbol{X}_0}(0)=1.2$、$\boldsymbol{D}_{\boldsymbol{\Omega}}=1.5$、$\boldsymbol{D}_{\boldsymbol{\Delta}}=2.2$,观测值$\boldsymbol{L}_1=8$,$\boldsymbol{L}_2=20$,求$\hat{\boldsymbol{X}}_2$、$\boldsymbol{D}_{\hat{\boldsymbol{X}}_2}$。

解:根据卡尔曼滤波公式进行解算。

计算一步预测值为

$$\bar{\boldsymbol{X}}_1=\boldsymbol{\Phi}_{1,0}\hat{\boldsymbol{X}}_0=0$$

计算一步预测误差方差矩阵为

$$\boldsymbol{D}_{\bar{\boldsymbol{X}}_1}=\boldsymbol{\Phi}_{1,0}\boldsymbol{D}_{\hat{\boldsymbol{X}}_0}\boldsymbol{\Phi}_{1,0}^{\mathrm{T}}+\boldsymbol{D}_{\boldsymbol{\Omega}}=1.8$$

计算滤波增益矩阵为

$$\boldsymbol{J}_1=\boldsymbol{D}_{\bar{\boldsymbol{X}}_1}\boldsymbol{B}_1^{\mathrm{T}}(\boldsymbol{B}_1\boldsymbol{D}_{\bar{\boldsymbol{X}}_1}\boldsymbol{B}_1^{\mathrm{T}}+\boldsymbol{D}_{\boldsymbol{\Delta}})^{-1}=0.45$$

计算滤波状态估值 $\hat{\boldsymbol{X}}_1$ 为

$$\hat{\boldsymbol{X}}_1=\bar{\boldsymbol{X}}_1+\boldsymbol{J}_1(\boldsymbol{L}_1-\boldsymbol{B}_1\bar{\boldsymbol{X}}_1)=3.6$$

计算状态估计误差方差矩阵 $\boldsymbol{D}_{\hat{X}_1}$ 为

$$\boldsymbol{D}_{\hat{X}_1}=(\boldsymbol{E}-\boldsymbol{J}_1\boldsymbol{B}_1)\boldsymbol{D}_{\bar{X}_1}=0.99$$

依次按照上述步骤计算状态估值 $\hat{\boldsymbol{X}}_2$ 及状态估计误差方差矩阵 $\boldsymbol{D}_{\hat{X}_2}$，得

$$\hat{\boldsymbol{X}}_2=10.35$$

$$\boldsymbol{D}_{\hat{X}_2}=1.03$$

7.6　整体最小二乘回归

第3章讨论的回归模型为

$$\boldsymbol{Y}=\boldsymbol{XB}+\boldsymbol{\varepsilon} \tag{7.144}$$

该模型假定自变量 x_i 是给定的常数，即这些观测值不含有误差，或者说假设函数模型中的系数矩阵 $\boldsymbol{X}$ 没有误差，而实际中往往 x_i 也存在误差。例如大地测量中坐标变换模型平差，经典解算方法是假定原坐标不含有误差，误差仅存在于目标坐标中，但实际上原坐标也是带有一定误差的坐标值，因此解算时应同时顾及观测向量中目标坐标的误差和系数矩阵中原坐标的误差。如果同时考虑自变量 x_i 和因变量 y_i 的误差，最小二乘估计就不再是最优的。因此当同时顾及这两类误差时，需要采用其他方法推广最小二乘回归。整体最小二乘回归就是当回归模型中 $\boldsymbol{X}$、$\boldsymbol{Y}$ 同时存在误差时求解参数 $\hat{\boldsymbol{B}}$ 估计的一种平差方法。

7.6.1　整体最小二乘回归基本原理

整体最小二乘估计是在最小二乘估计的基础上扩展得到的，即同时顾及观测向量和系数矩阵的误差。整体最小二乘回归的函数模型为

$$\boldsymbol{Y}=(\boldsymbol{X}+\boldsymbol{\Delta}_X)\boldsymbol{B}+\boldsymbol{\varepsilon} \tag{7.145}$$

误差方程为

$$\boldsymbol{Y}+\boldsymbol{V}_Y=(\boldsymbol{X}+\boldsymbol{V}_X)\hat{\boldsymbol{B}} \tag{7.146}$$

可改写为

$$([\boldsymbol{X}\quad \boldsymbol{Y}]+[\boldsymbol{V}_X\quad \boldsymbol{V}_Y])\begin{bmatrix}\hat{\boldsymbol{B}}\\-1\end{bmatrix}=\boldsymbol{0} \tag{7.147}$$

设 $\boldsymbol{X}$ 和 $\boldsymbol{Y}$ 中各元素独立且等精度，中误差均为 σ，则 $\boldsymbol{Y}$ 的方差矩阵为

$$\boldsymbol{D}_Y=\sigma^2\boldsymbol{I}_n \tag{7.148}$$

整体最小二乘回归随机模型为

$$\boldsymbol{D}\begin{bmatrix}\boldsymbol{Y}\\ \boldsymbol{X}_{\text{vec}}\end{bmatrix}=\sigma_0^2\begin{bmatrix}\boldsymbol{I}_n & \boldsymbol{0}\\ \boldsymbol{0} & \boldsymbol{I}_m\end{bmatrix}=\sigma_0^2\boldsymbol{I}_{(n+m)} \tag{7.149}$$

式中，$\boldsymbol{X}_{\text{vec}}$ 为 $\underset{n\times t}{\boldsymbol{X}}$ 的拉直向量，设 $\underset{n\times t}{\boldsymbol{X}}=\begin{bmatrix}a_{11} & a_{12} & \cdots & a_{1t}\\ a_{21} & a_{22} & \cdots & a_{2t}\\ \vdots & \vdots & & \vdots\\ a_{n1} & a_{n2} & \cdots & a_{nt}\end{bmatrix}$，则

$$\boldsymbol{X}_{\mathrm{vec}}=\vec{\boldsymbol{X}}=[a_{11}\quad a_{21}\quad \cdots\quad a_{12}\quad a_{22}\quad \cdots\quad a_{1t}\quad a_{2t}\quad \cdots]^{\mathrm{T}}$$

采用奇异值分解法的最小二乘准则为

$$[\boldsymbol{V}_{\boldsymbol{Y}_{\mathrm{vec}}}]^{\mathrm{T}}[\boldsymbol{V}_{\boldsymbol{Y}_{\mathrm{vec}}}]+\boldsymbol{V}_{\boldsymbol{X}}^{\mathrm{T}}\boldsymbol{V}_{\boldsymbol{X}}=\min \tag{7.150}$$

7.6.2 整体最小二乘参数解

奇异值分解法的思想是对式(7.147)的增广矩阵 $\begin{bmatrix}\underset{n\times t}{\boldsymbol{X}} & \underset{n\times 1}{\boldsymbol{Y}}\end{bmatrix}$ 进行奇异值分解,有

$$\begin{bmatrix}\underset{n\times t}{\boldsymbol{X}} & \underset{n\times 1}{\boldsymbol{Y}}\end{bmatrix}=\underset{n\times n}{\boldsymbol{U}}\ \underset{n\times(t+1)}{\boldsymbol{\Sigma}'}\ \underset{(t+1)\times(t+1)}{\boldsymbol{W}} \tag{7.151}$$

式中,$\boldsymbol{U}$ 为矩阵($\boldsymbol{XX}^{\mathrm{T}}+\boldsymbol{YY}^{\mathrm{T}}$) 的 n 个特征值向量组成的正交矩阵,$\boldsymbol{W}$ 为矩阵($\boldsymbol{X}^{\mathrm{T}}\boldsymbol{X}+\boldsymbol{Y}^{\mathrm{T}}\boldsymbol{Y}$) 的 $(t+1)$ 个特征值向量组成的正交矩阵。令

$$\boldsymbol{W}=\begin{bmatrix}\underset{t\times t}{\boldsymbol{w}_{11}} & \underset{t\times 1}{\boldsymbol{w}_{12}}\\ \underset{1\times t}{\boldsymbol{w}_{21}} & \underset{1\times 1}{\boldsymbol{w}_{22}}\end{bmatrix},\ \boldsymbol{\Sigma}'=\begin{bmatrix}\underset{(t+1)\times(t+1)}{\boldsymbol{\Sigma}}\\ \underset{(n-(t+1))\times(t+1)}{\boldsymbol{0}}\end{bmatrix} \tag{7.152}$$

并且

$$\boldsymbol{\Sigma}=\mathrm{diag}(\sqrt{\lambda_1},\ \sqrt{\lambda_2},\ \cdots,\ \sqrt{\lambda_{t+1}}) \tag{7.153}$$

式中,λ_i 为矩阵$[\boldsymbol{X}\quad \boldsymbol{Y}]^{\mathrm{T}}[\boldsymbol{X}\quad \boldsymbol{Y}]$ 的特征值,且 $\lambda_1\geqslant\lambda_2\geqslant\cdots\geqslant\lambda_{t+1}$。

在最小二乘准则式(7.150)条件下,求得参数 $\hat{\boldsymbol{B}}$ 的最小二乘估计为

$$\hat{\boldsymbol{B}}=-\boldsymbol{w}_{12}\boldsymbol{w}_{22}^{-1} \tag{7.154}$$

整体最小二乘的奇异值分解的计算步骤为:

(1)建立函数模型 $\boldsymbol{Y}=\boldsymbol{XB}$。

(2)构成增广矩阵 $\begin{bmatrix}\underset{n\times t}{\boldsymbol{X}} & \underset{n\times 1}{\boldsymbol{Y}}\end{bmatrix}$。

(3)对增广矩阵进行奇异值分解,即 $\begin{bmatrix}\underset{n\times t}{\boldsymbol{X}} & \underset{n\times 1}{\boldsymbol{Y}}\end{bmatrix}=\underset{n\times n}{\boldsymbol{U}}\ \underset{n\times(t+1)}{\boldsymbol{\Sigma}'}\ \underset{(t+1)\times(t+1)}{\boldsymbol{W}^{\mathrm{T}}}$。

(4)计算参数估值,即 $\hat{\boldsymbol{B}}=-\boldsymbol{w}_{12}\boldsymbol{w}_{22}^{-1}$。

例 7.9 已知五个点的坐标分别为(1,2)、(2,6)、(3,4)、(5,1)、(6,1),利用整体最小二乘求回归方程。

解:设回归方程为

$$y=a+bx$$

或写为

$$\boldsymbol{Y}=\boldsymbol{XB}$$

式中

$$\boldsymbol{Y}=[y_1\quad y_2\quad y_3\quad y_4\quad y_5]^{\mathrm{T}}$$

$$\boldsymbol{X}=\begin{bmatrix}1&1&1&1&1\\1&2&3&5&6\end{bmatrix}^{\mathrm{T}}$$

$$\boldsymbol{B}=[a\quad b]^{\mathrm{T}}$$

构成增广矩阵为

$$\begin{bmatrix} \underset{5\times2}{\boldsymbol{X}} & \underset{5\times1}{\boldsymbol{Y}} \end{bmatrix} = \begin{bmatrix} 1 & 1 & 2 \\ 1 & 2 & 6 \\ 1 & 3 & 4 \\ 1 & 5 & 1 \\ 1 & 6 & 1 \end{bmatrix}$$

对 $\begin{bmatrix} \underset{5\times2}{\boldsymbol{X}} & \underset{5\times1}{\boldsymbol{Y}} \end{bmatrix}$ 进行奇异值分解得

$$\boldsymbol{W} = \begin{bmatrix} -0.2069 & -0.0121 & -0.9783 \\ -0.7648 & 0.6256 & 0.1540 \\ -0.6102 & -0.7800 & 0.1387 \end{bmatrix}$$

参数估值为

$$\hat{\boldsymbol{B}} = (-1) \times \begin{bmatrix} -0.9783 \\ 0.1540 \end{bmatrix} \times \frac{1}{0.1387} = [7.1 \quad -1.1]^{\mathrm{T}}$$

则回归方程为

$$y = 7.1 - 1.1x$$

如果只考虑 $\boldsymbol{Y}$ 方向误差，按照一元线性回归法求得的回归方程为 $y = 4.9 - 0.6x$。

7.7　广义逆与加权广义逆*

线性方程组可分为相容方程组(有解方程组)与不相容方程组(无解方程组，又称矛盾方程组)两大类。广义逆矩阵和加权广义逆矩阵的重要性就在于它们把关于线性方程组的全部理论概括并统一起来，从而找到了一个统一的、标准的求解方法。

7.7.1　广义逆

设有矩阵 $\boldsymbol{A}$，如果有一个矩阵 $\boldsymbol{G}$，它能满足如下四个方程组

$$\left.\begin{aligned} \boldsymbol{AGA} &= \boldsymbol{A} \\ \boldsymbol{GAG} &= \boldsymbol{G} \\ (\boldsymbol{AG})^{\mathrm{T}} &= \boldsymbol{AG} \\ (\boldsymbol{GA})^{\mathrm{T}} &= \boldsymbol{GA} \end{aligned}\right\} \tag{7.155}$$

中的任意一个或几个，则称 $\boldsymbol{G}$ 为广义逆矩阵。在测量平差(自由网平差)计算中，常用到如下几种广义逆：

(1)g 逆($\boldsymbol{A}^-$)。满足式(7.155)中第一式的广义逆，称作 $\boldsymbol{A}$ 的 g 逆，记作 $\boldsymbol{A}^-$。

(2)最小二乘 g 逆($\boldsymbol{A}_l^-$)。同时满足式(7.155)中第一个、第三个等式的广义逆，称作 $\boldsymbol{A}$ 的最小二乘 g 逆，记作 $\boldsymbol{A}_l^-$。

(3)最小范数 g 逆($\boldsymbol{A}_m^-$)。同时满足式(7.155)中第一个、第四个等式的广义逆，称作 $\boldsymbol{A}$ 的最小范数 g 逆，记作 $\boldsymbol{A}_m^-$。

(4)最小二乘最小范数 g 逆($\boldsymbol{A}^+$)。同时满足式(7.155)中四个等式的广义逆，称作 $\boldsymbol{A}$ 的最小二乘最小范数 g 逆，记作 $\boldsymbol{A}^+$，又称 $\boldsymbol{A}^+$ 为 Moore-Penrose 广义逆。

7.7.2 广义逆矩阵与线性方程组解的关系

线性方程组

$$\boldsymbol{AX}=\boldsymbol{b} \tag{7.156}$$

的解都能统一地表示成如下简单又紧凑的形式,即

$$\boldsymbol{X}=\boldsymbol{Gb} \tag{7.157}$$

式中,$\boldsymbol{G}$ 为 $\boldsymbol{A}$ 的广义逆矩阵。线性方程组解 $\boldsymbol{X}$ 的性质完全由广义逆矩阵 $\boldsymbol{G}$ 的性质决定。广义逆矩阵与线性方程组解之间的关系,通常可用如下几条定理来表达:

(1)若 $\boldsymbol{b}\neq\boldsymbol{0}$,则相容方程组 $\boldsymbol{AX}=\boldsymbol{b}$ 的任一组解 $\boldsymbol{X}$,都可写成 $\boldsymbol{X}=\boldsymbol{A}^{-}\boldsymbol{b}$。式中,$\boldsymbol{A}^{-}$ 为矩阵 $\boldsymbol{A}$ 的一个广义 g 逆,而相容方程组 $\boldsymbol{AX}=\boldsymbol{b}$ 的通解为

$$\boldsymbol{X}=\boldsymbol{A}^{-}\boldsymbol{b}+(\boldsymbol{I}-\boldsymbol{A}^{-}\boldsymbol{A})\boldsymbol{Y}$$

式中,$\boldsymbol{Y}$ 是满足矩阵可乘的任意列向量。

(2)相容方程组 $\boldsymbol{AX}=\boldsymbol{b}$ 具有唯一的最小范数解 $\boldsymbol{X}=\boldsymbol{A}_{\mathrm{m}}^{-}\boldsymbol{b}$,式中,$\boldsymbol{A}_{\mathrm{m}}^{-}$ 为矩阵 $\boldsymbol{A}$ 的一个最小范数 g 逆。换言之,相容方程组 $\boldsymbol{AX}=\boldsymbol{b}$ 在 $\boldsymbol{X}^{\mathrm{T}}\boldsymbol{X}=\min$ 条件下,有唯一解 $\boldsymbol{X}=\boldsymbol{A}_{\mathrm{m}}^{-}\boldsymbol{b}$。

(3)矛盾方程组 $\boldsymbol{AX}=\boldsymbol{b}$ 有多组最小二乘解 $\hat{\boldsymbol{X}}=\boldsymbol{A}_{\mathrm{l}}^{-}\boldsymbol{b}$,但其产生的残差平方和 $\|\boldsymbol{A}\hat{\boldsymbol{X}}-\boldsymbol{b}\|^{2}$ 是唯一的。式中,$\boldsymbol{A}_{\mathrm{l}}^{-}$ 为矩阵 $\boldsymbol{A}$ 的一个最小二乘 g 逆。换言之,若令 $\boldsymbol{V}=\boldsymbol{A}\hat{\boldsymbol{X}}-\boldsymbol{b}$,则矛盾方程组 $\boldsymbol{AX}=\boldsymbol{b}$ 在 $\boldsymbol{V}^{\mathrm{T}}\boldsymbol{V}=\min$ 条件下,有多组解(最优近似解)$\hat{\boldsymbol{X}}=\boldsymbol{A}_{\mathrm{l}}^{-}\boldsymbol{b}$。

(4)不相容方程组 $\boldsymbol{AX}=\boldsymbol{b}$ 有唯一的最小二乘最小范数解 $\hat{\boldsymbol{X}}=\boldsymbol{A}^{+}\boldsymbol{b}$,式中,$\boldsymbol{A}^{+}$ 为矩阵 $\boldsymbol{A}$ 的最小二乘最小范数 g 逆。换言之,不相容方程组 $\boldsymbol{AX}=\boldsymbol{b}$ 在 $\boldsymbol{V}^{\mathrm{T}}\boldsymbol{V}=\min$ 和 $\boldsymbol{X}^{\mathrm{T}}\boldsymbol{X}=\min$ 条件下,具有唯一解 $\hat{\boldsymbol{X}}=\boldsymbol{A}^{+}\boldsymbol{b}$。

7.7.3 加权广义逆

设有矩阵 $\underset{m\times n}{\boldsymbol{A}}$,如果有一个矩阵 $\underset{n\times m}{\boldsymbol{G}_p}$,它能满足如下四个方程组

$$\left.\begin{aligned}&\boldsymbol{G}_p\boldsymbol{A}\boldsymbol{G}_p=\boldsymbol{G}_p\\&\boldsymbol{A}\boldsymbol{G}_p\boldsymbol{A}=\boldsymbol{A}\\&(\boldsymbol{P}\boldsymbol{A}\boldsymbol{G}_p)^{\mathrm{T}}=\boldsymbol{P}\boldsymbol{A}\boldsymbol{G}_p\\&(\boldsymbol{G}_p\boldsymbol{A}\boldsymbol{Q}_{\boldsymbol{X}})^{\mathrm{T}}=\boldsymbol{G}_p\boldsymbol{A}\boldsymbol{Q}_{\boldsymbol{X}}\end{aligned}\right\} \tag{7.158}$$

中的任意一个或几个,则称 $\boldsymbol{G}_p$ 为 $\boldsymbol{A}$ 的加权广义逆矩阵。式中,矩阵 $\boldsymbol{P}$ 为 $m\times m$ 阶、$\boldsymbol{Q}_{\boldsymbol{X}}$ 为 $n\times n$ 阶的对称正定矩阵。在测量平差计算中,常用到如下几种加权广义逆:

(1)加权最小二乘 g 逆($\boldsymbol{A}_p^{\mathrm{l}}$)。满足式(7.158)第一个和第三个等式的广义逆 $\boldsymbol{G}_p$,称作 $\boldsymbol{A}$ 的加权最小二乘 g 逆,记作 $\boldsymbol{A}_p^{\mathrm{l}}$。

(2)加权最小范数 g 逆($\boldsymbol{A}_p^{\mathrm{m}}$)。满足式(7.158)第一个和第四个等式的广义逆 $\boldsymbol{G}_p$,称作 $\boldsymbol{A}$ 的加权最小范数 g 逆,记作 $\boldsymbol{A}_p^{\mathrm{m}}$。

(3)加权最小二乘最小范数 g 逆($\boldsymbol{A}_p^{+}$)。同时满足式(7.158)四个等式的广义逆 $\boldsymbol{G}_p$,称作 $\boldsymbol{A}$ 的加权最小二乘最小范数 g 逆,记作 $\boldsymbol{A}_p^{+}$。

上述三种加权广义逆是 $\boldsymbol{A}$ 的广义 g 逆($\boldsymbol{A}^{-}$)集合中的子集。

7.7.4　加权广义逆矩阵与线性方程组解的关系

(1)相容方程组 $\boldsymbol{AX}=\boldsymbol{b}$ 具有唯一的加权最小范数解，即

$$\boldsymbol{X}=\boldsymbol{Q}_X\boldsymbol{A}^{\mathrm{T}}(\boldsymbol{A}\boldsymbol{Q}_X\boldsymbol{A}^{\mathrm{T}})^{-}\boldsymbol{b}=\boldsymbol{A}_p^{\mathrm{m}}\boldsymbol{b} \tag{7.159}$$

换言之，相容方程组(法方程是相容方程)在 $\boldsymbol{X}^{\mathrm{T}}\boldsymbol{P}_X\boldsymbol{X}=\min$ 条件下，有唯一解

$$\boldsymbol{X}=\boldsymbol{A}_p^{\mathrm{m}}\boldsymbol{b}=\boldsymbol{Q}_X\boldsymbol{A}^{\mathrm{T}}(\boldsymbol{A}\boldsymbol{Q}_X\boldsymbol{A}^{\mathrm{T}})^{-}\boldsymbol{b} \tag{7.160}$$

式中，$\boldsymbol{Q}_X=\boldsymbol{P}_X^{-1}$。

(2)不相容方程组 $\boldsymbol{AX}=\boldsymbol{b}$ 有多组加权最小二乘解，即

$$\hat{\boldsymbol{X}}=(\boldsymbol{A}^{\mathrm{T}}\boldsymbol{P}\boldsymbol{A})^{-}\boldsymbol{A}^{\mathrm{T}}\boldsymbol{P}\boldsymbol{b}=\boldsymbol{A}_p^{\mathrm{l}}\boldsymbol{b} \tag{7.161}$$

即不相容方程组 $\boldsymbol{AX}=\boldsymbol{b}$ 在 $\boldsymbol{V}^{\mathrm{T}}\boldsymbol{P}\boldsymbol{V}=\min$ 条件下的最优近似解为 $\hat{\boldsymbol{X}}=\boldsymbol{A}_p^{\mathrm{l}}\boldsymbol{b}$，式中，$\boldsymbol{A}_p^{\mathrm{l}}$ 为矩阵 $\boldsymbol{A}$ 的一个加权最小二乘 g 逆。

(3)不相容方程组 $\boldsymbol{AX}=\boldsymbol{b}$ 有唯一的加权最小二乘最小范数解，即

$$\hat{\boldsymbol{X}}=\boldsymbol{A}_p^{\mathrm{m}}\boldsymbol{A}\boldsymbol{A}_p^{\mathrm{l}}=\boldsymbol{A}_p^{+}\boldsymbol{b} \tag{7.162}$$

即不相容方程组 $\boldsymbol{AX}=\boldsymbol{b}$ 在 $\boldsymbol{V}^{\mathrm{T}}\boldsymbol{P}\boldsymbol{V}=\min$ 和 $\boldsymbol{X}^{\mathrm{T}}\boldsymbol{P}_X\boldsymbol{X}=\min$ 条件下有唯一解 $\hat{\boldsymbol{X}}=\boldsymbol{A}_p^{+}\boldsymbol{b}$。

习　题

1. 自由网平差有哪几种？各自有何优缺点？

2. 何谓秩亏网平差？秩亏原因是什么？秩亏数如何确定？水准网、测角网、测边网及GPS网的秩亏数各是多少？

3. 经典自由网平差与加权秩亏网平差结果有何异同点？

4. 在某已知水准网中，观测值为 h_1、h_2、h_3，其协因数矩阵 $\boldsymbol{Q}=\boldsymbol{I}$，两待定点高程平差值为未知参数，其误差方程为

$$\boldsymbol{V}=\begin{bmatrix}-1 & 1\\ -1 & 1\\ -1 & 1\end{bmatrix}\begin{bmatrix}\hat{x}_1\\ \hat{x}_2\end{bmatrix}-\begin{bmatrix}2\\ -1\\ 1\end{bmatrix}$$

试按秩亏网平差法求法方程解 $\hat{\boldsymbol{X}}$ 及其协因数矩阵 $\boldsymbol{Q}_{\hat{X}\hat{X}}$。

5. 在图 7.4 所示的水准网中，各水准路线长度大致相等，观测高差和近似高程分别为

$$h_1=12.345\ \mathrm{m},\quad H_1^0=0$$
$$h_2=3.478\ \mathrm{m},\quad H_2^0=3.487\ \mathrm{m}$$
$$h_3=-15.817\ \mathrm{m},\quad H_3^0=-12.345\ \mathrm{m}$$

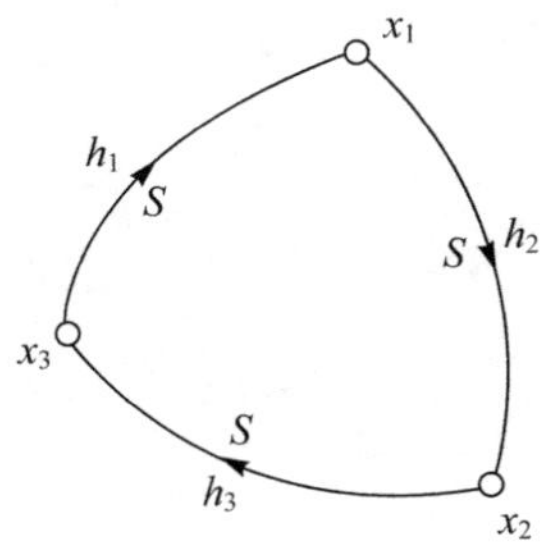

图 7.4　自由水准网

(1)对该网进行秩亏网平差。

(2)设 x_1 点为沉降点,x_2、x_3 为拟稳点,试对该自由网进行拟稳平差。

6. 附加系统参数的平差方法是消除或减弱哪种误差的?附加系统参数的选择方法有哪些?

7. 数据处理时,为何进行方差分量估计?简述估计方法。

8. 简述 M 估计步骤。

9. 卡尔曼滤波由哪些公式构成?

10. 整体最小二乘与最小二乘有何区别?

参考文献

崔希璋,於宗俦,陶本藻,等,2009.广义测量平差[M].武汉:武汉大学出版社.

金日守,戴华阳,2011.误差理论与测量平差基础[M].北京:测绘出版社.

邱卫宁,陶本藻,姚宜斌,等,2008.测量数据处理理论与方法[M].武汉:武汉大学出版社.

沈云中,陶本藻,2000.实用测量数据处理方法[M].2版.北京:测绘出版社.

隋立芬,宋力杰,柴洪洲,等,2016.误差理论与测量平差基础[M].2版.北京:测绘出版社.

汤仲安,2004.GIS矢量线状实体等概率密度误差模型[D].武汉:武汉大学.

陶本藻,2001.自由网平差与变形分析[M].武汉:武汉测绘科技大学出版社.

陶本藻,邱卫宁,2012.误差理论与测量平差[M].武汉:武汉大学出版社.

王勇智,2007.测量平差习题集[M].北京:中国电力出版社.

武汉大学测绘学院测量平差学科组,2005.误差理论与测量平差基础习题集[M].武汉:武汉大学出版社.

武汉大学测绘学院测量平差学科组,2009.误差理论与测量平差基础[M].2版.武汉:武汉大学出版社.

杨元喜,2009.关于"新的点位误差度量"的讨论[J].测绘学报,38(3):280-282.

於宗俦,于正林,1989.测量平差原理[M].武汉:武汉测绘科技大学出版社.

袁孔铎,1992.误差理论与测量平差[M].北京:冶金工业出版社.

张后苏,陈道清,李国强,1996.误差理论与测量平差基础[M].长沙:中南工业大学出版社.

张勤,张菊清,岳东杰,等,2020.近代测量数据处理与应用[M].2版.北京:测绘出版社.

Koch K R, 1988. Parameter estimation and hypothesis testing in linear models[M]. Berlin, New York: Springer-Verlag.

习题参考答案

第1章　测量误差理论

1. 答:(略)
2. 答:(略)
3. 答:(略)
4. 答:(1)系统误差,当 i 角为正时,符号为"－";当 i 角为负时,符号为"＋"
   (2)系统误差,符号为"＋"
   (3)偶然误差,符号为"＋"或"－"
   (4)系统误差,符号为"－"
5. 答:(略)
6. 答:(略)
7. 答:不相等,后者高于前者。
8. 答:$\hat{\sigma}_1=2.8$,$\hat{\sigma}_2=3.6$
9. 答:$\sigma_{L_1}=2$,$\sigma_{L_2}=3$, $\sigma_{L_3}=4$,$\sigma_{L_1L_2}=-2$,$\sigma_{L_1L_3}=0$,$\sigma_{L_2L_3}=-3$
10. 答:$\sigma_X=2\sigma$,$\sigma_Y=\sqrt{5}\sigma$,$\sigma_Z=\sqrt{L_1^2+L_2^2}\sigma$,$\sigma_t=\sqrt{13}\sigma$
11. 答:$D_{F_1}=22$,$D_{F_2}=18L_2^2+27L_3^2$
12. 答:$\sigma_{Y_1}^2=\left(\dfrac{S_{AB}\sin L_1}{\rho\cos L_3}\right)^2(\cos^2 L_1+\cot^2 L_3)$

    $\sigma_{Y_2}^2=1('')^2$,$\sigma_{Y_1Y_2}=0$
13. 答:$\sigma_S=\dfrac{1}{2}\sqrt{(bc\cos A/\rho)^2\sigma_A^2+c^2\sin^2 A\sigma_b^2+b^2\sin^2 A\sigma_c^2}$
14. 答:再增加5个测回
15. 答:$P_1=4.0$,$P_2=5.0$,$P_3=10.0$,$\sigma_0=\sqrt{40}\sigma$(以 km 为单位)
16. 答:$\sigma_0=5.66''$,$\sigma_A=11.31''$
17. 答:$P_{L_1}=4$,$P_{L_2}=\dfrac{16}{5}$

第2章　最小二乘平差

1. 答:$\hat{L}_1=39°23'39''$,$\hat{L}_2=88°33'05''$,$\hat{L}_3=52°03'16''$
2. 答:$\hat{H}_{P_1}=12.005$ m,$\hat{H}_{P_2}=12.508$ m,$\sigma_{\hat{h}_2}=2.36$ mm
3. 答:(1)$\hat{H}_{P_1}=6.001$ m,$\hat{H}_{P_2}=6.006$ m,$\hat{H}_{P_3}=6.509$ m
   (2)$\sigma_{\hat{H}_{P_1}}=1.24$ mm,$\sigma_{\hat{H}_{P_2}}=1.49$ mm,$\sigma_{\hat{H}_{P_3}}=1.35$ mm
   (3) $\sigma_{\hat{h}_4}=1.39$ mm
4. 答:(1)

$$\hat{L}_1=60°00'05.4'',\hat{L}_2=59°59'56.3'',\hat{L}_3=59°59'58.3''$$

$$\hat{L}_4=60°00'05.0'',\hat{L}_5=59°59'56.0'',\hat{L}_6=59°59'59.0''$$

(2)$\hat{\sigma}_C=2.88\ \text{cm}$

5. 答:(略)

6. 答:(略)

7. 答:(1) 基础方程为

$$\begin{bmatrix}\boldsymbol{P} & -\boldsymbol{A}^{\mathrm{T}}\\ \boldsymbol{A} & \boldsymbol{0}\end{bmatrix}\begin{bmatrix}\boldsymbol{V}\\ \boldsymbol{K}\end{bmatrix}-\begin{bmatrix}\boldsymbol{0}\\ \boldsymbol{f}\end{bmatrix}=\boldsymbol{0}$$

法方程为

$$\boldsymbol{AP}^{-1}\boldsymbol{A}^{\mathrm{T}}\boldsymbol{K}-\boldsymbol{f}=\boldsymbol{0}$$

其中,$\boldsymbol{P}$ 为 4 阶单位权矩阵。

$$\boldsymbol{A}=\begin{bmatrix}0 & 1 & -1 & 0\\ 1 & 1 & 0 & -1\end{bmatrix}$$

$$\boldsymbol{V}=[v_1\quad v_2\quad v_3\quad v_4]^{\mathrm{T}}$$

$$\boldsymbol{K}=[k_1\quad k_2]^{\mathrm{T}}$$

$$-\boldsymbol{f}=\begin{bmatrix}h_2-h_3\\ h_1+h_2-h_4+H_A-H_B\end{bmatrix}$$

(2)P_2 点高程的平差值函数为

$$\hat{H}_{P_2}=H_B+\hat{h}_4$$

矩阵表达式为

$$\hat{\boldsymbol{\varphi}}=[0\quad 0\quad 0\quad 1]\begin{bmatrix}\hat{h}_1\\ \hat{h}_2\\ \hat{h}_3\\ \hat{h}_4\end{bmatrix}+H_B$$

8. 答:(略)

9. 答:(1)设 $\hat{H}_{P_1}=\hat{X}$,$X^0=28.647\ \text{m}$

按照附有未知参数的条件平差,建立函数模型为

$$\begin{cases}\hat{h}_1+\hat{h}_2+\hat{h}_3=0\\ H_A+\hat{h}_1-\hat{X}=0\end{cases}$$

转换为改正数条件方程为

$$\begin{cases}v_1+v_2+v_3-2=0\\ v_1-x=0\end{cases},\ \boldsymbol{A}=\begin{bmatrix}1 & 1 & 1\\ 1 & 0 & 0\end{bmatrix},\ \boldsymbol{B}=\begin{bmatrix}0\\ -1\end{bmatrix},\ -\boldsymbol{f}=\begin{bmatrix}-2\\ 0\end{bmatrix}$$

建立随机模型,令 $C=1\ \text{km}$,$\boldsymbol{Q}=\text{diag}(1,2,4)$,求解法方程,得

$$\begin{bmatrix}\boldsymbol{AQA}^{\mathrm{T}} & \boldsymbol{B}\\ \boldsymbol{B}^{\mathrm{T}} & 0\end{bmatrix}\begin{bmatrix}\boldsymbol{K}\\ \hat{\boldsymbol{x}}\end{bmatrix}-\begin{bmatrix}\boldsymbol{f}\\ 0\end{bmatrix}=\boldsymbol{0}$$

$$\begin{bmatrix} \boldsymbol{K} \\ \hat{\boldsymbol{x}} \end{bmatrix} = \begin{bmatrix} \boldsymbol{AQA}^{\mathrm{T}} & \boldsymbol{B} \\ \boldsymbol{B}^{\mathrm{T}} & 0 \end{bmatrix}^{-1} \begin{bmatrix} \boldsymbol{f} \\ 0 \end{bmatrix} = \begin{bmatrix} 0.286 \\ 0.000 \\ -0.286 \end{bmatrix}$$

计算改正数为

$$\boldsymbol{V} = \boldsymbol{QA}^{\mathrm{T}}\boldsymbol{K} = [0.286 \quad 0.572 \quad 1.144]^{\mathrm{T}}(\mathrm{mm})$$

计算 P_1、P_2 点高程平差值为

$$\hat{H}_{P_1} = H_A + h_1 + v_1 = 28.647 \text{ m}, \hat{H}_{P_2} = 30.656 \text{ m}$$

(2)单位权中误差估值为

$$\hat{\sigma}_0 = 0.757$$

高差平差值的协因数矩阵为

$$\boldsymbol{Q}_{\hat{L}\hat{L}} = \boldsymbol{Q} - \boldsymbol{Q}_V = \begin{bmatrix} 0.857 & -0.286 & -0.571 \\ -0.286 & 1.429 & -1.143 \\ -0.571 & -1.143 & 1.714 \end{bmatrix}$$

高程平差值的中误差为

$$\hat{\sigma}_{\hat{H}_1} = \hat{\sigma}_0 \sqrt{Q_{\hat{h}_1}} = 0.701(\mathrm{mm}), \hat{\sigma}_{\hat{H}_2} = \hat{\sigma}_0 \sqrt{Q_{\hat{h}_3}} = 0.991(\mathrm{mm})$$

10. 答:(略)

11. 答:(略)

12. 答:(略)

第3章 测量平差应用

1. 答:(1)坐标平差时,(a)参数个数 9 个,误差方程个数 21 个;(b)参数个数 6 个,误差方程个数 12 个。

(2)条件平差时,(a)共建立 12 个条件方程,包括 7 个图形条件,1 个圆周条件,3 个极条件,1 个方位角条件;(b)共建立 6 个条件方程,包括 2 个图形条件,2 个极条件,1 个纵坐标条件,1 个横坐标条件。

2. 答:(1) P 点坐标平差值为

$$\hat{X}_P = 4\,881.267 \text{ m}, \hat{Y}_P = 346.865 \text{ m}$$

(2)P 点坐标平差值协因数矩阵为

$$\boldsymbol{Q}_{\hat{X}} = \begin{bmatrix} 0.009\,7 & -8.737\,2 \\ -8.737\,2 & 0.004\,5 \end{bmatrix}$$

3. 答:(1)P 点坐标平差值为

$$\hat{X}_P = 8\,719.920 \text{ m}, \hat{Y}_P = 2\,332.808 \text{ m}$$

(2) P 点坐标平差值协因数矩阵为

$$\boldsymbol{Q}_{\hat{X}} = \begin{bmatrix} 0.745\,2 & -0.243\,4 \\ -0.243\,4 & 0.747\,0 \end{bmatrix}$$

4. 答:(1)$n=8, t=4, r=4$。建立 4 个条件方程为

$$\left.\begin{aligned}
&v_1+v_2+v_3+v_4-0.87''=0\\
&v_5+v_6+v_7+v_8+0.46''=0\\
&v_3+v_4+v_5+v_6+0.66''=0\\
&0.504v_1-2.302v_2+2.297v_3-0.369v_4+0.539v_5-2.141v_6+\\
&\quad 1.929v_7-0.448v_8+6.286''=0
\end{aligned}\right\}$$

(2)观测量改正数为

$$\boldsymbol{V}=[0.26''\quad 1.14''\quad -0.68''\quad 0.15''\quad -0.48''\quad 0.36''\quad -0.54''\quad 0.21'']^{\mathrm{T}}$$

观测量平差值为

$$\hat{\boldsymbol{L}}=\begin{bmatrix}63°14'25.28''\\23°28'51.2''\\23°31'28.63''\\69°45'14.89''\\61°40'56.9''\\25°02'19.59''\\27°24'8.23''\\65°52'35.29''\end{bmatrix}$$

5. 答:(1)待定点坐标平差值为

$$\hat{X}_{P_1}=716.915\ \mathrm{m},\ \hat{Y}_{P_1}=308.541\ \mathrm{m}$$

$$\hat{X}_{P_2}=629.194\ \mathrm{m},\ \hat{Y}_{P_2}=397.276\ \mathrm{m}$$

$$\hat{X}_{P_3}=803.633\ \mathrm{m},\ \hat{Y}_{P_3}=469.872\ \mathrm{m}$$

(2)单位权中误差估值为

$$\hat{\sigma}_0=6.27''$$

6. 答:(1)误差方程为

$$\boldsymbol{V}=\begin{bmatrix}
1.00 & & & & & \\
 & 1.00 & & & & \\
 & & 1.00 & & & \\
 & & & 1.00 & & \\
 & & & & 1.00 & \\
 & & & & & 1.00\\
1.00 & & & & & \\
 & 1.00 & & & & \\
 & & 1.00 & & & \\
 & & & 1.00 & & \\
 & & & & 1.00 & \\
 & & & & & 1.00\\
-1.00 & & & 1.00 & & \\
 & -1.00 & & & 1.00 & \\
 & & -1.00 & & & 1.00
\end{bmatrix}\begin{bmatrix}\hat{X}_3\\\hat{Y}_3\\\hat{Z}_3\\\hat{X}_4\\\hat{Y}_4\\\hat{Z}_4\end{bmatrix}-\begin{bmatrix}5.79\\7.11\\-8.00\\-1.81\\-3.79\\-1.06\\0.32\\-6.70\\2.38\\-1.76\\3.99\\-8.21\\-2.62\\-5.80\\0.66\end{bmatrix}(\mathrm{cm})$$

法方程为

$$\begin{bmatrix} 0.1250 & 0.1351 & -0.0848 & -0.0373 & -0.0407 & 0.0245 \\ 0.1351 & 0.2569 & -0.1264 & -0.0407 & -0.0800 & 0.0380 \\ -0.0848 & -0.1264 & 0.1498 & 0.0245 & 0.0380 & -0.0447 \\ -0.0373 & -0.0407 & 0.0245 & 0.0898 & 0.1010 & -0.0574 \\ -0.0407 & -0.0800 & 0.0380 & 0.1010 & 0.2158 & -0.0976 \\ 0.0245 & 0.0380 & -0.0447 & -0.0574 & -0.0976 & 0.1103 \end{bmatrix} \hat{\boldsymbol{x}} - \begin{bmatrix} 0.89 \\ 1.27 \\ -0.90 \\ -0.27 \\ -0.39 \\ 0.04 \end{bmatrix} = \boldsymbol{0}$$

(2)参数改正数为

$$\hat{\boldsymbol{x}} = [3.03 \quad 1.48 \quad -3.77 \quad -1.04 \quad -1.44 \quad -4.17]^{\mathrm{T}} (\mathrm{cm})$$

(3)待定点坐标平差值为

$$\hat{X}_{G_{03}} = -2\,416\,372.736\,2\ \mathrm{m},\quad \hat{Y}_{G_{03}} = -4\,731\,446.561\,7\ \mathrm{m},\quad \hat{Z}_{G_{03}} = 3\,518\,274.981\,9\ \mathrm{m}$$

$$\hat{X}_{G_{04}} = -2\,418\,456.563\,0\ \mathrm{m},\quad \hat{Y}_{G_{04}} = -4\,732\,709.895\,7\ \mathrm{m},\quad \hat{Z}_{G_{04}} = 3\,515\,198.726\,1\ \mathrm{m}$$

单位权中误差为

$$\hat{\sigma}_0 = 0.389\ \mathrm{cm}$$

坐标中误差为

$$\hat{\sigma}_{X_{G_{03}}} = 1.85\ \mathrm{cm},\quad \hat{\sigma}_{Y_{G_{03}}} = 1.32\ \mathrm{cm},\quad \hat{\sigma}_{Z_{G_{03}}} = 2.27\ \mathrm{cm}$$

$$\hat{\sigma}_{X_{G_{04}}} = 1.46\ \mathrm{cm},\quad \hat{\sigma}_{Y_{G_{04}}} = 2.06\ \mathrm{cm},\quad \hat{\sigma}_{Z_{G_{04}}} = 2.52\ \mathrm{cm}$$

7. 答:(1)抛物线方程为

$$\hat{y}_i^2 = 3.68 x_i$$

(2)待定系数中误差为 $\sigma_{\hat{a}} = 0.039$ cm

(3)$x=10$ 时,$y=6.1$

8. 答:(略)

9. 答:(略)

第 4 章 测量数据分组平差

1. 答:(略)

2. 答:待定点的最或然高程为

$$\hat{H}_{P_1} = X_1^0 + \hat{x}'_1 + \hat{x}''_1 = -0.094\,1\ \mathrm{m}$$

$$\hat{H}_{P_2} = X_2^0 + \hat{x}'_2 + \hat{x}''_2 = 1.272\,5\ \mathrm{m}$$

$$\hat{H}_{P_3} = X_3^0 + \hat{x}''_3 = 17.930\,8\ \mathrm{m}$$

P_2 点高程中误差为

$$\sigma_{H_{P_2}} = 1.93\ \mathrm{mm}$$

3. 答:未知数近似值的改正数为

$$\left.\begin{aligned} \hat{x}_1 &= -0.65 \\ \hat{x}_2 &= 0.4 \\ \hat{x}_3 &= -0.95 \end{aligned}\right\}$$

$\hat{x}_2$ 的协因数为

$$Q_{\hat{x}_2}=0.5$$

4. 答：各待定点高程的平差值为

$$\hat{H}_1=21.5451\ \text{m},\quad \hat{H}_2=25.5059\ \text{m},\quad \hat{H}_3=25.0038\ \text{m}$$

$$\hat{H}_4=17.9997\ \text{m},\quad \hat{H}_5=40.4555\ \text{m},\quad \hat{H}_6=9.9910\ \text{m}$$

高程平差值中误差为

$$m_{\hat{H}_1}=m_{\hat{H}_2}=5.22\ \text{mm}$$

$$m_{\hat{H}_3}=m_{\hat{H}_4}=6.15\ \text{mm}$$

$$m_{\hat{H}_5}=m_{\hat{H}_6}=7.15\ \text{mm}$$

5. 答：$\hat{\boldsymbol{x}}=[1\quad 1\quad -1]^{\mathrm{T}}$
6. 答：$\boldsymbol{K}=[-0.3250\quad 1.4225\quad 1.4300]^{\mathrm{T}}$
7. 答：$\boldsymbol{K}=[2.318\quad -1.589\quad 3.665\quad -11.936]^{\mathrm{T}}$

第 5 章　点和线的位置误差

1. 答：(略)
2. 答：(略)
3. 答：(1)$\varphi_E=157.5°$或 $337.5°$，$\varphi_F=67.5°$或 $247.5°$
   (2)$E=1.48$ cm，$F=1.22$ cm
   (3)$\hat{\sigma}_P=1.92$ cm
   (4)$\hat{\sigma}_{\psi=30°}=1.42$ cm
4. 答：$\hat{\sigma}_{\alpha_{PA}}=5.97''$，$\dfrac{\hat{\sigma}_{S_{PA}}}{S_{PA}}=\dfrac{1}{42\,372}$
5. 答：$E_1=0.049$ cm，$F_1=0.028$ cm，$\varphi_{E_1}=147°31'$或 $327°31'$
   $E_2=0.09$ cm，$F_2=0.045$ cm，$\varphi_{E_2}=86°36'$或 $266°36'$
   $E_3=0.09$ cm，$F_3=0.046$ cm，$\varphi_{E_3}=86°12'$或 $266°12'$
6. 答：(略)

第 6 章　假设检验理论

1. 答：平均含碳量比原来显著地降低了。
2. 答：无显著差异。
3. 答：不显著，故接受原假设。
4. 答：新仪器与原来类型的仪器精度相当。
5. 答：精度相同。

第7章 近代测量平差

1. 答:(略)

2. 答:(略)

3. 答:(略)

4. 答:$\hat{\boldsymbol{X}}=\begin{bmatrix}0.3333\\-0.3333\end{bmatrix}$, $\boldsymbol{Q}_{\hat{X}\hat{X}}=\begin{bmatrix}0.0833 & -0.0833\\-0.0833 & 0.0833\end{bmatrix}$

5. 答:(1)秩亏平差值为

$$\hat{\boldsymbol{h}}=\begin{bmatrix}12.341\\3.474\\-15.821\end{bmatrix}(\mathrm{m}),\quad \hat{\boldsymbol{H}}=\begin{bmatrix}0.005\\3.479\\-12.342\end{bmatrix}(\mathrm{m}),\quad \boldsymbol{Q}_{\hat{X}\hat{X}}=\begin{bmatrix}0.2222 & -0.1111 & -0.1111\\-0.1111 & 0.2222 & -0.1111\\-0.1111 & -0.1111 & 0.2222\end{bmatrix}$$

(2)拟稳平差为

$$\hat{\boldsymbol{h}}=\begin{bmatrix}12.337\\3.476\\-15.819\end{bmatrix}(\mathrm{m}),\quad \hat{\boldsymbol{H}}=\begin{bmatrix}0.003\\3.479\\-12.340\end{bmatrix}(\mathrm{m}),\quad \boldsymbol{Q}_{\hat{X}\hat{X}}=\begin{bmatrix}0.1111 & -0.1111 & -0.0000\\-0.1111 & 0.2222 & -0.1111\\0.0000 & -0.1111 & 0.1111\end{bmatrix}$$

6. 答:(略)

7. 答:(略)

8. 答:(略)

9. 答:(略)

10. 答:(略)